BIM应用系列教程

BIM5D协同项目管理

第二版

朱溢镕　李宁　陈家志　主编

化学工业出版社
·北京·

内 容 简 介

本书以情景任务化模式展开，每个情景围绕项目业务展开 BIM 项目协同管理实战演练。重点讲解如何运用 BIM5D 技术进行项目施工应用管理，包括基于项目场景的 BIM5D 基础准备、BIM5D 技术应用、BIM5D 生产应用、BIM5D 商务应用、BIM5D 质安应用及 BIM5D 协同管理应用等内容。同时，本书加入基于“1＋X”考纲要求能力的情景任务化教学内容，培养学生运用理论解决实践问题的能力。党的二十大报告提出“推进教育数字化，建设全民终身学习的学习型社会、学习型大国”，为体现该精神，本书依托于项目实战案例讲解“1＋X”考纲要求的部分施工管理应用，强化学生“1＋X”考核能力和 BIM 应用能力以及实际业务能力的培养，掌握各岗位基于 BIM5D 管理平台的基本实践技能，并在此过程中提升学生的信息化应用能力以及协调、组织、沟通等综合职业素养。

本书可作为建筑类高校土木工程、工程管理、工程造价、建筑工程技术、建设工程管理、智能建造技术等专业的项目管理及信息化管理类课程教材，亦可作为广大工程技术人员学习项目信息化、数字化管理的参考用书。

图书在版编目（CIP）数据

BIM5D 协同项目管理/朱溢镕，李宁，陈家志主编.
—2 版. —北京：化学工业出版社，2022.1（2025.2重印）
BIM 应用系列教程
ISBN 978-7-122-40722-1

Ⅰ.①B… Ⅱ.①朱… ②李… ③陈… Ⅲ.①建筑工程-工程施工-项目管理-计算机辅助管理-应用软件-教材 Ⅳ.①TU712.1-39

中国版本图书馆 CIP 数据核字（2022）第 020368 号

责任编辑：吕佳丽　邢启壮　　　　装帧设计：王晓宇
责任校对：宋　夏

出版发行：化学工业出版社（北京市东城区青年湖南街 13 号　邮政编码 100011）
印　　装：河北延风印务有限公司
787mm×1092mm　1/16　印张 19¾　字数 478 千字　2025 年 2 月北京第 2 版第 8 次印刷

购书咨询：010-64518888　　　　售后服务：010-64518899
网　　址：http://www.cip.com.cn
凡购买本书，如有缺损质量问题，本社销售中心负责调换。

定　　价：49.00 元

编写人员名单

主　编　朱溢镕　广联达数字高校

李　宁　北京经济管理职业学院

陈家志　广联达数字高校

副主编　高艳华　北京城市学院

张　瑜　青岛酒店管理职业技术学院

殷丽峰　北京交通职业技术学院

参　编　杨　勇　四川建筑职业技术学院

柏　鸽　重庆工程学院

温晓慧　青岛理工大学

徐艳召　长春工业大学人文信息学院

闫利辉　河南建筑职业技术学院

崔　莉　长治职业技术学院

主　审　胡兴福　四川建筑职业技术学院

前言

当前，中国建筑业正处在改革、转型、发展的关键阶段，数字技术助推我国建筑业转型升级。随着我国BIM技术的快速发展，BIM应用已进入BIM3.0时代，实现从传统建模设计逐步提升至模型深度应用。以施工阶段BIM应用为核心，从施工技术管理应用向施工全面管理应用拓展，从项目现场管理向施工企业经营管理延伸，从施工阶段应用向建筑全生命期辐射。BIM3.0时代下，BIM技术与项目管理的结合应用迸发出了巨大的力量。“推进教育数字化，建设全民终身学习的学习型社会、学习型大国”这一目标的提出，赋予了教育在全面建设社会主义现代化国家中新的使命任务，明确了教育业务数字化未来发展的行动纲领。本书为了帮助读者更好地理解、掌握BIM技术在施工项目管理中的应用，编者基于项目管理业务逻辑，以BIM3.0时代下BIM5D施工项目管理平台应用为基础，以项目管理案例实操为主线，编写本书，体现了党的二十大精神。

本书主要介绍概述、项目BIM应用、BIM项目协同管理、1+X课证融通能力拓展四部分内容，以情景任务化模式展开，每个情景围绕项目业务展开BIM项目协同管理实战演练。重点讲解如何运用BIM5D技术进行项目施工应用管理，包括基于项目场景的BIM5D基础准备、BIM5D技术应用、BIM5D生产应用、BIM5D商务应用、BIM5D质安应用及BIM5D协同管理应用等内容。以企业典型的项目管理业务过程为主线，以施工各部门各岗位的技能为培养目标，用“把施工项目管理场景搬进课堂”的教学设计理念，以BIM技术为基础，依托于实际项目案例模拟，讲解从项目招投标阶段—项目准备阶段—项目实施阶段—竣工阶段的整个施工阶段信息化平台项目管理应用，围绕多部门、多岗位项目协同应用目标，加强学生的BIM综合应用能力和对其实际业务能力的培养，熟悉不同岗位基于BIM技术平台协同应用的相关要求。为学生提供高仿真的企业工作环境、业务流程、业务数据，让学生通过实际项目任务驱动、角色扮演等方式实操，在实践中理解企业生产经营活动及各部门、各岗位之间的逻辑关系，掌握各岗位基于BIM5D信息化平台的基本实践技能，熟悉各岗位之间的协同关系，并在此过程中提升学生的信息化项目管理能力以及协调、组织、沟通等综合职业素养。

本书是BIM应用系列教程之一，是一本BIM施工综合应用教材。结合项目管理课程，依托于项目案例阶段成果，结合《BIM算量一图一练》《建筑工程计量与计价》《建筑工程BIM造价应用》《安装工程计量与计价》《安装工程BIM造价应用》《BIM施工组织设计》等教材实施体系化教学，效果更佳。本套书将信息化手段融入传统的理论教学，如借助仿真技术、VR&AR技术及4D微课等新型技术手段与教材专业知识有机结合，采取翻转课堂模式展开教学。其中，围绕复杂知识节点仿真展示、AR图纸、4D微课辅助教学等形式贯穿日常教学，从而提升学生的学习兴趣，降低老师的教学难度。

同时，本书对“1+X”BIM中级工程管理专业方向职业资格考试的BIM5D施工管理进行拓展，培养学生能够运用软件操作达成BIM中级工程管理专业方向职业资格考察要求。另外还开展基于“1+X”考纲要求能力的情景任务化教学，培养学生运用理论解决实践问题的能力。本书依托于项目实战案例讲解“1+X”考纲要求的部分施工管理应用，强化学生满足“1+X”考试要求能力和BIM应用能力以及实际业务能力，掌握各岗位基于BIM5D管理平台的基本实践技能，并在此过程中提升学生的信息化应用能力以及协调、组织、沟通等综合职业素养。

本书提供的电子资料包，读者可至www.cipedu.com.cn注册，输入本书书名，查询范围选择“课件”，免费下载配套资源，也可以申请加入BIM教学群【QQ群号：383686241（该群为实名制，以“姓名+单位”命名）】。我们希望搭建该平台为广大读者就BIM技术项目落地应用、BIM系列教程优化改革创新、BIM高校教学信息化创新等展开交流合作。读者还可以百度建才网校、建筑云课在线学习相关课程。

由于编者水平有限，书中难免有不足之处，恳请广大读者批评指正，以便及时修订与完善。

编　者

目 录

第 1 篇 概 述

第 2 篇 项目 BIM 应用

第 4 篇 1+X 课证融通能力拓展

第 1 篇
概　　述

第1章

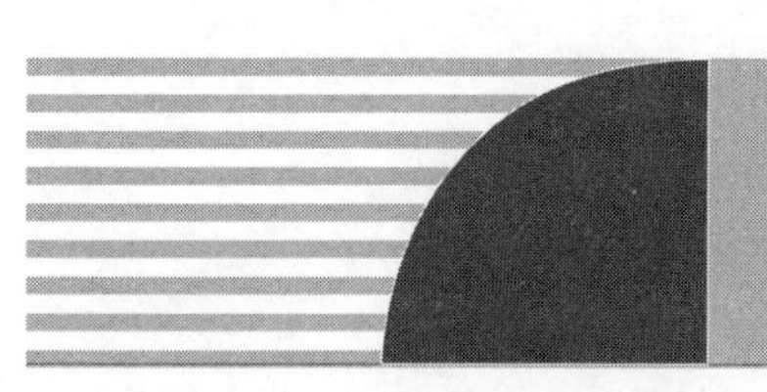

BIM应用概述

1.1 BIM的基本概念

1.1.1 BIM技术的定义

有记载的最早关于BIM概念的名词是“建筑描述系统”(Building Description System),由Chuck Eastman发表于1975年。1999年,Chuck Eastman将“建筑描述系统”发展为“建筑产品模型”(Building Product Model),认为建筑产品模型在概念、设计、施工到拆除的建筑全生命周期过程中,可提供建筑产品丰富、整合的信息。2002年,Autodesk收购三维建模软件公司Revit Technology,首次将Building Information Modeling的首字母连起来使用,成为今天众所周知的“BIM”,BIM技术开始在建筑行业广泛应用。值得一提的是,类似于BIM的理念同期在制造业也被提出,在20世纪90年代业已实现,推动了制造业的技术进步和生产力提高,塑造了制造业强有力的竞争力。一般认为,BIM技术的定义包含了四个方面的内容:

① BIM是一个建筑设施物理和功能特性的数字表达,是工程项目设施实体和功能特性的完整描述。它基于三维几何数据模型,集成了建筑设施其他相关物理信息、功能要求和性能要求等参数化信息,并通过开放式标准实现信息的互用。

② BIM是一个共享的知识资源,实现建筑全生命周期信息共享。基于这个共享的数字模型,工程的规划、设计、施工、运维各个阶段的相关人员都能从中获取他们所需的数据,这些数据是连续、即时、可靠、一致的,为该建筑从概念到拆除的全生命周期中所有工作和决策提供可靠依据。

③ BIM是一种应用于设计、建造、运营的数字化管理方法和协同工作过程。这种方法支持建筑工程的集成管理环境,可以使建筑工程在其整个进程中显著提高效率和大量减少风险。

④ BIM也是一种信息化技术,它的应用需要信息化软件支撑。在项目的不同阶段,不同利益相关方通过BIM软件在BIM模型中提取、应用、更新相关信息,并将修改后的信息赋予BIM模型,支持和反映各自职责的协同作业,以提高设计、建造和运行的效率及水平。

从BIM技术定义的四方面来看,BIM应具有如下特性,即基于计算机的直观性、可分析性、可共享性、可管理性。这里的“基于计算机”,是指利用计算机,例如与人工处理相比，只要有二维图纸，工程师可以想象出三维形状，而计算机做不到。所以，“直观性”意味着只要有BIM，利用计算机即可将其直观地显示出来，不需要经过人工处理；“可分析性”是指利用计算机即可进行各种分析，例如，利用计算机就可以提取某一层或某一类构件的信息，并计算其工程量；“可共享性”是指利用计算机就可以进行信息共享，例如，在设计阶段的各专业（建筑、结构、给水排水、暖通空调、电气）之间，在各阶段的参与方（建设单位、设计单位、施工单位、运维单位等）之间共享几何形状等基础数据，避免重复建模；“可管理性”是指便于对相关信息进行管理，这里的信息可以是构件的材料信息、施工方法信息、价格信息等，因为在BIM中这些信息都与三维几何模型关联起来，从建筑组成要素对应几何模型部件，很容易找到需要的信息。

BIM技术应用最关键的要素是软件。只有通过软件才能充分利用BIM的特性，发挥BIM应有的作用，实现其价值。迄今为止，BIM应用软件可以分为三大类。

① 以建模为主辅助设计的BIM基础类软件。BIM基础类软件是指能为多个BIM应用软件提供可使用的BIM数据软件。例如，基于BIM技术的建筑设计软件可用于建立建筑设计BIM数据，且该数据可用于基于BIM技术的能耗分析软件、日照分析软件等BIM应用软件。目前这类软件有：美国Autodesk公司的Revit软件，其中包含了建筑设计软件、结构设计软件及MEP设计软件；匈牙利Graphisoft公司的ArchiCAD软件等。

② 以提高单业务点工作效率为主的BIM工具类软件。BIM工具类软件是基于BIM模型数据开展各种工作的应用软件。例如，利用建筑设计BIM设计模型，进行二次深化设计、碰撞检查以及工程量计算的BIM软件等。目前这类软件有，美国Autodesk公司的Ecotect建筑采光模拟和分析软件，广联达公司的MagiCAD机电深化设计软件，还有基于BIM技术的工程量计算软件、BIM审图软件、5D管理软件等。

③ 以协同和集成应用为主的BIM平台类软件。BIM平台类软件实现对各类BIM数据进行有效的管理，以便支持建筑全生命期BIM数据的共享。该类软件支持工程项目的多参与方及各专业的工作人员之间通过网络高效地共享信息。目前这类软件的例子包括美国Autodesk BIM360软件、Bentley公司的Projectwise、Graphisoft公司的BIMServer等，国内有广联达公司的广联云等。这些软件一般支持本公司内部的软件之间的数据交互及协同工作。另外，一些开源组织也开发了开放的BIMServer平台，可基于IFC标准进行数据交换，满足不同公司软件之间的数据共享需求。

BIM技术对工程建设领域的作用和价值已在全球范围内得到业界认可，并在工程项目上得以快速发展和应用，BIM技术已成为继CAD技术之后行业内的又一个最重要的信息化应用技术。

1.1.2 BIM技术的价值

对于我国建筑施工行业而言，BIM技术在施工阶段应用对于节约成本、加快进度、保证质量等方面可起到重要的作用。同时，BIM技术的不断深入应用对我国建筑施工行业的创新发展将带来巨大的价值。

（1）可促进建筑施工行业技术能力的提升

BIM技术的应用可有效地提高工程的可实施性和可控制性，减少过程的返工。应用BIM技术可以支持建筑环境、经济、施工工艺等多方面的分析和模拟，实现虚拟的设计、虚拟的建造、虚拟的管理以及全生命期、全方位的预测和控制。例如，施工单位在正式施工之前利用 BIM 审图软件进行各专业设计的碰撞检查，提前发现设计问题，避免后续的变更。同时，在 BIM 模型上附加预算信息和进度信息，形成 4D 或 5D 的 BIM 模型，通过专业软件实现施工过程模拟，优化方案，协调资源，提高工程项目的可实施性。

BIM 技术可有效提高施工建造阶段的协同工作效率。所有对建设项目不同阶段的有效设计、方案和措施都以项目参与人员对项目全面、快速、准确理解为基础。BIM 技术不仅基于三维数字化参数模型，其核心是在整个建造过程中各参与方实现基于统一的模型进行信息交换和共享。它改变基于 2D 的设计专业之间、设计与施工之间的协作方式，改变了单纯依靠抽象的符号和文字表达的蓝图进行项目建设的管理方式，降低了项目参与人员对项目的理解难度，提升了不同专业间、不同参与方对项目的协同能力。

（2）有助于施工行业管理模式的创新和提升

利用 BIM 技术创建数字化模型，对建设工程项目的设计、建造与运营全过程进行管理及优化的过程和方法，更类似一个管理过程。在这个过程中，以 BIM 模型为中心，各参建方能够在统一的模型上协同工作，这将带来工程管理模式的变化和创新。

① 工程项目管理模式变化与创新。BIM 技术可与项目管理集成应用，并为项目管理提供技术和专业数据的支持。BIM 技术应用过程中，将会产生大量的可供深加工和再利用的数据信息，是信息生产者；项目管理系统解决了企业之间、企业到项目、项目之间的协同管理问题，在协同过程中，成为业务数据的使用者。二者相结合，可有效形成业务数据产生、存储、使用、再存储的一个闭环，可以有效提高业务数据准确性和利用率，支持决策。这样的应用模式，将会对传统的项目管理模式产生影响。

② 工程交付模式的变化与创新。IPD（Integrated Project Delivery，项目集成交付）是近年来在美国等发达国家新兴的一种项目交付模式，可有效降低设计变更，提高项目执行效率。但是，IPD 具体执行时还存在很多工程实践的技术问题没有完美的解决方案的情况。随着 BIM 技术的发展，将 BIM 与 IPD 集成应用成为一种趋势。BIM 是一种信息化技术，它在项目中的应用需要上下游之间协同；IPD 是一套项目管理实施模式，它在技术上需要一种载体，使各参与方的信息沟通和传递更加顺畅及准确，从这个意义上讲，二者的结合应用可以带来更大的价值。BIM 技术能够为项目的所有参与方提供更高效的协作方法，为以利益相关方共享成果、共享利润、共担风险为特点的 IPD 模式提供支持。

③ 工程建造模式的变化与创新。目前我国大力推行建筑产业现代化，BIM 技术能够连接建筑生命期不同阶段的数据、业务和资源，所以它能够支持建筑行业产业链的贯通，为工业化建造提供技术的保障。建筑产业现代化核心之一就是推进建筑预制装配化，它是用现代化建造方式改造并代替传统施工现场湿作业。推进建筑预制装配化必须有设计标准化、部件生产工厂化、现场施工机械化、项目管理信息化作技术手段支撑。采用 BIM 技术比较容易实现模块化设计和构件的“部品化”，可以说在建筑工业化的应用中有天然的优势。同时预制装配化建造过程中也有 BIM 技术的实际需求，如基于 BIM 技术实现设计过程中的空间优化、碰撞检查，施工过程的深化设计、施工工艺模拟和优化、成本控制等。

（3）可有效提升行业信息化水平，推动施工项目精细化管理

以 BIM 模型为核心，与先进的信息化技术集成应用，发挥双方更大的价值，支持施工项目的精细化管理，实现智慧建造。目前，以云计算、大数据、物联网、移动应用等为代表的新一代信息技术逐渐被应用，为 BIM 技术的深度应用提供了更多技术支撑和应用手段。BIM 技术基于几何模型，可附加建造过程大量的业务信息，前端可集成物联网、移动应用

等，动态掌控工程建造现场及建筑物运行状况；后端可利用云计算的低成本、高效率的特性，形成稳定的BIM模型数据库，支持基于BIM技术的业务协同。过程中形成的大量数据可采用基于大数据存储、分析和挖掘技术，形成可复用的BIM知识库，持续提升BIM数据的价值。总之，基于BIM技术综合集成各种信息技术，可以系统地管控建筑全生命周期的每一个环节，包括项目成本、进度、质量和材料等不同业务，提升施工项目精细化管理和控制水平，最终实现智慧建造。

1.2 BIM应用发展与环境

在我国，建筑施工行业经历了持续多年的高速发展，技术水平及管理水平也不断进步，但建筑业整体的低效率、高浪费等现象依然严重，已引起行业的重视，因此，建筑业不断对新技术进行研究。20世纪末随着IFC标准引入，我国开始逐渐接触BIM的理念与技术。近几年，在政府、行业协会、建筑业企业、软件企业等共同参与和大力推动下，BIM技术及其价值在我国得到了广泛的认识，并逐渐深入应用到工程建设项目中，不仅包括了规模大、设计复杂的标志建筑，也包括了普遍常见的中小型一般建筑。总的来讲，BIM技术在我国的发展经历了概念导入、理论研究与初步应用、快速发展及深度应用三个阶段，见图1.2.1。

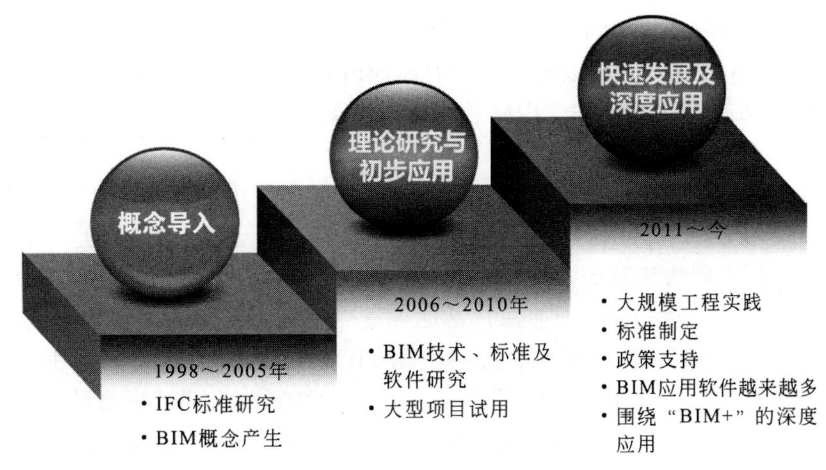

图1.2.1 BIM在我国的发展

1.2.1 概念导入

本阶段是从1998年到2005年。在理论研究上，本阶段主要是针对IFC标准的引入，并基于IFC标准进行一些研究工作。IFC（Industry Foundation Classes，工业基础类）标准是开放的建筑产品数据表达与交换的国际标准，是由国际组织IAI（International Alliance for Interoperability，国际互操作联盟）制定并维护。该组织目前已改名为building SMART International。IFC标准可被应用在勘察、设计、施工到运维的工程项目全生命周期中。

1998年我国建筑行业研究人员开始接触和研究IFC标准。2000年IAI开始与我国政府有关部门、科研组织进行接触，我国开始全面了解并研究IFC标准应用等问题。2002年11月，由建设部科技司主办、中国建筑科学研究院承办了“IFC标准技术研讨会”，同时也针对 IFC 标准展开一些研究性工作。例如，国家 863 计划项目提出“数字社区信息表达与交换标准”，基于 IFC 标准制定了一个计算机可识别的社区数据表达与交换的标准，提供社区信息的表达以及可使社区信息进行交换的必要机制和定义。在“十五”科技攻关项目中，包括了“基于国际标准 IFC 的建筑设计及施工管理系统研究”课题，课题产生了“工业基础类平台规范”国家标准，以及“基于 IFC 标准的建筑结构 CAD 软件系统”和“基于 IFC 的建筑工程 4D 施工管理系统”等成果。总之，本阶段主要是通过对 IFC 标准的研究，探索 IFC 标准实际工程的应用问题，并结合我国建筑行业的实际情况进行必要扩充。

1.2.2 理论研究与初步应用

本阶段是从 2006 年至 2010 年。在该阶段，BIM 的概念逐步得到大家的认知，科研机构针对 BIM 技术开始理论研究工作，并开始出现 BIM 技术在项目中的实际应用，其主要聚焦在设计阶段。本阶段具有以下几方面的特征：

（1）在理论上对 BIM 技术的研究得到广泛开展

“十一五”期间国家科技支撑计划项目“建筑业信息化关键技术研究与应用研究”中，专门设立“基于 BIM 技术的下一代建筑工程应用软件研究”课题，开始探索 BIM 应用软件。清华大学等单位开发了基于 BIM 技术的建筑工程成本预算软件、节能设计软件等 7 个软件，并应用在示范工程中。部分高校和科研院所已开始研究和应用 BIM 技术，特别是数据标准化的研究。2010 年清华大学与 Autodesk 公司联合开展了《中国 BIM 标准框架研究》，提出了中国建筑信息模型标准框架（China Building Information Model Standards，简称 CBIMS）。框架中技术规范主要包括三个方面的内容：工程数据交换标准 IFC、信息分类及数据字典 IFD 和流程规则 IDM。BIM 技术标准框架主要包括标准规范、使用指南和标准资源三大部分。

（2）BIM 技术在一些高端复杂的示范工程上开始试点应用

2006 年奥运场馆项目尝试使用 BIM 技术，BIM 开始引起国内设计行业的重视，BIM 在设计阶段中的应用得到快速发展。例如上海现代建筑设计集团在上海世博会项目、外滩 SOHO、凌空 SOHO 和后世博园区央企总部基地等重点项目中开始大量使用 BIM 技术进行协同设计。大型房地产开发商如绿地、万科、SOHO、万达等也开始尝试使用 BIM 技术，BIM 应用大多数聚焦在设计阶段。根据 2010 年住房和城乡建设部工程质量安全监督与行业发展司公布的数据表明，在 2010 年公布的设计企业 100 强中，应用 BIM 技术的占 80%，很多大型设计单位还专门成立了 BIM 中心，开展 BIM 技术应用和推广，甚至开展建筑全生命周期的信息技术服务。

（3）BIM 技术开始出现向建造全过程应用扩展的趋势

BIM 技术在设计阶段的广泛应用触发了 BIM 技术进一步向建造全过程应用扩展的趋势。上海现代建筑设计集团在申都、斐讯总部大楼项目中实施了设计、施工和运维全过程的技术服务。2008 年，作为全球第三高楼的上海中心项目开始将 BIM 应用向其他专业和施工过程进行扩展，包括基于 BIM 的幕墙及钢结构设计、专业碰撞检查、工程量计算、施工模拟等。

本阶段在软件应用上依然以国外的设计软件为主，例如 Autodesk Revit，国内软件依然处于研究和探索阶段。

1.2.3 快速发展及深度应用

自 2011 年之后，BIM 技术在我国得到了快速的发展，无论从国家政策支持，还是理论研究方面都得到了高度的重视，特别是在工程项目上得到了广泛的应用，在此基础上，BIM技术不断地向更深层次应用转化。本阶段BIM技术的发展特征包括以下几个方面：

（1）国家政策层面开始明确提出支持并发展BIM技术

“十二五”开局之年，住房和城乡建设部在《建筑业“十二五”发展规划》中提出，在“十二五”期间，要基本实现建筑企业信息系统的普及应用，首次将“加快建筑信息模型(BIM)、基于网络的协同工作等新技术在工程中的应用”列入总体目标，确立了大力发展BIM技术的基调。2011年5月18日，住房和城乡建设部发布《2011～2015建筑业信息化发展纲要》，将BIM列为“十二五”重点推广技术，并作为支撑行业产业升级的核心技术重点发展。全文中9次提到BIM，具体目标是推动基于BIM技术的协同设计系统建设与应用，加快推广BIM、协同设计、4D项目管理等技术在勘察设计、施工和工程项目管理中的应用，改进传统的生产与管理模式。

2014年7月，住房和城乡建设部发布的《住房城乡建设部关于推进建筑业发展和改革的若干意见》中提出推进建筑信息模型（BIM）等信息技术在工程设计、施工和运行维护全过程的应用，提高综合效益。并积极探索开展白图替代蓝图、数字化审图等工作，建立技术研究应用与标准制定有效衔接的机制，促进建筑业科技成果转化，加快先进适用技术的推广应用。

（2）各级政府管理部门积极协同推进BIM应用

在国家层面的政策驱动下，各级政府管理部门也在积极协同推进BIM应用，加快制定配套的鼓励政策、技术标准，形成有利于新技术应用发展的政府监管方式。2014年10月29日，上海市人民政府发布《上海市推进建筑信息模型技术应用的指导意见》，制定了上海市BIM应用发展目标，通过分阶段、分步骤推进BIM技术试点和推广应用。该意见要求：到2016年底，基本形成满足BIM技术应用的配套政策、标准和市场环境，上海市主要设计、施工、咨询服务和物业管理等单位普遍具备BIM技术应用能力；到2017年，上海市规模以上政府投资工程全部应用BIM技术，规模以上社会投资工程普遍应用BIM技术，应用和管理水平走在全国前列。

深圳市政府2014年4月29日发布《深圳市建设工程质量提升行动方案（2014—2018年）》，强调大力推进BIM技术应用，指出在工程设计领域鼓励推广BIM技术，市、区发展改革部门在政府工程设计中考虑BIM技术的概算，搭建BIM技术信息平台，制定BIM工程设计文件交付标准、收费标准和BIM工程设计项目招投标实施办法，逐年提高BIM技术在大中型工程项目的覆盖率。2015年4月，深圳市政府发布《深圳市建筑工务署政府公共工程BIM应用实施纲要》，明确建筑工务署BIM应用总体定位和规划，建立基于BIM技术的政府投资工程建设管理的新维度，给出实施BIM的具体范围和阶段，明确BIM实施的价值点和技术路线。同期配套发布《BIM实施管理标准（2015版）》，该标准规范和流程化工务署建筑工程项目的BIM应用，为各参与方提供一个BIM项目实施的标准框架与流程，为BIM项目实施过程提供指导依据。

（3）BIM技术的理论研究不断深入并支持实际应用

BIM技术研究工作列入国家课题，相关BIM国家标准进入编制阶段。BIM技术也被列为国家“十二五”重点研究和推广应用技术，例如2010年“建筑业十项新技术”推广应用中，将BIM技术列为信息化重点推广应用技术。“十二五”科技支撑计划项目“建筑工程绿色建造关键技术研究与示范”中设立了“城镇住宅建设BIM技术研究及产业化应用示范”

课题等。

制定标准是支持 BIM 技术实际应用中最为重要的工作之一。BIM 国家标准编制工作于 2012 年启动，包括了三个层面的标准：一是统一标准，包括《建筑工程信息模型应用统一标准》；二是技术标准，包括《建筑工程信息模型存储标准》和《建筑工程设计信息模型分类和编码标准》；三是应用标准，包括《建筑工程设计信息模型交付标准》《制造工业工程设计信息模型应用标准》。标准的编制包含了顶尖大学等科研机构，也广泛涵盖与工程建设相关并具有代表性的企业，行业协会在标准编制过程中起到了很好的凝聚和推动作用。该批标准出台后为建筑工程全生命期的信息存储、传递和应用，模型数据的存储、交付、分类和编码提供统一规范。

在国家级 BIM 标准不断推进的同时，各地方也针对 BIM 技术应用出台了相关的 BIM 标准，如北京市地方标准《民用建筑信息模型（BIM）设计基础标准》。门窗、幕墙等各行业纷纷制定相关 BIM 标准及规范，同时，各企业也制定了企业内的 BIM 技术实施导则。这些标准、规范、准则，共同构成了完整的中国 BIM 标准序列，指导我国 BIM 技术在施工行业的科学、合理、规范发展。在标准制定工作发展的同时，可以看到，BIM 标准体系的建立是一项长期、持续进行的系统工程。国内对 BIM 技术的应用与研究时间尚短，相关经验、技术理论积累较薄弱，在此情况下，BIM 国家标准的制定必然会存在一定的局限性，需要不断深化与完善。

（4）BIM 技术开始在大量工程中应用

BIM 技术在工程项目中的实际应用呈现几方面的特点：一是企业应用 BIM 技术的项目范围在不断扩大，据《中国建筑施工行业信息化发展报告（2015）》（以下简称《报告》）显示，43.2%的企业在已开工项目中使用 BIM 技术。二是 BIM 应用点越来越多，并逐步扩展至建设全生命周期各个阶段。设计阶段的 BIM 应用向方案设计阶段扩展，并逐步实现了全专业、全过程的 BIM 协同设计。BIM 技术在施工阶段的应用逐步深化，《报告》调查显示，41.55%的调查对象认为 BIM 应用在施工阶段的价值高，58.9%的被调查对象认为 BIM 应用正向施工阶段延伸，可见在施工阶段的 BIM 应用价值正逐渐体现，并超过了设计阶段。同时，BIM 应用在工程量计算、施工模拟、深化设计、专业协调和进度控制等方面得到广泛应用，基于 4D（3D＋进度）、5D（3D＋进度＋成本）的施工项目管理整体解决方案也在一些大型工程项目中开始应用。三是企业对 BIM 应用采取了积极的态度。《报告》显示 25.77%的企业已经建立了项目级 BIM 组织，19.46%建立企业级 BIM 组织。企业在 BIM 实践过程中不断完善 BIM 应用方法、BIM 协同流程、BIM 标准体系等知识体系，形成了 BIM 实践企业标准。

（5）国内 BIM 应用软件发展迅速

基于 BIM 技术所带来的巨大商机，国内行业软件厂商开始在 BIM 应用软件研发上大量投入。以广联达、PKPM、鲁班、斯维尔等为代表的软件厂商不断探索并推出 BIM 应用软件，软件涵盖了设计、招标采购、施工等建造全过程。

（6）BIM 技术开始进入深度应用阶段

经过这几年的快速发展，BIM 技术的应用逐渐深入到工程项目的不同阶段、不同业务、不同岗位，并开始与项目管理以及先进的信息技术集成应用，BIM 技术开始进入深度应用阶段。例如 2012 年，上海中心在施工过程中开始尝试 BIM 与 3D 扫描集成应用，引入大空间三维扫描仪技术，获取复杂的现场环境及空间目标的三维立体信息，结合 BIM 技术，解决项目施工现场管线密布，错综复杂，采用常规测量方法费时费力的问题。再如2012年广东东塔项目施工过程中，采用了BIM技术与项目管理系统集成应用，实现了施工过程中进度和成本的精细化管理和控制。

总的来讲，BIM技术深度应用的典型特征是“BIM+”，包括三方面内涵：一是以BIM技术为核心，保证工程建设各阶段、各专业、各参与方之间的协作配合可以在更高层次上充分共享资源，有效避免由于数据流不通畅带来的重复性劳动，提高生产效率和质量；二是以BIM技术为核心，保证不同应用软件之间能够基于统一的模型和标准进行高效互用，提高模型利用率，发挥更大的价值；三是以BIM技术为核心，集成云计算、大数据、物联网和移动应用等先进信息化技术，优势互补，形成对工程建设全过程的监控、管理、决策的立体信息化体系。

1.3 BIM技术应用模式

BIM技术应用的基础价值，由前期的概念性倡导走向落地实施，实践所得到的直观价值得到广泛的认可。BIM技术的协调性得到从工地到项目到企业乃至建设方的全链条应用，形成了多层级应用模式。

建筑业的BIM应用已经进入3.0阶段，逐步展现出从施工技术管理应用向施工全面管理应用拓展、从项目现场管理向施工企业经营管理延伸、从施工阶段应用向建筑全生命期辐射的特点。从BIM应用模式上看，基于现阶段的BIM应用特点以及使用需求，主要可分为BIM与相关技术集成，形成基于数据进行业务管理的应用模式、基于数据实现项目管理协作的应用模式、基于数据实现项目建造全过程一体化的应用模式。

第一，BIM技术作为数据载体，能够很好地与其他数字技术结合，形成工程项目的数据中心，辅助项目上各岗位、各业务部门的工作提效，同时数据可以在各业务间有效流转，实现项目上更加精细化的管理。第二，项目上各岗位、各业务部门间的数据有效流转，可以形成项目上各组织间基于数据的各方工作协同和管理，保证项目上参建各方的有序协作。第三，BIM技术本身可视化、协同的优势，可以将各岗位、各业务线、各组织间的数据通过BIM模型及多形式看板，在建造全过程实现有效传递，从而优化建造过程中的全要素、全过程、全参与方，实现建造全过程一体化精益管理。

1.3.1 BIM实现基于数据的项目业务管理应用模式

BIM技术先天具有可视化和协同的优势，在工程项目的数字化转型进程中，可以更好地赋能项目部各岗位、各业务部门，利用以“BIM+智慧工地”为核心，涉及物联网、云计算、人工智能、移动互联网、大数据等数字化技术，实现工作效率和管理效率的提升。

BIM2.0阶段的典型特征中，包含从设计阶段应用向施工阶段应用转变的趋势，BIM技术的载体是模型，所以在施工阶段的应用也是从模型最容易产生价值的技术管理应用开始的。经过这些年的应用实践，BIM应用以专业化工具软件为基础，逐步在深化设计、施工组织模拟等技术管理类业务中得到应用。按照项目管理“技术先行”的特征，技术管理成果和其他管理融合更有利于BIM技术的优势发挥和价值实现。

在BIM3.0时代，BIM技术不再单纯地应用在技术管理方面，而是深入应用到项目各方面的管理。除技术管理外，还包括生产管理和商务管理，同时也包括项目的普及应用以及与管理层面的全面融合应用。在过去几年的实践过程中，建筑业企业已经对 BIM 应用具备了一定的基础，对 BIM 技术的认识也更加全面。在此基础上，建筑业企业强烈需要通过 BIM 技术与管理进行深度融合，从而提升项目的精细化管理水平，创造更大的价值。经过近几年的应用实践和总结，BIM 应用环境正在发生变化，正从过去的可视化应用为主逐渐转向对“数据载体”和“协同环境”这两大技术特征的应用，BIM 技术与其他新技术和集成应用已经逐渐深入到项目部各管理阶层，成为精细化管理落地的关键技术，为加速工程项目的精细化管理水平提供技术支持。以 BIM 技术为载体，实现基于数据的工程项目业务管理应用模式主要体现在落实管理岗标准化管理、跨岗位协作管理、建立指标数据库管理三个方面。

第一，落实管理岗标准化管理，提升岗位工作效率。建立任务级跟踪体系和标准作业工作包，将精益建造思想与 BIM 技术融合，对原有的项目管理模式和管理方法进行优化。通过 WBS 拆解将工序级工作任务形成标准数据库，通过 BIM 平台与进度计划形成联动，将各岗位管理内容落实到人，实现岗位管理活动标准化，提升岗位效率。例如，传统模式下成本管理工作大量的时间用在繁杂的算量、组价、询价等事务性工作上。这些事务性工作可以由 BIM 模型、大数据及人工智能等数字化方式辅助完成。成本管理人员可以将主要精力转移到成本管理规则制定以及辅助科学决策方向，从业者的主要工作是研判数据结果、发现数据背后的真相、为项目决策提供建议，以及为项目价值最大化出谋划策。

第二，跨岗位协作管理，提升项目部各岗位、各业务部门间沟通效率和精细化管理水平。应用基于 BIM 技术的项目管理平台，将改变传统项目管理系统以流程表单为核心，与各业务部门间管理脱节、数据传报效率低、各业务间数据无法充分共享联动、决策没有真实数据支撑等问题，为项目部的精细化管理提供数字化支撑。新一代基于 BIM 的项目管理系统，集成 BIM、云、移动智能终端、物联网等技术，改变项目部各业务部门职能分割、数据信息不对称的现状，实现自下而上汇总项目信息、自上而下落实业务管理，加强项目管控能力。基于 BIM 技术的数字化管控系统可以围绕项目的技术、生产、商务等核心业务，有效解决项目建造过程中多岗位、多部门沟通协调难，彼此间信息交互传递慢、透明度低的问题，进而降低沟通成本，提升各岗位、各业务部门的协作效率。

第三，建立指标数据库管理，落实共建共享的模型化指标数据库，让数据成为新生产力。通过实现 BIM 与项目信息的集成，随着项目的推进自然形成模型化指标数据库，存储完整的建造阶段要素信息，并根据需要进行不同维度的数据分析。例如，通过分析工期、质量、环保、安全等要素对工程成本的影响，建立各要素的影响力模型。另外，基于模型化指标数据可以进行多维度的分析，准确计算拟建项目的工程成本。基于模型化指标数据必将形成用数据说话、用数据管理、用数据决策、用数据创新的生产模式。在这种模式下，数据资产必将成为企业的核心资产，但是单个企业的数据是有限的，只有通过 BIM 数字化平台与行业内其他企业分享数据，才能建立起共享共赢的行业大数据库。可结合区块链技术的应用，在保障数据安全性的前提下，建立供给与收益互补的价值分配机制，鼓励并吸引更多项目共同参与、共同分享，形成共建共享的大数据。以工程造价为基础、基于共建共享的模型化指标数据，通过云技术、大数据技术及智能算法，对采集的模聚化数据进行分析，形成工程量清单数据、组价数据、人材机价格数据的工程造价专业大数据库，并在实践中进行数据训练，深度学习，建立具有深度认知、智能交互、自我进化的智能数据应用，可以实现快速算量、智能开项、智能组价、智能选材定价，大大提升岗位的工作效率。

1.3.2 BIM实现基于数据的项目管理协作应用模式

现阶段，工程项目在生产环节中的过程信息主要以人工填报为主，信息的真实性和及时性问题很难被解决，而且这些填报信息的多方共享也存在着较大的困难。应用BIM技术，通过将工地现场的智能感知数据实时关联在BIM模型上，可以更好地实现生产过程中的数据共享与协同。其中，主要集中在项目部各部间的数据协同、项目部与公司之间的数据协同、项目部与各参建方之间的数据协同这三个方面。

项目部各部间的数据协同，可以避免各部门重复进行数据采集工作以及收集过程中存在偏差和版本不一致的问题，系统精准的数据还可以保证各部门间基于统一数据的协作效率和效果。在基于BIM数据进行业务管理，为项目部各部间协同管理提供支撑的过程中，数据的标准化是关键因素。数据作为项目管理的核心依据，需要有统一的数据标准支撑业务协同的开展，这就要求项目的策划阶段就明确好项目数据标准，业务数据要在标准数据约束下才能产生业务管理间协同的价值。例如，施工前期可以通过BIM技术，在建筑信息模型上进行施工模拟，事前发现问题，减少后续施工阶段的返工情况；这数据同时也可以用到生产业务，对项目上的劳务工人、物资、机械等相关资源可以做到事前更加合理的配置，从而更好地保障进度计划有效的执行，最终实现工程项目的工作效率以及资源利用率的提升。

项目部与公司之间的数据协同，可以促进基于数据的“项企一体化”协同效率提高。工程项目的管理协作主要包括公司、项目以及公司和项目之间的全过程、全要素、全参与方的业务管理与协同。当项目部需要公司给予项目支持，保证工程有序实施的情况下，公司可基于项目真实数据进行决断，更有效地保证项目需求的实时响应。另外，公司也可以通过项目的实时数据，根据具体情况对项目进行更具针对性的管控和赋能，同时根据多项目综合数据，合理调配公司资源，实现资源最有效利用。在此过程中，BIM作为数据载体，可以实时、真实地反映多项目的真实情况，通过数据指导公司决策。例如，在传统管理方式的情况下，项目部都是按照计划，向公司申请相关资源的，但根据实际情况的变化以及由于客观或是主观因素导致的变更，需要公司及时响应项目部的新需求。传统的管理系统以流程申请及审批为主，整个流程冗长复杂，项目部的需求得到响应往往存在滞后情况；另一方面，公司也无法准确了解项目部提出需求的具体情况，这些信息都无法记录，审批的准确性也无法保障。通过以BIM为核心的数字化技术，可以更清晰地反映项目部客观情况，项目部的需求可以被更迅速地响应，同时也方便公司做出更加合理的资源调配方案。

项目部与各参建方之间的数据协同，可以让项目部与业主方、不同专业的分包单位、PC构件厂等参建相关方形成基于统一数据平台的协作，避免了在沟通过程中信息不一致和信息不对称情况的发生。在协作过程中，参建各方通过数据的分析与应用可以更好地找到利益平衡点，真正促进各方之间建立利益共同体，实现收益的共赢。面对传统方式下，项目各方协同不直观、不清晰等问题，BIM的可视化、协作性特征逐步为项目协作方提供协作基础。例如，业主方在建造阶段核心是对进度、质量安全的把控，通过BIM技术，项目部可以更加清晰地展示进度情况，业主方也能在过程中做到更有效地把控；再比如不同专业分包都会存在工作面交叉、施工顺序不合理的情况发生，通过BIM技术的可视化和协同特性，可以通过工序模拟推演出最优方案，避免整体资源的浪费和工程返工；又如PC构件厂等物资供应方，可通过BIM技术，将构件的相关信息在模型上匹配，根据BIM模型上项目部所提供的需求信息进行生产、运输，做到项目需求与供给的无缝对接，过程情况实时可查。

1.3.3 BIM实现项目建造全过程一体化应用模式

项目建造全过程一体化应用模式是指通过以BIM为核心的数字化技术手段，实现建造过程各阶段基于统一数据的一体化管理，从而使得工程进度、质量、安全、成本等多方面的效率得以全面提升。另一方面，BIM技术可实现数字孪生，建造期各参与方可通过BIM模型信息与项目现场信息的实时交互，清晰了解参建各方的资源情况，进而实现全参与方的资源效率最大化配置。

在传统的业务模式下，设计、施工、运维各阶段是相对割裂的，参建各方都是利益的个体，相互之间是利益博弈的关系。基于BIM技术的数字化应用可以更好地实现产业链各方协同完成建筑的设计、采购、施工、使用和运维，形成网络化与规模化的多方协作。建设方可更充分地连接、配置和使用资源，向使用方提供更精准的产品、更高质量的服务；设计方基于BIM进行全数字化的协同设计、审核和交付，最大化提高设计效率和质量；施工方实现岗位、项目、企业之间的信息协同，构建以工程项目为核心的精益管理与赋能体系。在此过程中，各参建方之间不受时间、地点的限制，提升了各方互动频率，促进各方不断升级产品和服务，形成以项目成功为目标的利益共同体，真正实现项目的信息共享和跨角色的高效协作。

以BIM技术为核心，基于数据的建造全过程一体化应用模式的价值主要体现在三个方面。第一是改变组织内生产关系。通过数字化转型，建筑企业组织边界将被打破，会向网络化协作转变，构建数据化、透明化、轻中心化的组织模式。管理机制将向层级缩减的扁平化转变，运行方式向高效灵活的柔性化转变，重构企业与客户、企业与员工、组织与组织之间的关系。基于数据驱动，建筑企业与客户建立起实时互动和反馈的价值连接和动态响应，提高了企业的生产效率，改变企业组织管理的模式，为企业创造更多更大的效益，同时提升组织的效能，实现与数字生产力的高度匹配。第二是改变项目全过程协作关系。新型协作模式与生态伙伴关系是数字时代生产关系的重要组成部分。通过数字技术的集成应用，在数字化平台的赋能下，建设方、施工方与咨询方等各参与方以项目为中心，构建风险共担、价值共创、利益共享的新型生态伙伴关系，形成项目利益共同体，产生高度协同的效应，将生产力提升到新的层次，从项目层面加速数字生产力的落地。第三是改变产业链上下游关系。BIM等数字化技术的发展，打破了传统产业边界对于企业发展的束缚，促进了企业之间的数据共享，也推动了产业之间的跨界融合，重构产业信任关系，使产业上下游的关系变得更加透明和紧密，形成数字化新生态。以交易为例，数字化可以引发建筑市场交易模式的变革，在需求端、供给端之间搭建数字化高速公路。5G、大数据等应用打破了传统市场交易的时空限制，降低了市场搜寻成本，交易的个性化、长尾化和便捷度空前提高。区块链技术使交易更加透明、可信、可追溯，大数据和人工智能精准匹配供需两侧，让交易更加智能精准。同时，物流网络的不断完善，也会反向促进数字化交易，引发交易模式的数字化变革，从交易层面支撑数字生产力的形成。

通过基于BIM技术的数据平台赋能，工程项目将实现设计、采购、制造、建造、交付、运维等全过程一体化，最高效提升产业链的生产效率。在设计阶段，参建各方通过BIM技术进行全过程数字化打样，实现设计方案最优、实施方案可行、商务方案合理的全数字样品；在采购阶段，通过大数据、区块链等技术构建数据驱动的数字征信体系，使整个交易过程透明高效；在建造阶段，可打造融合工厂生产和现场施工的一体化数字生产线，通过基于数字孪生的精益建造，实现工厂制造与现场建造的一体化；在运维阶段，通过大数据驱动的人工智能，可以自动优化设备设施运行策略，为业主提供个性化精准服务。

1.4 BIM技术发展趋势

现阶段，建筑业对于BIM技术的认知基本普及，BIM技术与其他技术的集成应用需求愈发强烈。同时，与其他流程系统的深度结合，需要对BIM相关软件进行二次开发和利用，国外对核心技术的开源程度和适应性影响了国内对其深度应用的进程，如图形处理技术就限制了现阶段BIM技术应用发展的速度。此外，BIM技术在应用过程中，产生大量数据，在海量数据积累的过程中，其安全性不容忽视。

1.4.1 BIM技术实现建造阶段的数据整合

BIM作为工程领域数字化转型升级的核心技术，已经得到越来越多行业从业人员的认可。工地现场实时的智能感知实现了对项目实际生产过程的采集和记录，再通过BIM将虚拟建筑和实体建筑的信息连接在一起，就可以实现数字模型与实际工程数据的实时交互。

对于建筑业企业而言，实现工程项目的数字化需要主要考虑四个方面，即建筑实体的数字化、要素对象的数字化、作业过程的数字化、管理决策的数字化。建筑实体数字化核心是多专业建筑实体的模型化，即建立精细化项目BIM模型。在项目实施前，可以通过BIM模型先将整个项目的建造过程进行计算机模拟、优化，再进行工程项目的建设，减少后期返工问题。要素对象数字化是将工程项目上实时发生的情况，如人、机、料、法、环等要素的实时数据，通过智能感知设备进行收集，再将数据关联到BIM模型，让数字世界与工程现场的实时交互成为可能。作业过程数字化是在建筑实体数字化和要素对象数字化的基础上，从计划、执行、检查到优化改进形成效率闭环。通过使项目进度、成本、质量、安全等管理过程数字化，将传统管理过程中散落在各个角色和阶段的工作内容通过数字化的手段进行提升，形成一线的实际生产过程数据。

整个过程以BIM模型为数据载体，以要素数据为依据开展管理，实现对传统作业方式的替代与提升。管理决策数字化是通过对项目的建筑实体、作业过程、生产要素的数字化，可以形成基于BIM模型的工程项目数据中心，通过数据的共享、可视化的协作带来项目作业方式和项目管理方式的变革，提升项目各参与方之间的效率。同时，在建造过程中，将会产生大量的可供深加工和再利用的数据信息，不仅满足现场管理的需求，也为项目进行重大决策提供了数据支撑。建造阶段的数据整合价值，主要体现在生产全过程的数字化管理和生产工艺工法的标准化管理两个方面。

一是生产全过程的数字化管理。与制造业有所不同，建筑业的产品具有唯一性和大体量的特征，世界上的每个建筑物几乎都是不同的，而且其体量相对庞大，需要更多人、材料、机械设备的协调与配合，这就给建造生产过程的管理工作带来了非常大的挑战。工程项目传统的管理方式大多基于以阶段结果的管理为主，例如对工程质量的管理基本上是由质检员进行巡查，发现问题后要求工人进行整改。这就导致项目上很多管理动作都是滞后的，甚至会有遗漏，某一点出现了问题就会导致工程整体进度受到影响，而项目管理者很难在前期发现所有问题并提前解决，这给项目的建造带来了非常大的风险。基于BIM技术建立与实际项目实时交互的数字模型，保证数字模型能够实时精准地反映工地现场情况，就可以真正实现对生产过程的管理。例如某一个工作面出现了人员的短缺，数字模型就会自动对各层管理者发出预警，敦促及时调整；随着大量决策过程数据被数字化解构，系统可以通过不断学习从而逐步实现半自动甚至全自动的智能化决策。还可以以进度管理为例，当工作面出现人员短缺时，系统可以判断出这一情况对整体进度的影响是否重要，是否需要通过调配其他不受影响的工作面人员来进行劳动力补充，并形成各级建议方案推送给相关管理者，甚至是由系统自动形成方案进行更高效的自动处理。同时，在生产全过程中，每个阶段的数据都能被准确地记录下来，这也为后续对过程数据的应用打下了基础。

二是生产工艺工法的标准化管理。建筑业属于劳动密集型产业，同时也面临着工人老龄化严重的问题。据测算，我国建筑业劳动工人的平均年龄已经达到 47 岁，而且有着逐年上升的趋势。另外，随着国家产业结构更加综合地发展，就业机会越来越多，建筑业这个相对辛苦的行业对于年轻人来说吸引力也在下降，所以劳动力的短缺将成为建筑业在发展过程中需要重点关注的问题。由于工程项目的建设环节与工艺工法相对复杂，培养熟练的产业工人需要比较漫长的过程，传统的培养方式主要以“师傅带徒弟”为主，通过在实践中的指导积累经验从而逐渐成为合格的工人，企业层面则是通过工程项目总结相关的工艺工法库，借助标准化的手段指导施工过程。但这种标准化的管理方式在整个行业中的落地效果并不是十分理想，问题主要集中在工人的文化水平普遍不高，理解方面存在很大的困难，企业的工艺工法库由于过于抽象很难让工人迅速理解并按要求执行。借助数字孪生，可以很好地解决工艺工法标准化的落地，可以将带有工地现场实时数据的 BIM 模型与工地实际工作面进行虚实场景交互，工人通过佩戴 VR/AR 眼镜等方式在视野前呈现出虚实两个场景的叠加，要做的工作内容与步骤可以叠加在实际工作场景上模拟演示，工人只需按照演示方式进行操作即可，过程中还可以对工人是否按照工艺工法要求施工，结合现场智能感知能力进行监控和错误预警。当然，每一个工程都存在一定的特殊性，当工人识别对某一个工艺环节出现疑问时，可以直接连接后台的高级技术人员，针对特定场景高级技术人员远程进行指导，甚至可以做到远程操作协助，从而保证工程质量的标准化管理。

1.4.2 BIM 技术实现与其他流程系统的集成

从技术特性上看，BIM 技术作为数据载体，可以更好地与数字化技术结合，打通建造过程全周期数据。这些建造过程数据可在 BIM 模型上集中呈现，通过系统的数据接口，可以与其他流程系统进行有效的集成，实现数据共享，为工程项目带来更大的价值。在本节中，主要介绍 BIM 和项目管理系统的集成应用、BIM 和装配式建造模式流程的集成应用这两个典型性集成应用。

① BIM 和项目管理系统的集成应用。在传统的项目管理系统中，各个业务模块的信息基本上是通过手工填报方式录入系统。由于项目管理的业务数据量巨大，这给操作人员带来了很大的工作量；同时，各个业务模块间信息独立，造成数据不统一，口径不一致，以至于不能为项目决策及时提供准确数据，决策往往靠经验，易给项目带来风险。

BIM 技术与 PM 的集成应用表现为 BIM 应用软件与项目管理系统的集成，用以解决项目管理系统数据来源不准确、不及时的问题。一般而言，可以有两种集成方式，即基于数据的集成方式和直接采用基于 BIM 的项目管理系统的方式。基于数据的集成即从 BIM 应用软件导出指定格式的数据，然后将该数据直接导入到项目管理系统中，从而进行集成。例如，使用项目管理系统做进度计划时，用户需要分别计算并在其中录入各任务的持续时间。若将

BIM与项目管理基于数据进行集成，可在BIM应用软件中开发指定的功能，使其根据BIM模型自动识别各任务，并计算出各任务的持续时间，然后以指定格式的数据文件形式导出；同时，可在项目管理系统中开发一定的功能，支持导入该格式的数据文件。这样一来，就可以省去管理人员对任务及其持续时间的录入，从而提高编制进度计划的效率。基于BIM的项目管理系统是近几年来出现的新型项目管理系统，其主要特征是将各个专业设计的BIM模型导入系统并进行集成，关联进度、合同、成本、工艺、图纸、人材机等相关业务信息，形成综合BIM模型，然后可利用该模型的直观性及可计算性等特性，为项目的进度管理、现场协调、成本管理、材料管理等关键过程及时提供准确的基础数据，如提供构件几何位置、工程量、资源量、计划时间等数据；同时，可为项目管理提供直观的展示手段，如形象地展示项目进度和相关的预算情况。

BIM技术与PM集成应用的核心价值体现在以下几个方面，即提高项目可视化管理能力、提供更有效的分析手段、为项目管理提供数据支持。BIM模型的可视化特性在工程项目管理中可起到非常大的作用。传统项目管理系统都基于二维图纸、文档，构件的信息在图纸上采用线条绘制来表达，其构造形式就需要人去自行想象。而近年来建筑业出现越来越多形式各异、造型复杂的建筑，超越了人脑的空间想象能力。BIM技术与PM集成应用可以为工程项目管理带来可视化管理手段。例如，4D管理应用可以直观地反映整个建筑的施工过程和形象进度，从而可以帮助项目管理人员合理制定施工计划、优化使用施工资源。集成各种信息后，BIM模型可为项目管理提供更有效的分析手段。BIM模型是综合建筑信息模型，由不同层级的构件组成，并可基于部位、专业、分项、构件、时间提供各种维度的分析。例如，利用BIM综合模型，辅助动态成本管理，包括针对一定的楼层，从BIM集成模型获取收入、计划成本，从项目管理系统获取实际成本数据，然后进行三算对比分析。在传统项目管理系统中，各个业务模块的信息分散割裂，很难及时获取，不能及时为项目决策提供支持。而将BIM技术与PM集成应用之后，可基于BIM综合模型为项目管理各个业务实时提供基础数据。例如，可以方便快捷地为成本测算、材料管理及甲方报量、分包工程量审核等业务提供工程量数据，从而可大幅度提高工作效率，并提高决策水平。

② BIM和装配式建造模式流程的集成应用。相对于传统方式，在装配式施工中应用BIM技术，可以更有效地管控项目进度，提高质量管理水平，降低项目成本。在进度方面，通过施工方案模拟，可以优化施工计划；通过构件管理，可以及时下达、跟踪构件状态，避免因构件生产运输等问题影响进度；通过施工进度管理，可以形象直观地发现实际进度与计划进度的偏差，及时进行计划及相关资源调整，保证进度在可控范围内。在质量方面，通过吊装模拟，进行形象化的交底，保证吊装的精度；通过可视化的技术交底，保证构件的节点连接质量；通过构件质量管理，可实现质量数据可追溯，提高了质量管理水平。在成本方面，通过场地布置，避免了构件的二次运输；通过施工方案模拟，优化了资源配置，避免了窝工、怠工等现象的发生；通过吊装模拟及可视化的技术交底，提高了工作效率和安装质量，降低项目成本。

从装配式建筑的信息化应用特点可以看出，装配式建筑需要实现设计、生产和施工多阶段的管理与协同，包括实现全过程的成本、进度、合同、物料等各业务信息化管控，提高全过程信息集成、信息共享、协同工作效率。为实现“设计、加工、装配一体化”的需要，可以充分利用BIM技术，基于BIM的信息化管理，结合企业层面的信息管理平台，以云技术、RFID等物联网技术和移动终端技术为信息采集和应用手段，通过搭建基于BIM的一体化信息管理平台，结合 EPC 模式，可以实现对装配式建筑设计、生产、装配全过程的采购、成本、进度、合同、物料、质量和安全的信息管理，将工程建设的全过程连接为一体的完整产业链，最终实现资源全过程的有效配置。在此基础上，可以搭建数据管理平台，把设计、采购、生产、物流、运营、管理等各个环节集成起来，共享信息和资源，并在数据不断积累的基础上实现大数据分析与深度挖掘。例如建立协同集成的标准化构配件库，将原来的构件部品库进一步向制造、装配环节创新扩展；建立与各个构件模型相对应的生产模具库。但是使用效果仍不是很理想，问题主要集中在工人的文化水平普遍不高，理解方面存在很大的困难，企业的工艺工法库过于抽象很难让工人迅速理解并按要求执行。借助数字孪生，可以很好地解决工艺工法标准化的落地，可以将带有工地现场实时数据的 BIM 模型与工地实际工作面进行虚实场景交互，工人通过佩戴 VR/AR 眼镜等方式在视野前呈现出虚实两个场景的叠加，要做的工作内容与步骤可以叠加在实际工作场景上模拟演示，工人只需按照演示方式进行操作即可，过程中还可以对工人是否按照工艺工法要求施工，结合现场智能感知能力进行监控和错误预警。当然，每一个工程都存在一定的特殊性，当工人对某一个工艺环节出现疑问时，可以直接连接后台的高级技术人员，针对特定场景高级技术人员可远程进行指导，甚至可以做到远程操作协助，从而保证工程质量的标准化管理。

1.5 BIM 在施工行业中的应用

工程项目是施工企业的核心，而 BIM 技术的高效应用必须以工程施工项目业务需求为第一推动力。对于施工项目而言，其目标永远是通过先进的技术管理、高效的生产管理和精确的成本管理来保证工程进度、提高工程质量、降低工程成本。因此，施工项目业务从职能管理划分上来讲，分为技术管线、生产管线和商务管线，因为商务管线是以合同、成本为核心，所以本部分对于 BIM 技术在建筑施工过程的主要应用围绕技术、生产和成本三条关键业务线进行论述。

1.5.1 施工技术业务上的应用

（1）通过碰撞检查，有效减少返工

针对建筑工程设计，建筑、结构、设备等不同专业的设计工作是分开进行的。在施工之前，施工单位需要将各专业设计图纸进行综合检查，以保证各专业之间不发生冲突。传统的检查方式是采用二维图纸，往往难以发现一些空间碰撞问题，同时不同专业图纸众多，在多张图纸之间寻找冲突和发现问题十分困难，这样的结果必然导致后续施工过程变更增加，产生额外的成本。应用 BIM 技术，可将多专业模型集成到统一的模型中，通过专业的 BIM 碰撞检查软件，在虚拟的三维环境下进行快速、全面、准确的计算，并检查出设计图纸中的错误、遗漏及各专业间的碰撞等问题，消除由此产生的设计变更和工程洽商，减少施工中的返工，节约成本，缩短工期，降低风险。

（2）通过施工模拟，优化施工方案

在施工之前，施工单位需要编制合理的施工方案。传统施工方案都是基于二维图纸和施工经验进行编制，其施工可行性往往无法满足实际施工的要求，结果导致专项施工方案边施工、边修改和边优化，严重的对工程工期、质量和成本产生较大影响。借助 BIM 技术三维可视化的特点实现施工模拟，在虚拟现实中对建筑项目的施工方案进行分析、模拟和优化，可以直观地了解整个施工环节的时间节点和相关工序，清晰地把握施工过程中的难点和要点，从而优化方案、提高施工效率、确保施工方案的可行性和安全性。

1.5.2 施工生产业务上的应用

（1）支持进度管理与控制

施工计划的编制是一个动态和复杂的过程，目前的计划编制由于专业性强，可视化程度低，无法清晰描述施工进度与相关建筑实体、资源等的复杂关系，难以形象表达工程施工的动态变化过程。通过将BIM构件与施工进度计划相关联，形成可视化的4D（3D+进度计划）模型。基于4D的管理系统通过三维图形模拟进度的实施，自动检查单位工程限定工期、施工期间劳动力、材料供应均衡度、机械负荷情况、施工顺序是否合理、主导工序是否连续及是否有误等情况，发现在二维网络计划技术中难以发现的工序间逻辑错误，优化进度计划，指导合理制定施工计划。在保证进度的情况下达到工期优化，协调劳动力、材料需要量趋于均衡，提高施工机械利用率，并可根据进度设置科学合理的场地布置，减少二次搬运。

在施工过程中，利用4D进度管理系统对施工过程中的进度和资源进行统一管理和控制。将实际进度录入4D系统，可基于BIM模型以可视化的方式对工程进度实际值和计划值进行比较，提前预警后续任务中可能出现进度风险，并根据进度计划相关算法，给出优化调整方案，达到缩短工期、降低成本和项目风险的目的。

（2）支持现场生产协同

项目施工过程中，施工方案和措施的有效实施是以项目参与人员全面、快速、准确地理解为基础，而二维图纸在这个问题上存在着天然障碍，BIM技术的应用可降低各参与方之间的沟通难度。在方案策划、设计图纸会审、设计交底、设计变更等以信息传递和沟通为主的工作过程中，BIM技术以三维信息模型为依托，形象、直观、动态地展现并传递设计理念、施工方案，可大大提高沟通效率，同时也便于对工人技术交底或培训，使其在施工之前，充分地了解施工内容及施工顺序。另外，BIM技术基于统一的模型将设计模型、工程量、预算、材料设备、管理信息等数据全部有机集成在一起，可降低工程建造过程中各种信息多样性造成数据的收集、存储、整理、分析的难度，提高了信息传递的效率。

（3）支持数字化生产和装配式施工

BIM结合数字化生产能够提高预制件加工效率。在进行预制加工时，可将BIM构件的三维设计模型数据，通过接口转换形成加工生产线系统所需要的数字化模型，并完成预制件加工。对于具有复杂几何造型的建筑构件，这样可以大大提高生产效率，有效降低建筑预制构件生产误差，提高准确性。

装配式施工是工厂预制加工和现场高效安装相结合的建造方式，是实现建筑产业现代化的关键途径之一。在现场的预制装配式施工安装过程中，预制件自身的误差和不同预制件之间安装接口不符问题时有发生，此时采取补救措施，很容易造成浪费和工期延误。通过基于BIM技术的虚拟装配软件，可模拟施工装配过程，发现吊装中的碰撞等问题，优化施工方案和施工计划，减少后期返工。

1.5.3 在施工成本业务上的应用

（1）支持精确高效工程量计算

精确高效的工程量计算是工程预算、变更控制、计量支付和工程结算的基础及依据。传统的工程量计算工作中，造价工程师通过二维图纸进行手工计算工程量，或者将图纸输入工程量计算软件中建模，软件进行自动计算。但不管哪一种方式都需要耗费大量的时间和精力。有关研究表明工程量计算的时间在整个造价计算过程占到了50%~80%的时间，工程量计算软件虽在一定程度上减轻了造价工程师的工作强度，但造价工程师需要理解二维图纸后重新输入算量软件，这种工作常常造成人为误差。利用基于BIM的工程量计算软件可有效提高算量工作的准确性和效率。BIM中的构件信息是可运算的信息，借助这些信息计算机可以自动识别模型中的不同构件，根据模型内嵌的几何、物理和空间信息，结合实体扣减计算技术，对各种构件的数量进行统计。同时，通过复用设计模型，省去通过图纸手工建立算量模型的时间，提高算量工作建模效率。

（2）支持项目全过程成本管控

3D信息模型与工程预算、进度计划集成扩展成为5D模型，通过相应软件可以有效地实现施工过程成本的动态管理和控制。在前期进行基于BIM的精确算量、计价工作之后，基于5D模型进行施工模拟，可优化方案，提高进度、资金、资源等计划的合理性，提高资源利用率，减少了在施工阶段的错误和返工的可能性，减少了潜在的经济损失；在施工阶段，基于5D模型，及时生成准确的材料采购计划、劳动力入场计划和资金需用计划等，借助BIM模型中材料数据库信息，严格按照合同控制材料的用量，确定合理的材料价格，发挥“限额领料”的真正效用。基于三维模型，自动进行变更算量及计价、工程计量及结算，相应变更和计量记录自动保存，方便查询。并能够实时把握工程成本信息，实现成本的动态管理，通过成本对比提高成本分析能力。

1.6 BIM在施工行业中的应用与发展新方向

BIM技术依然还在发展过程之中，它在应用中有很多难点需要解决，无论是BIM应用软件，还是BIM相关标准或是BIM技术应用模式都需要不断完善。但是，也应该看到，在过去的几年时间里，BIM技术在我国工程建设领域得到了快速发展，从基础技术研究，到标准的制定，再到工程实践，BIM技术经历了从概念到快速发展乃至广泛应用的过程。

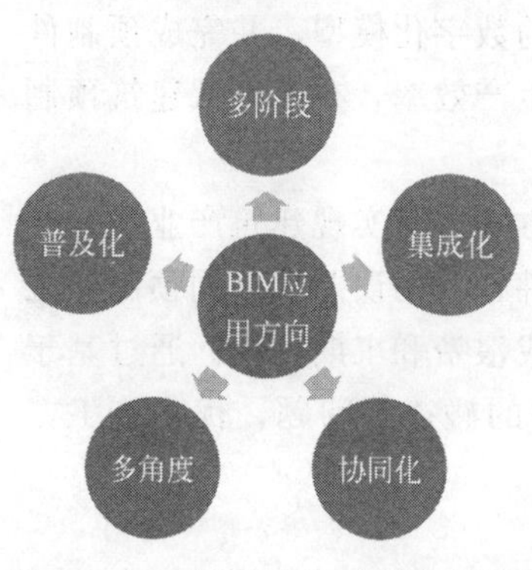

图1.6.1 “BIM+”应用发展特征

目前，从BIM技术实践中可以看出，单纯的BIM应用越来越少，更多地是将BIM技术与其他专业技术、通用信息化技术、管理系统等集成应用，以期发挥更大的综合价值，因此，BIM应用呈现出“BIM+”的特点，“BIM+”应用发展特征包括五个方面（图1.6.1）：一是多阶段应用，即从聚焦设计阶段应用向施工阶段深化应用延伸；二是集成化应用，即从单业务应用向多业务集成应用转变；三是多角度应用，从单纯技术应用向与项目管理集成应用转化；四是协同化应用，即从单机应用向基于网络的多方协同应用转变；五是普及化应用，即从标志性项目应用向一般项目应用延伸。

1.6.1 从聚焦设计阶段向施工阶段深化应用转变

一直以来，BIM技术在设计阶段的应用成熟度高于施工阶段的BIM应用，应用时间比较长。近几年，BIM技术在施工阶段的应用价值越来越凸显，其发展也非常快，根据相关报告调研，有59.7%的被访用户认为从设计阶段向施工阶段延伸是BIM发展的特点，有四成以上的用户认为施工阶段是BIM技术应用最具价值阶段。BIM应用有逐步向施工阶段深化应用延伸的趋势，主要包括以下四个方面的原因：

（1）施工阶段对工作高效协同和信息准确传递要求更高

施工阶段比设计阶段拥有更多的参与单位，更复杂的组织关系和合同关系。一个大型项目可能会有超过上百家分包参与，因此，施工过程将会产生大量的信息交流和组织协调的问题，项目参与方顺利的合作和协同工作尤为重要。BIM技术可更好地支持施工协同工作，BIM模型的可视化和参数化特性，使得设计表达更加清晰准确，降低沟通成本，协同更加顺畅。例如，BIM是以三维信息模型为依托，在施工过程中，通过三维的形式传递设计理念、施工方案等，方便了设计与施工、总包与分包、分包与工人之间的沟通。同时，在施工过程中，通过BIM模型集成进度和人材机资源，利用可视化的方式合理地划分分包工作界面，让各分包的进场、工作、撤离等工作前后协调一致，提高项目管理的效率。

（2）施工阶段对信息共享和信息管理要求高

施工阶段涉及的信息量远远超过设计阶段，无论从数量上还是种类上都非常巨大。如何及时地收集信息、高效地管理信息、准确地共享信息显得非常重要，直接影响项目决策的正确性和及时性。BIM技术可更好地支持施工项目信息的管理，高度协调的、一致的和可计算的BIM模型本身就是一个集成不同阶段、不同专业、不同资源信息的共享知识资源库，是一个可分享的项目信息集。BIM技术基于统一的模型进行管理，提供更为底层、基础和一致性的数据，从设计模型、图纸、工程量等有关数据扩展到施工管理、材料设备、运行维护等数据全部有机集成，降低了信息管理和信息共享的难度。

（3）施工阶段对项目管理能力要求高

施工阶段业务复杂度上远远超过设计阶段，呈现出业务种类多、参与者杂、专业范围广的特点，因此，要保证施工业务的有效执行，需要保证各业务单元之间数据一致性和业务流转顺畅，BIM技术可以提高施工项目管理精细化水平。例如，通过5D管理软件使得各参与方的工作基于同一个模型进行，5D模型集成了成本和进度等业务数据，采用可视化的形式动态获取管理所需数据，这些数据是及时的、准确的、关联的，最终可实现项目精细化管理。

（4）施工阶段对操作工艺的技术能力要求高

施工阶段是建筑物实际建造和形成过程，不仅仅需要设计图纸，还会遇到大量的施工技术问题，BIM技术可有效提高施工业务能力。例如，通过BIM模拟软件实现工艺模拟，事前调整安装错误，减少后期施工错误。通过BIM碰撞检查软件实现专业协调，提前发现设计问题，减少返工。

BIM技术的目标是基于统一的模型实现建设全生命周期信息的共享，因此BIM技术在施工阶段不断深化应用的同时，呈现出设计施工一体化应用趋势，重点体现在设计模型在施工阶段的延伸和复用。设计阶段和施工阶段存在不同的工作侧重点和工作内容：设计阶段的BIM应用关注方案比选、方案调整、性能分析、可视化表达，聚焦于模型的生成和建立；

施工阶段关注于BIM模型在各业务上的使用价值，聚焦于模型的深化和应用。两者在使用目的、深度要求、软件工具等方面均有不同，造成在设计施工一体化应用中BIM设计模型并不直接被施工阶段复用。

因此，设计施工一体化应用需要提高施工阶段对设计模型的利用率。一方面需要针对BIM技术，专门建立科学、规范、可依据的模型与制图标准，对模型的深度要求、建模规则、命名规则等作出明确的规定，使设计阶段BIM模型有据可依；另一方面，需要将先进的管理理念与BIM技术组合使用，例如IPD（Integrated Project Delivery，项目集成交付）模式。让建设、设计、施工等各参与方形成统一的利益共同体，核心是让施工方在设计阶段就加入，基于BIM技术共同工作，充分发挥双方优势，降低设计问题。

1.6.2 从单业务应用向多业务集成应用转变

目前，很多项目的BIM应用是通过使用单独的BIM软件解决单点的业务问题，以局部应用为主，例如基于BIM的工程量计算软件、碰撞检查软件、施工方案模拟软件等，这是目前主流的一种BIM应用模式。除此之外，还有一种应用模式——集成应用模式，充分发挥BIM技术本质，根据业务需要，通过软件接口或数据标准集成不同模型，综合使用不同软件和硬件，发挥更大的价值，例如通过基于BIM的工程量计算软件形成的算量模型，与钢筋翻样软件集成应用，支持后续的钢筋下料工作。据相关报告调研显示，60.7%的被调查者认为BIM发展将从基于单一BIM软件的独立业务应用向多业务集成应用发展。基于BIM的多业务集成应用主要包括以下几方面的内容：

（1）不同业务或不同专业模型的集成

在施工过程中，BIM技术应用的核心是能够在统一的模型基础之上，对人工、材料、机械等不同的资源进行协调一致的计划、管理和控制，最大限度地降低资源冲突和消耗，提高资源的利用率，因此，不同业务或不同专业的模型集成在一起是有必要的。例如，在制定施工方案时，人、材、机资源优化或计划都需要在专业模型集成的基础上进行；基于BIM的5D施工管理也需要在统一的BIM模型基础上，集成不同的业务数据，并基于这样的综合性模型支持施工过程的精细化管理工作。

不同模型涉及不同的软件、不同的专业、不同的建模规则，这种集成工作会带来巨大的复杂性，它不仅需要模型在建模时就遵循一定的规则和规范，也要建立BIM协同建设平台与各个专业的数据接口，例如各专业BIM建模软件、BIM深化设计软件、工程量计算软件、进度软件等的数据接口，实现各级数据交换。

（2）支持不同业务工作的BIM软件的集成应用

软件集成应用包含两个层面的内容：一是软件接口集成。建筑业是一个包含多个专业的综合行业，不同业务问题需要不同的BIM专业性软件解决。这些软件往往由不同的软件供应商提供，其实现的程序语言、数据格式、专业手段等不尽相同，他们之间集成应用需要解决接口问题。目前接口问题的解决可以通过编制专门的数据转换程序解决，也可以通过IFC标准数据格式解决。二是BIM软件的集成应用。其是指不同的BIM软件通过模型数据之间的互用、集成，来支持解决多个业务问题，发挥综合效应和价值。例如，在进行施工成本管理过程中，首先要通过BIM深化设计软件完成各专业深化设计；各专业模型导入BIM碰撞检查软件完成专业协调检查；各专业模型导入BIM工程量计算软件完成专业工程量计算，形成算量模型；算量模型导入5D管理软件，并集成进度计划软件，关联计划任务，形成5D

模型，支持后续的成本管理和控制。

（3）与其他业务或新技术的集成应用

这包括两个方面内容：一是与非现场业务的集成应用，例如工厂化生产。随着建筑工业化的发展，很多建筑构件的生产需要在工厂中完成。这时，如果采用 BIM 技术进行设计，可以将设计 BIM 数据直接传送到工厂，通过数控机床对构件进行数字化加工，对于具有复杂几何造型的建筑构件，这样可以大大提高生产效率。二是与其他非建筑专业软硬件技术集成应用，包括 3D 打印、3D 扫描、GIS、测量定位等技术。例如，在古建筑物保护修缮过程中，现场通过 3D 扫描对实物进行扫描，产生复杂环境和几何结构的详细三维图，导入 BIM 建模软件进行修改和加工。再如，国内某项目已实施与 BIM 技术集成应用的 3D 打印建筑结构体系，通过 BIM 建模软件建立墙体模型，导入 3D 打印设备进行墙体空腔结构打印，现场配置横向、竖向钢筋后，在空腔内进行混凝土灌心，形成 3D 打印配筋砌体剪力墙结构。

1.6.3　从技术应用向与项目管理集成应用转变

我国建筑业虽然经过了三十多年的高速发展，但相比其他行业效率依然比较低。究其原因，一是工程项目自身的复杂性、管理过程非标准化导致的各业务管理协同不畅，据研究表明工程项目约有 30%成本消耗在管理团队成员沟通协调过程中；二是数据共享协同困难，各业务管理单元之间、上下级业务层级之间实时获取一致的业务数据存在巨大困难，管理依据的往往不是实时准确数据，而是事后报表或个人的经验，这会导致工程延误、浪费、错误现象发生，最终影响决策。而目前的项目管理技术、方法无法根本性解决这些问题。

BIM 技术的出现可有效解决项目管理中生产协同和数据协同这两个难题。目前 BIM 技术已经不再是单纯的技术应用，它正在深入到项目管理的各个方面，包括成本管理、进度管理、质量管理等都会深入应用 BIM 技术，与项目管理集成应用成为 BIM 应用的一个趋势。相关报告调查显示，59.8%的被调查者认为 BIM 技术与项目管理信息的集成可发挥 BIM 更大的价值，二者集成应用包括以下几方面的内容：

（1）BIM 技术为项目管理过程提供数据有效集成的手段

BIM 技术是基于三维几何模型，集成不同阶段、不同专业、不同资源信息的共享知识资源，为项目管理过程提供了数据有效集成的手段。传统项目管理中，各业务线的数据是分散的，借助信息化的项目管理是将这些散落的数据集成应用，但缺乏将数据有机集成的手段和介质，造成来源不统一、口径不一致、数据不准确的问题，虽然借助信息化系统对数据进行了整理、统计和分析，但结果不尽如人意。BIM 技术基于统一的模型进行管理，提供更为底层、基础和一致性的数据，从设计模型、工程量数据扩展到施工管理、材料设备、运行维护等数据可全部有机集成在一起。

（2）BIM 技术为项目管理提供更为及时准确的业务数据

目前，工地现场的很多业务环节的管理失控，往往是因为没有准确的业务数据支持，例如工程款支付超限、材料用量不清、二次设计不及时等。BIM 技术侧重于在项目管理过程中业务点的技术应用，例如工程量计算、变更算量、方案模拟优化等。通过这些点的应用，在提高项目单点工作效率的同时，并可以为项目管理过程各业务线提供管理所需业务数据。这些数据是及时和准确的，它为项目管理过程中流程审批提供依据，极大地提高了人员工作效率。

（3）BIM 技术可提高管理单元之间的数据协同和共享效率

BIM 技术与项目管理集成应用，有利于提高工程项目管理过程中的各管理单元之间的数据协同和共享效率。在施工项目管理过程中，不同业务板块之间必须能够协调一致的工作，例如资金的准备是否充分及时，需要采购、分包提出准确的采购和分包计划，但是不同的业务管线的划分使得他们之间沟通协调成本相当高，传统的管理手段无法突破这一点。BIM 技术可为项目管理提供一致的模型，BIM 模型集成了不同的业务数据，采用可视化的形式动态获取各条管线所需数据，任何一点变更，相关业务人员做出修改后，其他所有人员调用到的数据就是最新的了，保证了数据及时地、准确地在各方之间共享和协同应用。

(4) BIM 技术与项目管理集成需要信息化平台系统的支持

二者的集成应用是各参建方基于统一的模型进行工作，以 BIM 模型为中心，完成业务数据、管理过程的协同。在这个过程中，BIM 技术是信息产生者，项目管理过程成为业务数据的使用者，那么如何让信息被充分利用并支持项目管理成为关键。因此，需要建立统一的项目管理集成信息平台，与 BIM 平台通过标准接口和数据标准进行数据传递，及时获取 BIM 技术提供的业务数据；支持各参建方之间的信息传递与数据共享；支持对海量数据的获取、归纳与分析，协助项目管理决策；支持各参建方沟通、决策、审批、项目跟踪、通信等。

1.6.4 从单机应用向基于网络的多方协同应用转变

建筑施工行业具有周期长、参与者多、专业细等特点，这使得施工现场及时沟通协同的必要性和重要性大大增强，协同效率低下往往是造成项目失败的主要原因之一。究其根本往往是在错误的时间把错误的信息发送给错误的人，由此做出了错误的理解或互相矛盾的决策，解决这些问题核心就是能够更准确地创建信息、及时传递信息、更快地反馈信息。

目前，物联网、移动应用等新的客户端技术迅速地发展和普及，他们依托于云计算和大数据等服务端技术实现了真正的协同，满足了工程现场数据和信息的实时采集、高效分析、及时分发和随时获取，形成了“云+端”的应用模式。这种基于网络的多方协同应用方式可与 BIM 技术集成应用，形成优势互补。一方面 BIM 技术提供了协同的介质，BIM 技术基于统一的模型工作，降低了各方沟通协同的成本。另一方面，“云+端”的应用模式可更好地支持基于 BIM 模型的现场数据信息采集、模型高效存储分析、信息及时获取沟通传递等，为工程现场基于 BIM 技术的协同提供新的技术手段，这也会成为 BIM 应用的一个趋势。相关报告调查显示，有 48.4%的被访用户认为从单机应用向“云+端”的协同应用转变将是 BIM 发展的一个特点，主要包括以下几方面的内容：

(1) 云计算为 BIM 应用提供了高效率、低成本的信息化基础架构

BIM 技术的应用具有业务多、周期长和专业能力强等特点，更需要信息化软件支撑，因此其应用过程会涉及大量的专业计算和海量的业务数据，云计算提供了一种很好的技术支撑手段。云计算为 BIM 应用带来以下好处：一是低成本投入，云计算采用虚拟资源池的方法管理所有资源，对物理资源的要求较低，可以节省高达 67%的服务器的生命周期成本；二是灵活的数据存储，云计算采用可伸缩网格体系结构，根据 BIM 数据需用量动态作出存储空间调整，做到按需分配，满足 BIM 应用所需要的数据要求；三是高效分析和计算能力，云计算可根据实际需求自动调整所需计算资源，远远超过本地单 CPU 计算速度，例如基于云的 BIM 工程量计算，比起单机算量提高将近 10 倍的速度。

(2) 支持工地现场不同参与者之间的协同和共享

在 BIM 技术与云计算、移动技术集成应用过程中，BIM 数据放到云端，现场的工作人

员通过移动终端可以及时获取自己所需要的信息，基于这种模式，可支持不同业务的协同工作，例如现场基于模型的沟通。项目成员在施工现场就可以通过手机或PAD实时进行模型的浏览和查询，并针对现场问题进行模型标注，其他人员获取信息后可针对问题进行及时沟通和修改。

（3）支持工地现场管理过程的实施监控

通过BIM技术与云计算、物联网技术集成应用，可满足工地现场很多管理业务需及时跟踪与监控的需求。例如现场材料的跟踪检查，通过RFID技术可以实现材料设备的进场验收、施工部位的使用等跟踪功能，并将数据与BIM平台中相关构件的设计信息要求对比，监控现场材料使用是否正确，实现对施工进度、重点部位、隐蔽工程等部位的材料设备进行校核。再如在上海中心大厦项目上，现场对于环梁结构及其辅助结构用全站仪进行数据采集，将采集后的数据与BIM三维模型的理论数据进行分析比较，最终可建立与现场实际工况一致的三维模型。

总之，BIM应用强调的是在不同的业务模型产生之后，在建造过程中如何被使用，发挥更大价值。云技术、移动技术等与BIM技术的集成应用使得BIM应用跨越了时空限制，真正进入了施工现场，符合工程项目走动式办公的特点。因此，这样的应用模式必然会为现场管理和协同带来革命。

1.6.5 从标志性项目向一般项目应用延伸

在我国，BIM技术在项目上的应用经历了从大到小、从特殊到普通的过程。其最初只是应用于一些大规模标志性的项目中，例如上海中心大厦项目、广东东塔项目等，上海世博会一些场馆也应用了BIM技术。但是最近两三年时间里，BIM技术已经开始应用到一些中小型规模的项目当中，特别是对于设计行业，某些大型设计院项目上BIM技术使用率可达到70%～80%。随着设计行业BIM应用普及，施工行业的这种趋势逐渐明显。相关报告调查显示，39.6%的被调查者认为BIM应用正从标志性项目向一般项目应用扩展，这主要包括以下原因：

（1）国内企业对于BIM技术的认识在不断成熟

BIM技术在企业中推广的阻碍往往来自企业认为投入产出不佳或者投资得不到回报。因此，很多企业从战略考虑，认为既然使用BIM技术，就要用在大型复杂的标志性项目才有意义，而一般项目没必要使用BIM技术，产生不了效益。但是，随着BIM技术应用的普及，以及对BIM应用方法和流程的研究，可以认定影响BIM应用的价值往往是因为实施方法和过程出问题了，而不是BIM本身出问题了。同时，BIM应用的成功案例越来越多，这也促使企业认识在转变，没必要花大的代价在大型项目使用BIM，完全可以从一般项目进行试点，逐步推广。

（2）很多BIM技术相关的软件已逐渐成熟

以前BIM技术的应用聚焦在设计阶段，以Autodesk Revit为代表的BIM设计软件较为成熟，这无形中促进了BIM在设计阶段的应用。施工阶段的应用软件较少，施工项目想使用BIM，往往需要和软件商合作，定制化开发软件或者进行必要的修改，同时，BIM软件也无法复用设计阶段模型，重新建模也加大了应用成本。随着这几年施工阶段的BIM应用软件逐渐成熟，以及与设计模型接口的打通，这使得BIM应用成本大大降低，例如基于BIM的工程量计算。目前这类软件在传统工程量计算软件的基础上，采用BIM模型进行算量，并实现了从设计模型直接导入的功能，这样的软件可直接用于一般的工程。

（3）基础设施领域开始积极推广 BIM 应用

一方面各级地方政府积极推广 BIM 技术应用，针对政府投资项目要求必须使用 BIM 技术，这无疑促进了 BIM 技术在基础设施领域的应用推广，例如上海市城市综合水处理项目、11 号线徐家汇站内部装修设计等多个工程都采用了 BIM 技术；另一方面基础设施项目往往工程量庞大、施工内容多、施工技术难度大，施工过程周围环境复杂，施工安全风险较高，传统的管理方法已不能满足实际施工需要，BIM 技术可通过施工模拟、管线综合等技术解决这些问题，使施工准确率和效率大大提高。例如城市地下空间开发工程项目，在施工前应用 BIM 技术可以充分模拟，论证项目与周围的城市整体规划的协调程度，以及施工过程对周围环境的影响，从而制定更好的施工方案。

1.7 智能建造赋能建筑业发展

1.7.1 智能建造与新型建筑工业化政策导向

2020 年 7 月，住房和城乡建设部、国家发展和改革委员会、科学技术部、工业和信息化部等 13 个部门联合印发了《关于推动智能建造与建筑工业化协同发展的指导意见》。其中明确提出，要围绕建筑业高质量发展总体目标，以大力发展建筑工业化为载体，以数字化、智能化升级为动力，形成涵盖科研、设计、生产加工、施工装配、运营等全产业链融合体的智能建造产业体系。到 2025 年，我国智能建造与建筑工业化协同发展的政策体系和产业体系基本建立，建筑产业互联网平台初步建立，推动形成一批智能建造龙头企业，打造“中国建造”升级版。到 2035 年，我国智能建造与建筑工业化协同发展取得显著进展，建筑工业化全面实现，迈入智能建造世界强国行列。

新型建筑工业化是通过新一代信息技术驱动，以工程全寿命期系统化集成设计、精益化生产施工为主要手段，整合工程全产业链、价值链和创新链，实现工程建设高效益、高质量、低消耗、低排放的建筑工业化。

2020 年 8 月，住房和城乡建设部等 9 部门联合印发了《关于加快新型建筑工业化发展的若干意见》，提出发展新型建筑工业化是城乡建设领域绿色发展、低碳循环发展的主要举措，它既是稳增长、促改革、调结构的重要手段，又是打造经济发展“双引擎”的内在要求。其中要求，通过加强系统化集成设计、优化构件和部品部件生产、推广精益化施工、加快信息技术融合发展、创新组织管理模式、强化科技支撑、加快专业人才培育、加大政策扶持等重点工作，推动城乡建设绿色发展和高质量发展，以新型建筑工业化带动建筑业全面转型升级。

1.7.2 智能建造的概念

智能建造意味着在建筑工程设计、生产、施工等各阶段，充分利用云计算、大数据、物联网、移动互联网、人工智能等新一代信息技术，以及建筑信息模型（BIM）、地理信息系统（GIS）、自动化和机器人等新兴应用技术，通过智能化系统，提高建造过程的智能化水平。其中，智能的含义为计算机系统，包括软件系统（如信息系统）和硬件系统（如机器人），拥有人类才具有的能力，可以经过研发将其用于从事只有人类才能从事的工作，从而实现完全取代人或减少对人的需求。

智能化系统既可以是软件系统也可以是硬件系统。以建造过程中的管理决策为例，传统上必须由人综合分析各方面的情况来进行，如果采用相应的决策支持系统，就可以在某种程度上帮助人进行一定的分析，提供决策选项，相应的系统就是以软件形式存在的智能化系统的例子。又如，在施工过程中可以使用建筑机器人，如外墙喷涂机器人，其可以减少甚至取代人完成建筑外墙的喷涂工作，其即为以硬件形式存在的智能化系统的例子。当然，这样的硬件中包含了软件。再如，在超高层建筑施工中使用集成化施工平台（属于智能装备），可以加快施工进度，并有助于提高施工质量和安全水平，也是以硬件形式存在的智能化系统的例子。

建造过程一般包含设计阶段、生产阶段以及施工阶段，因为运营维护阶段的维护工作也会包含设计、生产和施工等环节，所以也可以将运营维护纳入建造过程。因此，按阶段划分，智能建造可以分解为智能设计、智能生产、智能施工以及智能运维。另外，因为设计、生产、施工和运维都是有组织的行为，所以组织管理的智能化也非常重要，因此，智能建造也可以包含智能组织。

1.7.3 智能建造演变与分类

在我国，20世纪70年代末，计算机开始用于建筑工程的结构计算中；20世纪80年代，建筑行业开始应用计算机辅助设计（CAD）技术；20世纪90年代，计算机开始用于施工管理，而且作为人工智能的分支，专家系统开始在建筑行业中应用；而计算机应用在运维管理中则是21世纪以后的事。

严格地讲，若计算机系统拥有人类才具有的能力，并用于取代人或减少对人的需求，则可以称为智能化系统。一般来说，感知、识别、记忆、理解、联想、感情、计算、分析、判断等都是人类才具有的能力，因此，从广义上讲，全部拥有或部分拥有这些能力的系统都可以称为智能化系统；而若在建造过程中采用了智能化系统，则可以称为智能建造。从这个意义上讲，按照人的能力的对应关系以及所应用的智能化系统的深度，智能建造可以分为以下4个类别：

① 计算智能类。这是初步的智能建造，起源于20世纪80年代对计算机的计算能力的利用，体现为在设计复杂的建筑中利用CAD技术，进行设计计算、分析和绘图。由于利用了计算机出色的计算能力，设计人员可以在短时间内针对建筑进行各种分析，从而大大缩短了设计周期，同时提高了设计质量。

② 分析智能类。这是中等级别的智能建造，起源于20世纪90年代对计算机分析能力和判断能力的应用。主要特点是，在系统中，针对人工录入的信息，按照一定的模型进行分析，其结果用于辅助决策。体现为在企业管理及施工管理中，利用信息系统中已录入的数据进行数据统计等，用于辅助决策。当然也包括某些自动化设备，例如早期的建筑机器人。

③ 联想智能类。这是当前较高级别的智能建造，起源于20世纪90年代的。这使得计算机系统可以用于记忆带有语义的空间信息，从而不仅使得系统可以直观展示设计结果、生产和施工过程，以及运维管理操作空间，而且使得系统可以进行空间分析和工程量计算。这类应用相当于人的联想和计算能力在计算机系统中同时得到实现，可以用于虚拟建造和精细化管理。

④ 综合智能类。这是当前高级别的智能建造，起源于过去10多年来对计算机多方面能

力的综合应用。信息一般采用传感器自动采集，通过软件系统可以进行大数据分析，或者基于大数据可以进行人工智能学习，例如机器学习和深度学习。如果包含了硬件系统，一般还具有实时控制功能，例如施工安全检测系统、最近研发出来的施工机器人系统、集成化施工平台等。甚至可以与 GIS 技术、BIM 技术以及三维激光扫描技术相结合，用于更具真实感的人机协同和更高水平管理。

需要说明的是，一个智能化系统所能覆盖的应用点往往是有限的。以管理软件为例，较多见的是单项管理软件，例如成本管理软件，其覆盖的应用点就会很有限；当然也有综合性管理软件，这类软件可以覆盖较多的应用点，但往往在深度上难与单项管理软件相比。从这个意义上讲，在实际过程中，可以规定智能建造等级来衡量工程项目的智能建造水平。等级越高，代表在工程项目中应用的智能化系统的所覆盖的应用点越多，而且应用深度也越深。

1.7.4 智能建造的意义

总体来说，智能建造契合我国建筑行业发展新形势，为解决目前建筑业发展面临的问题提供了很好的解决方案，从而为建筑业赋能。具体表现在：

① 发展智能建造是我国建筑行业发展新形势的需要。因为智能建造在“新基建与新城建”“智能建造与新型建筑工业化”“工程基础软件自主可控”中或者就包含在其中并具有重要地位，或者有着密切联系。

② 智能建造有助于解决建筑行业劳动力短缺问题。例如，通过使用集成化施工平台，可以大幅度提高施工效率，减少对劳动力的需求。又如，本质上建筑机器人的作用就是代替人，至少是减少对人的需求。建筑机器人与工人相比不仅能够带来更高的工作效率，而且可以连续不断地工作，甚至可以在恶劣环境下工作。

③ 智能建造有助于解决建筑行业生产力低下的问题。例如，在设计过程中，通过使用智能化设计系统，可以让系统代替人进行设计的合规性检查、自动生成设计图纸，可以将设计人员从繁重的手工劳动下解放出来，降低他们的劳动强度，使他们有时间进行更多创造性的工作。同样在施工过程中，可以通过应用建筑机器人大大提高生产力水平。

④ 智能建造有助于建筑行业的高质量发展。传统的设计工作具有工期紧、设计人员不得不加班加点、容易出现设计错误、设计质量不容易保证等特点，智能化设计系统将使设计人员减少设计错误，专注复杂问题的解决方案，在提高设计质量的同时，可以在有限的时间内考虑对工程全生命周期的各种影响，给出更高水平的设计方案。传统的施工管理粗放，主要靠管理人员“拍脑袋”进行决策，资源难以得到最佳配置，经常造成浪费。智能化施工管理系统则可以使施工企业提高管理水平，减少浪费，提高经济效益。传统施工现场具有累、脏、危险的特点，集成化施工平台和建筑机器人则可以显著改善施工环境，在环境较差的地方可以让机器人代替人来工作。

习 题

1. BIM 的核心是（　　）。

A. 建筑　　B. 模型　　C. 信息　　D. 管理

2. BIM 是以（　　）数字技术为基础，集成了建筑工程项目各种相关信息的工程数据模型，是对工程项目设施实体与功能特性的数字化表达

A. 二维　　B. 三维　　C. 四维　　D. 五维

3. 在施工技术业务上的应用，通过（　　）可以避免在建筑施工阶段可能发生的错误，有效减少返工。

A. 技术交底　　B. 虚拟施工　　C. 碰撞检查　　D. 建立4D施工信息模型

4. 工程项目全寿命期可划分为（　　）五个阶段。

A. 勘察与设计、施工、监理、运行与维护、改造与拆除

B. 策划与规划、勘察与设计、施工与监理、运行与维护、改造与拆除

C. 勘察、设计、施工、监理、运行与维护

D. 策划、勘察与设计、施工、监理、运行与维护

5.（　　）标准是开放的建筑产品数据表达与交换的国际标准。

A. IFC　　B. 3ds　　C. VDC　　D. Revit

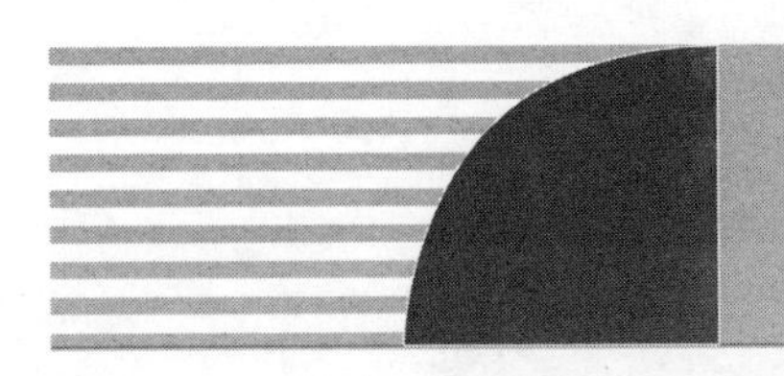

第2章

课程前期准备

2.1 章节概述

本章节主要基于专用宿舍楼案例进行实训课程项目启动说明，通过课程说明、角色说明、项目说明、任务说明等让各项目团队明确实训要求，完成实训课程前期准备工作。

本书在第一章讲解中，主要基于BIM5D应用平台相关知识进行讲解，意在帮助项目团队快速了解并熟悉BIM5D的系统内容、三端一云架构、集成方式等内容。通过第一章对BIM5D系统的介绍，相信项目团队已经对于BIM5D应用思路有了一定的了解。

本章主要围绕本课程进行说明，包括授课方法等。

(1) 能力目标

① 能够了解课程说明和要求，明确实训目的及意义；

② 能够了解项目团队组成，明确各角色分工及相应职责；

③ 能够了解专用宿舍楼项目工程概况；

④ 能够了解本书实训完整任务要求，明确实训主线模块内容。

(2) 明确任务

基于专用宿舍楼案例，完成项目团队组建及角色分工，明确各自角色职责，启动实训项目。

2.2 课程目的

本课程是一门实践性很强的工程管理专业实训课程，是在完成《建筑识图与BIM建模》《工程招投标与合同管理》《建筑工程计量与计价》《安装工程计量与计价》《建筑施工技术》《工程项目管理》等基础必修课及实训课的学习后，对所学的知识的综合、提高和运用。其不仅仅是对建筑工程理论知识的学习，还是实践综合应用性强，在课程体系中起到重要支撑作用的一门课。本课程通过基于BIM技术模拟从项目招投标阶段—项目准备阶段—项目实施阶段—竣工阶段的整个施工阶段的应用，围绕多部门、多岗位协同应用，让学生能够掌握未来工作场景中的实际业务并且能够通过BIM技术进行项目管理应用，加强学生的BIM应用能力和实际业务能力的培养，熟悉不同岗位对于BIM技术应用的相关要求。其任务是：通过多部门、多岗位协同，采用角色扮演模式，让学生系统地了解、熟悉和掌握基于BIM

技术的建设工程项目管理中的内容、方法及具体措施，并了解及掌握在实际项目中不同岗位的业务场景和业务知识点，使学生初步具备运用 BIM 项目管理软件进行项目管理的能力，为学生毕业后从事基于 BIM 的建设工程项目管理工作打下坚实的专业基础。

本课程基于 BIM5D 三端一云的运用，围绕专用宿舍楼案例进行完整演练，采用角色扮演的模式，明确岗位职责、BIM 应用及岗位协作的相关要求，通过任务驱动式教学方法，模拟多部门、多岗位基于 BIM5D 全过程项目管理的运用流程，从而实现加强学生的 BIM5D 协同应用能力和实际施工项目管理业务能力的培养。

2.3 角色说明

本课程建议按照 5～6 人成立项目部小组，角色分工包括项目经理、技术经理、生产经理、质安经理、商务经理五大角色，同时教师作为企业领导进行项目模拟。

◆ **教师**

负责组织团队建设、实训模拟规则讲解、实时查看各项目团队任务进展情况、评审各个团队完成情况等。

◆ **项目经理**

负责协同统筹团队整体项目任务分配，过程中检视各阶段任务完成情况，并实施监控各部门工作进展等。

◆ **技术经理**

主要负责 BIM 技术应用，包括施工组织设计编审、三维技术交底、专项方案查询、砌体排布及工艺工法库编制维护等工作。

◆ **生产经理**

主要负责 BIM 生产应用，包括流水段划分、施工任务跟踪、模型进度挂接、现场工况分析模拟、物料跟踪及提量等工作。

◆ **质安经理**

主要负责 BIM 质安应用，包括质量安全跟踪、安全定点巡视、质安整改通知编制及发送、项目质量安全数据分析等工作。

◆ **商务经理**

主要负责 BIM 商务应用，包括成本数据挂接、变更管理、资金资源曲线分析、进度报量及合约规划管理等工作。

2.4 项目说明

基于专用宿舍楼项目，总建筑面积为 1732.48m^2，基底面积为 836.24m^2，建筑高度为 7.65m，1～2 层为宿舍。结构类型为框架结构，基础类型为柱下独立基础。

该项目发包为总承包模式，中标合同总价为 333.6 万元，总工期要求为 4 个月。项目团队接收到开工任务，要求在规定时间内竣工，并交付于甲方。

2.5 任务说明

任务一：基于专用宿舍楼案例，完成团队组建，角色分工；

任务二：基于专用宿舍楼案例，完成 BIM 基础准备部分章节任务，并输出要求成果文件；

任务三：基于专用宿舍楼案例，完成 BIM 技术应用章节任务，并输出要求成果文件；

任务四：基于专用宿舍楼案例，完成 BIM 商务应用章节任务，并输出要求成果文件；

任务五：基于专用宿舍楼案例，完成 BIM 生产应用章节任务，并输出要求成功文件；

任务六：基于专用宿舍楼案例，完成 BIM 质安应用章节任务，并输出要求成果文件；

任务七：基于专用宿舍楼案例，完成 BIM 项目 BI 应用章节任务，并输出要求成果文件。

习 题

1.（　　）负责协同统筹 BIM 团队整体项目任务分配，过程中检视各阶段任务完成情况，并实施监控各部门工作进展。

A. 质安经理　　B. 项目经理　　C. 技术经理　　D. 生产经理

2.（　　）负责 BIM 技术应用，包括施工组织设计编审、三维技术交底等。

A. 商务经理　　B. 项目经理　　C. 技术经理　　D. 生产经理

3.（　　）负责 BIM 项目流水段划分、施工任务跟踪、模型进度对接、现场工况分析模拟等工作

A. 质安经理　　B. 商务经理　　C. 技术经理　　D. 生产经理

4.（　　）负责 BIM 数据挂接、变更管理、资金资源曲线分析、进度报量、合约规划管理等工作。

A. 质安经理　　B. 商务经理　　C. 技术经理　　D. 生产经理

5.（　　）负责 BIM 项目质量安全跟踪、安全定点巡视、质量安全数据分析等工作。

A. 商务经理　　B. 项目经理　　C. 质安经理　　D. 生产经理

第 2 篇
项目 BIM 应用

第3章

BIM5D 综合应用

3.1 章节概述

本书在上述章节讲解中，主要基于专用宿舍楼案例进行课程项目启动说明，意在帮助项目团队快速了解实训课程说明及任务要求、完成团队角色分工等。通过上述章节对课程任务及项目说明、角色职责分工的讲解，相信项目团队已经可以顺利完成实训课程前期准备工作。

本章主要基于 BIM5D 应用平台相关知识进行讲解，通过 BIM5D 系统介绍、三端一云介绍、模型集成来源简介、进度集成来源简介及编制原则、成本集成来源及编制原则等方面进行学习认知。相关能力目标如下：

（1）能够了解 BIM5D 系统内容，熟悉基于 BIM5D 模型中心、数据中心、应用中心的构成；

（2）能够了解 BIM5D 三端一云的构成及意义，熟悉基于 BIM5D 三端一云的应用关系；

（3）能够了解基于 BIM 平台的模型集成来源，掌握基于不同软件对接 BIM5D 的方法思路；

（4）能够了解施工进度计划的表现形式及基本理论，掌握基于 BIM5D 进度集成的方法思路；

（5）能够了解 BIM 技术对于成本方面的价值意义，掌握基于 BIM5D 成本集成的方法思路。

3.2 BIM5D 系统介绍

BIM5D 系统是基于 BIM 模型的集成应用平台，通过三维模型数据接口集成土建、钢结构、机电、幕墙等多个专业模型，并以 BIM 集成模型为载体，将施工过程中的进度、合同、成本、工艺、质量、安全、图纸、材料、劳动力等信息集成到同一平台，利用 BIM 模型的形象直观、可计算分析的特性，为施工过程中的进度管理、现场协调、合同成本管理、材料管理等关键过程及时提供准确的构件几何位置、工程量、资源量、计划时间等，帮助管理人员进行有效决策和精细管理，减少施工变更，缩短项目工期，控制项目成本，提升质量。

BIM5D 围绕模型中心、数据中心及应用中心，帮助实现项目精细化管理，见图 3.2.1。

BIM5D 基于模型中心，可支持导入 Revit、Tekla、GGJ、GCL、GQI、GMJ、GSL、ArchiCAD、MagiCAD、igms、3ds、IFC 等格式的多专业模型、场地模型及措施机械模型，见图 3.2.2。

BIM5D 基于数据中心，以集成模型为载体，可在平台上导入进度、合同、成本、质量、安全、图纸、物料等信息进行关联，见图 3.2.3。

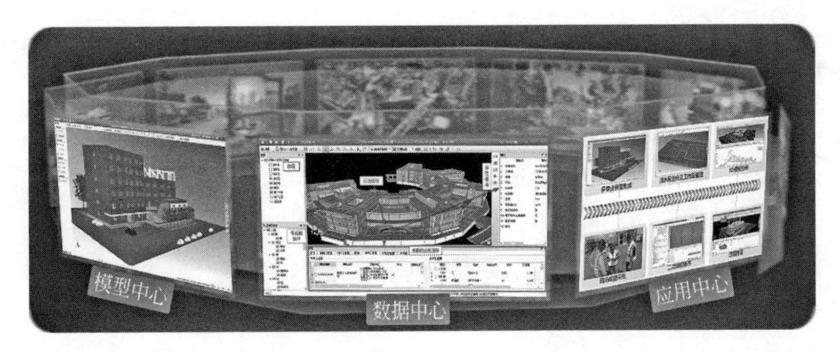

图 3.2.1

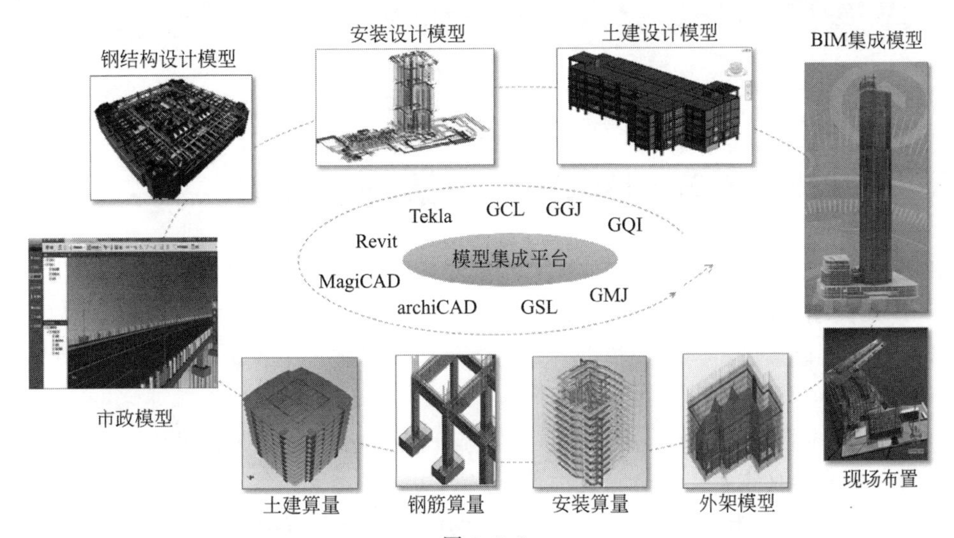

图 3.2.2

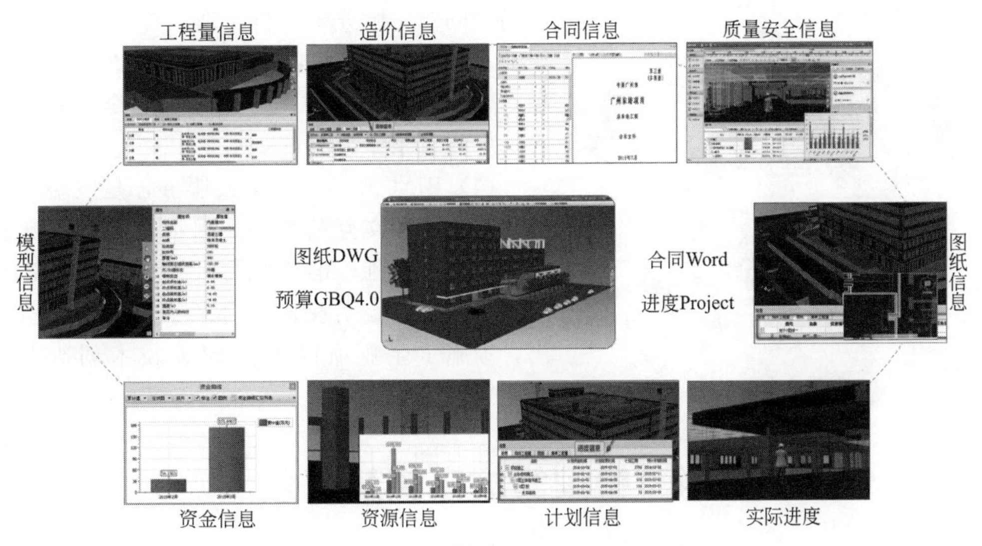

图 3.2.3

BIM5D基于应用中心，以模型与数据结合为基础，可围绕技术、商务、生产、质安等多部门、多岗位实现协同应用，见图 3.2.4。

BIM基础准备	BIM技术应用	BIM商务应用	BIM生产应用	BIM质安应用	BIM项目BI应用
·基础信息	·三维交底	·GFC应用	·流水段划分	·质量安全跟踪	·借助企业看板分析质量、安全、生产、商务目前状态，与预期的差距，针对存在的问题提出解决方案
·模型整合	·专项方案查询	·成本挂接	·任务跟踪	·安全定点巡视	
	·排砖	·变更管理	·模型进度挂接	·质量/安全整改通知单	
	·资料关联	·资金、资源曲线	·工况设置/进度跟踪	·质量安全	
	·工艺工法库	·进度报量	·在场机械统计	·大数据分析	
		·合约管理	·施工/工况模拟		
			·进度对比分析		
			·物料跟踪		
			·物资提量		

图 3.2.4

3.3 BIM5D 三端一云介绍

BIM5D 产品包括桌面端、移动端、Web 端三部分，通过 BIM 云进行协同，见图 3.3.1。

(1) 5D 桌面端，回答的是“项目应该如何施工”问题，供技术员、预算员等使用。在施工准备阶段，可以集成不同专业模型，进行进度关联、施工工程量和资源测算，主要应用于施工准备阶段。

(2) 5D 现场移动端，回答的是“项目实际施工的怎么样”问题，供施工员、质安员等在现场使用。目前具有质量、安全、进度信息采集功能，将来还将包括通过二维码扫描，在施工现场就能获取 5D 的构件信息，以及所关联的施工工艺、质量要求说明等文档。

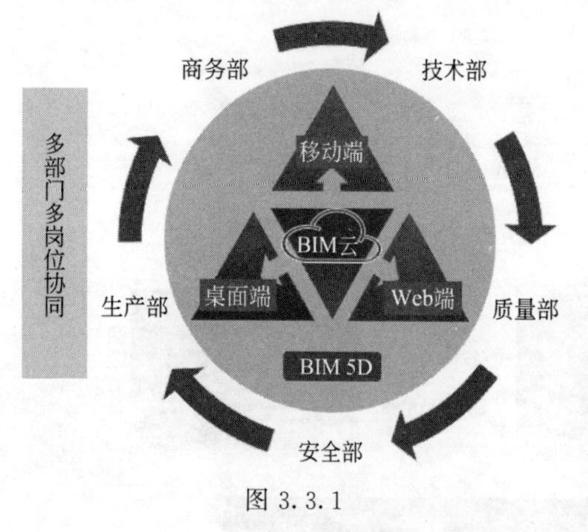

图 3.3.1

(3) 管理驾驶舱，回答的是“项目整体状态如何”问题，服务于项目经理、总工、生产经理、企业管理者，将 5D 桌面端和移动端的信息汇总成项目整体的进度、成本、质量、安全，便于管理者了解项目整体情况。

(4) BIM 云基于广联云服务，是三端之间进行数据存储和交互的平台，保证三端之间数据传递分享的实时性、准确性与有效性。BIM5D 基于三端一云服务，实现多部门、多岗位协同 BIM 应用，为施工企业项目基于 BIM 技术创造更大的效益。

3.4 模型集成来源及简介

BIM5D 平台中可集成多专业模型，如建筑模型、结构模型、机电模型、钢结构模型、场地模型等，针对不同的模型在 BIM5D 平台中有不同的场景的应用及作用，见图 3.4.1。

建筑模型：建筑专业 BIM 设计阶段模型传递至 BIM 施工阶段有 3 种方式，当 BIM5D 平台中偏重技术应用及方案模拟时，可采用第一种导入方式，如 Revit 建立 BIM 设计模型

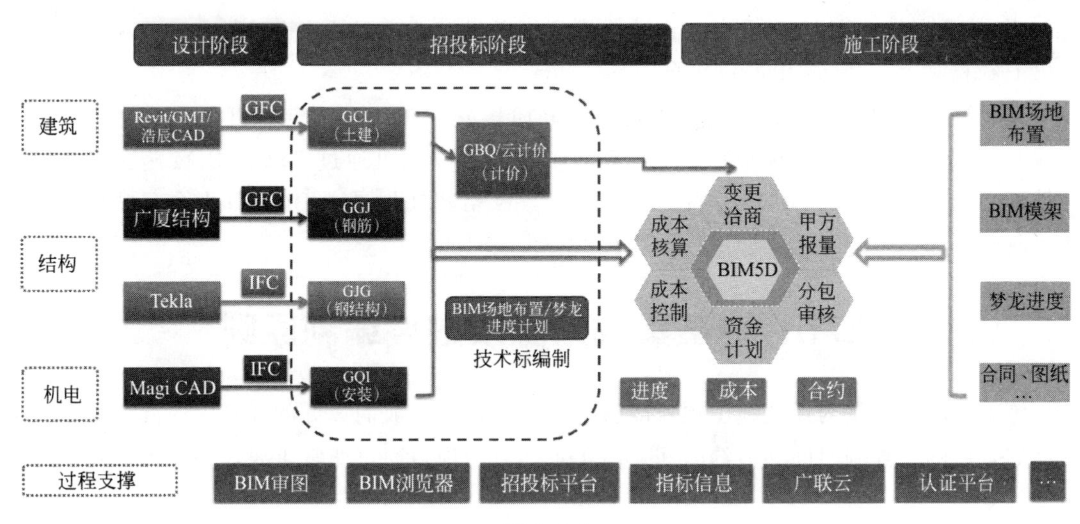

图 3.4.1

导出E5D格式文件（需安装E5D插件），可直接进入BIM5D平台进行应用。当BIM5D平台中偏重商务应用及对工程计量和成本价格有严格要求时，可采用第二种导入方式，如Revit建立的BIM设计模型可导出GFC格式文件（需安装GFC插件），GFC格式文件可在造价招投标阶段通过广联达BIM土建算量软件GCL2013进行承接，在此模型基础上完善、修改模型，套取清单定额，形成造价招投标阶段BIM模型，并导出IGMS格式模型文件在BIM5D平台中导入使用。当在BIM5D平台中需要把多种国际软件做出的BIM模型融合进行融合时，可采用第三种方式导入，如Revit、Bentley、ArchiCAD等国际主流设计软件建立的建筑模型可导出IFC国际通用标准模型格式文件，导入BIM5D平台中进行模型集成。为保证模型不同阶段修改和完善的效率，需要前期建模过程中掌握并应用BIM建模规范。具体流程如图3.4.2所示。

图 3.4.2

机电模型：设计阶段机电专业BIM模型可通过Revit Mep或Magicad for CAD平台及Magicad for Revit平台建立，具体导入方式与建筑模型相同，均需要掌握应用BIM建模规范。为满足在BIM5D平台中集成多专业模型，建筑与机电BIM模型楼层高度、楼层标高及水平插入基准点均需保持一致，建议统一使用建筑标高，见图3.4.3。

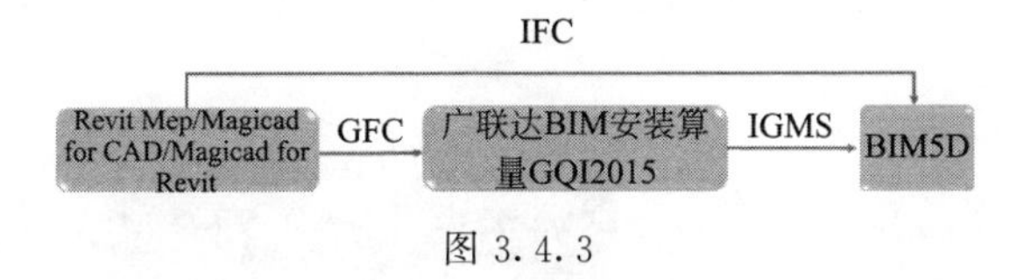

图 3.4.3

结构及钢结构模型：可通过广联达BIM钢筋算量软件GGJ2013建立结构模型，导出

igms 格式文件进入 BIM5D 平台。钢结构模型可通过 Tekla 钢结构设计软件建立 BIM 模型，导出 IFC 格式文件进入 BIM5D 平台。

场地模型：BIM 场地模型是基于施工不同阶段建立三维可视化、可计量模型，并能够直观、立体地反映施工现场布置是否合理。BIM 场地模型可通过广联达 BIM 施工现场布置软件建立不同施工阶段 BIM 场地模型，导出 igms 格式文件进入 BIM5D 平台，并结合不同施工阶段应用。

3.5 进度集成来源及进度编制原则

施工进度计划是为保证施工项目能够按照目标按时完成而设计的任务、时间、资源投入的计划，目的是控制时间和节约时间。由于工期对于项目而言非常重要，所以做一份合理的进度计划非常必要。

常见的进度计划表现形式主要有以下几种：甘特图（即横道图）、双代号网络图、单代号网络图、斜线图。

目前应用较多的为横道图及双代号网络图。横道图的优点主要是简单直观，编制人方便编制，看图的人好理解；缺点是不能直观表达逻辑关系，时差、关键路径也不是很直观。双代号网络图优点是能够清楚地反映各工作之间的逻辑关系，对于复杂且难度大的工程可作出有序而可行的安排，从而产生良好的管理效果和经济效益；缺点是进度状况不能一目了然。建议制作进度计划应用双代号网络图，如图 3.5.1 所示。

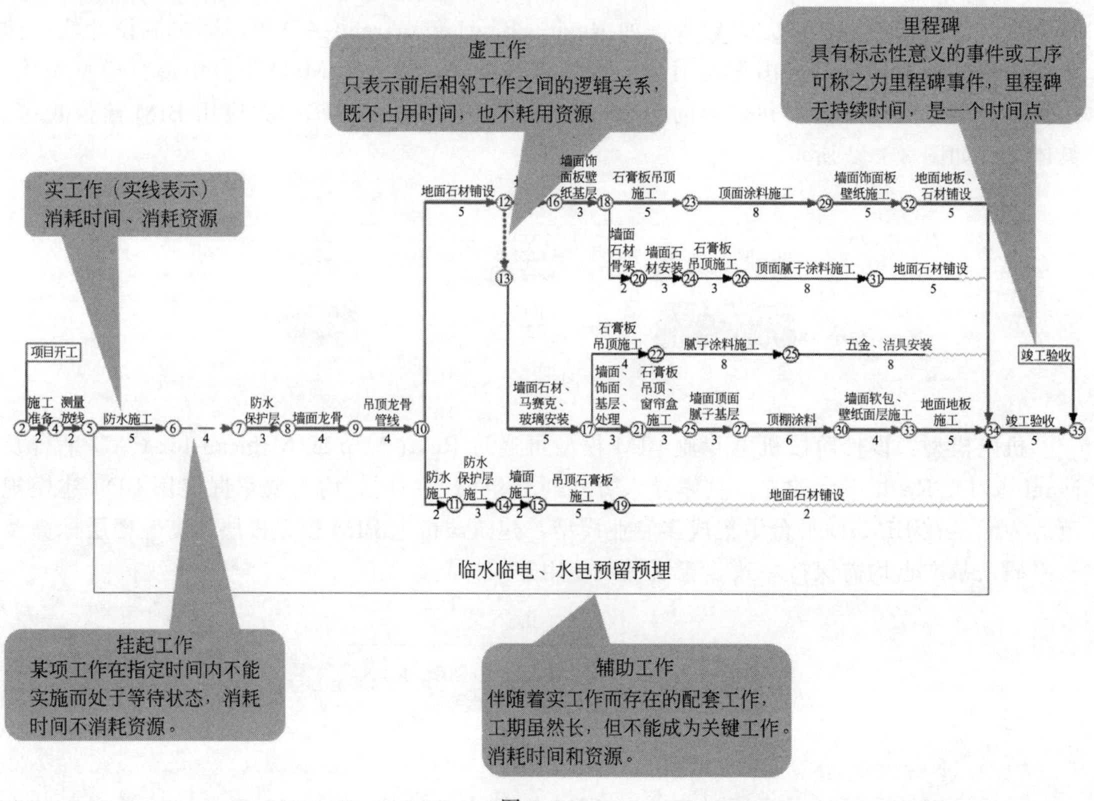

图 3.5.1

为满足导入BIM5D平台应用的需要，在编制进度计划时需要注意以下几点：进度计划编制不能违反任务之间的逻辑关系；任务名称及内容尽量具体到BIM模型构件级，如柱钢筋绑扎，那这条施工任务就可以和结构BIM模型中柱构件进行关联。

BIM5D平台中可承接Project及广联达斑马梦龙网络计划制作完成的进度计划。

3.6 成本集成来源及清单编制规则、用途

成本是一个项目各个参与方最为关心的指标之一，它关系到业主方的投入、设计方的利润、施工方的盈利。可以说工程的成本把控对于各方来说都是一件极为重要的事情。而随着BIM进入我国，为我国建筑项目在成本把控上提供了全新的思路与方法。BIM在成本方面应用上有诸多好处，具体如下：

（1）工程量更加准确与容易计算

在传统CAD模式下，绘制完CAD图纸之后，再运用计算机统计工程量的时候，需要人工输入图纸中一些线条的属性，例如梁、板或柱，这种计算方式以及算量技术的生成属于半自动化的方式，准确率较低。在大量的图纸及海量数据的情况下，往往就是依靠算量人员的工作经验和个人能力进行，既费时又费力。导入BIM之后，设计图纸上的点线面将不再是构件的符号，而是带有数据、属性的构件，例如门窗的单价、数量等，如此就可以实现自动算量，而且只要输入的数据属实，计算结果也非常准确，提高了人员的工作效率。

（2）成本控制更加容易

对于业主而言，投资或成本的控制更多是在规划和设计阶段。目前的计算方式相对比较传统，大多数是估算或者是拍脑门的方式，往往是入不敷出或者是严重浪费。而导入BIM之后，业主可以通过BIM模型中对于成本分析及描述的结果，比较不同方案的技术、经济等指标，更快捷地找到适合项目的投资方案。另外，因为BIM模型的数据信息与真实环境是一致的，所以在概预算上准确率大幅提升，这样无形中就降低了业主资金浪费及不可预见费用比例的上升。同时，BIM可以较准确快捷地计算出建设工程量数据，承包商依此进行材料采购和人力资源安排，也可节约一定成本。

（3）快速结算

拖欠工程款项、拖延结算是我国工程项目的一大特点。很多浪费是工程变更增多、结算依据存在争议等问题造成的。导入BIM之后可以有效地改善或解决上述问题。通过BIM的碰撞检查、施工模拟、动态仿真等特性，除了能将在施工中常遇到的施工返工、物料浪费、安全隐患等问题逐一排查之外，还可以改善图纸质量，尤其是施工图纸的品质，高效指导施工，减少施工阶段的工程变更。另外，如果业主和承包商达成协议，基于同一BIM进行工程结算，结算数据的争议会大幅度减少。

我国的成本把控更多是在施工阶段，即运用BIM软件搭建BIM5D模型进行成本的实时动态管理，这样可以大幅提高成本管控能力，减少浪费等现象。

在BIM5D平台中需要集成关联的土建、安装、钢结构等成本文件均需要通过广联达计价软件GBQ4.0完成，成本文件可以通过广联达计价软件GBQ4.0建立项目管理文件，包含各专业单位工程或直接建立单个专业工程，直接保存的格式可以直接导入BIM5D平台。其他计价软件编制的成本文件可以通过导出excel表格文件进而导入BIM5D平台。

习 题

1. BIM5D 基于模型中心，可支持导入（　　）格式的多专业模型、场地模型、机械模型等。

A. Revit　　B. 3ds　　C. Tekla　　D. MagiCAD　　E. IGMS

2. BIM5D 基于数据中心，以集成模型为载体，可导入（　　）等信息进行关联。

A. 进度　　B. 成本　　C. 图纸　　D. 合同　　E. 动画

3. BIM5D 基于应用中心，以模型和数据结合为基础，可围绕（　　）部门实现多岗位协同应用。

A. 技术　　B. 市场　　C. 生产　　D. 质安　　E. 商务

4. BIM5D 三端一云是指（　　）。

A. 桌面端　　B. 移动端　　C. WEB 端　　D. BIM 云　　E. 现场端

5. BIM5D 平台可承接（　　）格式的进度计划。

A. EXCEL　　B. MPP　　C. Zpet　　D. IFC　　E. CAD

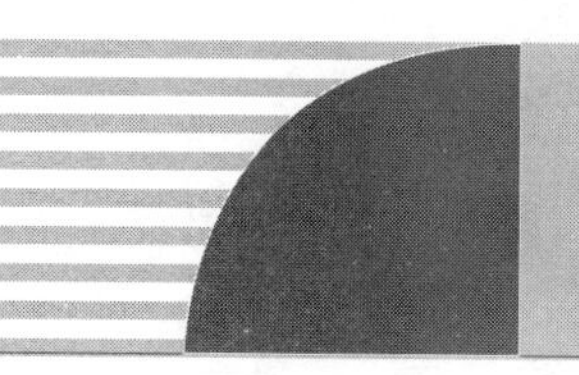

第4章

BIM5D 基础准备

4.1 章节概述

在前面的讲解中，主要是对基于BIM5D综合应用相关知识进行讲解，意在帮助项目团队快速了解并熟悉BIM5D的系统内容、三端一云架构、集成方式等内容。通过上述章节对BIM5D系统的介绍，相信项目团队已经对于BIM5D应用思路有了一定的了解。

本章节主要基于专用宿舍楼案例，针对BIM5D基础准备进行讲解，通过项目准备、模型集成等进行BIM5D基础应用学习。

4.1.1 能力目标

(1) 能够了解施工现场项目组织机构相关要求，掌握基于BIM5D进行项目组织机构搭建的方法，熟悉BIM5D管理工具的功能运用；

(2) 能够了解BIM5D三端搭建的相关要求，掌握基于BIM5D建立PC端、移动端、Web端数据的思路方法；

(3) 能够了解项目工程概况信息，掌握基于BIM5D进行工程概况录入及楼层体系搭建的方法，熟悉项目资料及单体楼层模块的功能运用；

(4) 能够了解模型导入及集成的相关要求，熟悉并掌握基于BIM5D进行模型导入及模型整合的操作方法。

4.1.2 任务明确

(1) 基于专用宿舍楼案例，完成三端数据搭建；

(2) 基于专用宿舍楼案例，完成项目组织机构建立，并进行授权分配；

(3) 基于专用宿舍楼案例，完成项目信息及单体楼层信息录入，并进行云数据同步；

(4) 基于专用宿舍楼案例，在BIM5D系统集成专业实体模型、场地模型及其他机械模型，完成模型导入及模型整合。

4.2 项目准备

◆ **任务背景**

项目部BIM小组成立后，通过BIM5D平台进行项目精细化管理，基于专用宿舍楼项目搭建三端数据平台，在BIM系统上建立项目组织机构，围绕三端一云进行BIM协同应用工作，为后期的技术、生产、商务、质安等方面应用奠定基础。

◆ **任务目标**

基于专用宿舍楼案例，项目经理利用BIM系统进行三端数据搭建，建立项目组织机构，录入工程概况及楼层体系信息，并进行云数据同步。

◆ **责任岗位**

项目经理。

二维码1 三端数据搭建

◆ **任务实施**

相关操作内容如下文所示。

4.2.1 三端搭建

(1) PC端建立

双击桌面上广联达BIM5D图标，进入BIM5D界面，点击本地项目下【新建项目】，进入【新建向导】界面，如图4.2.1所示。

图4.2.1

新建向导界面包括工程名称、工程路径两项工程信息设定。工程名称由各项目小组自主定义和输入，在本工程中输入“专用宿舍楼”，工程路径可根据实际情况进行选择，可以设置是否为默认路径；如果设置了默认路径，再次新建工程时，其保存路径为上次设置的文件地址，如图4.2.2所示。

设置完成后，可以通过点击【下一步】或【完成】完成新建向导。选择【下一步】时，由项目经理自主填写工程地点、工程造价等信息，根据专用宿舍楼图纸的建筑设计说明，填写相关信息，如图4.2.3所示；选择【完成】，则直接新建工程，工程造价、开工日期等信息默认为空，同时也可以在BIM5D主菜单按钮下点击项目信息录入概况信息。

设置向导完成后，即进入新建工程的主页面，如图4.2.4所示。

主页面包括项目资料、数据导入、模型视图、流水视图、施工模拟、物资查询、合约视图、报表管理、构件跟踪九部分内容，即广联达BIM5D的各模块应用。从这九个方面将对整个项目的施工进行分析及模拟。

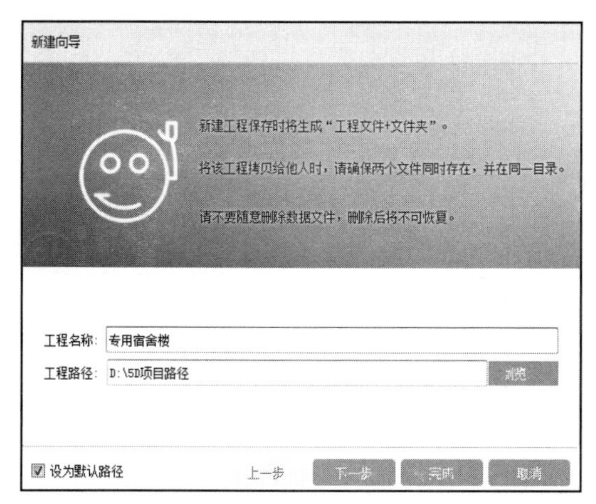

图 4.2.2

新建向导

	属性名称	属性值
1	工程名称:	专用宿舍楼
2	工程地点:	
3	工程造价(万元):	0
4	建筑面积(m²):	1732.48
5	开工日期:	
6	竣工日期:	
7	建设单位:	
8	设计单位:	
9	施工单位:	
10	备　注:	

上一步　下一步　完成　取消

图 4.2.3

图 4.2.4

其中，项目资料中主要包括项目概况、项目位置、单体楼层、机电系统设置、变更登记五项内容。

（2）Web 端建立

建立完 PC 端，创建完成本地项目后，点击软件左上角【升级到协同版】按钮，注册并登录广联云账号，绑定 BIM 云空间，可以选择激活码绑定和已有云空间绑定两种方式，项目部小组自行选择即可。绑定前建议在本地备份原始文件，以备数据恢复，如图 4.2.5 及图 4.2.6 所示。

输入激活码或绑定到已有云空间成功后，会自动退回到软件初始界面，在最近项目列表中会显示升级后的协同项目，右上角会显示登录信息，如图 4.2.7 所示。

图 4.2.5

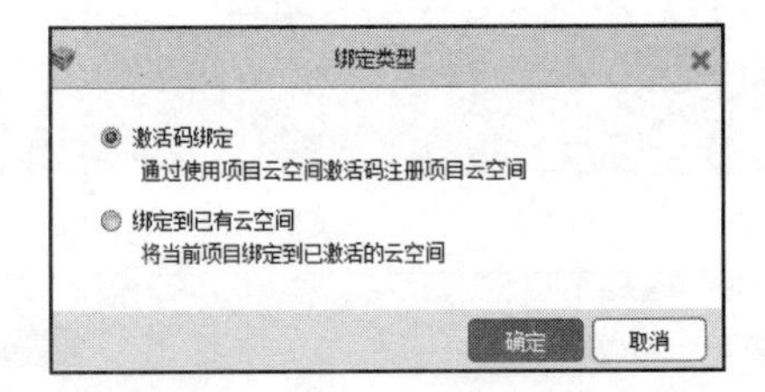

图 4.2.6

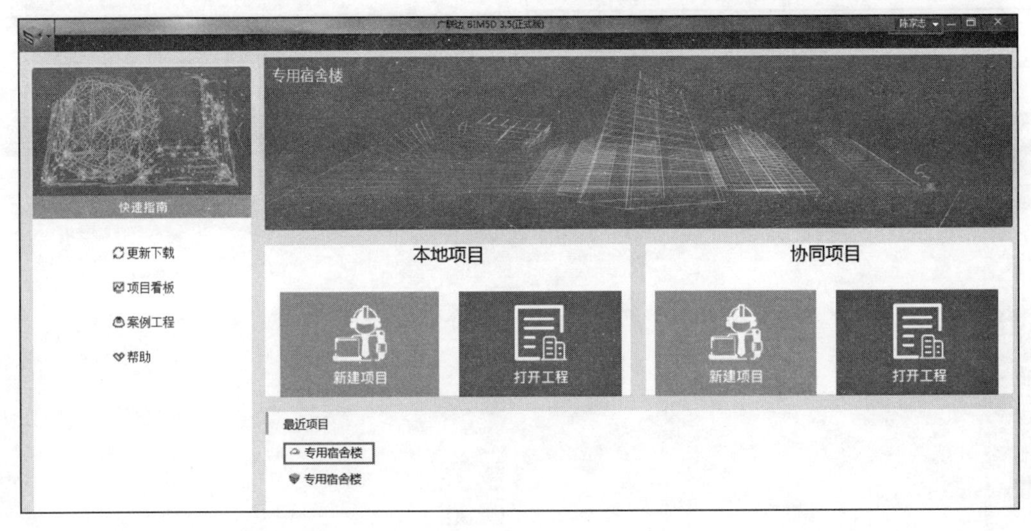

图 4.2.7

点击右上角登录信息下拉菜单，选择访问 BIM 云，可进入 BIM5D 项目列表，显示建立的协同项目【专用宿舍楼】，点击进入可查看 Web 端界面内容，包括项目概况、模型浏览、生产进度、构件跟踪、质量管理、安全管理、成本分析、项目资料、系统设置、大屏显示等模块应用，如图 4.2.8～图 4.2.10 所示。

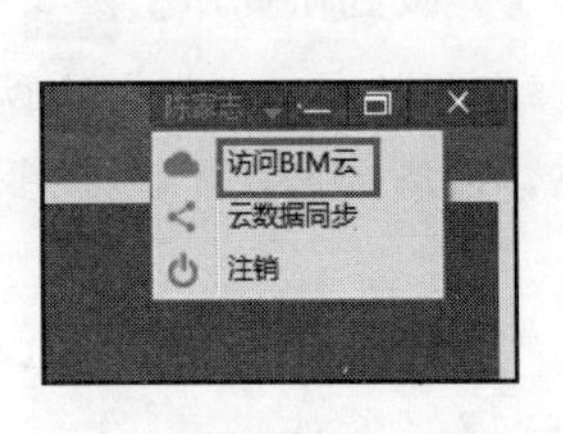

图 4.2.8

图 4.2.9

图 4.2.10

（3）移动端搭建

项目部小组成员需要通过手机扫码下载 BIM5D 移动端，分为安卓系统和 IOS 系统两个版本，根据自行情况扫码即可。下载安装完成后，在移动端登录广联云账号，登录成功后弹出项目列表，选择已搭建的协同项目【专用宿舍楼】，切换项目后完成移动端搭建，见图 4.2.11、图 4.2.12。

图 4.2.11

图 4.2.12

移动端包括生产进度、质量、安全、构件跟踪、知识库五大模块应用，还可以查看施工图纸及施工相册，主要协助生产应用及质安应用，如图 4.2.13～图 4.2.15 所示。

图 4.2.13

图 4.2.14

图 4.2.15

4.2.2 项目组织机构建立

二维码 2 项目组织机构搭建

(1) BIM5D 3.5 管理工具应用

项目经理通过双击桌面上广联达 BIM5D 管理工具图标，进入 BIM5D 管理工具界面，输入广联云账号登录，如图 4.2.16 所示：

图 4.2.16

登录管理工具后，会在主界面显示已有云空间的协同项目，可以直接看到已建立的协同项目【专用宿舍楼】。在管理工具中包括新建项目、删除项目、成员管理、权限管理及锁定管理五个模块，如图 4.2.17 所示：

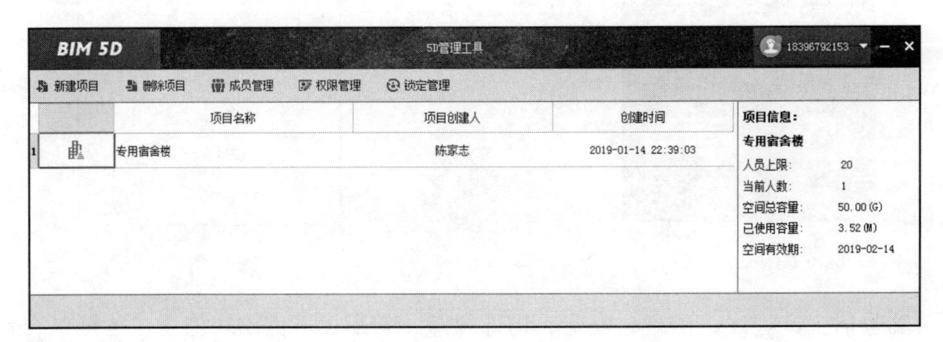

图 4.2.17

新建项目，点击新建按钮，输入项目名称，需要绑定激活码或已有云空间。注意如果前面已经进行了 PC 端建立及升级到协同版，则不需要重复新建项目，如图 4.2.18、图 4.2.19 所示：

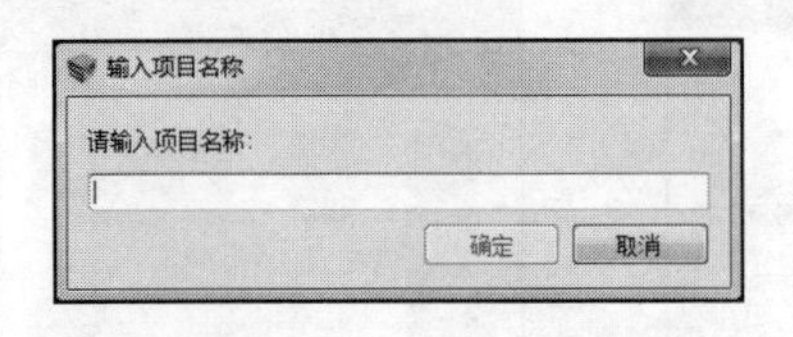

图 4.2.18

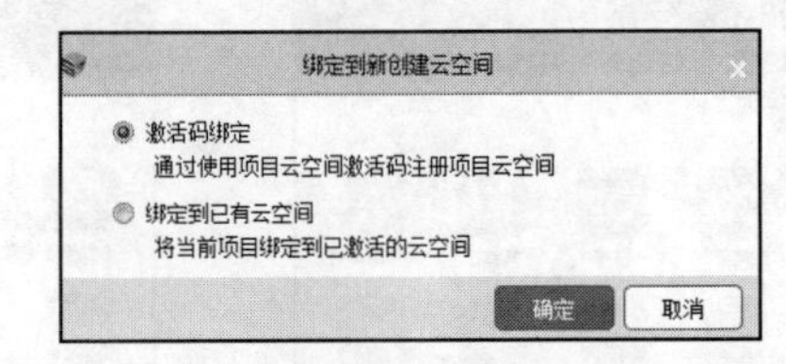

图 4.2.19

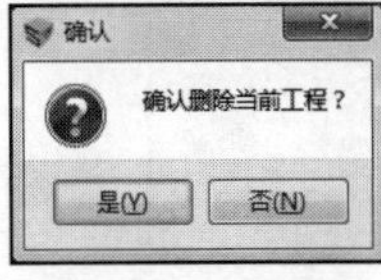

图 4.2.20

点击删除项目，可以删除已经建立的协同项目，注意删除后无法恢复数据，如图 4.2.20 所示：

选择项目，点击成员管理，可以在此界面添加或删除成员。添加成员时需要输入广联云账号和名称，如果要设置成员作为管理员，则勾选管理员即可；如果不是，则不勾选。需要删除成员时，选择要删除的成员，然后点击删除成员按钮。项目经理根据项目部角色分工，输入各组员账号及姓名，并输入岗位信息。确认无误后，点击提交数据，显示已加入字样代表提交成功，如图 4.2.21～图 4.2.23 所示：

图 4.2.21

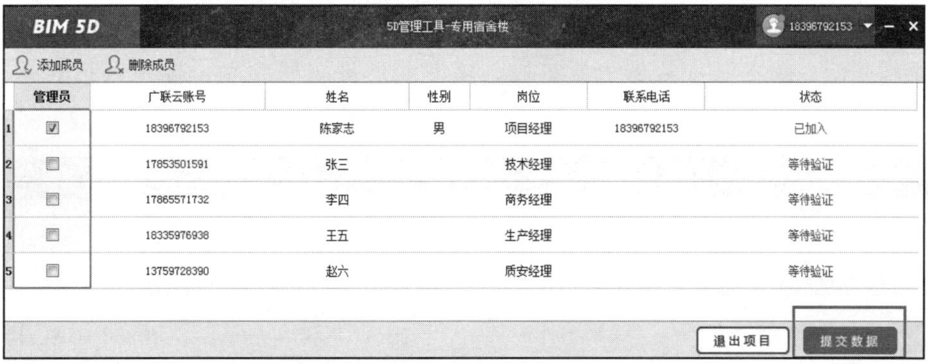

BIM 5D　5D管理工具-专用宿舍楼　18396792153

添加成员　删除成员

	管理员	广联云账号	姓名	性别	岗位	联系电话	状态
1	☑	18396792153	陈家志	男	项目经理	18396792153	已加入
2	☐	17853501591	张三		技术经理		等待验证
3	☐	17865571732	李四		商务经理		等待验证
4	☐	18335976938	王五		生产经理		等待验证
5	☐	13759728390	赵六		质安经理		等待验证

退出项目　提交数据

图 4.2.22

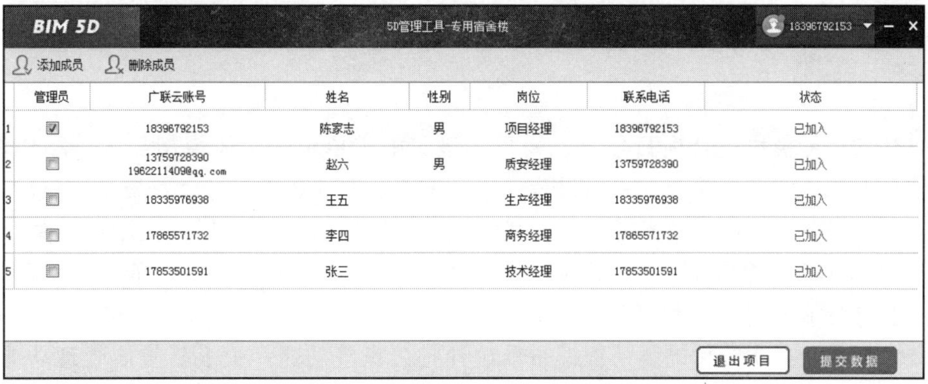

BIM 5D　5D管理工具-专用宿舍楼　18396792153

添加成员　删除成员

	管理员	广联云账号	姓名	性别	岗位	联系电话	状态
1	☑	18396792153	陈家志	男	项目经理	18396792153	已加入
2	☐	13759728390 1962211409@qq.com	赵六	男	质安经理	13759728390	已加入
3	☐	18335976938	王五		生产经理	18335976938	已加入
4	☐	17865571732	李四		商务经理	17865571732	已加入
5	☐	17853501591	张三		技术经理	17853501591	已加入

退出项目　提交数据

图 4.2.23

点击退出项目，返回管理工具界面，再次选择【专用宿舍楼】项目，点击权限管理。权限管理包括技术端、商务端、浏览端、移动端和项目看板五大模块。

进入技术端，点击【添加】按钮，进入“选择授权人”窗口，此处显示的人员为成员管理中已添加的项目成员。选择技术经理及生产经理作为技术端使用人员，点击确定，如图 4.2.24 所示：

图 4.2.24

技术端人员添加完成后，可对技术端使用人员设置功能范围权限。技术端的功能范围包括项目基础数据、技术基础数据、流水段、多专业进度关联模型、排砖及报表部分，如图 4.2.25 所示：

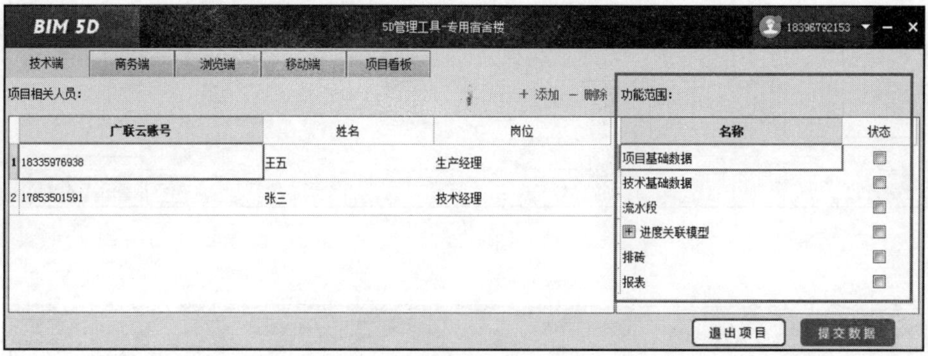

图 4.2.25

项目基础功能模块包括项目信息、变更等级、施工单位、实体模型导入、场地模型导入、其他模型导入、模型整合、材质设置、颜色配置、图元属性设置、物资量-工效对应表、漫游标志图片设置等功能；技术基础功能模块包括进度计划文件导入、施工模拟-显示设置、施工模拟-工况设置、物资量-工效对应表、进度计划-实际时间录入等功能；流水段模块包括对各专业进行流水划分及管理等功能；进度关联模型模块包括对各专业模型关联进度计划；排砖包括对于二次结构砌体精细排布及统计排砖量等功能；报表指报表管理功能权限。项目经理根据项目成员角色分工单独配置相应权限给技术端人员，需要对每位技术端人员单独设置，如图 4.2.26 所示：

进入商务端，操作同技术端，点击添加按钮，选择商务经理作为商务端使用人，如图 4.2.27 所示：

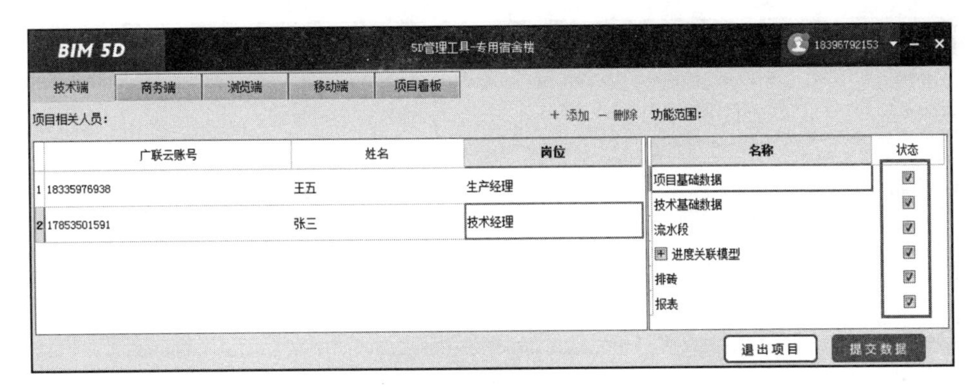

图 4.2.26

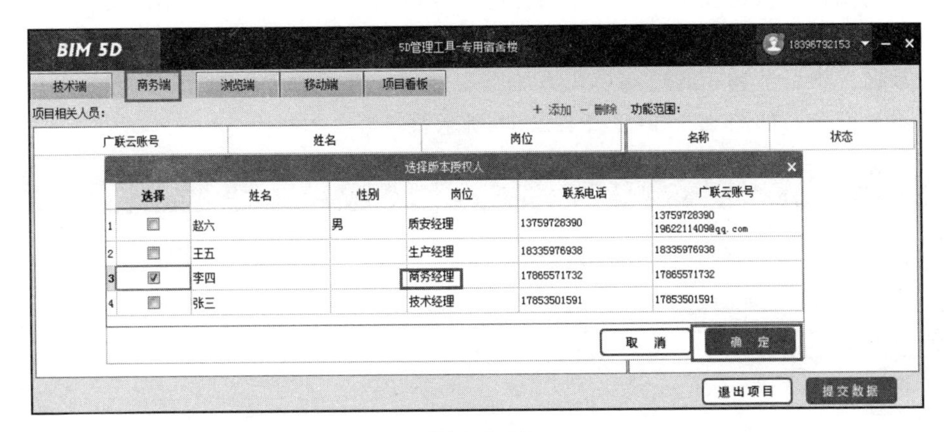

图 4.2.27

设置完商务端人员后，进行功能范围配置。商务端的权限划分包括项目基础数据、商务基础数据、各专业清单关联模型、报表，如图 4.2.28 所示：

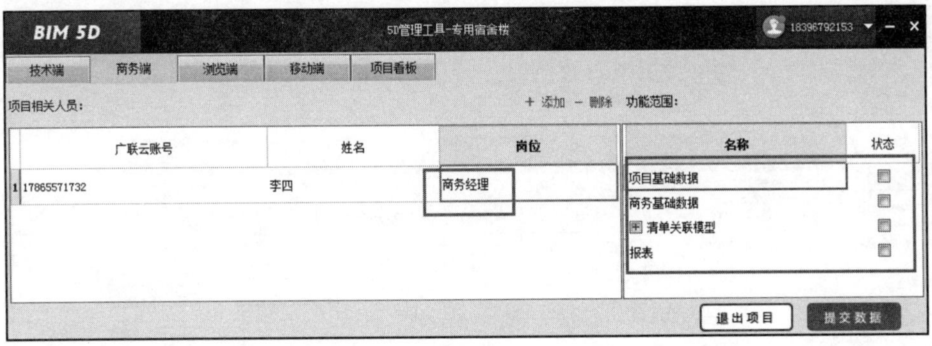

图 4.2.28

项目基础数据功能模块同技术端。商务基础功能模块包括合同及成本预算文件导入、分包合同录入、合约列项录入、合同外收入、其他费用关联、进度报量、资源曲线、三算对比、商务报表等功能权限；清单关联模型包括各专业模型清单关联及匹配功能模块；报表指报表管理中商务报表数据查看。项目经理根据项目成员角色分工单独配置相应权限给商务端人员，需要对每位商务端人员单独设置，如图 4.2.29 所示：

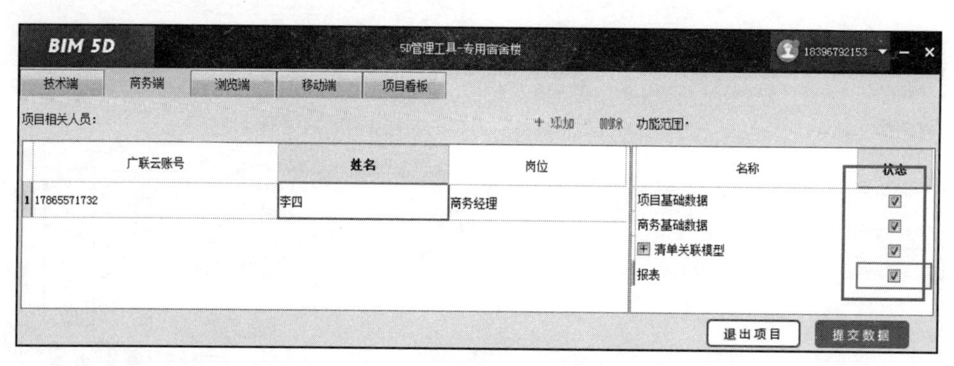

图 4.2.29

进入浏览端，默认在技术端及商务端分配的成员均有浏览端权限，不需要权限的成员可通过“删除”按钮取消浏览端权限。项目人员可通过浏览端进入 BIM5D，浏览部分应用模块成果及数据。项目经理在浏览端模块添加质安经理，应用过程中对于 5D 实施阶段随时查看，把控质量安全，如图 4.2.30、图 4.2.31 所示：

图 4.2.30

图 4.2.31

进入移动端，移动端的权限添加同前，设置移动端权限后，可以在手机使用 BIM5D 移动端进行 BIM 应用。项目经理需配置所有项目人员移动端权限，如图 4.2.32 所示：

进入项目看板，可以对项目组成员设定 Web 端模块数据查看权限。先点击添加角色，设定角色名称，然后在该角色下添加成员。添加完成后，选择角色名称进行功能范围配置，包括模型浏览、产值成本、项目资料、生产进度、物料跟踪、系统设置、质量管理、安全管理等模块应用。项目经理根据决策设置看板角色，添加成员，配置 Web 端模块浏览权限，如图 4.2.33 所示：

图 4.2.32

图 4.2.33

所有权限配置完成后，点击提交数据即可。

最后进入锁定管理，锁定管理的作用是在紧急情况下，提供给项目小组的一种管理员特有的解锁方式，可针对部分技术端、商务端应用人员功能授权未释放时，进行强制解锁，不耽误其他人员使用。锁定界面包括名称、锁定状态、锁定人、锁定时间和锁定信息五列内容。名称列根据权限管理自动生产，当锁定状态为时，点击图标即可解锁，锁定状态变为。强制解锁后，点击提交数据，提交到广联云，如图 4.2.34 所示：

（2）Web 端系统设置——组织架构应用

项目经理在项目看板 Web 端，通过系统设置也可以进行项目组织机构建立。点击组织架构—成员管理，可以添加人员、编辑人员及删除人员。操作方法及性质同 BIM5D 管理工具，两者建立组织机构属于不同方法的同一工作，成员管理数据和管理工具是互通的，两种方法只需完成任一即可，如图 4.2.35 所示：

点击组织架构—单位成员，可以在此界面设置协同参与项目的各单位信息，如甲方、总承包、专业承包、劳务分包等单位信息，基于每个单位可以添加人员，设置工种信息和班组信息，如图 4.2.36～图 4.2.39 所示：

图 4.2.34

图 4.2.35

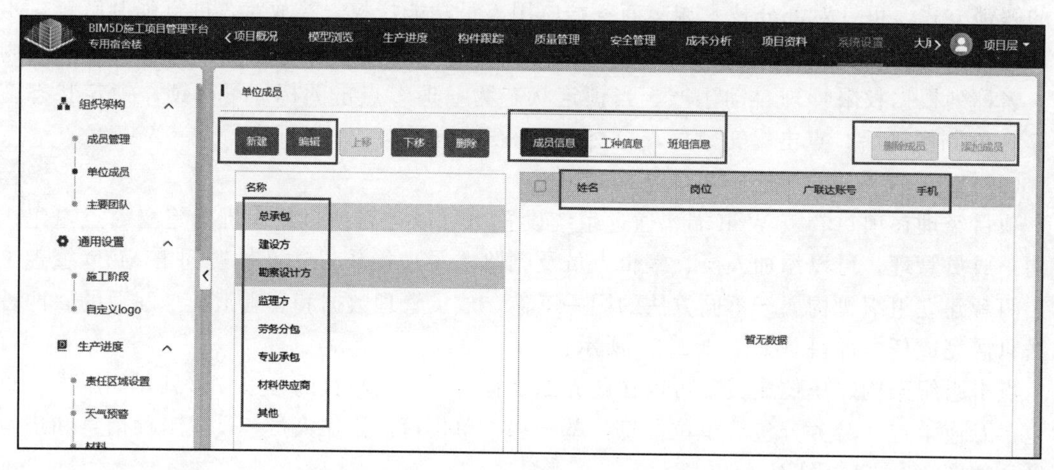

图 4.2.36

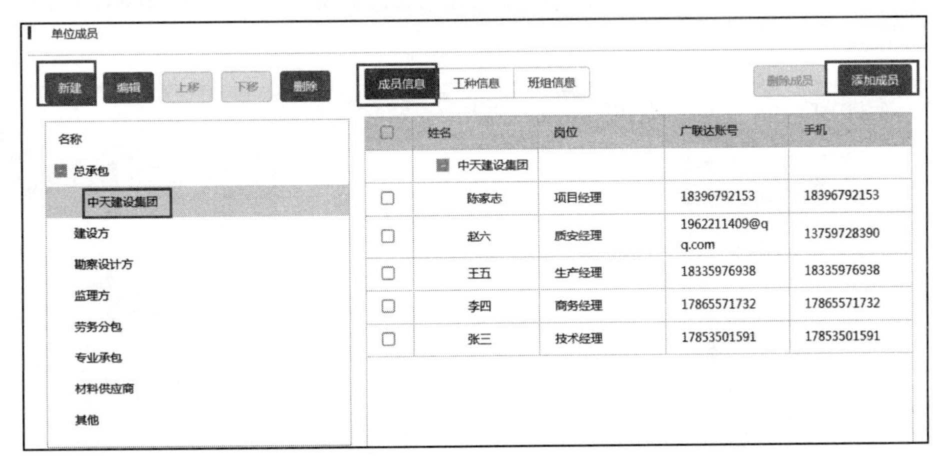

图 4.2.37

图 4.2.38

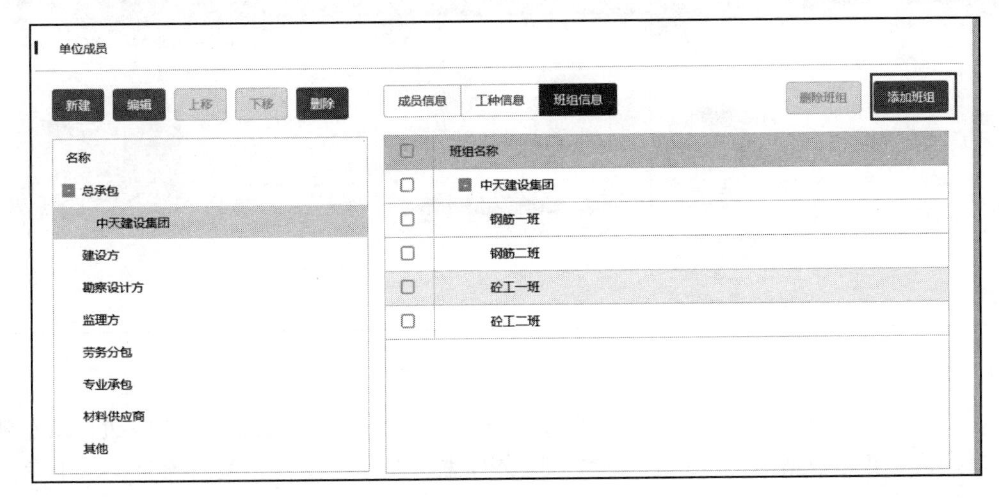

图 4.2.39

点击组织架构—主要团队，可对项目部设置主要团队成员，新建录入姓名、手机及岗位信息，如图 4.2.40 所示：

图 4.2.40

二维码 3 项目信息、楼层体系及项目保存

4.2.3 项目信息

（1）进入协同项目

项目经理首先启动 BIM5D 的 PC 端，登录管理员账号，打开之前建立的协同项目【专用宿舍楼】，选择端口进入，针对项目基础信息，将项目经理作为管理员，选择技术端或商务端均可进行录入，如图 4.2.41 所示：

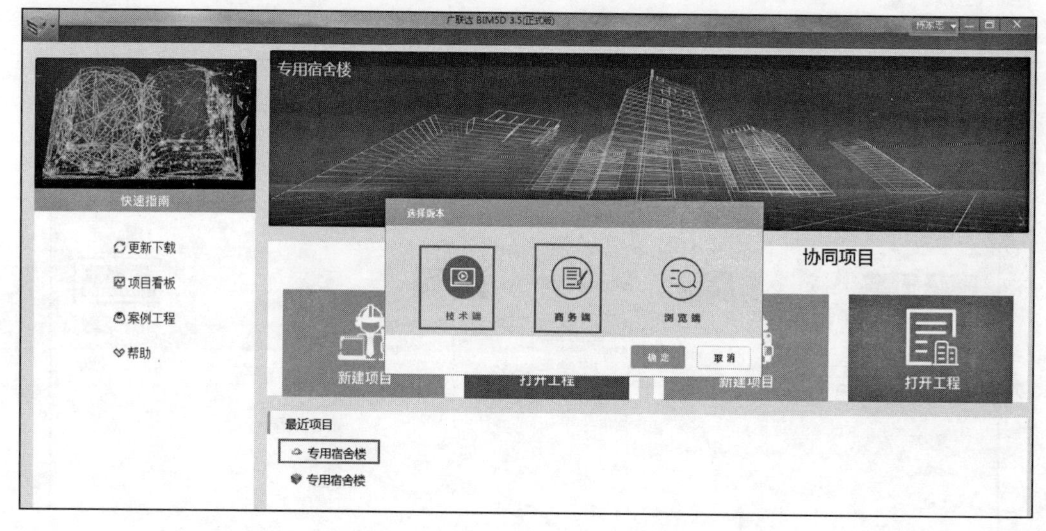

图 4.2.41

进入技术端或商务端后，注意在主界面上方访问栏处的协同及设置功能按钮，从左到右分别是数据更新、数据提交、锁定/解锁、提交日志、保存、设置、关闭项目。右上角点击个人名称下拉可选择访问 BIM 云及云数据同步，如图 4.2.42 所示：

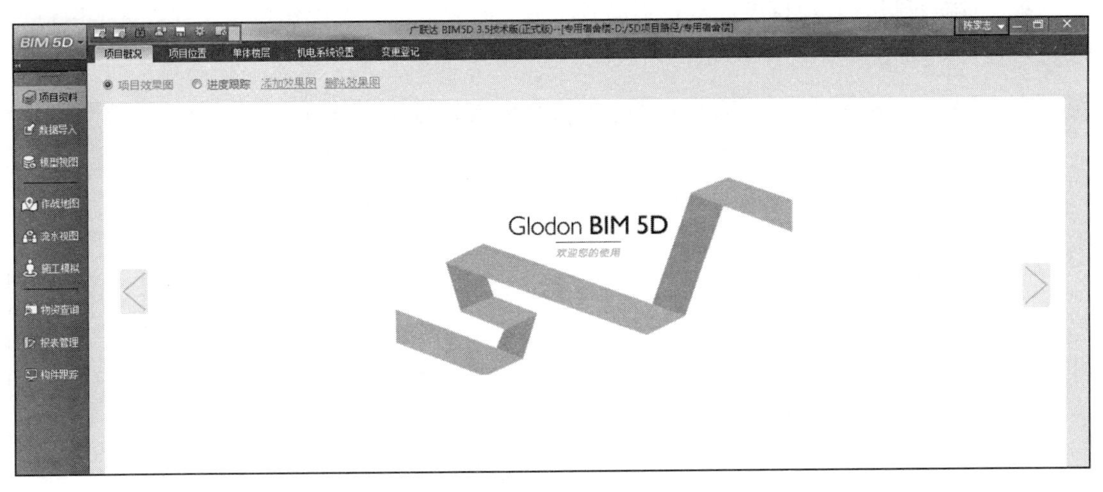

图 4.2.42

图 4.2.43

点击数据更新，可随时更新云端及移动端最新数据到 PC 端，保持信息共享的时效性。点击数据提交，可将在技术端或商务端进行的功能应用数据提交到平台，注意在进行相关应用操作或有数据变动时，点击提交会弹出输入提交日志，根据情况输入即可，提交后会自动释放数据权限锁，如图 4.2.43 所示：

在技术端或商务端进行应用操作之前，相关人员登录端口后，首先要进行权限锁定，才可以进行相关操作，否则将无法操作相关内容及变动端口数据。锁定状态为蓝色代表解锁，为橙色代表锁定。锁定时会提示输入描述，项目部相关成员根据登录端口及操作应用需求选择数据权限进行锁定即可。注意操作应用或变动数据结束后，退出端口之前要进行授权解锁再退出，否则管理员要在管理工具里进行强制解锁，其他项目成员才可以使用之前未解锁的功能权限，如图 4.2.44 所示：

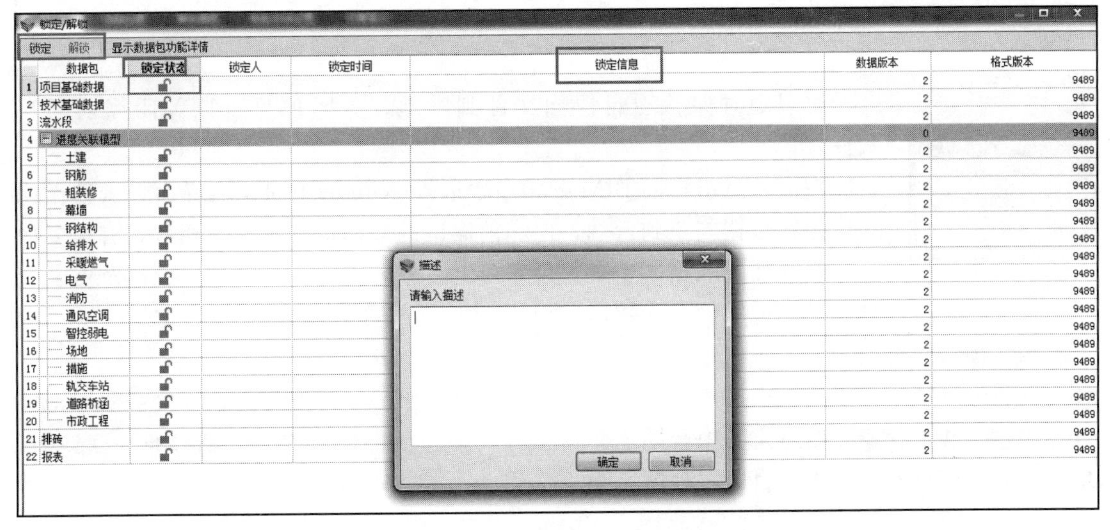

图 4.2.44

提交日志可以查看项目组成员在不同时间提交的数据信息及操作描述，可以根据用户名进行筛选，如图 4.2.45 所示：

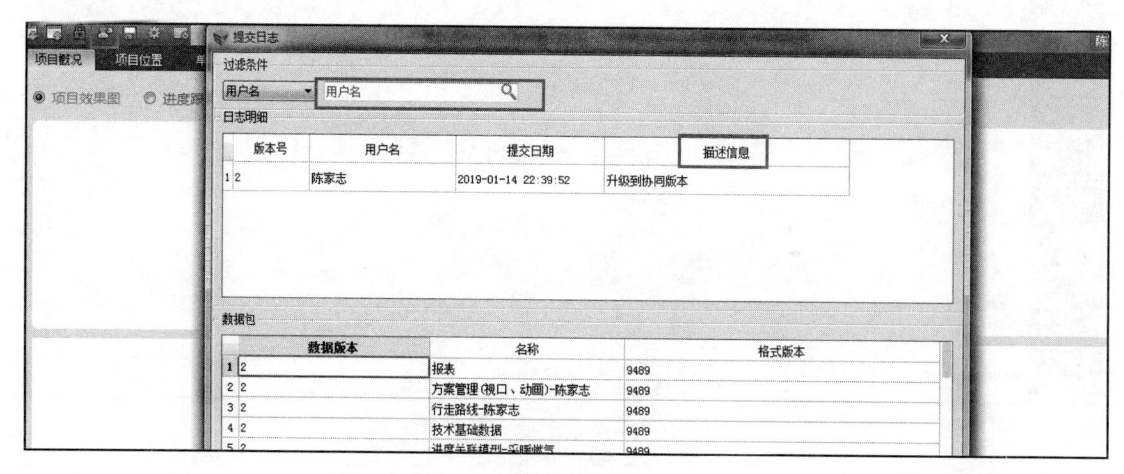

图 4.2.45

设置按钮可以设置不同模块选项，包括通用设置、模型颜色、模型材质、各专业标高体系、进度状态颜色、机电计算规则、图形设置、Sketchup 匹配规则等。项目人员可以根据需求自行设置，如图 4.2.46 所示：

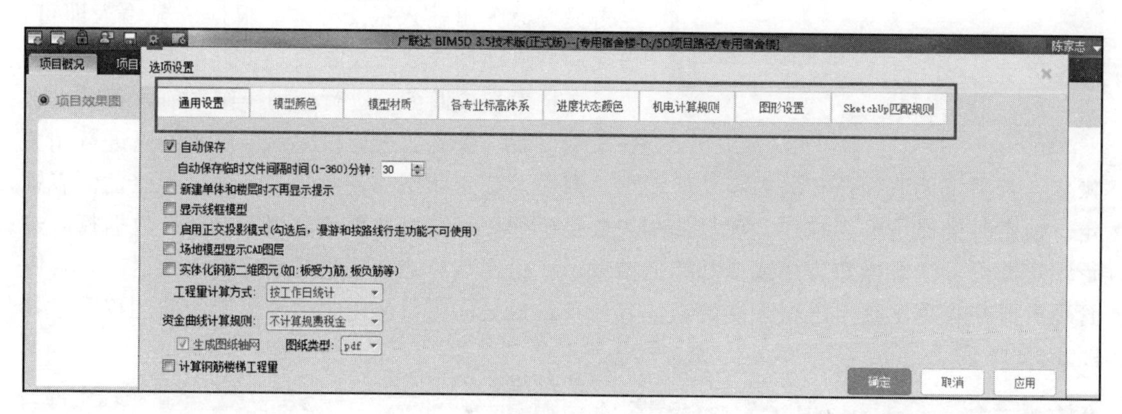

图 4.2.46

可以随时保存项目协同文件到本地，关闭项目可以关闭当前项目文件。

图 4.2.47

右上角点击访问 BIM 云相当于进入 Web 端项目列表界面，云数据同步也是将数据同步到云端，但和前面讲的数据提交不完全相似，有很多信息是必须在云数据同步进行录入及上传到云端的，如产值、成本及资金管理情况等需手动录入数据，如图 4.2.47、图 4.2.48 所示：

（2）项目信息录入

项目经理锁定权限及输入描述后，通过点击主菜单按钮—项目信息，结合项目图纸，录入专用宿舍楼工程概况信息。其中合同金额参照合同预算文件，开竣工日期参照进度计划，单位及其他信息各项目小组自定，如图 4.2.49～图 4.2.51 所示：

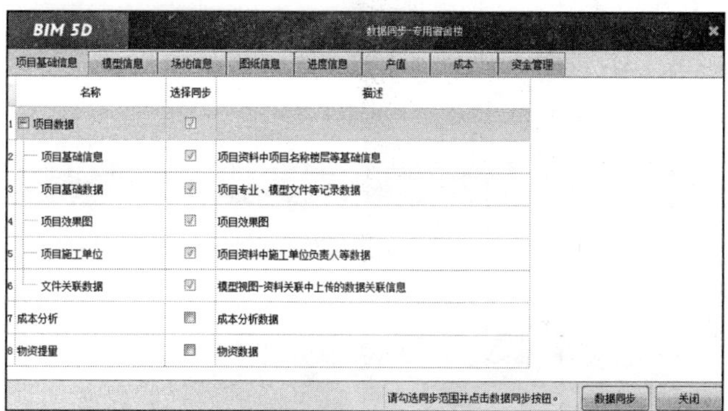

图 4.2.48

图 4.2.49

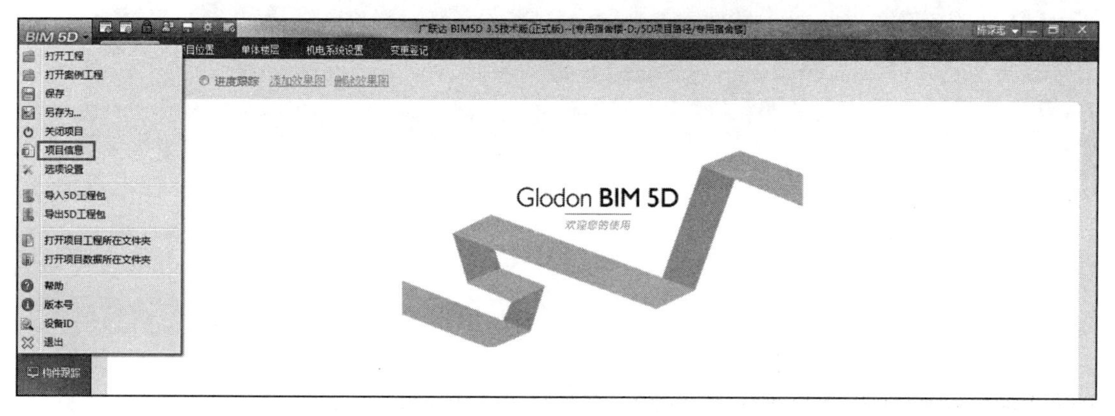

图 4.2.50

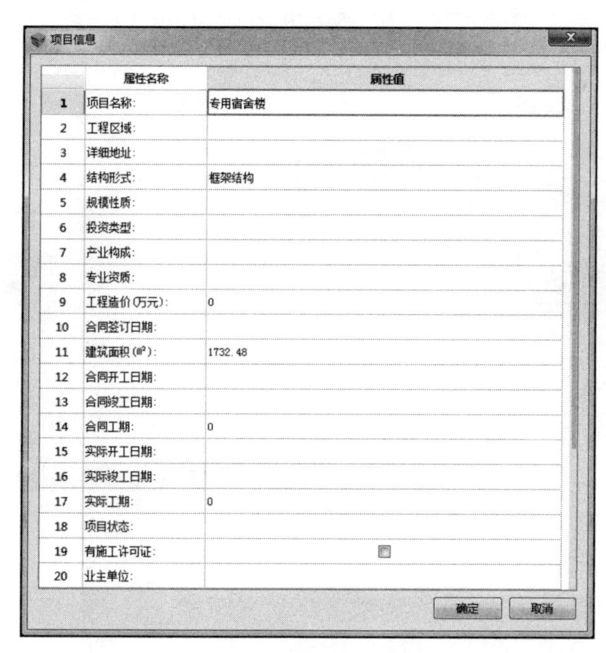

	属性名称	属性值
1	项目名称:	专用宿舍楼
2	工程区域:	
3	详细地址:	
4	结构形式:	框架结构
5	规模性质:	
6	投资类型:	
7	产业构成:	
8	专业资质:	
9	工程造价(万元):	0
10	合同签订日期:	
11	建筑面积(m²):	1732.48
12	合同开工日期:	
13	合同竣工日期:	
14	合同工期:	0
15	实际开工日期:	
16	实际竣工日期:	
17	实际工期:	0
18	项目状态:	
19	有施工许可证:	☐
20	业主单位:	

图 4.2.51

（3）项目效果图

项目经理根据给定或自行设计的项目模型效果图，添加到项目概况，展示项目模型整体效果，如图 4.2.52 所示：

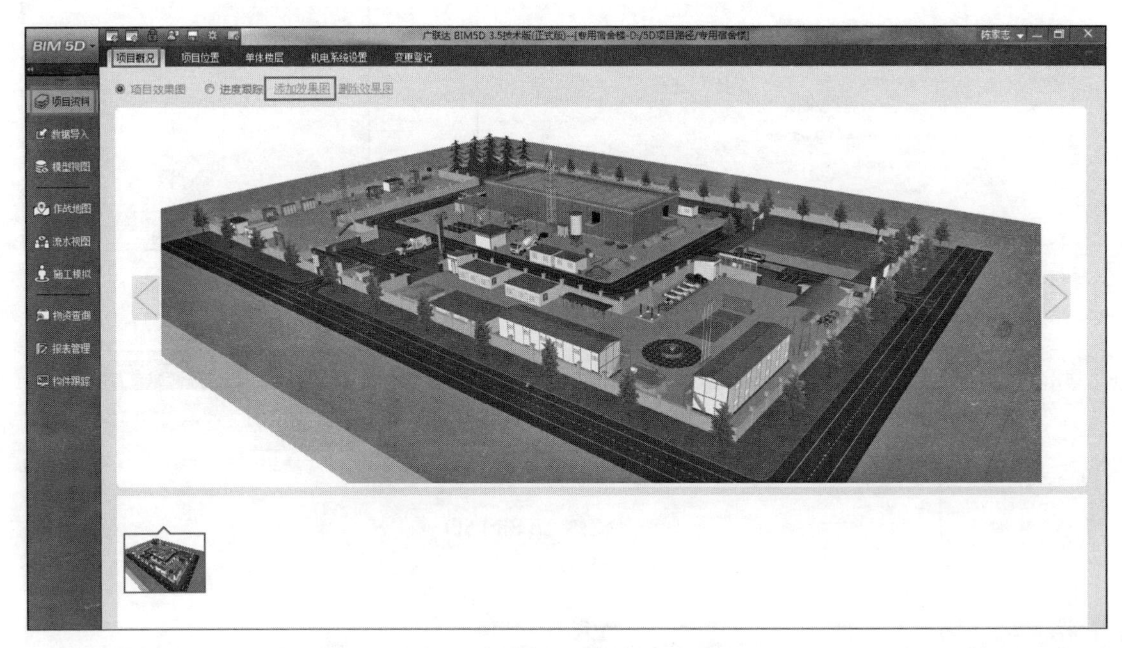

图 4.2.52

操作完成后，点击提交数据，输入提交日志，将数据同步到 Web 端及手机端，如图 4.2.53 所示：

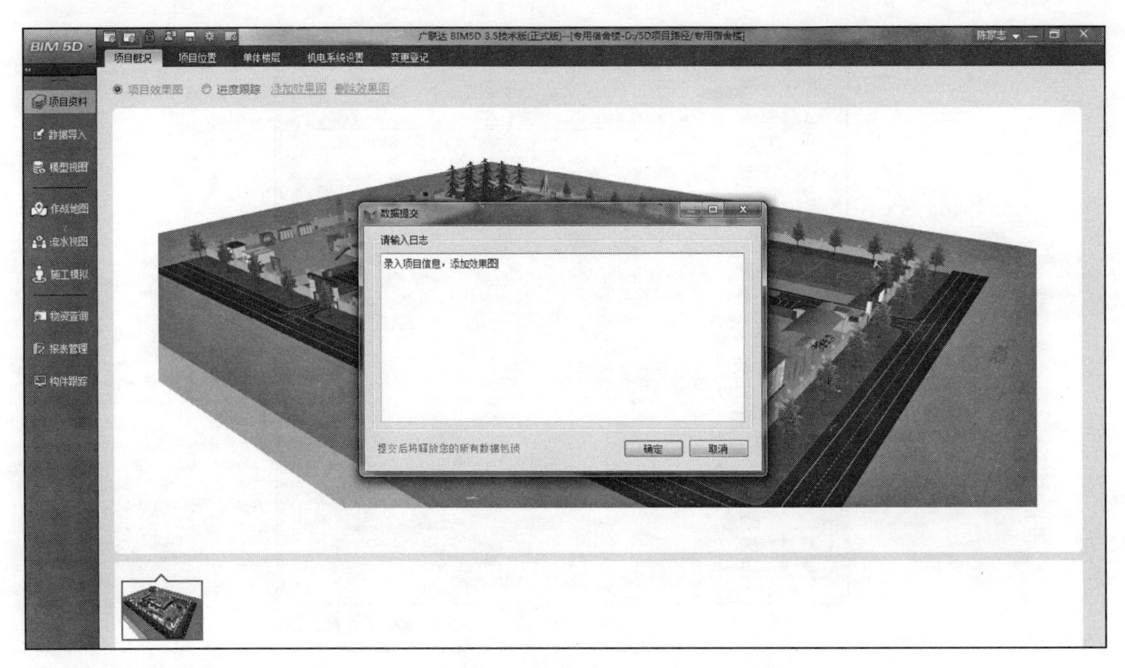

图 4.2.53

访问 BIM 云，进入 Web 端，可以看到项目信息及效果图进行数据更新，如图 4.2.54 所示：

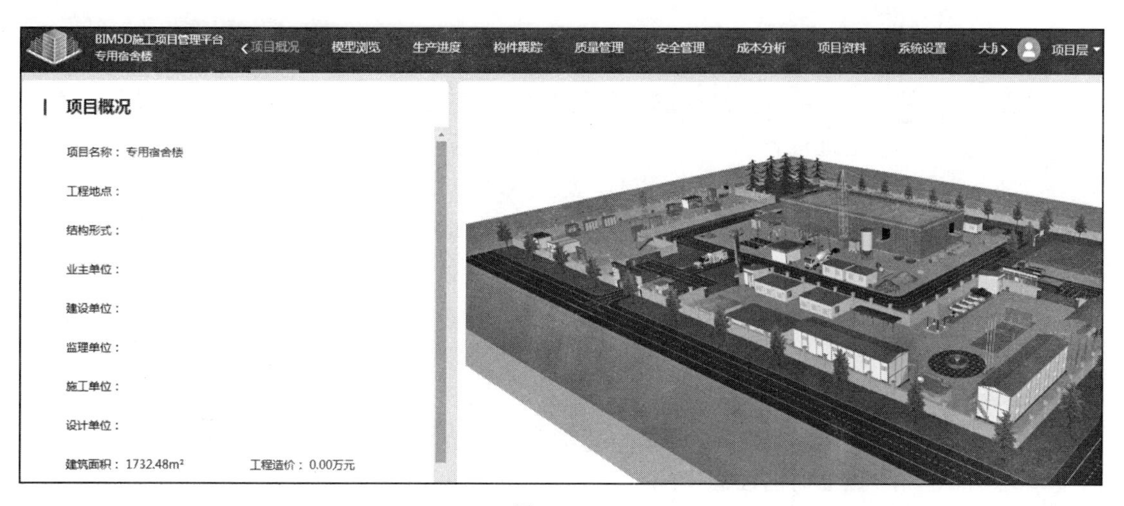

图 4.2.54

4.2.4 楼层体系

项目经理锁定权限后，结合项目图纸信息，新建项目单体，建立项目楼层体系，录入建筑及结构标高信息。点击单体楼层，新建单体，输入单体编码、单体名称、建筑面积及结构形式，插入楼层，修改建筑及结构底标高和层高信息，完成项目楼层体系搭建，保证模型集成时的空间区域一致性，如图 4.2.55 所示：

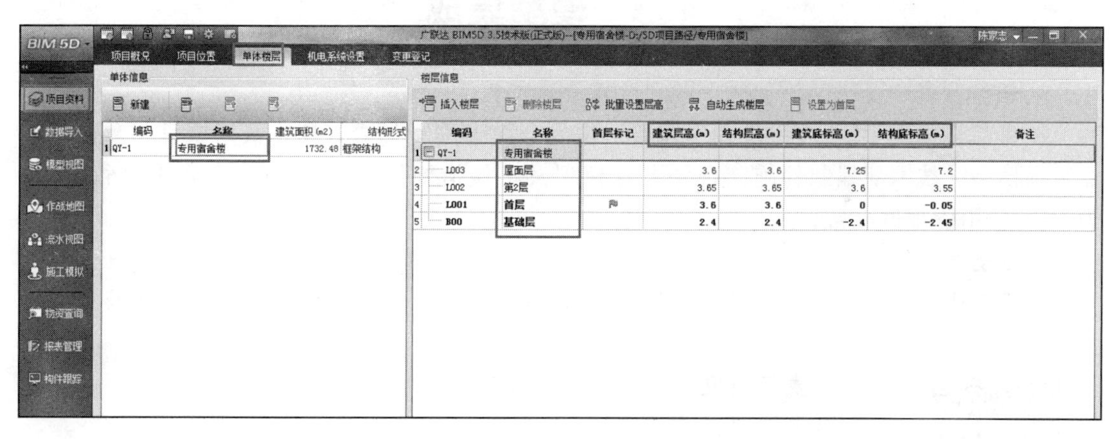

图 4.2.55

录入完成后，点击提交数据，输入日志，释放权限，如图 4.2.56 所示：

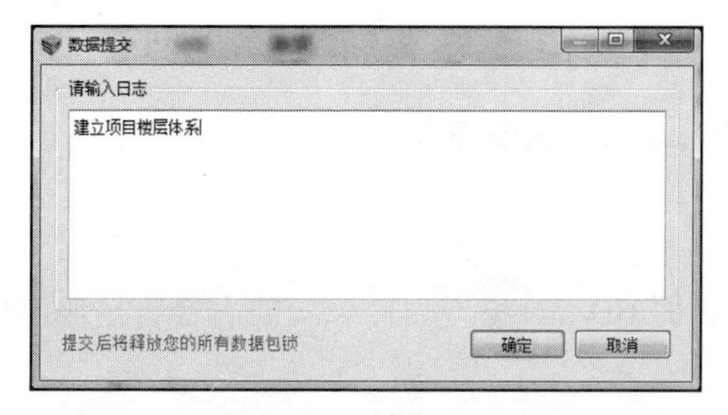

图 4.2.56

4.2.5 P5D 工程包

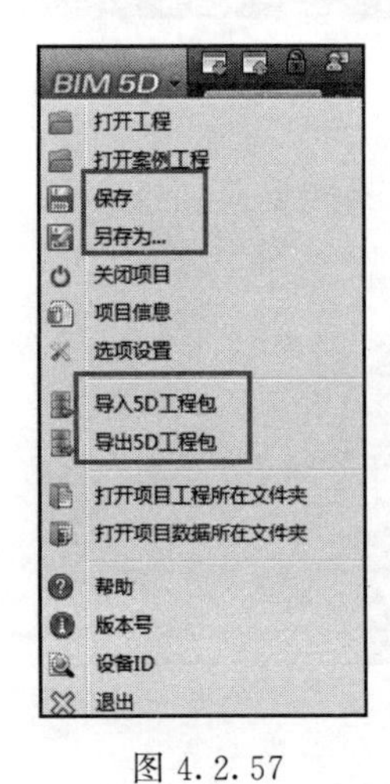

图 4.2.57

项目经理完成工程概况信息录入后，将 BIM5D 工程包导出，在本地进行备份。点击主菜单按钮—导出 5D 工程包，命名为“专用宿舍楼”，保存格式为 P5D，如图 4.2.57 所示：

BIM5D 工程文件除了可以从云端下载同步之外，在本地还可以通过两种方式进行保存备份。一种是使用保存或另存为方式，保存格式为文件夹形式，包括集成数据文件夹及 B5D 快捷方式文件。另外一种是使用导出 P5D 工程包的方式，保存格式为 P5D 工程包形式。

◆ 任务总结

（1）掌握 BIM5D 三端搭建的方法，包括 PC 端、Web 端、移动端建立时的注意事项。

（2）掌握项目管理机构建立及调整的两种渠道：5D 管理工具和 Web 端。

（3）掌握 BIM5D 管理工具的使用方法，注意理解授权模块端口划分及功能应用。

（4）熟悉 PC 端协同按钮的使用，包括数据更新、数据提交、锁定解锁、提交日志、云数据同步等。

（5）熟悉云端数据上传的两种方法，包括提交数据和云数据同步。

4.3 模型集成

◆ 任务背景

项目部小组在 BIM 应用过程中需要对多专业模型进行集成管理，根据项目部拿到的专业算量模型、技术部编制的施工现场布置模型及机械措施模型，在 BIM 平台上进行集成，为 BIM 应用管理做准备。

◆ 任务目标

基于专用宿舍楼案例，技术经理利用 BIM 系统集成专业实体模型、场地模型及其他机械模型。

二维码 4
模型导入及整合

◆ 责任岗位

技术经理。

◆ 任务实施

具体如下文所述。

4.3.1 模型导入

项目部小组将基于中标项目的模型导入、合并，实现基于模型的应用，如模型视图、流水段划分、施工模拟、工程量查询等。

（1）导入实体模型

所需文件为 igms 格式的 BIM5D 模型文件。所需内容为按照不同专业，分别上传土建、结构、场地布置的模型文件。

第一步：技术经理登录技术端，锁定权限后，在【数据导入】—【模型导入】—【实体模型】界面，新建分组，并分别命名为建筑模型、结构模型、机电模型。相同的可以在分组下点击【新建子分组】按钮，进行专业模型细化管理，如图 4.3.1 所示：

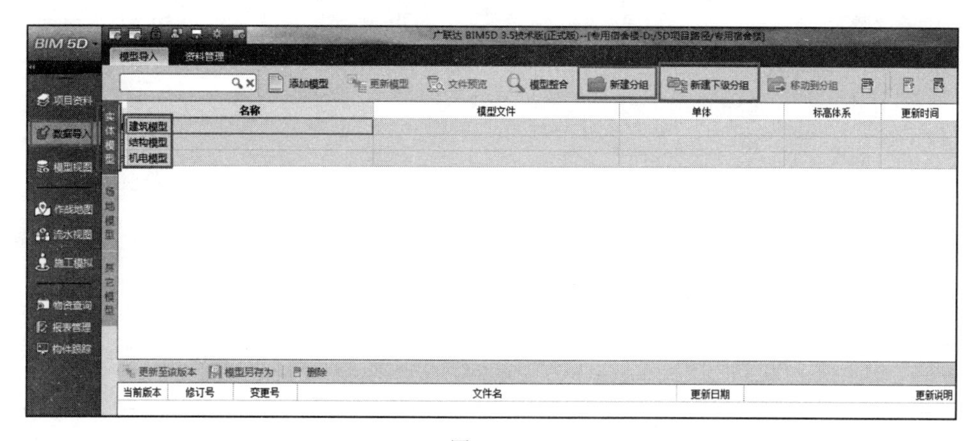

图 4.3.1

第二步：点击专业名称，在该名称下点击【添加模型】来添加相应的模型文件（分别按照专业找到相应的模型文件），土建模型名称为“专用宿舍楼土建模型 . GCL10. igms”，钢筋模型为“专用宿舍楼钢筋模型 . ggj12. igms”，如图 4.3.2 所示。

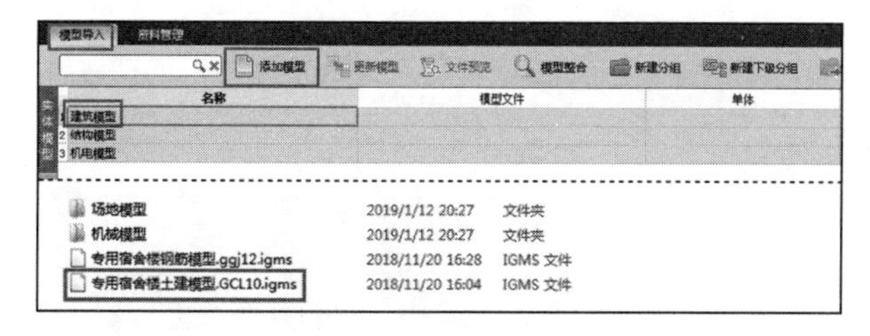

图 4.3.2

第三步：添加相应的土建模型文件。注意添加模型时，会提示单体匹配信息。根据导入的模型，要求与之前项目部建立的单体楼层体系进行匹配，选择单体匹配为【专用宿舍楼】。当有其他单体项目模型时，可另行选择单体匹配为【新建】。点击查看明细可对比导入的文件单体和项目单体的楼层体系，如图 4.3.3、图 4.3.4 所示：

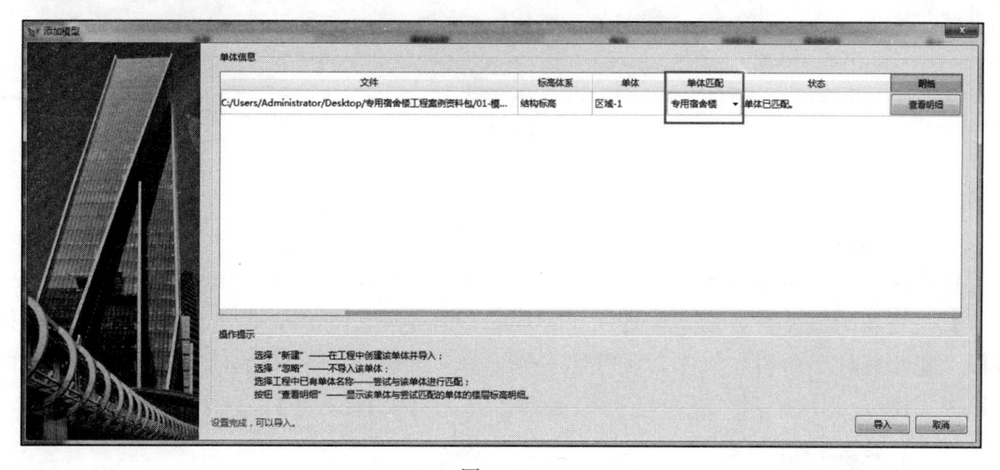

图 4.3.3

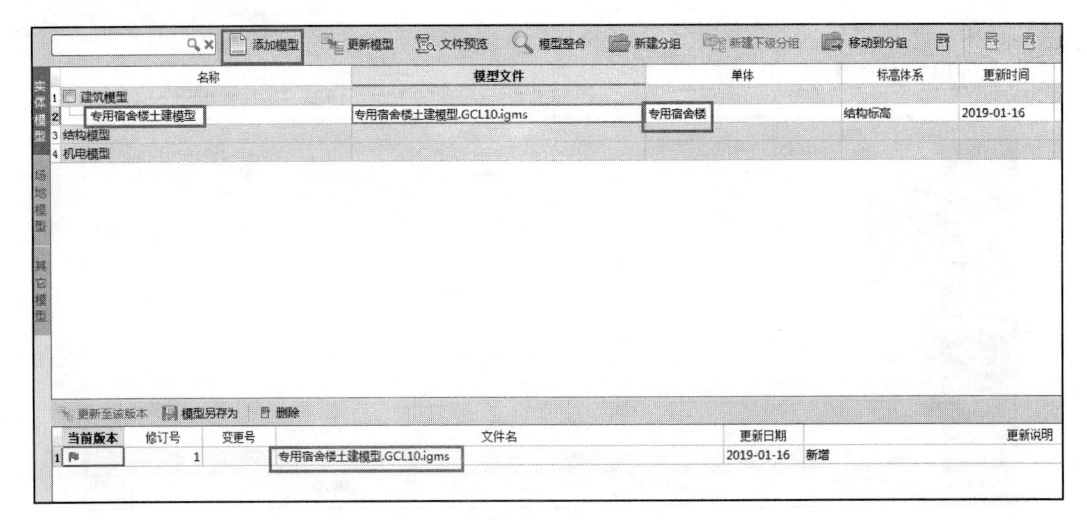

图 4.3.4

第四步：选中已上传模型，点击【文件预览】，查看当前模型。可通过左侧面板选择需要查看的楼层及专业构件类型，筛选预览内容，如图 4.3.5 所示：

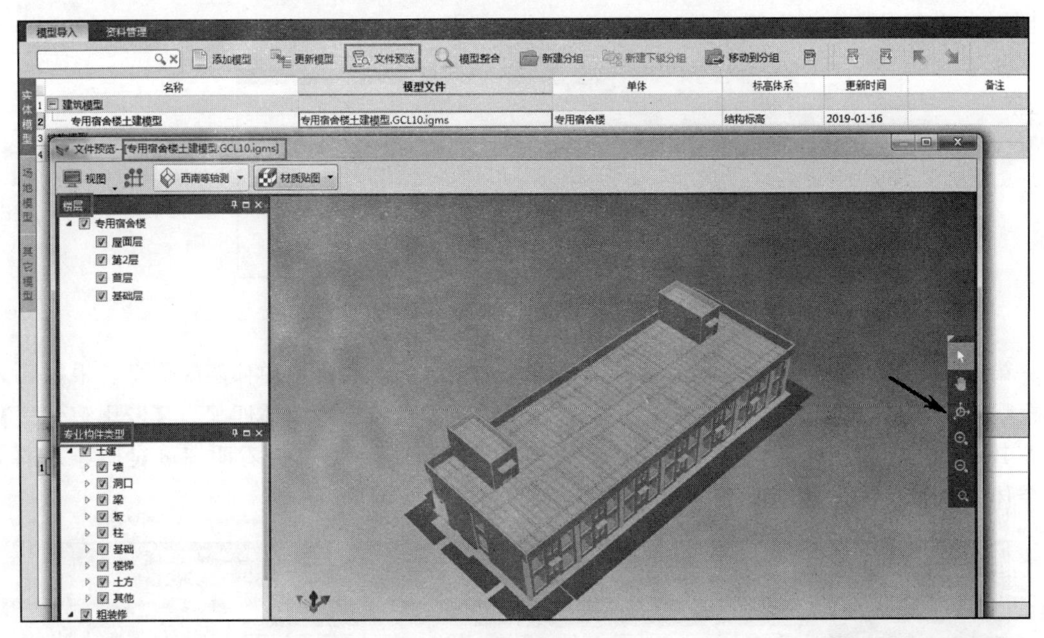

图 4.3.5

第五步：重复上述操作，导入结构模型，如图 4.3.6 所示。

（2）导入场地模型

上传的场地模型主要用于模型视图、施工模拟-工况设置模块。在【数据导入】—【模型导入】—【场地模型】界面，新建三个不同阶段场地模型分组，即基础施工阶段、主体施工阶段、粗装修施工阶段，点击添加模型分别载入三个阶段场地模型，方法同实体模型的导入，结果如图 4.3.7 所示。选中已上传模型，点击【文件预览】，查看当前场地模型，如图 4.3.8、图 4.3.9 所示：

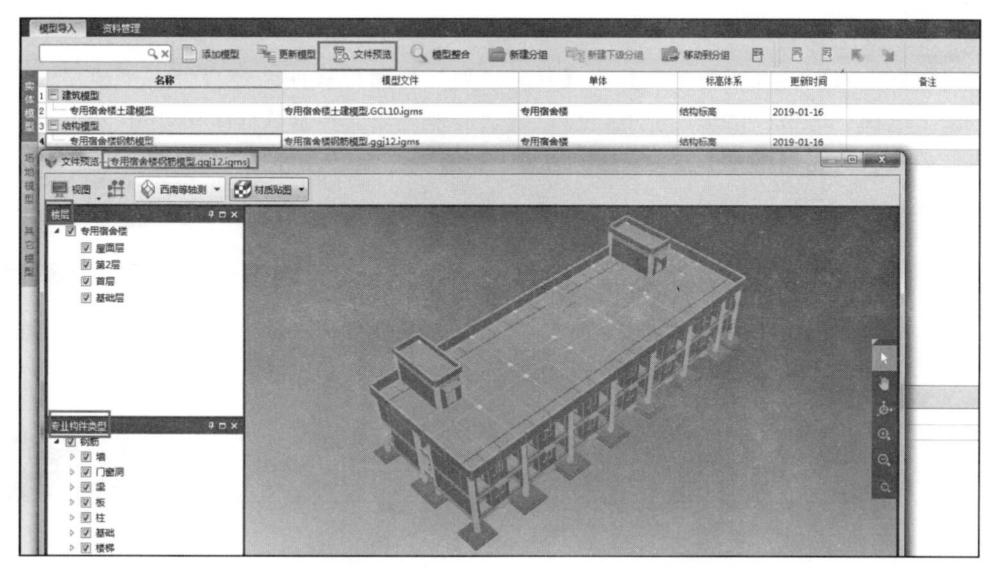

图 4.3.6

专用宿舍楼粗装修阶段场布模型.igms	2018/11/20 15:37	IGMS 文件
专用宿舍楼基础阶段场布模型.igms	2018/11/20 15:37	IGMS 文件
专用宿舍楼主体阶段场布模型.igms	2018/11/20 15:37	IGMS 文件

图 4.3.7

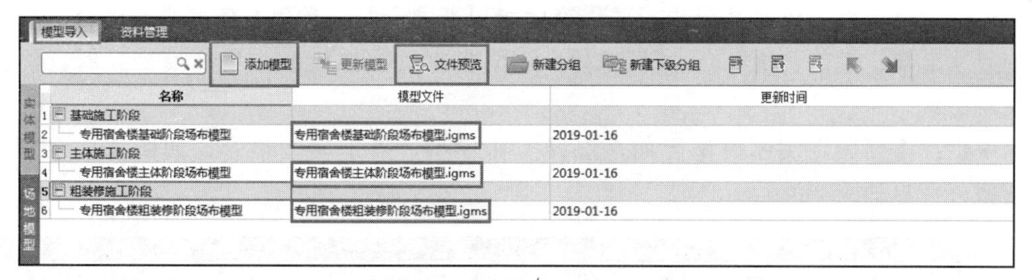

图 4.3.8

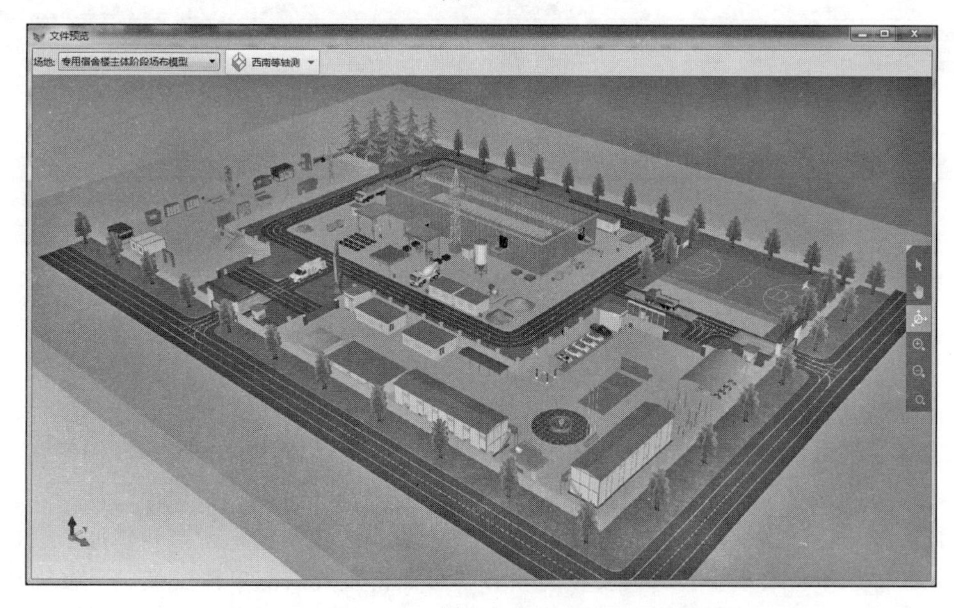

图 4.3.9

（3）导入其他模型

在【数据导入】—【模型导入】—【其它模型】界面，软件已经自带三个模型及动画，分别为施工电梯、塔吊、吊车，在此还可以增加其他模型。在默认分组中，可以继续添加模型。上传的模型主要用于施工模拟-工况设置，如图 4.3.10 所示：

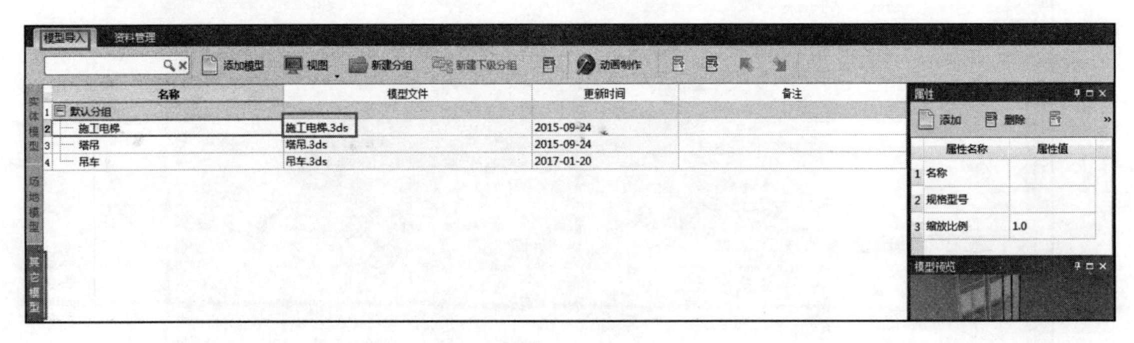

图 4.3.10

4.3.2 模型整合

项目部小组将基于导入的实体模型及场地模型，进行模型整合，将实体模型对应至场地模型中拟建建筑的同一位置。

在模型整合界面可以通过旋转、平移等功能把不同专业、类型的模型进行整合。如涉及不同专业（土建、钢筋、机电）、不同单体、不同类型（实体模型、场地模型）时，确保各模型原点一致。

第一步：重新回到实体模型界面，选择实体模型，点击模型整合，如图 4.3.11 所示，进入模型整合界面。

模型导入　资料管理

添加模型　更新模型　文件预览　模型整合　新建分组　新建下级分组　移动到分组

	名称	模型文件	单体	标高体系	更新时间
1	建筑模型				
2	专用宿舍楼土建模型	专用宿舍楼土建模型.GCL10.igms	专用宿舍楼	结构标高	2019-01-16
3	结构模型				
4	专用宿舍楼钢筋模型	专用宿舍楼钢筋模型.ggj12.igms	专用宿舍楼	结构标高	2019-01-16
5	机电模型				

实体模型　场地模型

图 4.3.11

第二步：在模型整合界面，勾选全部楼层，显示出全部实体模型；点击施工场地（塔吊图标），选择任意一个施工阶段的场地模型，使场地模型也同时显示，如图 4.3.12 所示。

第三步：设置选择精度，可按照单体、文件、专业三种情况进行选择。在这里设置为单体，点击平移模型，选择实体模型中的一个基准点，对应移动到场地模型中相同位置的基准点上。整合时，支持导入 CAD 图纸作为定位参考，也可以结合旋转模型按钮及下方找点功能进行配合使用，平移或旋转时按住 shift 和鼠标左键，会弹出输入距离和角度的窗口进行精确移动。如果平移效果不佳，需要重新平移，可点击重置当前单体变换。平移确认无误后，点击应用并退出。操作如图 4.3.13 所示：

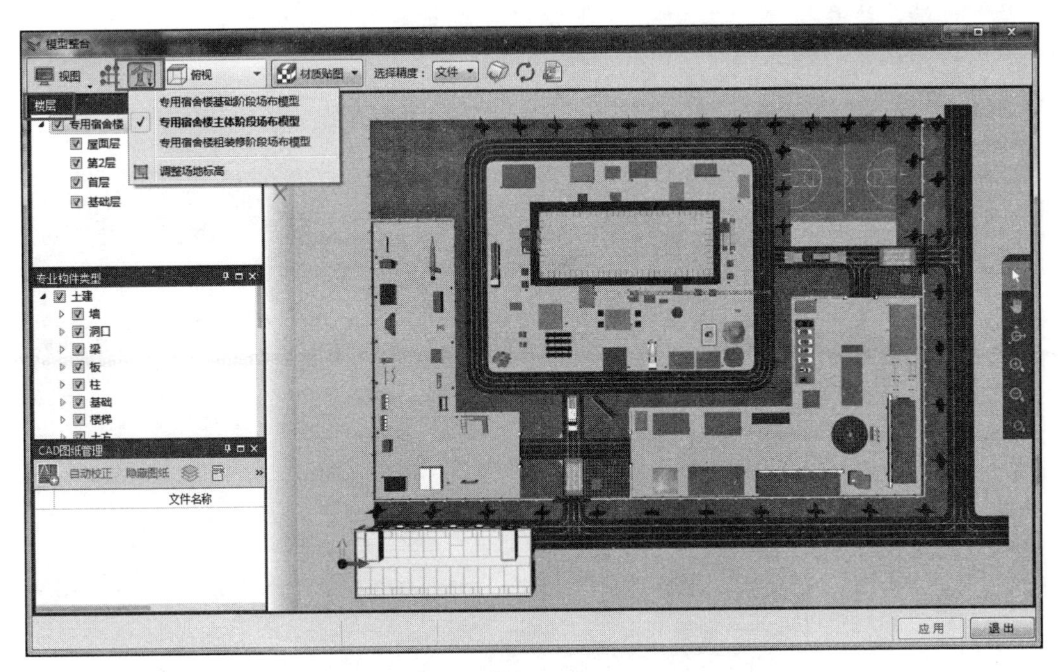

图 4.3.12

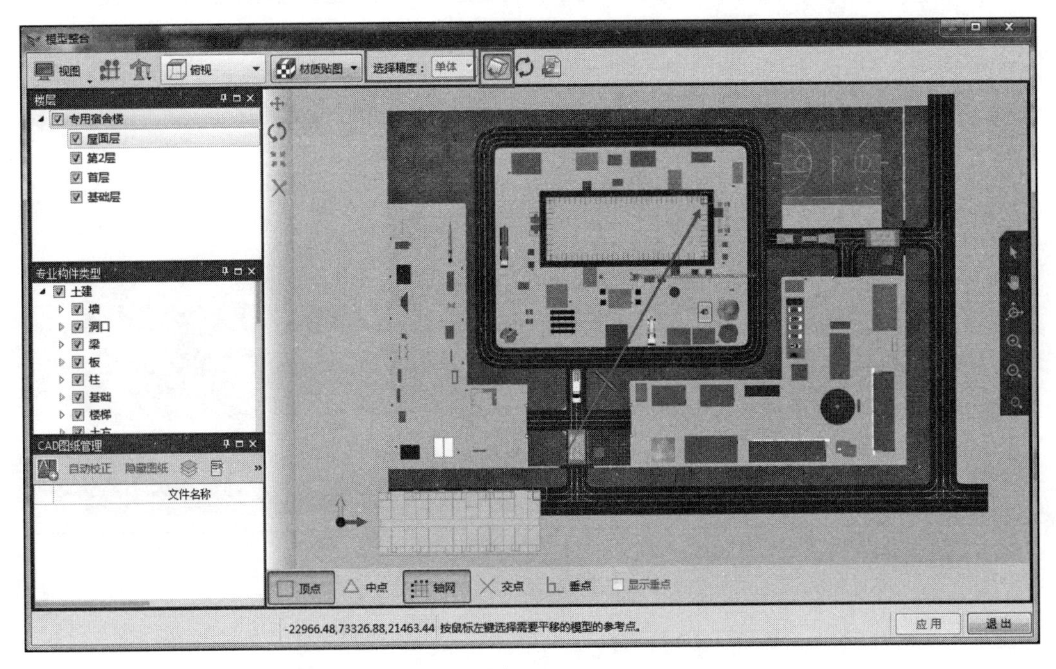

图 4.3.13

第四步：重新打开模型整合界面，点击右侧旋转，推动鼠标，可查看实体模型和场地模型结合的项目全景，如图 4.3.14 所示。

第五步：可把此图截取出来作为项目效果图添加至项目概况中去。返回项目资料，选择项目效果图，并通过添加效果图把全景图添加进去，如图 4.3.15 所示。

模型添加整合完成后，技术经理点击提交数据，输入提交日志，然后点击云数据同步到云端及手机端，注意选择模型信息专业设定及场地模型，将模型数据进行共享，如图 4.3.16～图 4.3.18 所示：

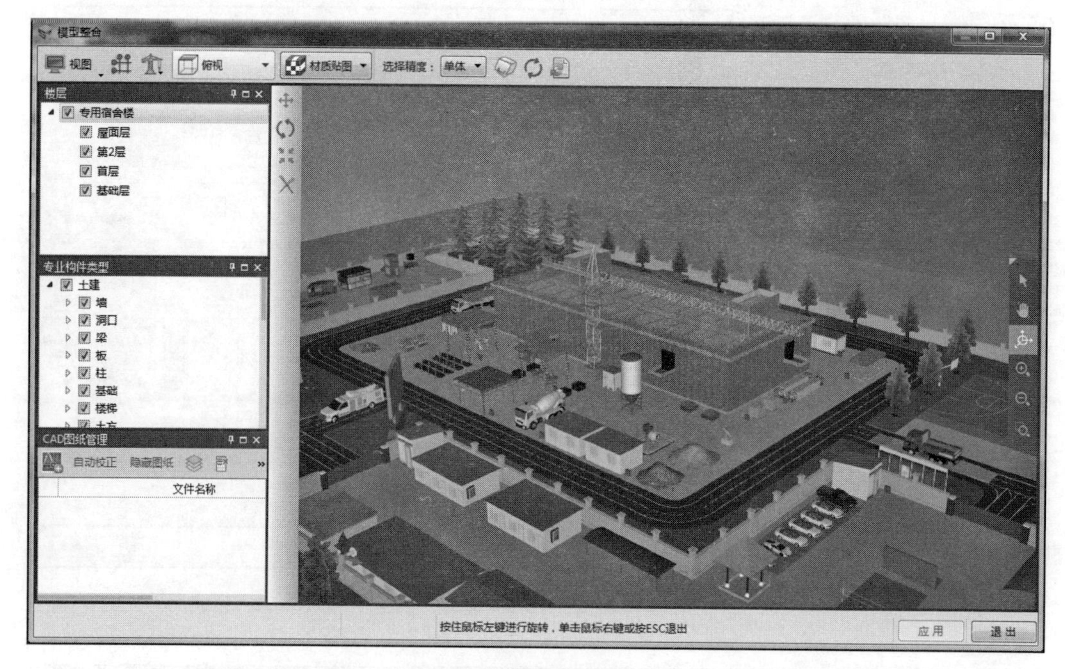

图 4.3.14

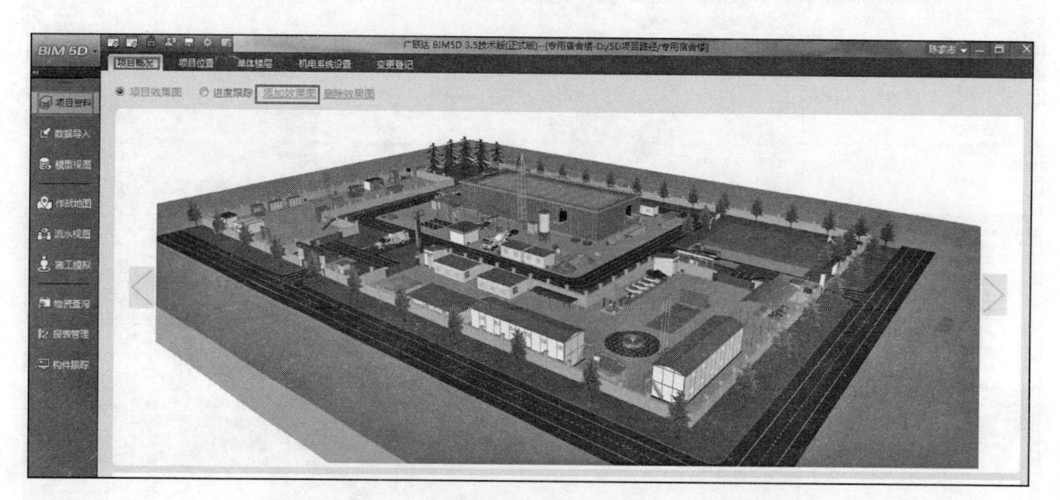

图 4.3.15

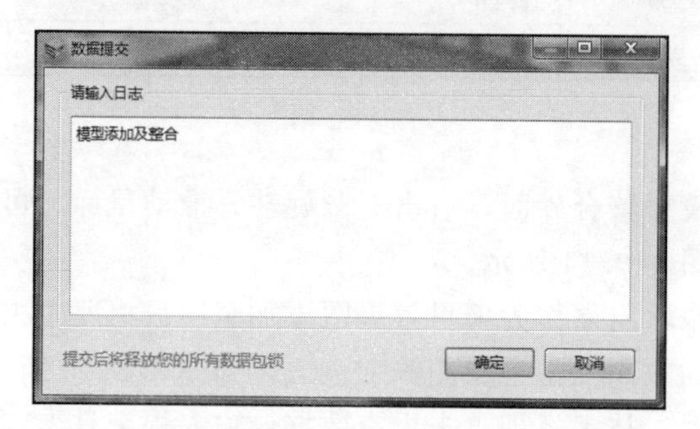

图 4.3.16

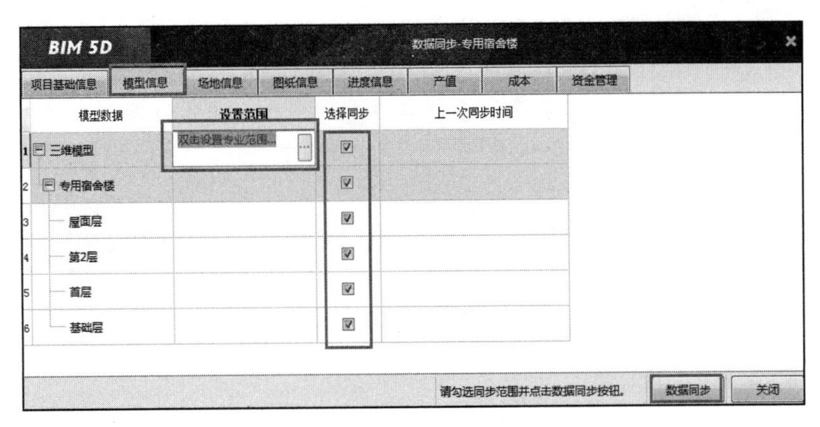

图 4.3.17

图 4.3.18

◆ **任务总结**

(1) 注意添加模型分为三种类型，包括实体模型、场地模型和其他模型。实体模型指各专业建立模型，支持 E5D、IGMS、IFC、SKP 等格式；场地模型指施工现场各阶段布置模型，支持 IGMS、E5D、SKP、3DS 等格式；其他模型指施工现场机械模型，支持 3DS 格式。添加时按类分别对应。

(2) 添加实体模型时注意单体匹配的选择是新建单体，还是与已有项目单体匹配。

(3) 可以通过模型预览随时查看各模型信息。

(4) 模型整合时，注意选择精度为单体。可以找任意模型基准点与场地拟建轮廓位置点进行对应，建议选取模型外墙边线角点即可。平移效果不佳时，可以通过重置当前单体变换重新进行平移。当平移完成无误时，方可点击应用再退出。

(5) 模型添加整合完成后，通过点击提交数据和云数据同步，可以将模型信息同步到 Web 端及移动端，保持模型数据共享。

习 题

1. BIM5D 平台在模型集成过程中，实体模型支持很多种格式的模型，(　　) 格式是不支持的。

A. E5D　　B. IGMS　　C. SKP　　D. RVT

2. BIM5D 平台在模型集成过程中，施工现场机械模型支持 (　　) 格式。

A. E5D　　B. IGMS　　C. IFC　　D. 3DS

3. BIM5D 平台在模型集成过程中，施工现场布置模型不支持（　　）格式。

A. E5D　　B. IGMS　　C. IFC　　D. 3DS

4. 在 BIM5D 平台的 PC 端主页面，变更登记在（　　）部分内容中。

A. 模型导入　　B. 合约视图　　C. 报表管理　　D. 项目资料

5. BIM5D 移动端，不包括（　　）内容。

A. 模型查看　　B. 生产进度　　C. 质量管理　　D. 安全管理

第5章

BIM5D 技术应用

5.1 章节概述

在前面章节讲解中，主要对专用宿舍楼基础准备进行讲解，意在帮助项目团队快速了解BIM5D应用初期项目准备及模型集成整体流程，并在操作过程中熟悉三端搭建方式、掌握模型集成技巧等。通过上述章节对专用宿舍楼项目采用边讲解边练习的方式，相信项目团队已经可以基于团队分工完成项目准备及模型集成的全部任务要求。

本章主要基于专用宿舍楼技术应用篇章进行讲解，通过技术交底、进场机械路径合理性检查、专项方案查询、二次结构砌体排砖、资料管理及工艺库管理等多项技术应用业务场景进行 BIM5D 的技术应用学习。

5.1.1 能力目标

(1) 能够了解施工现场技术交底的相关基本业务，掌握基于 BIM 技术进行三维可视化交底的应用方法，熟悉基于 BIM5D 视点应用、三维剖切面及钢筋三维的功能运用；

(2) 能够了解施工现场各类机械设备进出场路径设置的相关要求，掌握基于 BIM 技术进行进出场路径合理性检查的应用方法，熟悉基于 BIM5D 指定路径行走、漫游方式的功能运用；

(3) 能够了解建设工程专项施工方案的基本规定，掌握基于 BIM 技术进行专项方案制定及查找的应用方法，熟悉基于 BIM5D 专项方案查询的功能运用；

(4) 能够了解二次结构砌体排砖的相关业务，掌握基于 BIM 技术进行二次结构砌体排布的应用方法，熟悉基于 BIM5D 自动排砖的功能运用；

(5) 能够了解施工现场资料管理的相关要求，掌握基于 BIM 技术进行资料管理的应用方法，熟悉基于 BIM5D 资料管理、资料关联的功能运用；

(6) 能够了解施工现场工艺工法库制定的相关意义，掌握基于 BIM 技术进行工艺工法库建立的应用方法，熟悉基于 BIM5D 工艺库建造的功能运用。

5.1.2 任务明确

(1) 基于专用宿舍楼案例，完成技术交底资料编制，其中技术交底资料内容要求包括任意选取视点不少于 3 处，关键部位剖切面不少于 3 处，钢筋构造节点不少于 5 处，并说明交底意义；

（2）基于专用宿舍楼案例，完成路线漫游检查视频录制；利用漫游及按路线行走功能，模拟建筑物内及施工场区路线，建立至少各一条行走路线视频，对项目组成员进行施工交底并说明意义；

（3）基于专用宿舍楼案例，完成专项方案查询制定；利用专项方案查询功能，查询方案信息以辅助编制本工程专项施工方案内容，结合相关业务要求查询至少包含三种专项方案内容信息，并制定说明文档；

（4）基于专用宿舍楼案例，完成整楼排砖方案制定；利用自动排砖功能，编制本项目全楼砌体排砖方案，导出排砖图及砌体需用计划表，用于指导现场作业人员施工，以及交付采购部门提前准备物资；

（5）基于专用宿舍楼案例，完成资料库的建立；利用资料管理功能及 Web 端项目资料功能，编制本工程资料管理库，上传各类项目资料文件进行管理，将建筑和结构图纸分别与模型进行关联；

（6）基于专用宿舍楼案例，完成工艺工法库的建立；利用工艺库工具，结合本项目施工特点，查询相关资料，编制适合本项目施工的工艺工法库，指导现场人员规范高效作业。

5.2 技术交底

◆ **业务背景**

业主方要求采用 BIM 技术进行项目管理，并且向项目部提供 BIM 模型，项目部小组接到任务，要求对 BIM 模型进行审核，以确保高效的组织施工。项目部技术经理负责进行模型审查，并修正错误。传统交底模式下，技术方案的交底传递不直观，效果差。在模型审核完毕后，技术经理负责编制三维可视化交底资料，由生产经理对项目组成员进行三维可视化交底，对项目中较复杂的集水坑、楼梯、坡道等相关部位采用剖切的形式进行讲解，并对复杂钢筋构造节点进行可视化说明。

针对项目中典型的、重要的构件部分，可以通过保存视点的方式进行查询，方便对重点部位的施工进行实时的质量、安全等监控。

◆ **任务目标**

技术经理负责审核专用宿舍楼的三维模型信息，并利用视点、测量、剖切面功能编制技术交底资料，交付生产经理，由生产经理负责向项目组成员进行可视化交底。

基于专用宿舍楼案例，技术交底资料内容要求包括任意选取视点不少于 3 处，关键部位剖切面不少于 3 处，钢筋构造节点不少于 5 处，并说明交底意义。

◆ **责任岗位**

技术经理、生产经理。

◆ **任务实施**

相关操作如下文所述。

二维码 5 视点、测量、剖切及钢筋三维

5.2.1 视点应用

针对项目中典型的、重要的构件部分，可以通过保存视点的方式进行查询，方便对重点部位的施工进行实时的质量、安全等监控。

第一步：技术经理首先登录技术端，授权锁定后，在【模型视图】模块中，点击视图，在【图元树】以及【视点】前打勾，调出视点以及图元树界面，如图 5.2.1 所示：

第二步：在视点功能下点击新建分组，命名为“土建模型视点”。然后选择图元树土建专业中某个图元，点击右侧视点中的【保存视点】。把当前模型界面所显示的图形保存为一个视点，方便查看和编辑。如图 5.2.2 所示：

第三步：对该视点进行框选、增加标注、删除等操作。如图 5.2.3 所示：

第四步：勾选【视点 1】，然后点击【导出视点】。同时点击【提交数据】，把视点信息同步到其他端口。如图 5.2.4、图 5.2.5 所示：

图 5.2.1

图 5.2.2

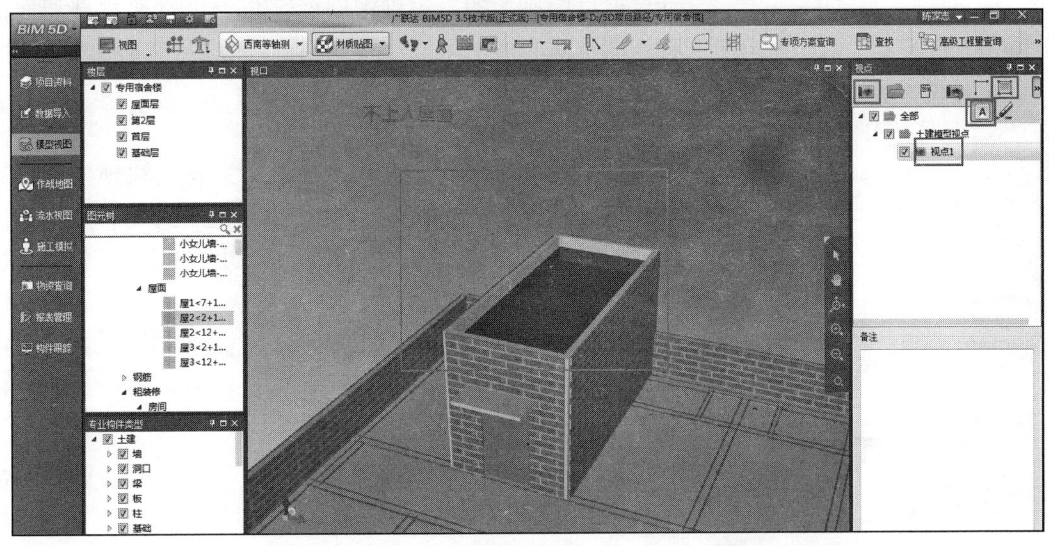

图 5.2.3

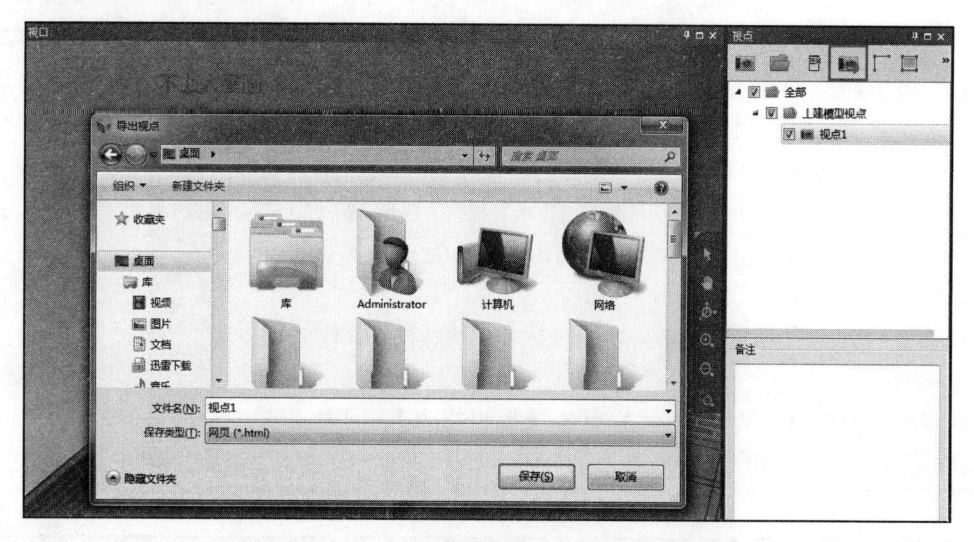

图 5.2.4

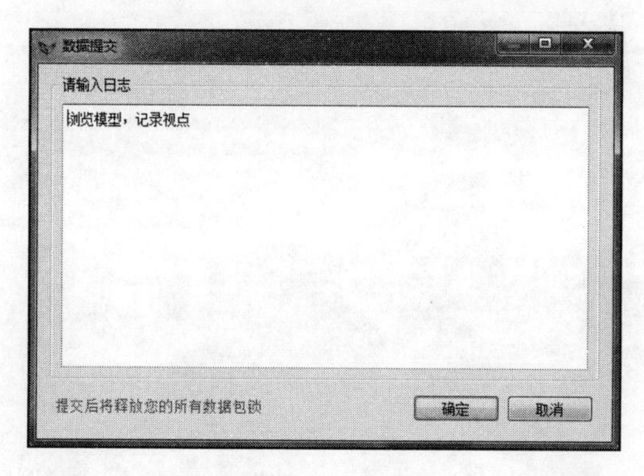

图 5.2.5

5.2.2 三维动态剖切及测量

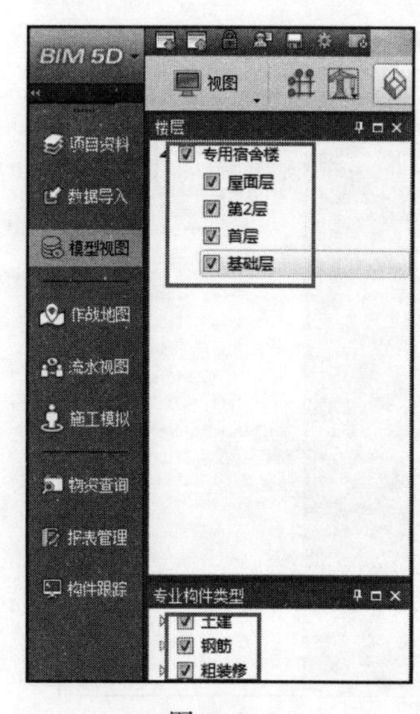

图 5.2.6

针对项目中典型的、关键的隐蔽部位，可以通过剖切面的功能将该部位进行可视化呈现，对项目部成员进行施工交底，确保施工有效进行。

（1）创建切面

第一步：技术经理首先进入技术端，进行授权锁定，打开【模型视图】界面，对楼层及专业构件类型进行勾选，选择一层或者几层模型进行显示（在操作过程中关闭不相关的部分模块，能够更好地进行操作）。如图 5.2.6 所示：

第二步：点击切面操作按钮 ，选择“竖直切面”或“水平切面”，弹出切面控制按钮，选择相应的角度或是调整切面位置来绘制对应的切面。如图 5.2.7 所示：

第三步：以绘制竖直的切面为例介绍其相应的功能，点击【竖直切面】按钮，对模型进行竖直切面创建，在视口中通过控制切面位置和角度两个旋钮来绘制切面。如图 5.2.8 所示：

图 5.2.7

第四步：鼠标左键按住控制切面位置按钮拖动切面。如图 5.2.9、图 5.2.10 所示：

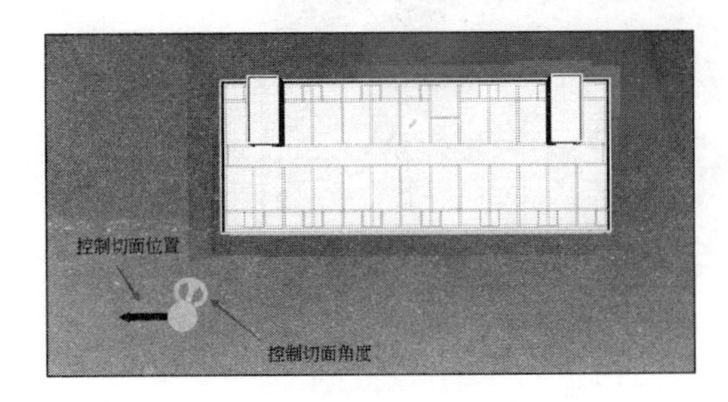

图 5.2.8

图 5.2.9

当选择的切面不正确要重新选择新的切面的时候，需要先删除已经建立的切面，点击“删除所有切面”的按钮，删除已建立的切面，再进行其他的操作。

图 5.2.10

（2）创建剖面

第一步：点击【创建剖面】，用鼠标左键绘制剖面盒。可以通过剖面盒上的箭头进行平移、旋转和缩放等操作，使剖面盒处于目标位置，还可输入剖面盒相关参数改变剖面盒的位置、大小。如图 5.2.11 所示：

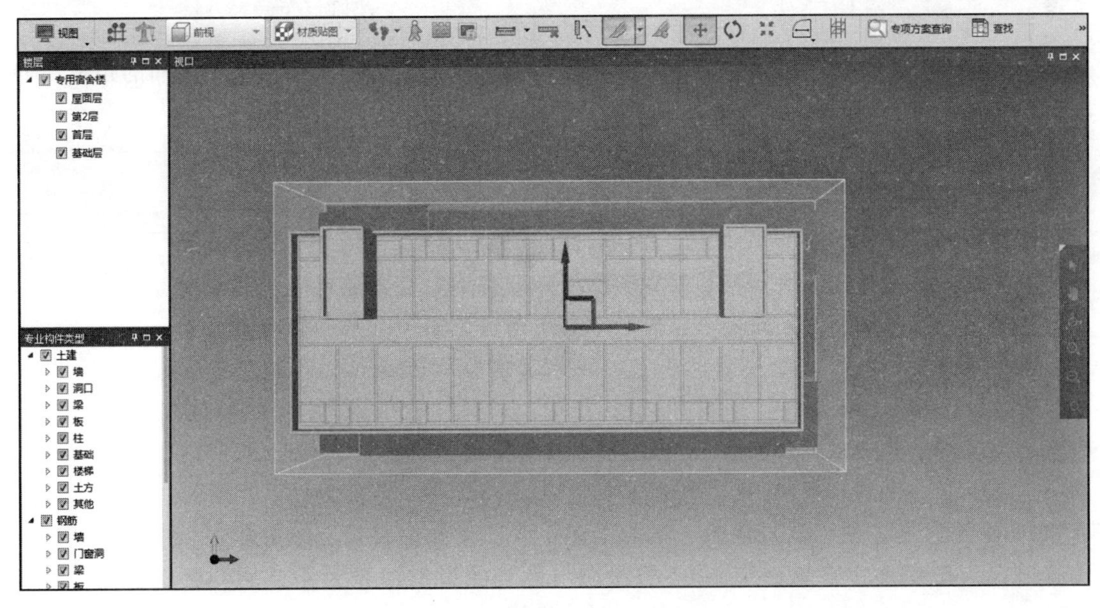

图 5.2.11

图 5.2.12

第二步：单击鼠标右键，就会弹出三维剖面编辑窗口，询问是否开始编辑剖面，选择是，对剖面进行编辑。如图 5.2.12 所示：

第三步：进入三维剖面编辑界面，可以对三维剖面进行标注、测量长度、角度、标高，以及旋转视图、放大、缩小等操作。如图 5.2.13 所示：

图 5.2.13

第四步：保存剖面。点击【保存剖面截图】，弹出三维剖面管理对话框，点击左上角的新建分类，默认名称为“分类 1”，输入剖面名称，点击确定，再点击保存。如图 5.2.14 所示：

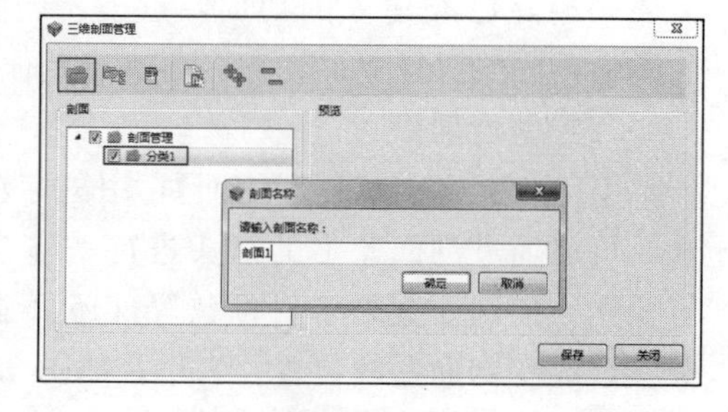

图 5.2.14

也可以通过点击管理剖面，进入到三维剖面管理界面。

(3) 测量

第一步：在【模型视图】模块中，可以测量两点之间的距离，包括点到点、点到多点、点直线等。选择【点到点】，可通过选择屏幕下方的【顶点】【中点】【轴网】【交点】【垂点】和【显示垂点】方便捕捉，来测量两点之间的距离。如图 5.2.15、图 5.2.16 所示：

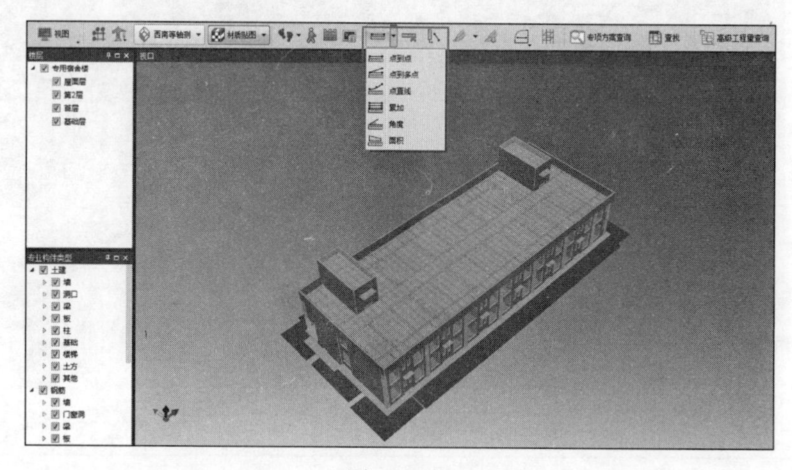

图 5.2.15

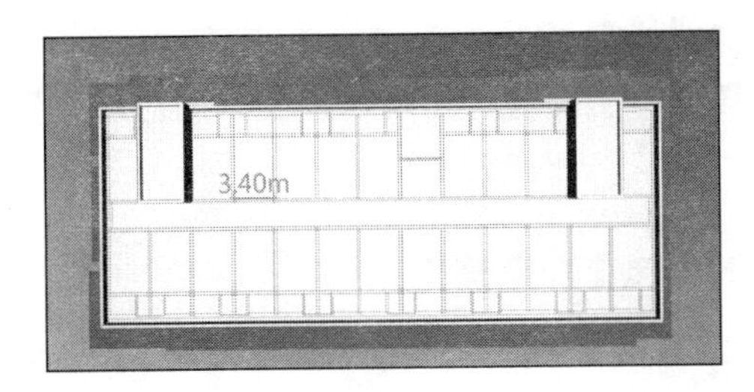

图 5.2.16

第二步：可将测量线转换为红线标注，确定后会自动在【视点】下保存一个【测量1】。如图 5.2.17 所示：

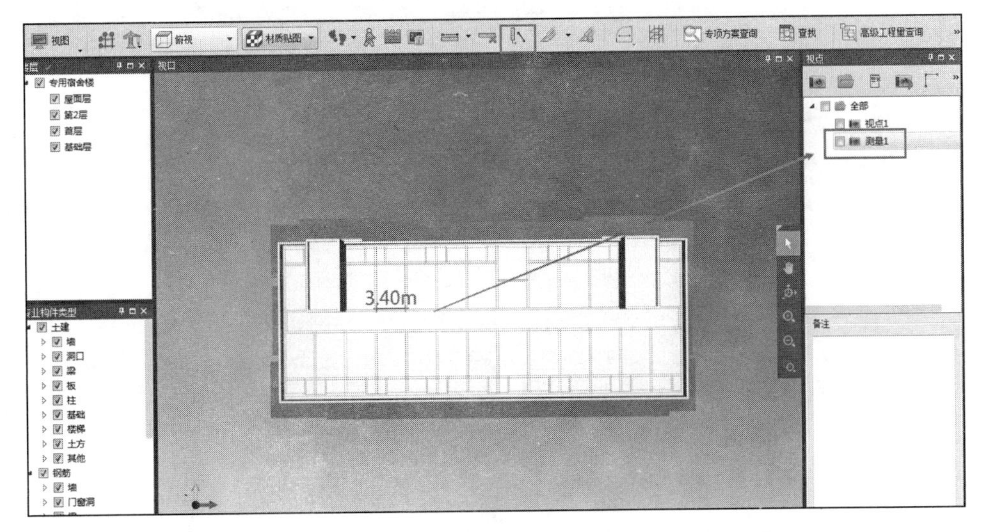

图 5.2.17

第三步：删除测量结果，单击【删除测量】按钮—单击测量线。

5.2.3 钢筋三维

针对项目中关键的、重要的钢筋构件节点部分，可以通过钢筋三维的方式进行查看，方便对重点部位的钢筋工程施工进行三维可视化交底，保证施工质量。

第一步：点击左侧专业构件类型进行筛选，只勾选钢筋专业。如图 5.2.18 所示：

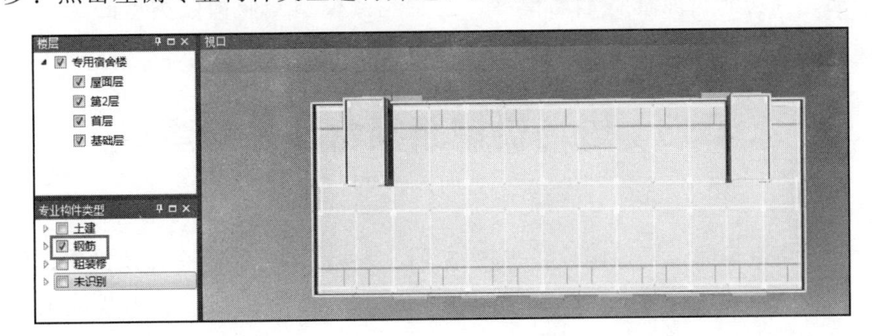

图 5.2.18

第二步：通过楼层及专业构件类型进行筛选，以勾选首层柱、梁构件为例，然后点击钢筋三维按钮，然后鼠标左键选择需要查看钢筋的构件图元，按住 Ctrl 和鼠标左键可以多选图元。在钢筋三维控制面板选择需要查看的钢筋种类，同时可以隐藏选中及其他图元信息，查看更加直观。如图 5.2.19～图 5.2.22 所示：

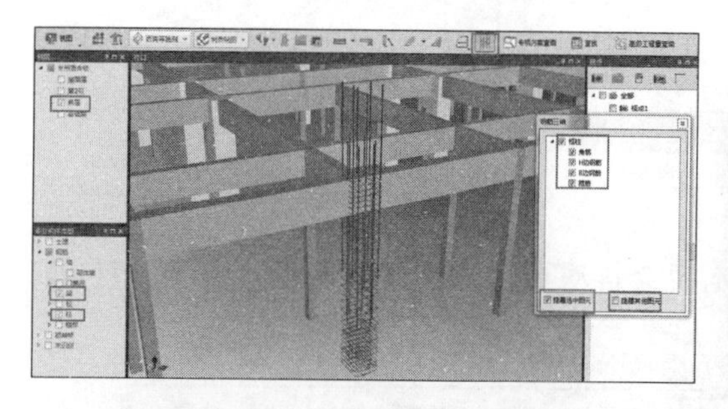

图 5.2.19 柱钢筋节点三维

图 5.2.20 梁钢筋节点三维

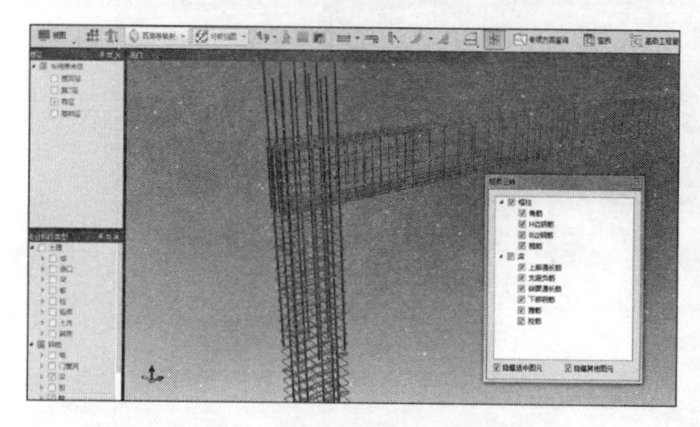

图 5.2.21 柱梁相交节点三维

图 5.2.22 全楼钢筋框架三维

◆ **任务总结**

(1) 视点应用可以结合文字信息进行标注，结合图元树功能查看关键图元的位置并保存。视点只有在建立分组后再提交数据，才会提示输入提交日志，否则会直接提交成功。

(2) 切面功能通过控制切面位置和角度两个按钮结合使用，删除切面可将所有切面信息清除。

(3) 剖面功能可以结合测量及标注信息使用，保存至剖面管理，导出 pdf 进行交底。

(4) 测量标注功能支持点到点、点到多点、点直线等多种方式，转为红线标注后自动生成测量视点，不需要的标注使用删除测量线即可。

(5) 钢筋三维功能只能查看钢筋模型，注意左侧模型专业构件类型的选择，同时按住 Ctrl 和鼠标左键可以多选不同类型构件，查看相应复杂节点钢筋构造。

5.3 进场机械路径合理性检查

◆ **业务背景**

针对大型设备进场时，要设定设备进场路线，以便设备能够更合理地进场，以及对建筑物中的构件进行预留孔洞设置。项目部小组基于 BIM 技术模拟建筑物内或施工场区行走路线，可对路线进行优化，对需预留的部位进行施工交底等内容。

◆ **任务目标**

基于专用宿舍楼案例，技术经理利用漫游及按路线行走功能，模拟专用宿舍楼建筑物内及施工场区路线，建立至少各一条行走路线视频，交付生产经理对项目组成员进行施工交底。

◆ **责任岗位**

技术经理、生产经理。

◆ **任务实施**

相关操作如下文所述。

二维码 6　自由漫游及按路线行走

5.3.1　指定路径漫游

以首层为例建立一条行走路线，各项目部小组可以自行选择路线行走楼层及路径。

第一步：技术经理进入技术端口，进行授权锁定，打开【模型视图】界面，点击视图，勾选楼层以及专业构件类型，点选首层（在进行指定路径漫游的过程中最好是关闭不相关的部分模块，能够更好地浏览模型），并将专业构件类型中土建中的板、钢筋中的板、粗装修中的天棚和吊顶前面的勾全部去掉（这样可以更清晰方便地进行行走）。如图 5.3.1、图 5.3.2 所示：

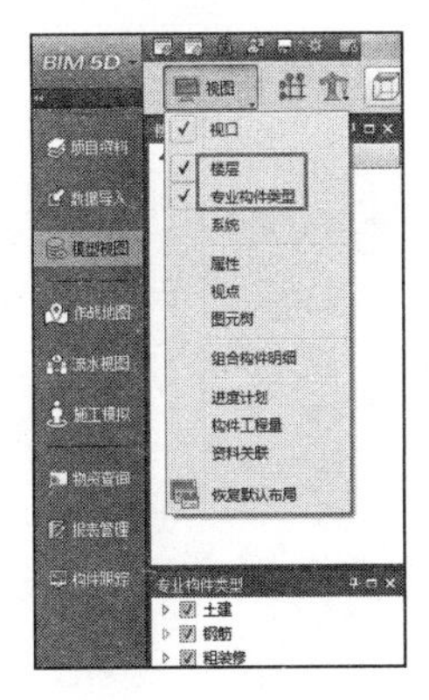

图 5.3.1

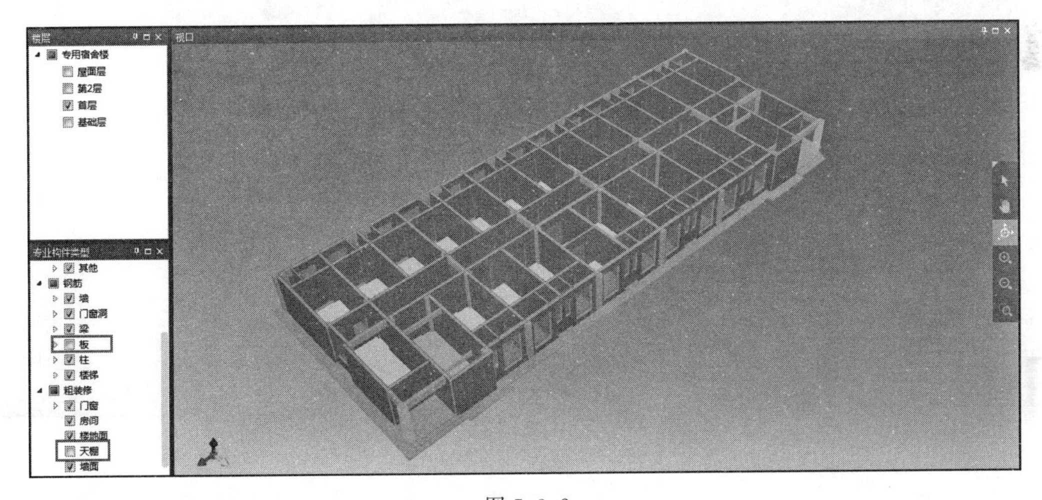

图 5.3.2

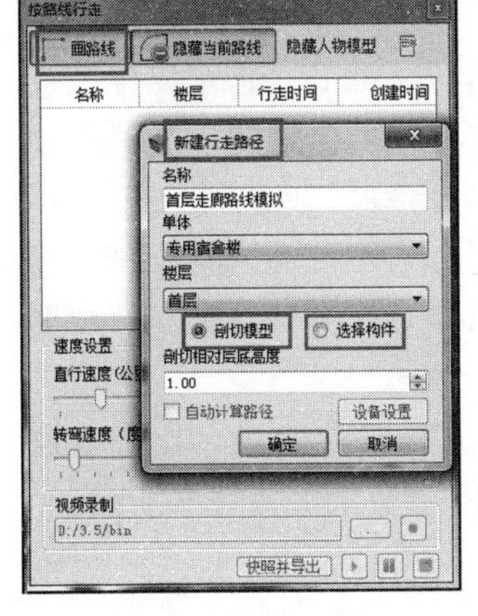

图 5.3.3

第二步：点击按钮，弹出【按路线行走】的对话框，点击左上角的画路线的按钮，弹出【新建行走路径】的对话框，输入名称，选择楼层为首层，点击确定。可以用剖切模型或选择构件两种方式进行绘制。如图 5.3.3 所示：

第三步：在视口中，按住鼠标左键绘制行走路径，绘制完成后，单击鼠标右键，选择完成。再设置行走直行速度与转弯速度。如图 5.3.4 所示：

第四步：点击“播放”的按钮，查看编辑好的路线。如图 5.3.5 所示：

第五步：录制视频时，首先选择视频保存位置，然后点击

“视频录制”，最后点击播放按钮，即可输出生成的路线视频。如图 5.3.6 所示：

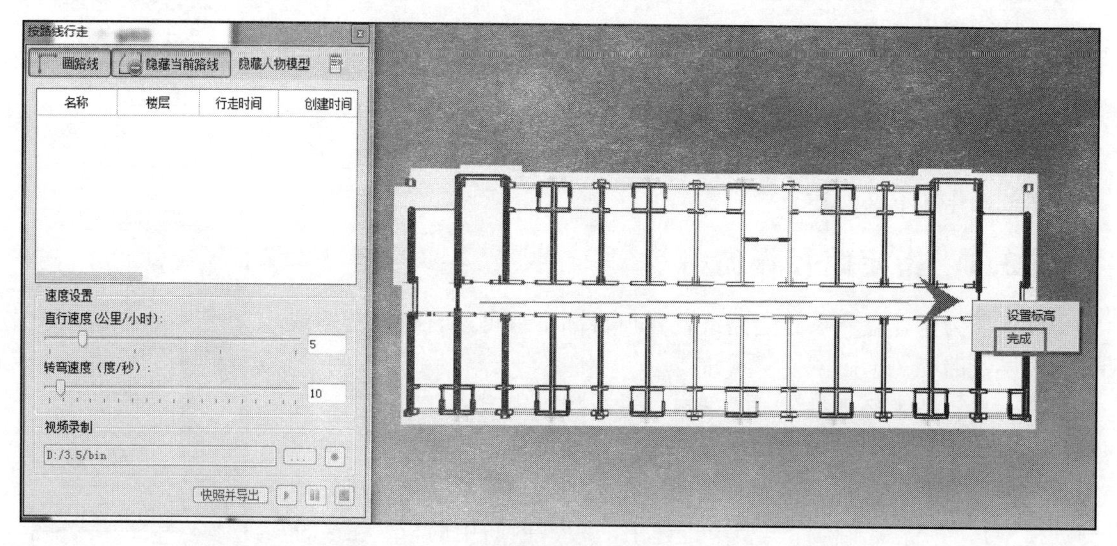

图 5.3.4

图 5.3.5

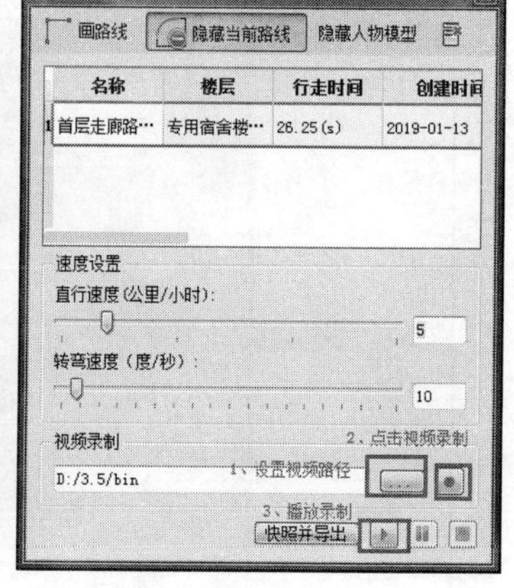

图 5.3.6

5.3.2　漫游方式

第一步：点击【漫游】，按住 Ctrl 和鼠标左键使漫游人物显示在模型上，长按鼠标左键可拖动旋转视角。进入到漫游模式时，【帮助】对话框默认显示，按 F1 可隐藏。模型人物漫游时前后左右、旋转方向等操作方式详见【帮助】对话框。如图 5.3.7（a）所示：

第二步：通过按【漫游方式】按钮，可设置速度、人物高度、标志图片和视频录制。漫游模式下，重力和碰撞同时打开时，漫游功能才起作用。关闭时直接点击图标选项或按帮助菜单的数字按钮控制打开。如图 5.3.7（b）所示：

第三步：录制视频时，选择漫游方式下的【视频录制】，先选择保存路径，点击【启用】，然后漫游来录制视频，按 Esc 键或鼠标右键退出漫游时结束录制。如图 5.3.8 所示：

(a)

(b)

图 5.3.7

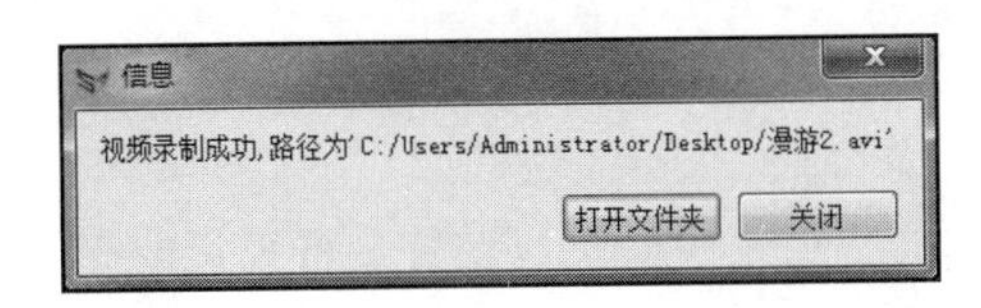

图 5.3.8

5.3.3 场地路线模拟

第一步：点击施工场地，选择主体阶段场地模型，如图 5.3.9 所示。

第二步：使用【漫游方式】或【按路线行走】功能，在场地内进行行走模拟，导出视频，操作方式同前。以按路线行走为例，相关界面如图 5.3.10 所示。

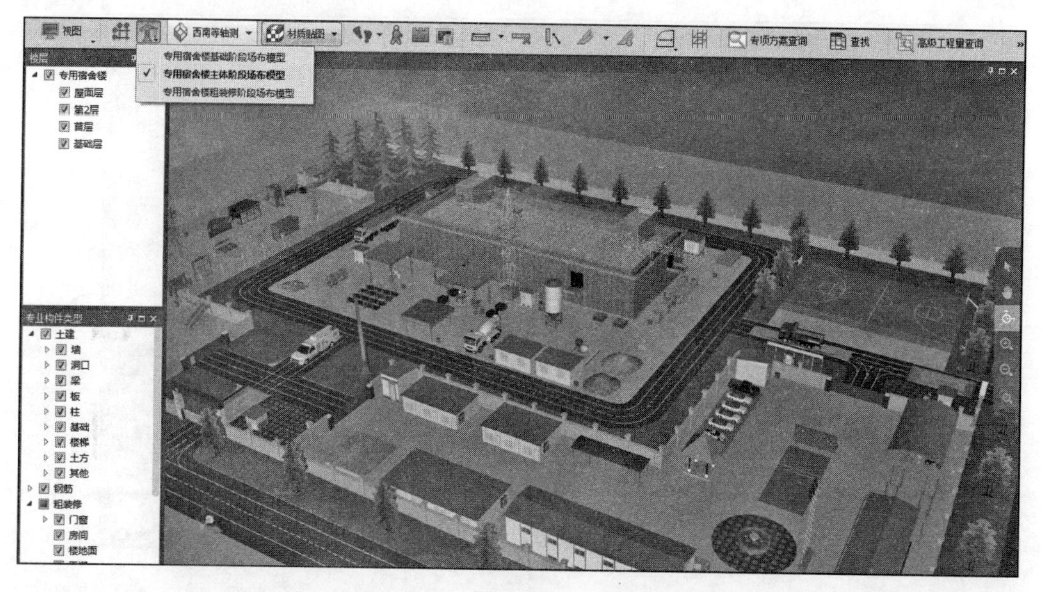

图 5.3.9

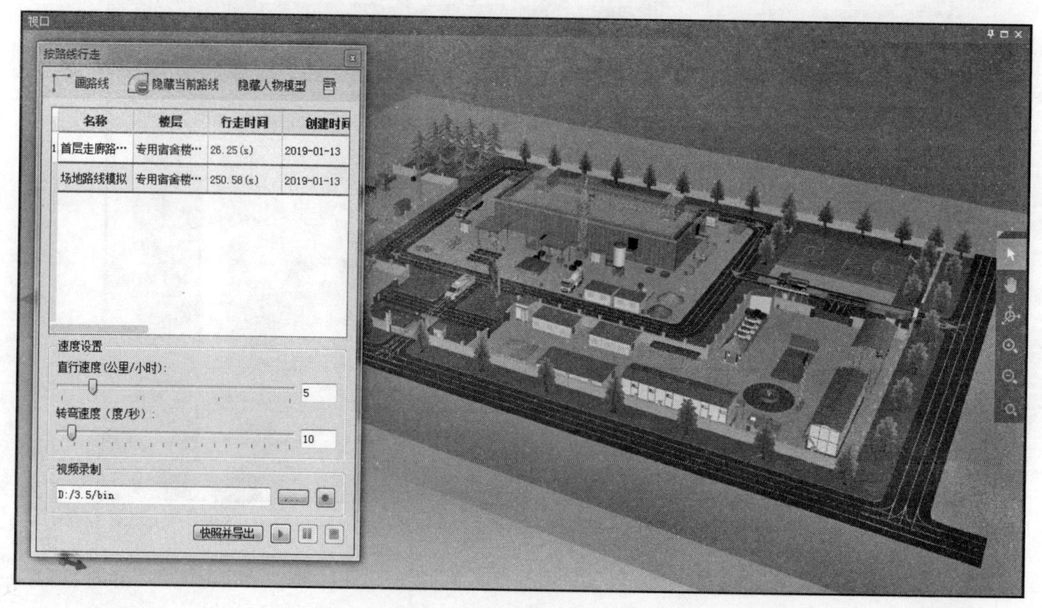

图 5.3.10

◆ 任务总结

(1) 可视化是 BIM 技术的特点之一，模型漫游是可视化的充分体现。数据漫游可以直观地查看各专业之间的集成，检查模型之间的碰撞，任意视角查看模型形态、展示模型特效等。漫游方式及按路线行走功能均可实现建筑物内及施工场区路线模拟，根据需求选择即可。

(2) 使用按路线行走时，注意结合楼层及专业构件类型筛选，绘制时更加方便。

(3) 自由漫游时，注意可随时通过 Ctrl 和鼠标左键改变人物漫游位置，结合漫游帮助菜单使用，更加符合漫游需求。

(4) 注意设置视频录制及保存路径，交付生产经理对项目组人员交底使用。

(5) 通过在场区内漫游行走发现施工现场布置需要优化时，可结合 BIM 施工场地布置软件进行优化布置设计，注意需结合场地布置相应知识布置，可参照知识链接。

◆ **知识链接**

施工平面布置

单位工程施工平面布置是对一幢建筑物（或构筑物）的施工现场进行规划布置，并绘制出平面布置图。它是施工组织设计的主要组成部分，是布置施工现场、进行施工准备工作的重要依据，也是实现文明施工、节约土地、降低施工费用的先决条件。

① 设计的内容。单位工程施工平面图上应包含的内容有：

a. 建筑总平面图上标出的已建和拟建的地上及地下的一切建筑物、构筑物及管线的位置和尺寸。

b. 测量放线标桩、地形等高线和取舍土方的地点。

c. 起重机的开行路线、控制范围及其他垂直运输设施的位置。

d. 构件、材料、加工半成品及施工机具的存放场地。

e. 生产、生活用临时设施，包括搅拌站、高压泵站、各种加工棚、仓库、办公室、道路、供水管线、供电线路、宿舍、食堂、消防设施、安全设施等。

f. 必要的图例、比例尺、方向及风向标记。

② 设计依据。设计单位工程施工平面图应依据：建筑总平面图、施工图、现场地形图；气象水文资料、现有水源电源、场地形状与尺寸、可利用的已有房屋和设施情况；施工组织总设计；本单位工程的施工方案、进度计划、施工准备及资源供应计划；各种临时设施及堆场设置的定额与技术要求；国家、地方的有关规定等。

③ 设计原则。

a. 布置紧凑、少占地。在确保能安全、顺利施工的条件下，现场布置与规划要尽量紧凑，少征施工用地。这样既能节省费用，也有利于管理。

b. 尽量缩短运距、减少二次搬运。

c. 尽量少建临时设施，所建临时设施应方便使用。

d. 要符合劳动保护、安全防火、保护环境、文明施工等要求。

根据上述原则并结合施工场地的具体情况，可设计出多个不同的布置方案，应通过分析比较，取长补短，选择或综合出一个最合理、安全、经济、可行的单独平面布置方案。

进行布置方案的比较时，可依据以下指标：施工用地面积；场地利用率；场内运输量，临时设施及临时建筑物的面积和费用；施工道路的长度及面积；水电管线的敷设长度；安全、防火、劳动保护、环境保护、文明施工等是否满足要求；重点分析各布置方案满足施工要求的程度。

④ 设计的步骤与要求。

a. 场地的基本情况。根据建筑总平面图、场地的有关资料及实际状况，绘制出场地的形状尺寸；已建和拟建的建筑物或构筑物；已有的水源、电源及水电管线、排水设施；已有的场内、场外道路；围墙；需保护的数目、房屋和其他设施等。

b. 起重及垂直运输机械的布置。起重及垂直运输机械的布置位置，是施工方案与现场安排的重要体现，是关系到现场全局的中心一环。它直接影响到现场施工的规划、构件及材料堆场的位置、加工机械的布置及水电管线的安排，因此应首先考虑。

（a）塔式起重机。塔式起重机一般应布置在场地较宽的一侧，且行走式塔吊的轨道应平行于建筑物的长度方向，以利于堆放构件和布置道路，充分利用塔吊的有效服务范围。附着式塔吊还应考虑附着点的位置，此外还要考虑塔吊基础的形式和设置要求，保证其安全性和稳定性等。

当建筑物平面尺寸或运输量较大，需要群塔作业时，应使相交塔吊的臂杆有不小于 5m 的安装高差，并规定各自转动方向和角度，以防止相互干扰和发生安全事故。

塔吊距离建筑物的尺寸，取决于最小回转半径和凸出建筑物墙面的雨篷、阳台、挑檐尺寸及外脚手架的宽度。对于轨道行走式塔吊，应保证塔吊行驶时与凸出物有不少于 0.5m 的安全距离；对于附着式塔吊还应符合附着臂杆长度的要求。

塔吊布置后，要绘出其服务范围，原则上建筑物的平面应在塔吊服务范围内，尽量避免出现“死角”。

塔吊的布置位置不仅要满足使用要求，还要考虑安装和拆除的方便。

（b）自行式起重机。采用履带式、轮胎式或汽车式等起重机时，应绘制出吊装作业时的停位点、控制范围及其开行路线。

（c）固定式垂直运输设备。布置井架、门架或施工电梯等垂直运输设备，应根据机械性能、建筑平面的形状和尺寸、施工段划分情况、材料来向和运输道路情况而定。其目的是充分发挥机械的能力并使地面及楼面上的水平运输距离最小或运输方便。

垂直运输设备离开建筑物外墙的距离，应视屋面檐口挑出尺寸及外脚手架的搭设宽度而定。卷扬机的位置应尽量使钢丝绳不穿越道路，距井架或门架的距离不宜小于 15m 的安全距离，也不宜小于吊盘上升的最大高度（使司机的视仰角不大于 45°）；同时要保证司机视线好，距拟建工程也不宜过近，以确保安全。

当垂直运输设备与塔吊同时使用时，应避开塔吊位置，以免设备本身及其缆风绳影响塔吊作业，保证施工安全。

（d）混凝土输送泵及管道。在钢筋混凝土结构中混凝土的垂直运输量约占总运输量的 75%以上，输送泵的布置至关重要。

混凝土输送泵应设置在供料方便、配管段、水电供应方便处。当采用搅拌运输车供料时，混凝土输送泵应布置在大门附近，其周围最好能停放两辆搅拌车，以保证供料的连续性，避免停泵或吸入空气而产生气阻；当采用现场搅拌供应方式时，混凝土输送泵应靠近搅拌机，以便直接供料。

泵位直接影响泵管长度、输送阻力和效率。布置时应尽量减少管道长度，少用弯管和软管。垂直向上的运输高度较大时，应使地面水平管的长度不小于垂直管长度的四分之一，且不小于 15m，否则应在距离泵 3～5m 处设截止阀，以防止反流。倾斜向下输送时，地面水平管应转 90°弯，并在斜管上段设排气阀；高差大于 20m 时，斜管下端应有不少于 5 倍高差的水平管，或设弯管、环形管，以防止停泵时混凝土坠流而使泵管进气。

c. 布置运输道路。现场主要道路应尽可能利用已有道路，或先建好永久性道路的路基，不具备以上条件时应铺设临时道路。

现场道路应按材料、构件运输的需要，沿仓库和堆场进行布置。为使其畅行无阻，宜采用环形或 U 形布置，否则应在尽端处留有车辆回转场地。路面宽度应符合规定，单行道应满足运输车辆转弯要求，一般单车道不少于 9m，双车道不少于 7m。路基应经过设计，路面要高出施工场地 10～15m，雨季还应起拱。道路两侧应设排水沟。

⑤ 需注意的问题。土木工程施工是一个复杂多变的生成过程，随着工程的进展，各种机械、材料、构件等陆续进场又逐渐消耗、变动。因此，施工平面图应分阶段进行设计，但

各阶段的布置应彼此兼顾。施工道路、水电管线及各种临时房屋不要轻易变动，也不应影响室外工程、地下管线及后续工程的进行。

5.4 专项方案查询

◆ **业务背景**

建设工程专项施工方案，根据住房和城乡建设部《危险性较大的分部分项工程安全管理规定》，要求认真贯彻执行文件规定及其精神，从管理上、措施上、技术上、物资上、应急救援上充分保障危险性较大分部分项工程安全、圆满完成避免发生作业人员群死群伤或造成重大不良社会影响。同时通过专项方案编制、审查、审批、论证、实施、验收等过程让管理层、监督层、操作层及广大员工充分认识危险源，防范各种危险，使安全思想意识提高至新水准。

项目部小组基于本工程施工特点，技术经理负责利用 BIM 技术进行专项方案查询，针对查询结果编制专项施工方案，作为项目部技术资料配合施工交底。

专项方案查询可以通过相应过滤条件过滤出需要查看的构件，为专项方案编制提供参考。

◆ **任务目标**

基于专用宿舍楼案例，技术经理负责编制本工程项目专项施工方案内容，结合相关业务要求查询至少包含三种专项方案内容信息，并制定说明文档。

◆ **责任岗位**

技术经理。

◆ **任务实施**

二维码 7
专项方案查询

专项方案查询可以通过梁单跨跨度、梁截面高度、板净高、超高构件查询等条件过滤出需要查看的构件，为专项方案编制提供参考。

以查询本工程超高构件为例，查询大于 3.6m 的构件图元信息。

第一步：技术经理进入技术端，在【模型视图】模块中，首先选择需要查询的楼层及构件类型。如图 5.4.1 所示：

图 5.4.1

第二步：点击【专项方案查询】，勾选按超高构件大于 3.6m 查询。如图 5.4.2 所示：

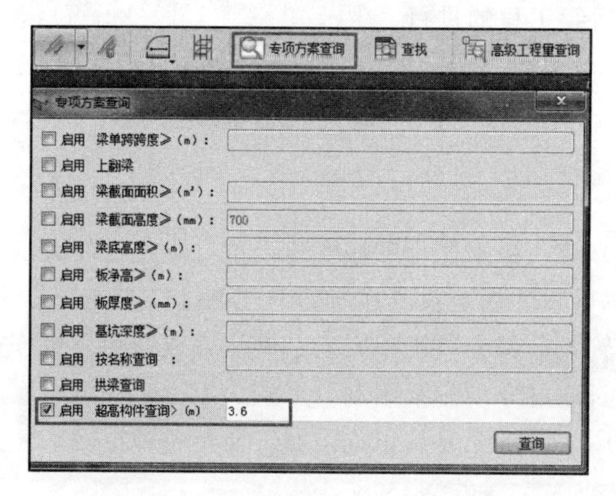

图 5.4.2

第三步：查看查询结果，可以选择不同专业、不同构件图元进行定位，模型会自动蓝色显示该图元位置。点击导出，可将查询结果导出为 Excel 表格形式。如图 5.4.3、图 5.4.4 所示：

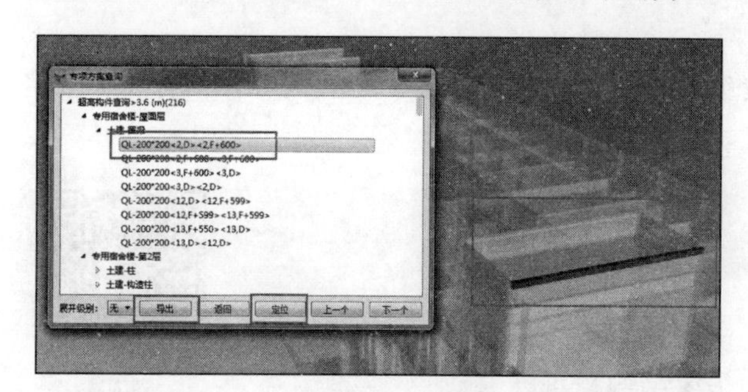

图 5.4.3

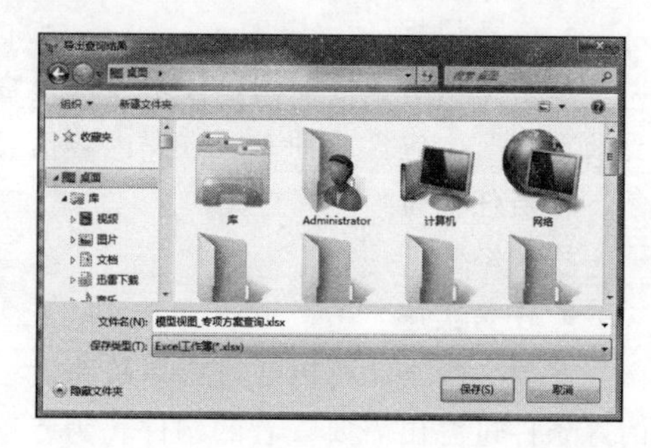

图 5.4.4

◆ **任务总结**

（1）专项方案查询时，结合楼层及专业构件类型进行筛选。

（2）具体查询的内容，需各项目部小组结合业务要求进行查询，如一般情况下梁截面高度≥700mm 时设置腰楞，并用直径 12mm 的对拉螺栓加固，对拉螺栓水平间距为 500mm，垂直间距 400mm。

5.5　二次结构砌体排砖

◆ **业务背景**

砌体排砖是二次结构施工阶段涉及的主要阶段工作之一。采用传统模式进行排砖，存在排砖图编制效率低，物资进料、施工安排不合理，施工依据不统一，施工质量参差不齐，施工损耗大，质量差等缺陷。而基于 BIM 技术可以提前获知砌筑界面，砌体量可快速准确计算，大幅提高排砖效率。

排砖图布置必须符合相关规范和美观要求，项目小组技术部利用 BIM 技术对每一面不同的墙体进行排布，排布考虑的因素很多，需要制定初步排砖图，反复调整才能达到合格的标准；这个过程耗费时间长，且需要对每个墙面单独排布，遇到门窗、预留洞口调整更为烦琐。排砖完成后，可作为指导现场施工的技术文件使用。

生产经理及技术经理需要在砌体结构施工或精装修施工前配合，设计并深化砌体排砖图，指导现场作业人员施工，同时向采购部提供砖砌体材料进场计划，最后做砌体的统计分析及验收工作。

排砖时可以查阅《砌体结构工程施工质量验收规范》（GB 50203—2011），同时做技术交底相关工作。

◆ **任务目标**

基于专用宿舍楼案例，技术经理、生产经理协同配合编制本项目全楼砌体排砖方案，导出排砖图及砌体需用计划表，用于指导现场作业人员施工，以及交付采购部门提前准备物资。

◆ **责任岗位**

技术经理、生产经理。

◆ **任务实施**

二维码8
砌体排砖

项目部小组利用BIM5D自动排砖功能，可对本项目砌体结构快速排砖。结合本项目图纸墙体信息要求，室内设计标高以下外墙均为240mm厚烧结实心砖，其他均为200mm厚加气混凝土砌块。技术经理及生产经理结合规范要求，建立并选定合适的排砖方案。

在这里以首层为例进行排布演示，选择楼层设置为首层。项目部小组需根据任务要求自行拟定全楼排布方案。

第一步：技术经理首先进入技术端，进行授权锁定，在【模型视图】界面按楼层加载实体模型（排砖需要的运算量较大，不建议加载楼模型排布，建议单独一层一层进行排布），以首层为例进行排布，选择楼层为首层，筛选墙、梁、柱构件类型，点击自动排砖。如图5.5.1、图5.5.2所示：

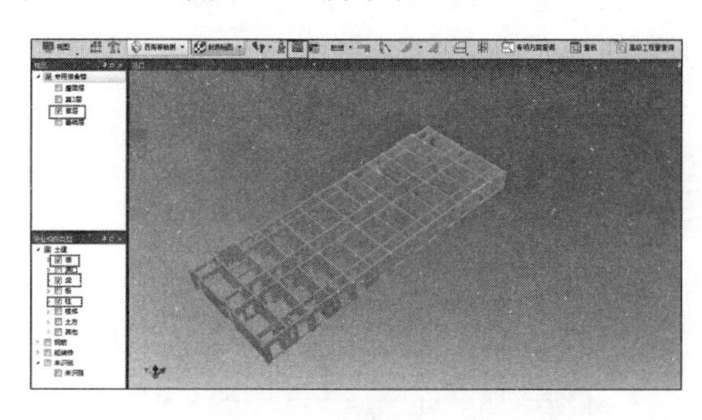

图5.5.1

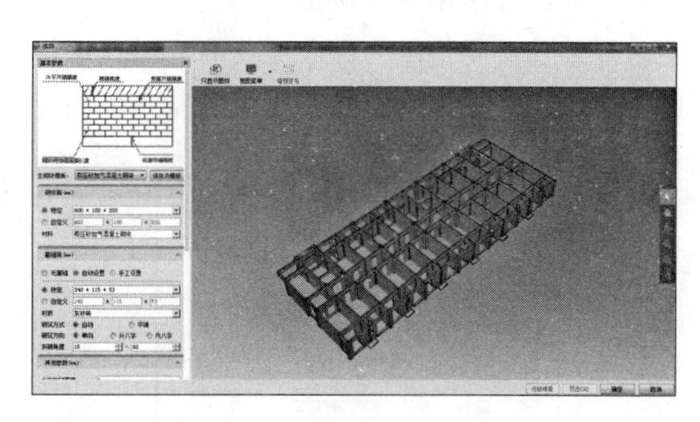

图5.5.2

第二步：设置排砖基本参数。在基本参数模块可以编辑排砖相关参数。包括编辑砌体砖尺寸、材质；编辑塞缝砖尺寸、材质；编辑其他参数以及导墙参数；编辑塞缝高度、底部导墙高度、水平及竖直灰缝厚度、砌块间错缝搭接长度等信息。参数可保存为模板，通过主砌块模板下拉选择自己保存的模板。如图5.5.3所示：

设置砌体砖尺寸及材质。编辑尺寸的方式有“特定”和“自定义”两种，“特定”为相关规范的常用尺寸，方便用户直接选择使用；“自定义”显示为“长*宽*高”的格式，项目部小组可以输入数值尺寸，对比选择最为合适的尺寸。材料内容可自行输入信息。以选取“600*200*300”的加气混凝土砌块方案为例，如图5.5.4所示：

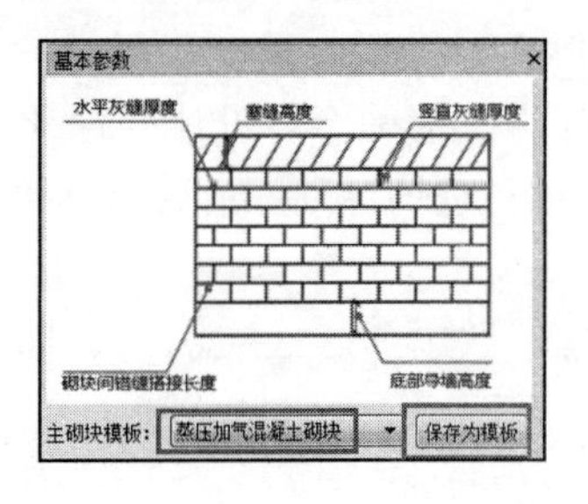

图 5.5.3

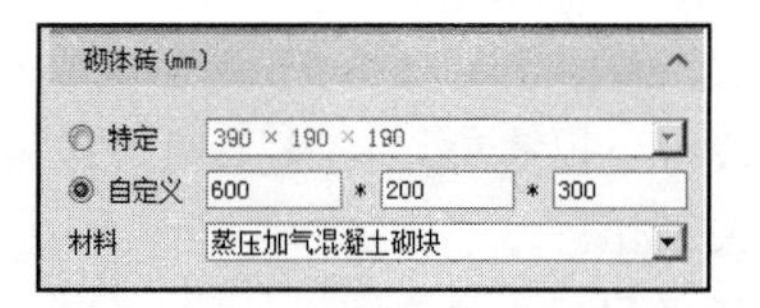

图 5.5.4

设置塞缝砖。项目部小组根据设定的砌体砖排布方案自行考虑是否设置塞缝砖，包括三种方式：

① 无缝砖：自动排砖后将主体砖砌筑到顶，不做塞缝砖处理。当距顶高度不足设定的一匹主体砖的高度时，可排碎砖，当距顶高度不足 2cm 时，将以混凝土塞缝。如图 5.5.5、图 5.5.6 所示：

图 5.5.5

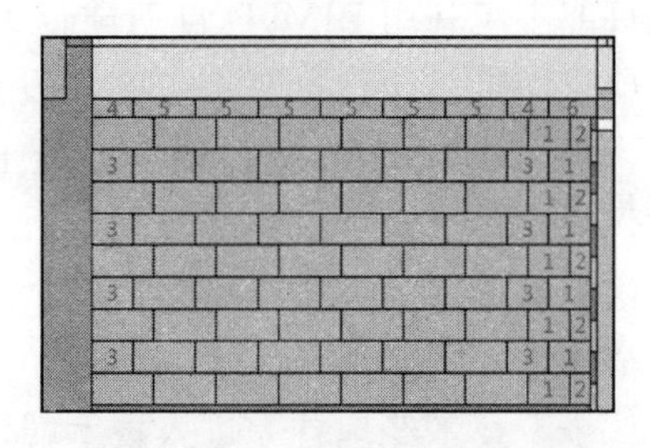

图 5.5.6 无塞缝排砖示例

② 自动设置：编辑尺寸的方式有“特定”和“自定义”两种，特定为相关规范中规定的常用尺寸，方便用户直接选择使用；自定义显示为“长 * 宽 * 高”的格式，项目部小组可自行输入尺寸及材质信息。砌筑方式有自动、平铺两种，当为自动时，需要设置砌筑方向、斜砌角度；当为平铺时，则砌筑方向与斜砌角度灰显，不可输入。如图 5.5.7～图 5.5.10 所示：

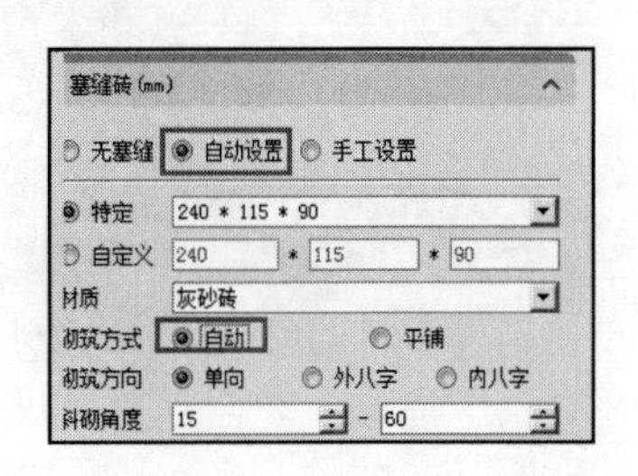

图 5.5.7

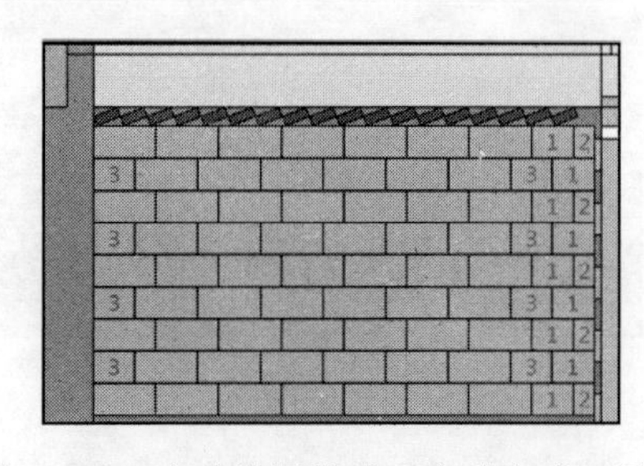

图 5.5.8 自动设置排砖（自动方式）示例

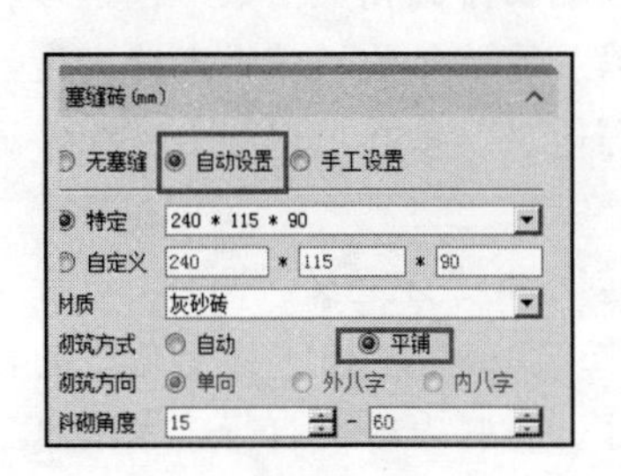

图 5.5.9

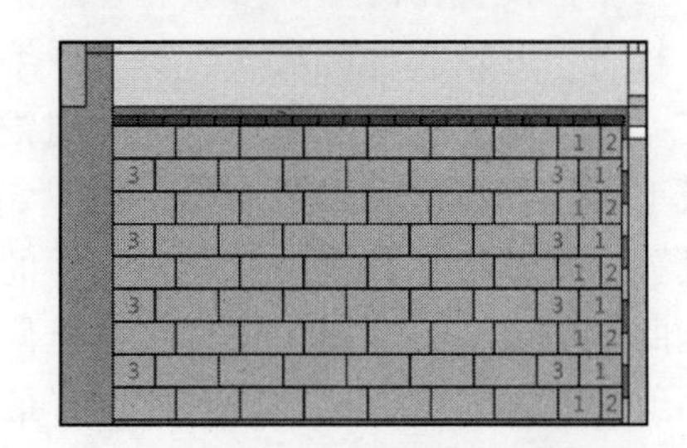

图 5.5.10 自动设置排砖（平铺方式）示例

③ 手工设置：编辑尺寸的方式有“特定”和“自定义”两种，“特定”为相关规范中规定的常用尺寸，方便用户直接选择使用；“自定义”显示为“长 * 宽 * 高”的格式，项目部小组可自行输入尺寸及材质信息。塞缝砖将以设定的参数方案由下到上逐层进行塞缝砖排布，如果剩余空间不足，则用混凝土代替。其中在设置塞缝砖参数方案时，先设置塞缝砖的具体参数，然后点击新增，即可增加一匹塞缝砖，依次新增即可，在输入错误的情况下，可进行删除和重新编辑。注意斜砌塞缝砖必须在最顶层，并且无法再新增新的一匹塞缝砖。如图 5.5.11、图 5.5.12 所示：

图 5.5.11

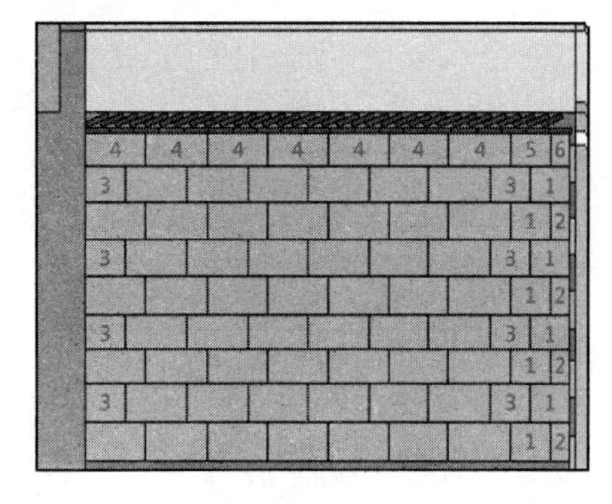

图 5.5.12 手工设置排砖（一平铺一斜砌）示例

设置其它参数。编辑水平灰缝厚度、竖直灰缝厚度、灰缝调整范围、砌体间错缝搭接长度、最短错缝搭接长度、最短砌筑长度。砌块间错缝搭接长度默认按砌体砖的 33%省略小数计算，支持调整百分比和输入具体长度值；最短砌筑长度是设置砌体砖的最小长度。项目部小组根据所选砌体砖种类结合相应规范要求设置参数。如图 5.5.13 所示：

设置导墙信息。导墙主要的作用就是发挥防水作用，除了卫生间之外，经常与水打交道的区域，比如厨房、露台等，都可以利用导墙进行防水。项目部小组根据建筑图纸提供房间信息，判断是否设置导墙。编辑导墙的尺寸、材料、导墙的排布参数图、底部导墙高度、水平灰缝厚度、竖直灰缝厚度、灰缝调整范围、砌体间错缝搭接长度、最短砌筑长度。当材料为混凝土时，只需要设置导墙高度即可。如图 5.5.14 所示：

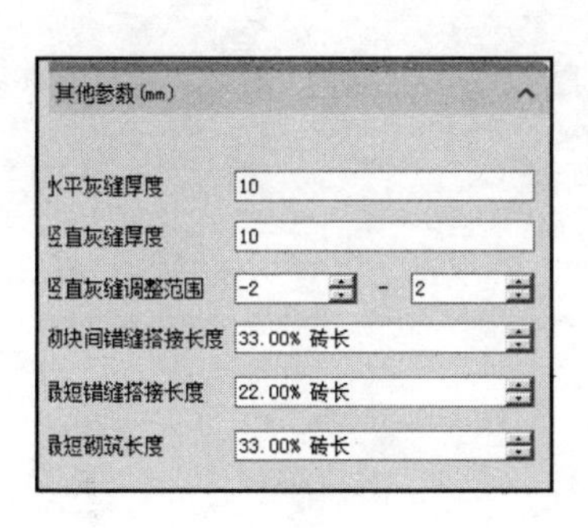

图 5.5.13

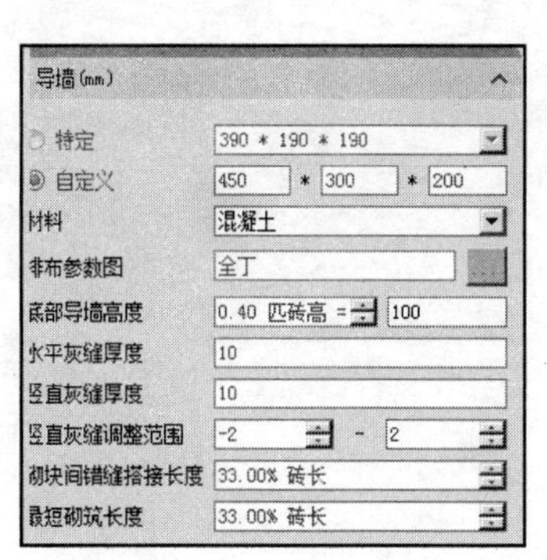

图 5.5.14

第三步：设置完基本参数后，在模型区域点选或按 Ctrl 加鼠标左键多选或框选图元，点击自动排砖按钮。如图 5.5.15 所示：

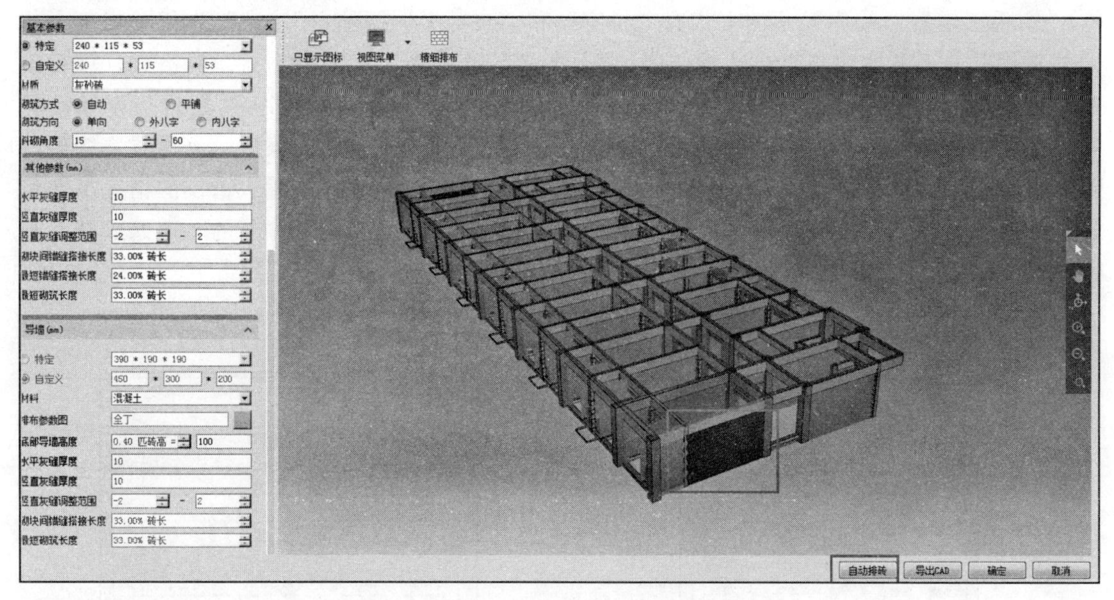

图 5.5.15

第四步：对所选墙体进行自动排砖后，点击精细排布可以查看具体排布情况及信息。可以在精细排布界面布置二次构件、洞口及管槽信息，查看对当前排砖方案的影响；可以继续调整基本参数，调整砖长及灰缝厚度，显示砌体交错位置及查看砌体损耗率；可以查看砌体需用量数据，包括按采购量汇总及按实际砌筑量汇总两种方式，直观看出所需各类砌体规格尺寸、数量、体积及灰缝厚度信息。项目部小组结合工程项目情况及建立的排布方案进行精细排布查看，可对比择优。注意精细排布只支持查看当前一道墙体，不可同时查看多道墙体。如图 5.5.16、图 5.5.17 所示：

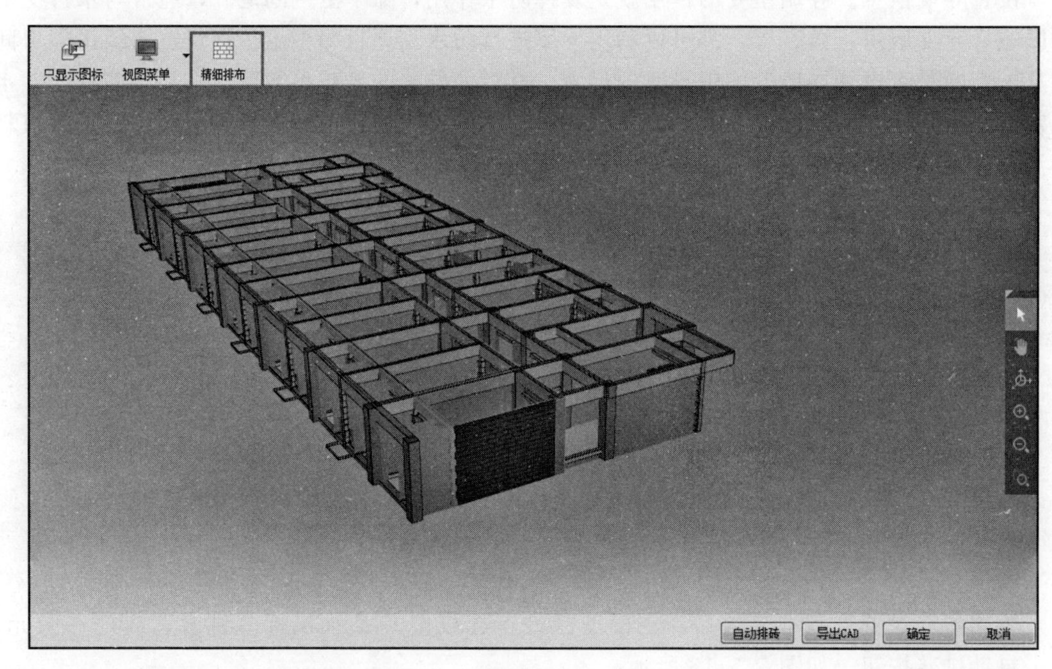

图 5.5.16

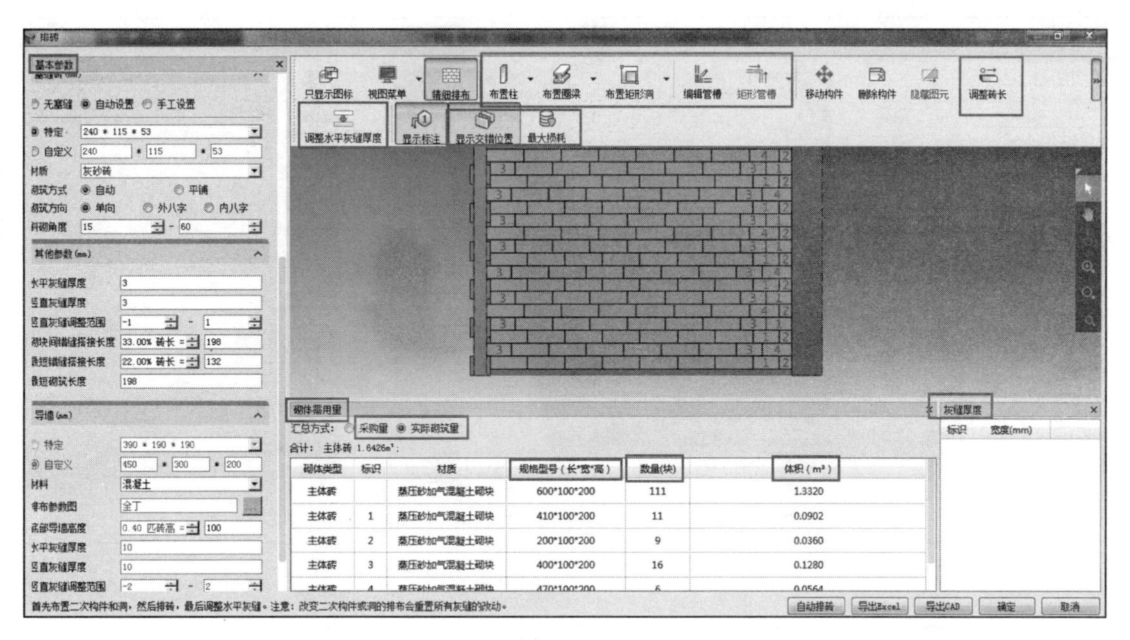

图 5.5.17

如需布置芯柱，打勾选中显示二次构件属性，布置其他构件时同理，进而可设置芯柱相应属性。可勾选是否影响排砖，查看方案对比，还可设置距墙顶及底部高度。模板类型设置为砌体或单独支模板，当模板类型为砌体时，需要选择砌体的尺寸和材质；当模板类型为单独支模板时，需要设置柱截面宽度。设置完参数后，左键点击墙体有效区域布置芯柱，如图 5.5.18～图 5.5.20 所示：

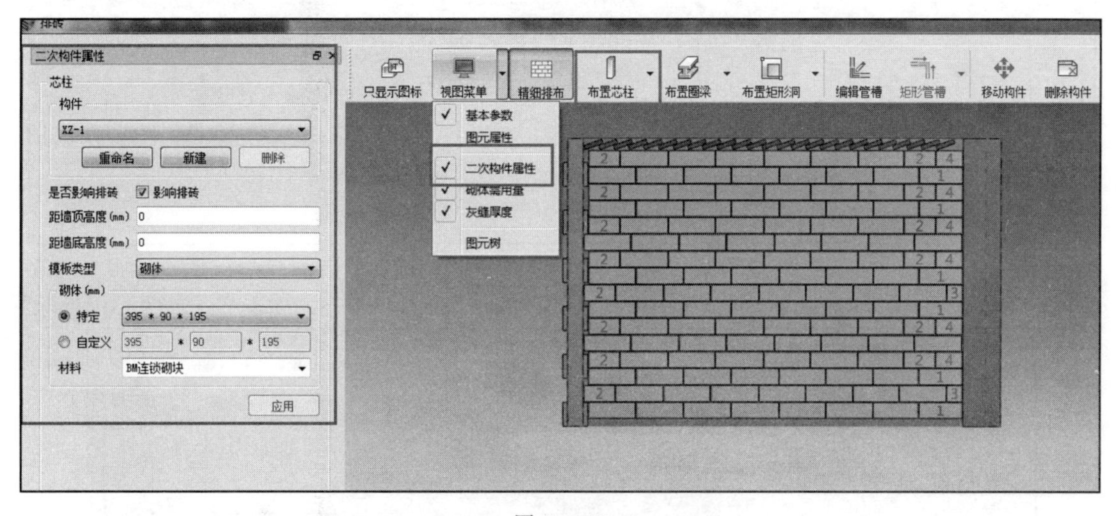

图 5.5.18

如需布置构造柱时，可设置构造柱相应属性。构造柱有两种类型，分别是带马牙槎和不带马牙槎，可以设置相应的宽度、高度和底部高度。设置完参数后，左键点击墙体有效区域布置构造柱，如图 5.5.21、图 5.5.22 所示：

如需布置柱时，可设置柱相应属性，设置完参数后，左键点击墙体有效区域布置柱，如图 5.5.23 所示：

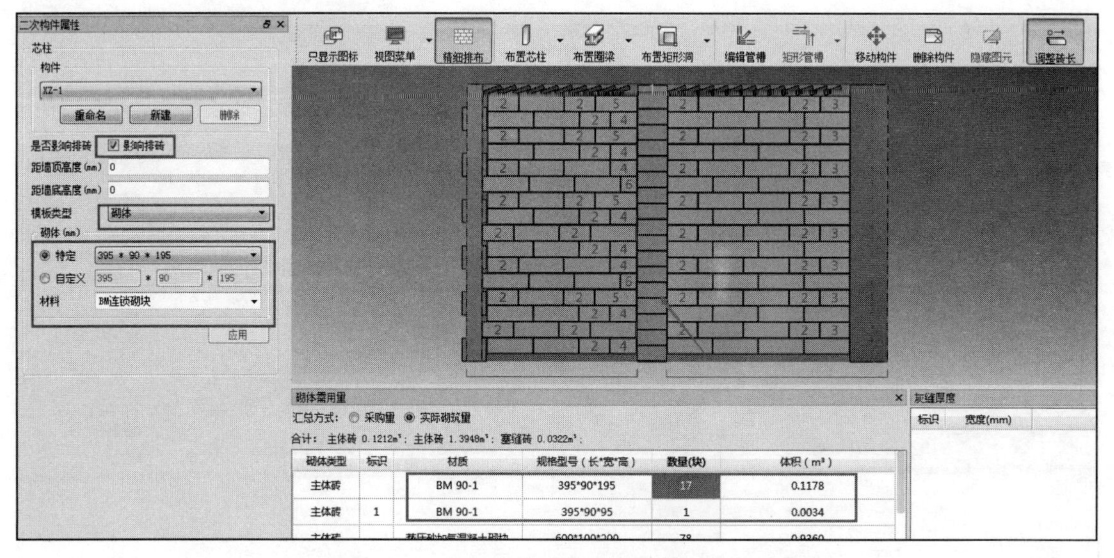

图 5.5.19 布置芯柱（模板类型为砌体）示例

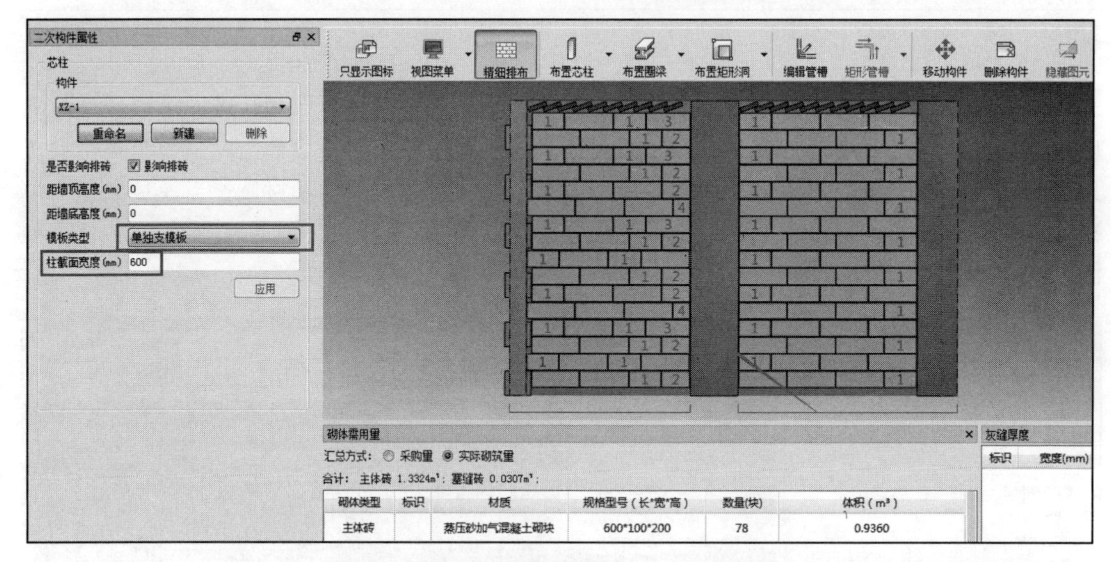

图 5.5.20 布置芯柱（模板类型为单独支模板）示例

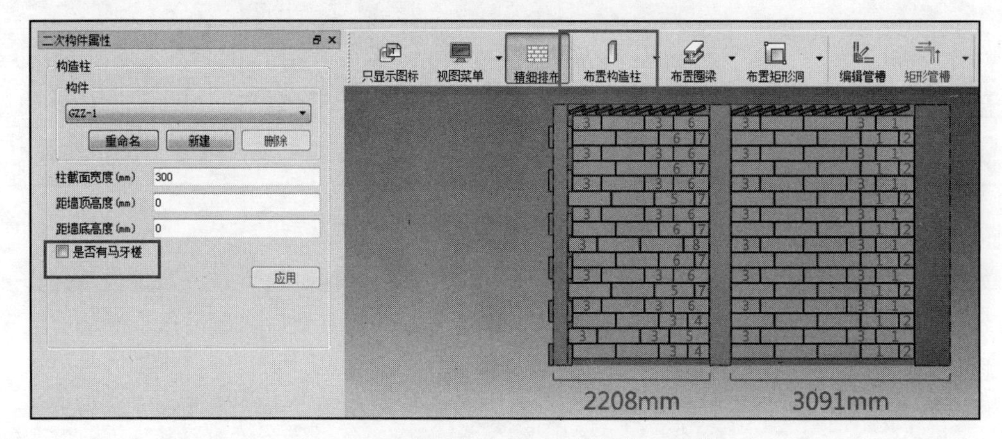

图 5.5.21 布置构造柱（无马牙槎）示例

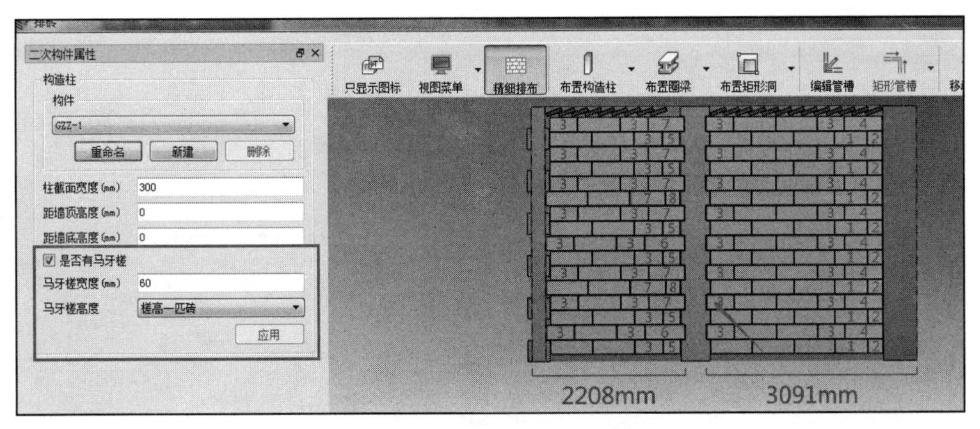

图 5.5.22　布置构造柱（有马牙槎）示例

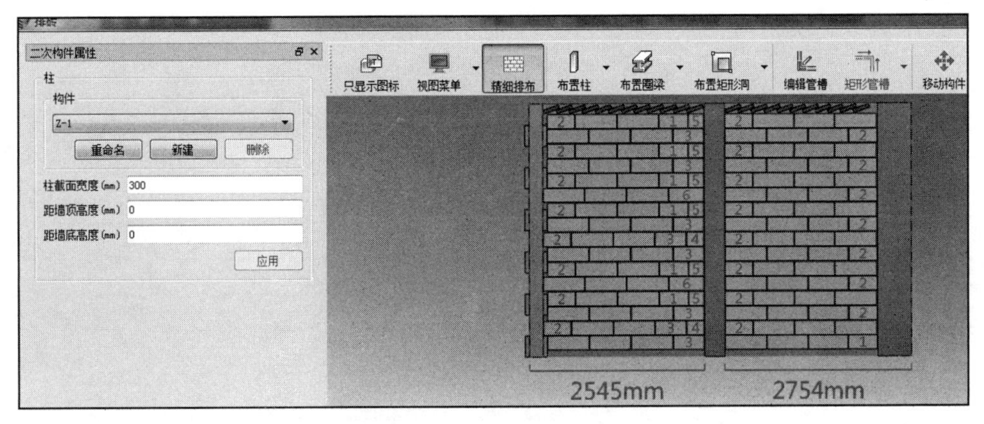

图 5.5.23

如需布置水平系梁/圈梁时，属性设置同上，参数设置完成后，左键点击墙体有效区域布置水平系梁/圈梁，水平系梁可以设置模板类型，方法同芯柱。如图 5.5.24～图 5.5.26 所示：

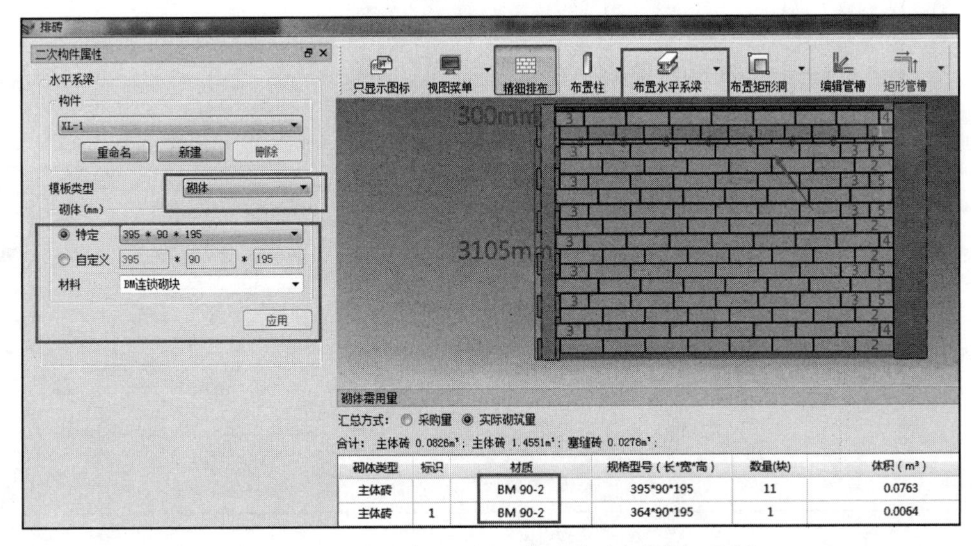

砌体类型	标识	材质	规格型号（长*宽*高）	数量(块)	体积（m³）
主体砖		BM 90-2	395*90*195	11	0.0763
主体砖	1	BM 90-2	364*90*195	1	0.0064

图 5.5.24　布置水平系梁（模板类型为砌体）示例

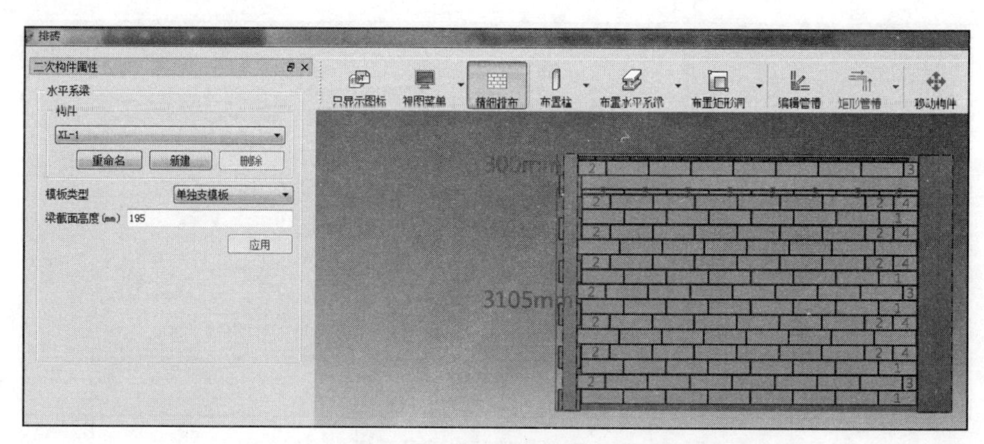

图 5.5.25　布置水平系梁（模板类型为单独支模板）示例

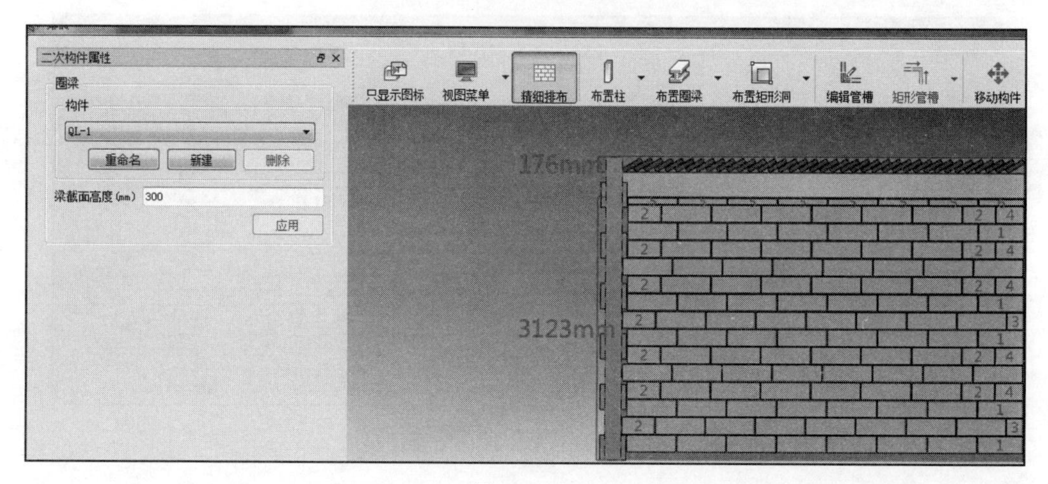

图 5.5.26

如需布置洞口或过梁时，属性设置同上，参数设置完成后，左键点击墙体的有效区域布置洞。洞深默认按墙厚，支持输入小于墙厚的其他值，过梁会自动捕捉洞口中心点。如图 5.5.27、图 5.5.28 所示：

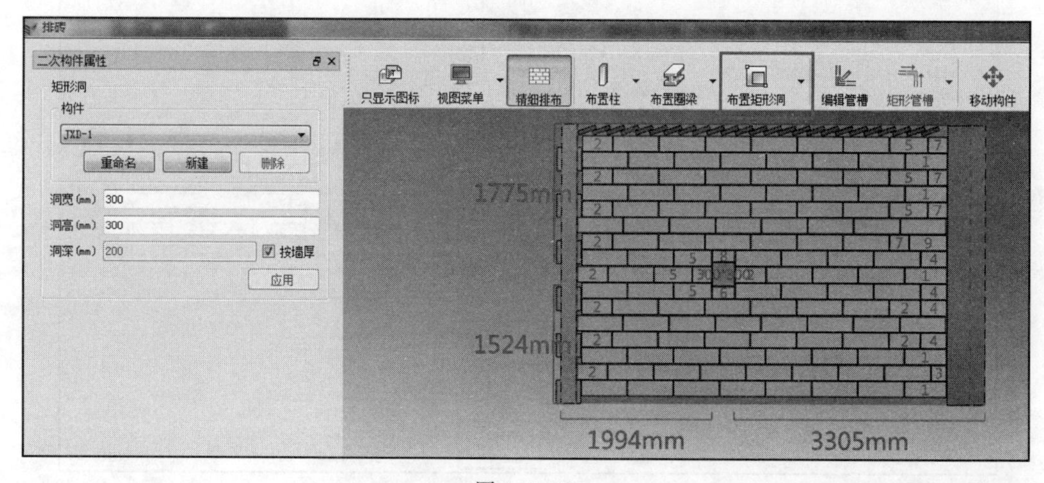

图 5.5.27

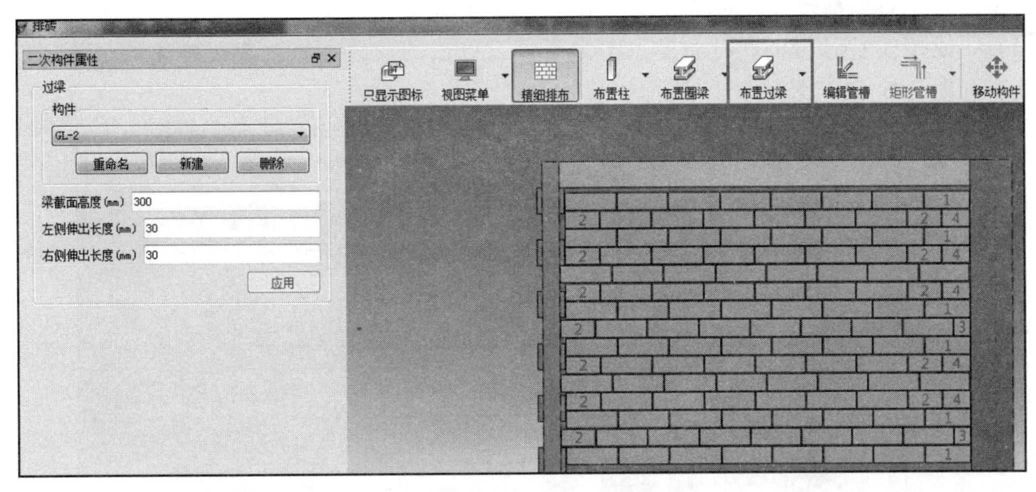

图 5.5.28

如需编辑管槽时，点击编辑管槽，选择管槽类型，然后在属性中进行编辑。可以通过重命名、新建、删除管理管槽，也可设置管槽位置，输入管槽宽度、管槽深度。参数设置完成后，左键点击墙体的有效区域布置管槽。管槽布置后，不可以移动，只能删除重新布置。布置完管槽后，明细表中会显示管槽砌体需用量，可以导出管槽图，如图 5.5.29 所示：

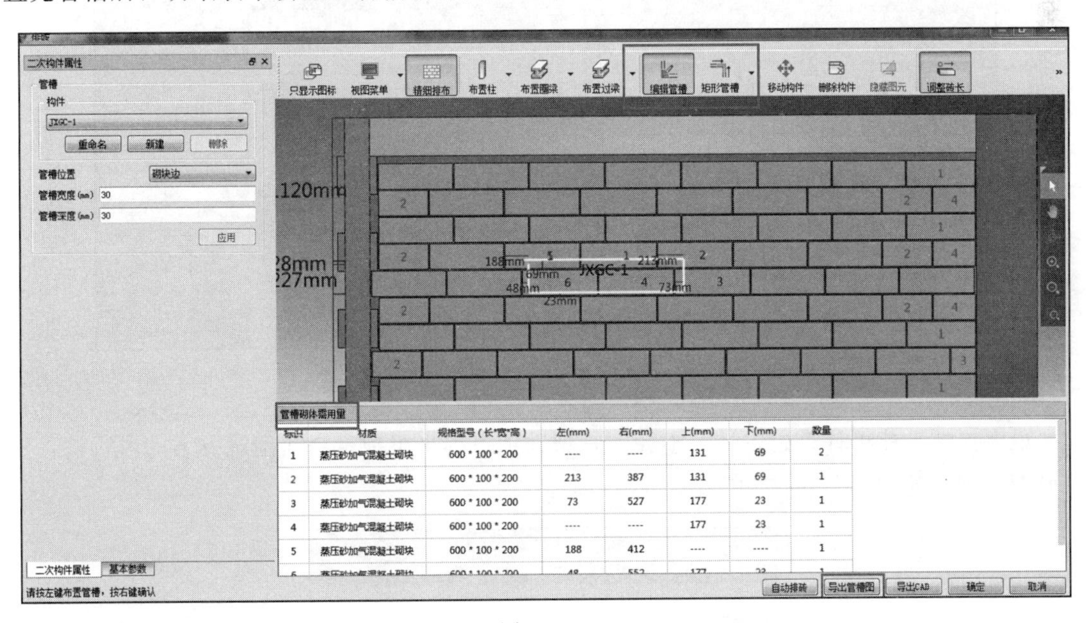

图 5.5.29

移动命令可以移动在墙体上布置的构件和洞，将鼠标移至需要的构件或洞上，按住左键并拖动，松开后出现变化。也可以在拖动的过程中按 Shift 键输入偏移量来精确移动，正值为正方向，负值为负方向。删除命令可以删除布置的构件和洞，点击删除按钮，再选择需要删除的构件或洞即可。隐藏图元命令可以隐藏与墙相交的其他图元，选择需要隐藏的部位构件，点击隐藏图元即可。如图 5.5.30 所示：

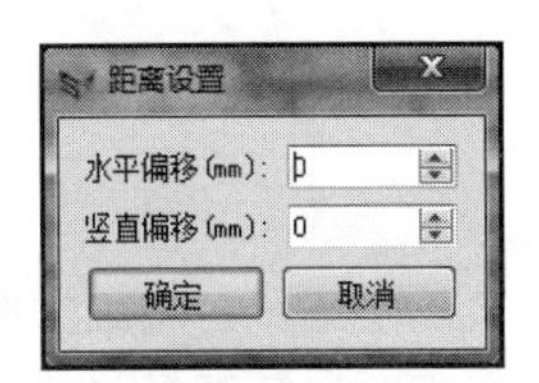

图 5.5.30

调整砖长及灰缝厚度。点击调整砖长按钮后，选中某砖左右边界，拖动可左右调整砖长，同时按住 Shift 键可精确调整。左键点击需要修改的灰缝进行宽度设置，或按住 Ctrl 键的同时左键点击多条需要修改的灰缝，修改灰缝弹出的值为当前的厚度。如图 5.5.31、图 5.5.32 所示：

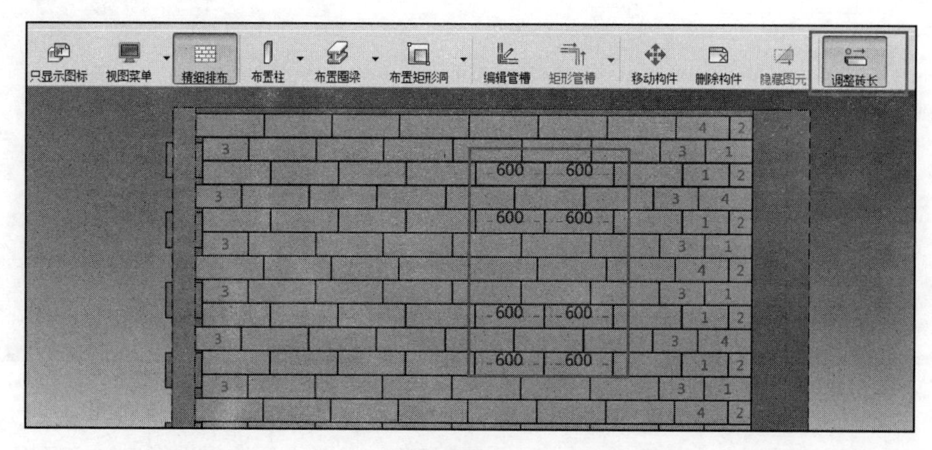

图 5.5.31

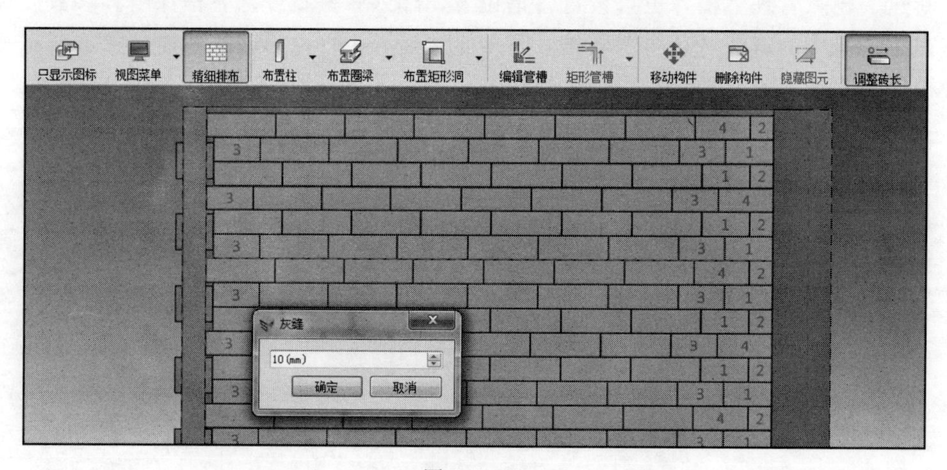

图 5.5.32

最大损耗功能可计算砌体最大损耗率，帮助项目部小组判定当前砌筑方案的可行性，进行成本控制，如图 5.5.33 所示：

砌体最大损耗

砌体最大损耗率: 5.87%

砌体最大损耗率 = （采购量 - 实际砌筑量）/ 采购量

确定

图 5.5.33

第五步：精细排布修改完成后，可在精细排布界面导出单道墙体排砖图，支持导出 Excel 和 CAD 两种格式。退出精细排布返回到自动排砖界面，可以支持批量导出所选墙体排砖图数据，但只支持CAD格式。项目部小组根据交底需求选择导出相应排砖图，如图5.5.34～图5.5.41所示：

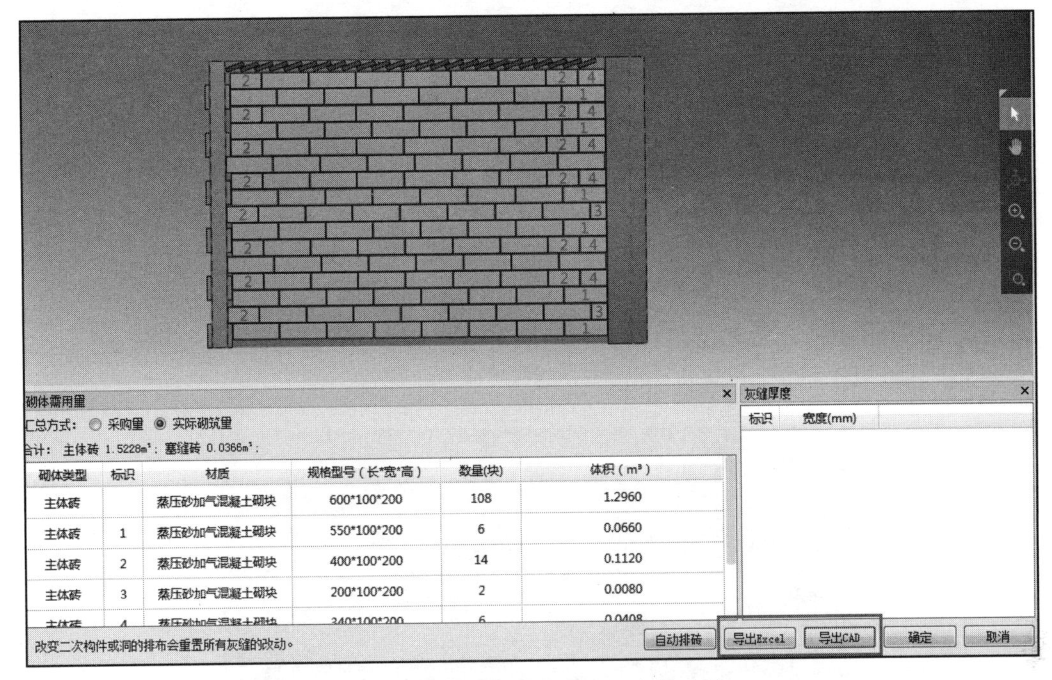

图5.5.34　精细排布界面导出排砖图

采购量					
名称：砌体墙200-外-M5混合砂浆<14,B><14,C>					
砌体类型	序号	材质	规格	数量(块)	体积（m³）
主体砖	1	蒸压砂加气混凝土砌块	半砖	2	0.0120
	2	蒸压砂加气混凝土砌块	整砖	134	1.6080
塞缝砖	3	灰砂砖	整砖	25	0.0366
合计：主体砖 1.6200m³；塞缝砖 0.0366m³；					

图5.5.35　Excel排砖图——采购量

实际砌筑量					
名称：砌体墙200-外-M5混合砂浆<14,B><14,C>					
砌体类型	标识	材质	规格型号（长*宽*高）	数量(块)	体积（m³）
主体砖		蒸压砂加气混凝土砌块	600*100*200	108	1.2960
	1	蒸压砂加气混凝土砌块	550*100*200	6	0.0660
	2	蒸压砂加气混凝土砌块	400*100*200	14	0.1120
	3	蒸压砂加气混凝土砌块	200*100*200	2	0.0080
	4	蒸压砂加气混凝土砌块	340*100*200	6	0.0408
塞缝砖		灰砂砖	240*115*53	25	0.0366
合计：主体砖 1.5228m³；塞缝砖 0.0366m³；					

图5.5.36　Excel排砖图——实际砌筑量

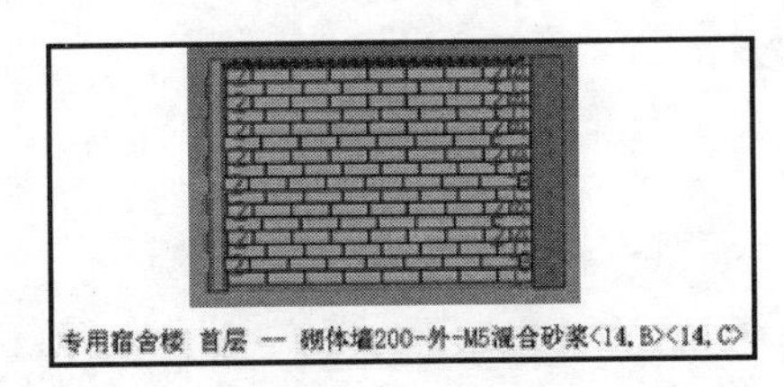

图5.5.37　Excel排砖图（已标注出具体轴线位置）

图 5.5.38 自动排砖界面导出排砖图

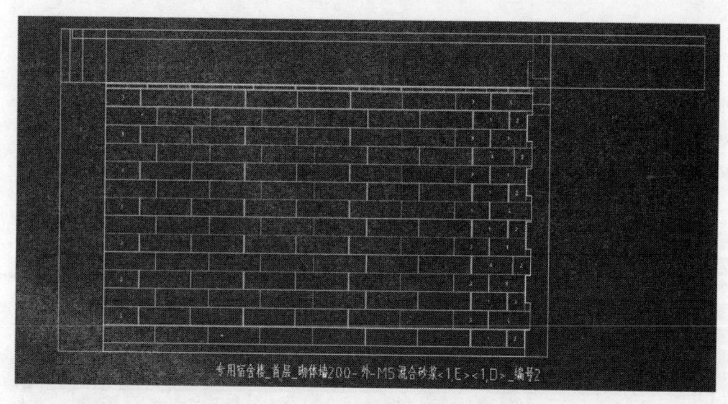

图 5.5.39 CAD 排砖图

砌体需用表

砌体类型	标识	材质	规格型号(长×宽×高)	数量(块)	体积(m³)
主体砖		蒸压砂加气混凝土砌块	600×100×200	91	1.0920
主体砖	1	蒸压砂加气混凝土砌块	410×100×200	9	0.0738
主体砖	2	蒸压砂加气混凝土砌块	200×100×200	7	0.0280
主体砖	3	蒸压砂加气混凝土砌块	400×100×200	14	0.1120
主体砖	4	蒸压砂加气混凝土砌块	470×100×200	5	0.0470
塞缝砖		灰砂砖	240×115×53	20	0.0293

图 5.5.40 CAD 排砖图——砌体需用表

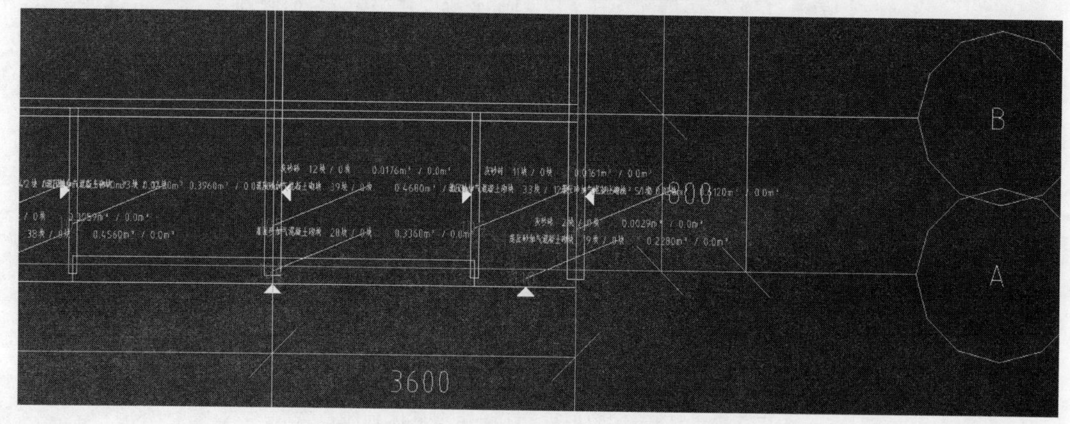

图 5.5.41 CAD 排砖图——楼层平面部分

第六步：导出砌筑材料需用计划表。进入报表管理模块，进行报表范围设置，按楼层选择，然后在报表树里选择砌筑材料需用计划表，点击导出报表数据为 Excel 或 PDF 文件到本地，提交数据，填写日志，将排砖数据同步到其他端口。项目部小组可将砌筑材料需用计划表交付采购部使用，配合做采购计划使用。如图 5.5.42～图 5.5.44 所示：

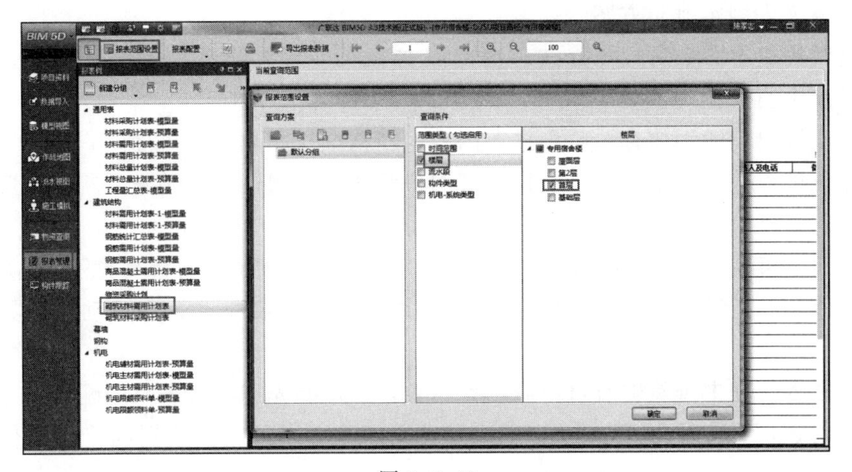

图 5.5.42

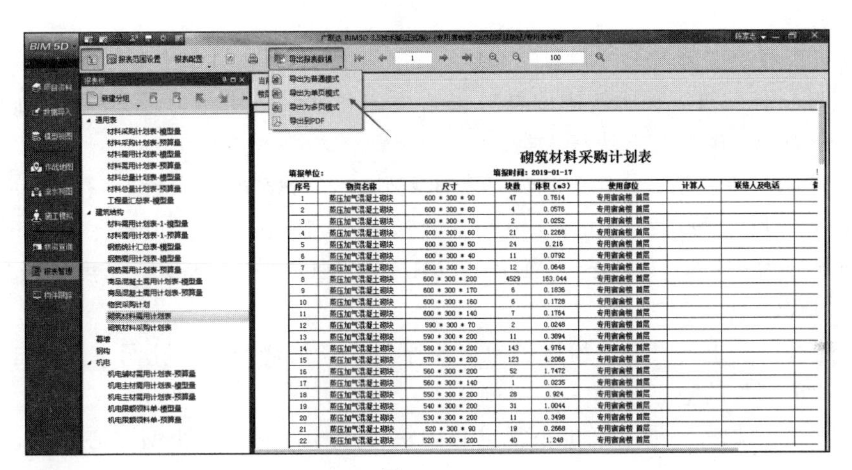

图 5.5.43

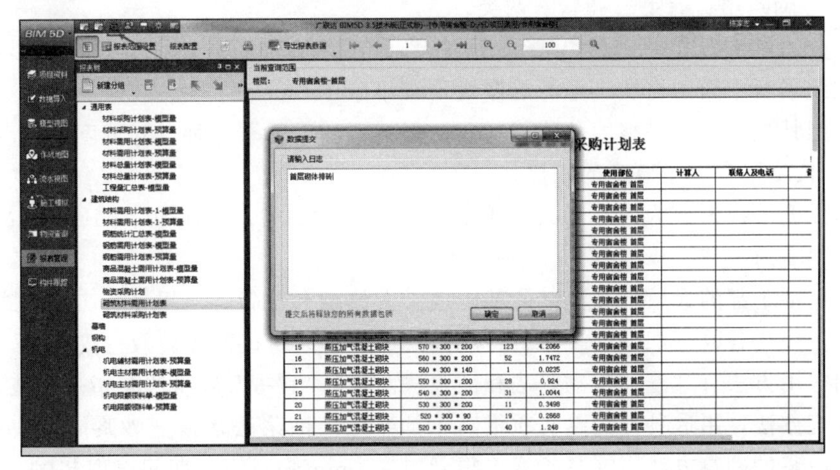

图 5.5.44

◆ **任务总结**

(1) 自动排砖时，先设置选择楼层及专业构件类型，再点击排砖按钮，建议逐层进行排布，提高效率。

(2) 项目部小组需根据工程图纸墙体工程信息及砌体施工规范，设置基本参数，注意理解各项参数意义，制定排布方案。

(3) 设置完基本参数后，可点选、按 Ctrl 加鼠标左键多选或拉框全选等方式进行墙体选择，然后点击自动排砖。

(4) 可以针对单道墙体查看精细排布内容，在精细排布界面，可随时查看调整基本参数及精细排布各项参数，包括各类二次构件及洞口管槽的布置、调整砖长及灰缝厚度、查看最大损耗等。

(5) 精细排布界面可以查看砌体需用量及灰缝厚度，要理解采购量及实际砌筑量的区别。

(6) 排砖图在精细排布界面支持导出 CAD 格式及 Excel 格式，在自动排砖界面只支持 CAD 格式。

(7) 在报表管理中查看砌筑材料需用计划表，一定要先进行报表范围配置，才会根据范围显示对应内容，支持导出 Excel 和 PDF 格式文件。可通过提交数据同步到其他端口，协同应用。

◆ **知识链接**

(1) 砌筑工程小课堂

① 砌筑材料。砌筑工程所使用的材料包括块体和砂浆。块体为骨架材料，砂浆为黏结材料。块体分为砖、砌块与石块三大类。

a. 砖。常用的砖包括：烧结普通砖，蒸压灰砂砖，粉煤灰砖，烧结多孔砖。

多孔砖规格尺寸为：290mm、240mm、190mm、180mm、140mm、115mm、90mm。根据抗压强度分为 MU30、MU25、MU20、MU15、MU10 五个等级。密度等级分为 1300、1200、1100、1000 四个等级。

另外，还有以黏土、页岩、粉煤灰为主要原料，经焙烧而成，孔洞率大于 40%，常用于建筑物非承重部位的空心砖。

b. 砌块。常用的有普通混凝土小型空心砌块，轻骨料混凝土小型空心砌块，蒸压加气混凝土砌块。

c. 石块。砌筑用石有毛石和料石两类。

毛石又分为乱毛石和平毛石。乱毛石是指形状不规则的石块；平毛石是指形状不规则，但有两个大致平行平面的石块。毛石的厚度不宜小于 150mm。

料石按照其加工面的平整度分为细料石、粗料石和毛料石三种。其宽度、厚度均不宜小于 200mm，长度不宜大于厚度的 4 倍。

石块的强度等级划分为 MU100、MU80、MU60、MU50、MU40、MU30、MU20。

② 砖砌体施工工艺。

砖基础包括下部的大放脚和上部的基础墙。大放脚有等高式与间隔式。等高式大放脚是每砌两皮砖，两边各收进四分之一砖长；间隔式大放脚是每砌两皮砖及一皮砖。

砌砖的常用方法有“三一”砌筑法和铺浆法两种。“三一”砌筑法是指一铲灰、一块砖、一揉压的砌筑方法，用这种方法砌砖质量高于铺浆法。铺浆法是指把砂浆摊铺一定长度后，放上砖挤出砂浆的砌筑方法。铺浆长度不得超过 750mm，当施工期间气温超过 30℃时，不

得超过 500mm。

砖砌体质量要求为横平竖直、砂浆饱满、上下错缝、接槎可靠。

(2) 砌筑规范小课堂

① 砌筑错缝搭砌要求。砌筑填充墙时应错缝搭砌，蒸压加气混凝土砌块搭砌长度不应小于砌块长度的 1/3；轻骨料混凝土小型空心砌块搭砌长度不应小于 90mm；竖向通缝不应大于 2 皮。具体见图 5.5.45。

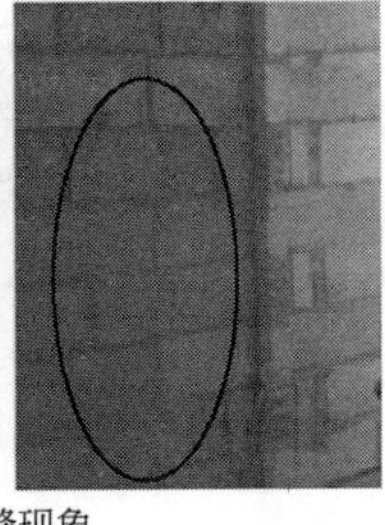

(a) 通缝现象

(b) 正确做法

图 5.5.45

② 构造柱布置要求。构造柱的间距，当按组合墙考虑构造柱受力时，或考虑构造柱提高墙体的稳定性时，其间距不宜大于 5m，其他情况不宜大于墙高的 1.5～2 倍及 6m，或按有关的规范执行；与构造柱连接处的墙应砌成马牙槎，每一个马牙槎沿高度方向的尺寸不应超过 300mm 或 5 皮砖高，马牙槎从每层柱脚开始，应先退后进，进退相差 1/4 砖。相关布设见图 5.5.46。

(a) 构造柱布设

(b) 马牙槎布设

图 5.5.46

③ 水平系梁布置要求。水平系梁有两种材质：U 形块和混凝土。根据材质的不同配置：空心砌块一般要求 U 形块，实心砖一般要求混凝土，见图 5.5.47。

(a) 水平系梁——U形块

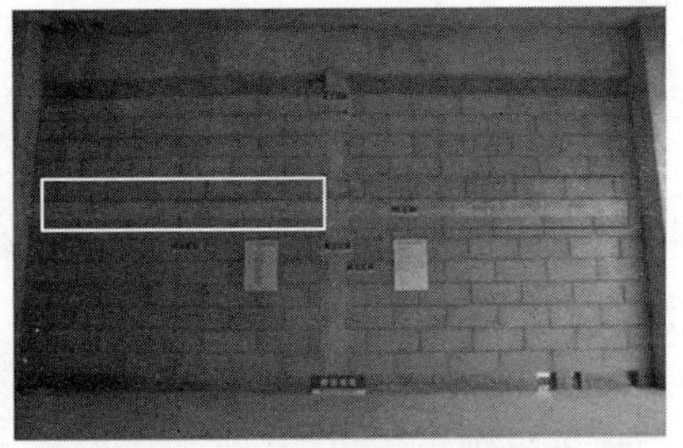

(b) 水平系梁——混凝土

图 5.5.47

④ 最短搭接及砌筑、灰缝厚度要求。最短搭接长度为≥1/3 砌块长或规定；最短砌筑长为≥1/3 砌块长或 90mm 或规定；灰缝宽度应根据材质而定，见图 5.5.48。

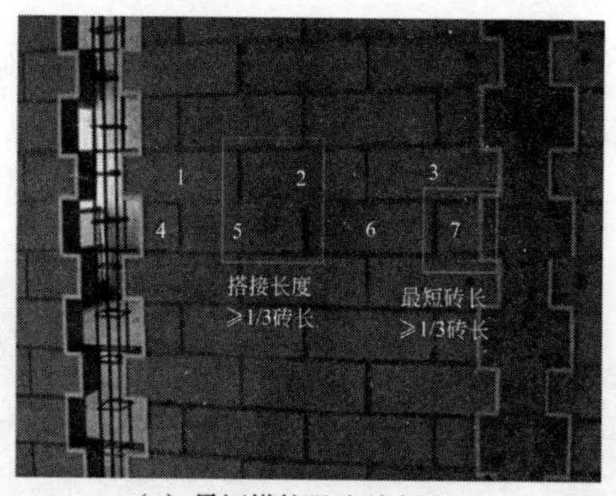

（a）最短搭接及砌块长度

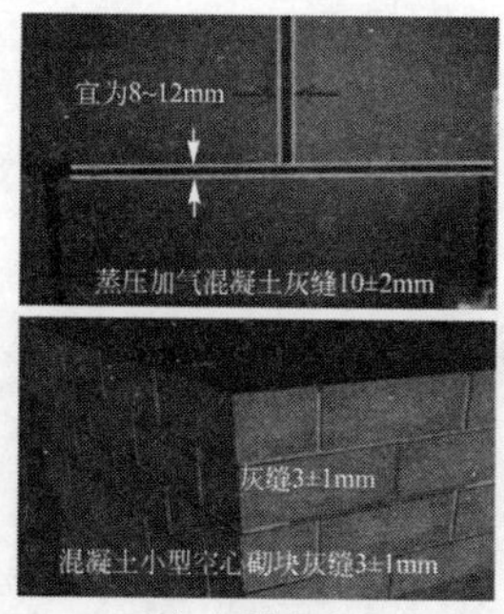

（b）灰缝宽度

图 5.5.48

5.6 资料管理

◆ **业务背景**

资料管理是指为项目部搭建海量文档集中存储的平台，实现资料文档的统一存储与共享。项目部在施工过程中会有大量的资料需要管理，包括报告、表格、图纸、表述等资料，而且对流程的要求非常高，对 ISO 质量文件、日常办公等各种文档需要全生命周期的管理。资料管理是一个长期复杂的过程，管理要求和成本比较高。基于 BIM 技术，把各类资料文件在 BIM 平台有效管理存放，实现资源共享，同时可以把资料文件与相应的模型进行有效的关联，可对资料进行系统的管理，有效地解决资料管理难的问题。

基于云端按照权限设置进行资料统一协同管理，避免因某人离职或者调岗导致资料的中断或缺失。

◆ **任务目标**

基于专用宿舍楼案例，技术经理负责根据项目需求编制本工程资料管理库，上传各类项目资料文件进行管理，将建筑和结构图纸分别与模型进行关联。

◆ **责任岗位**

技术经理。

二维码 9
资料管理

◆ **任务实施**

具体操作如下文所述。

5.6.1 资料库建立及上传

通过 Web 端进行项目资料库建立，并分类建立各子文件夹，在 Web 端及 PC 端进行资料上传，管理各类资料数据。

(1) 资料文件夹模板建立

技术经理基于项目 Web 端，进行资料库建立及检查，上传资料。

第一步：技术经理进入 Web 端，选择项目资料模块，点击资料检查，下载模板工具，进行编辑。如图 5.6.1 所示：

图 5.6.1

第二步：打开“项目资料模板 . exe”，进行模板建立的编辑，可右键新建同级及下级文件夹，分类建立各类资料管理文件夹。编辑完成后点击保存，如图 5.6.2、图 5.6.3 所示：

图 5.6.2

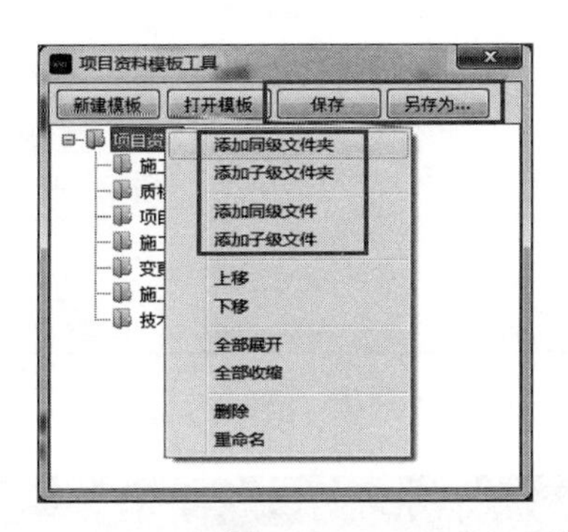

图 5.6.3

第三步：在 Web 端项目检查下，载入文档模板，载入之前保存的项目资料库模板，内容会进行显示，点击每个文件夹名称会进行自动跳转到文件夹内容，同时在资料浏览界面会显示各类文件夹的管理。如图 5.6.4、图 5.6.5 所示：

（2）资料上传

技术经理基于项目 Web 端或 PC 端，根据项目资料文件夹及要求，上传资料。

进入 Web 端项目资料下的项目浏览界面，可以在每个文件夹上传相应文件，进行搜索以及查看。技术经理目前需上传施工组织设计内容、施工图纸、技术交底文件（可根据前面技术交底章节制作）等资料，后续其他文件随施工进展不断完善。如图 5.6.6 所示：

同时在技术端下的数据导入模块，进入资料管理页签，点击上传按钮，同样可以选择资料文件进行上传，也可以收藏、查看以及下载资料文件。如图 5.6.7 所示：

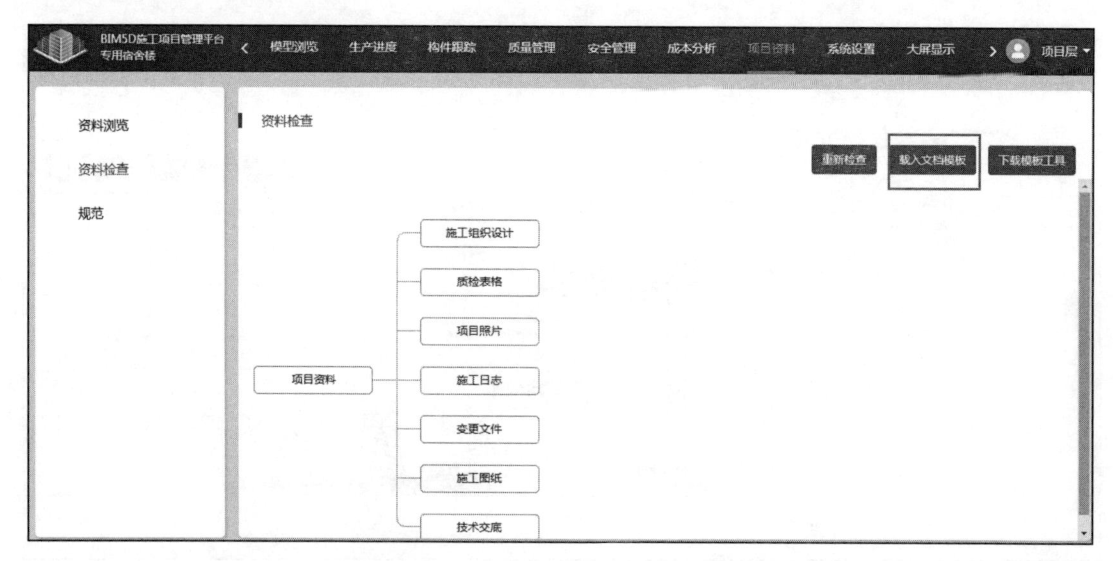

图 5.6.4

图 5.6.5

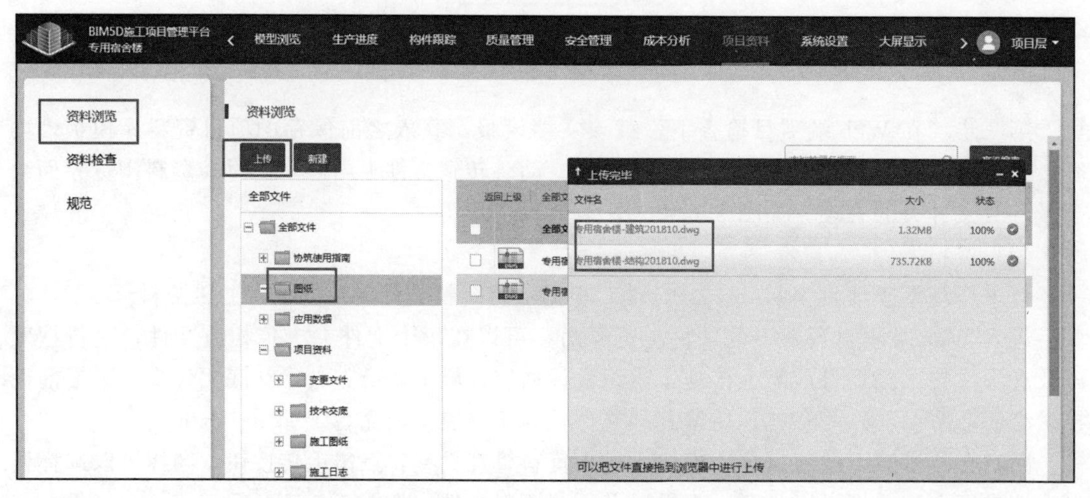

图 5.6.6

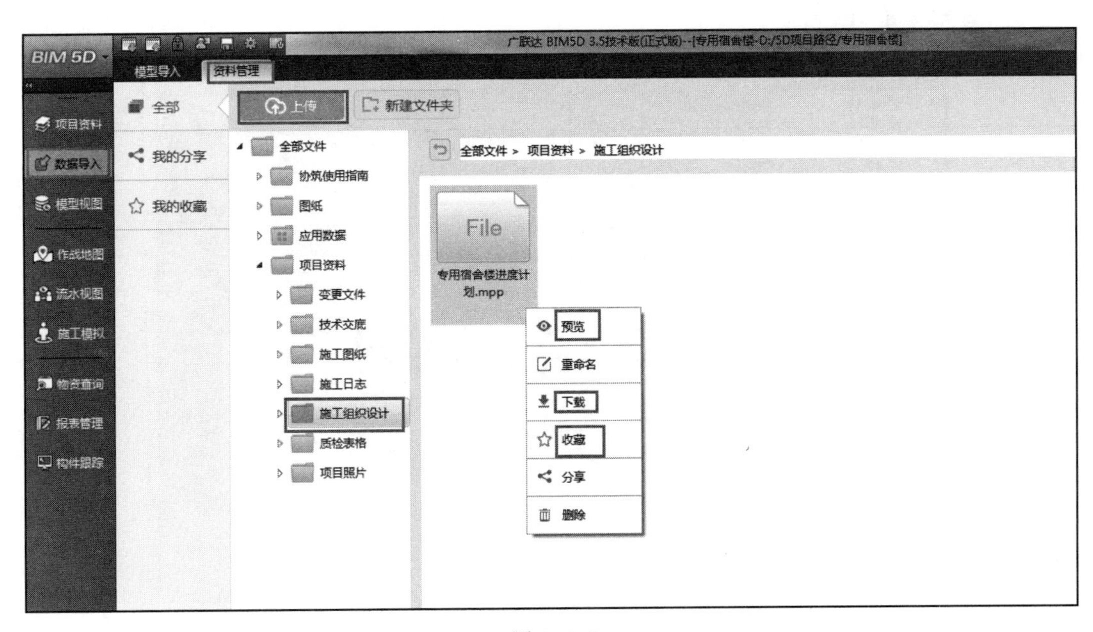

图 5.6.7

5.6.2 资料关联

通过 Web 端及 PC 端上传的资料，可以将其与模型进行关联，实现资料及对应模型部位的对应，在浏览模型过程中，针对性地去参考相应资料内容。

第一步：技术经理进入技术端，授权锁定后，点击模型试图—视图菜单—资料关联。如图 5.6.8 所示：

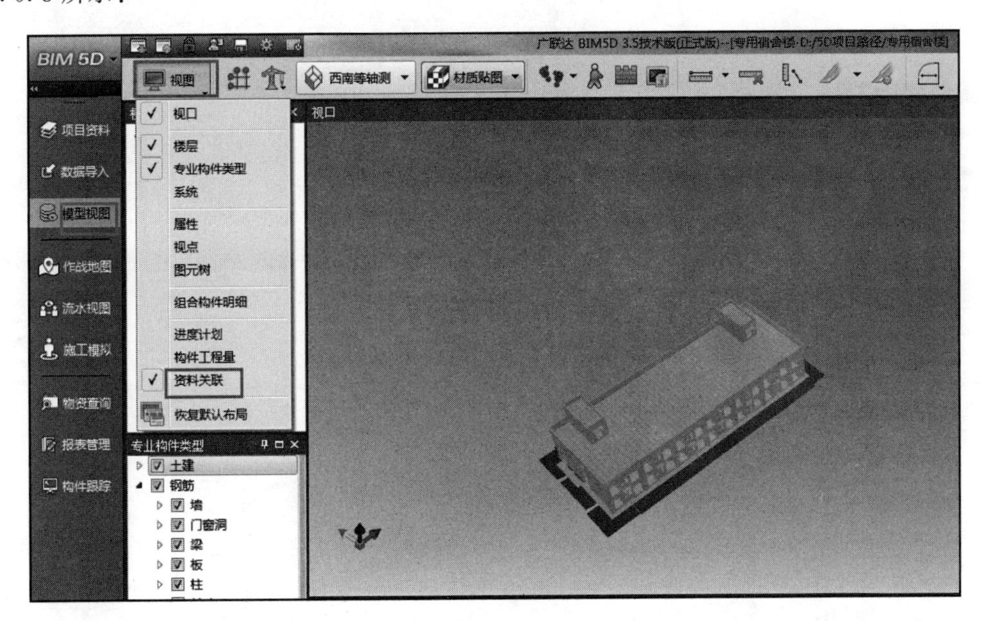

图 5.6.8

第二步：选择需要关联的图元，右键点击资料关联，从项目资料库中选择需要关联的资料即可。以选择钢筋专业模型为例，右键点击资料关联，选择结构图纸进行关联，然后上传数据。如图 5.6.9～图 5.6.11 所示：

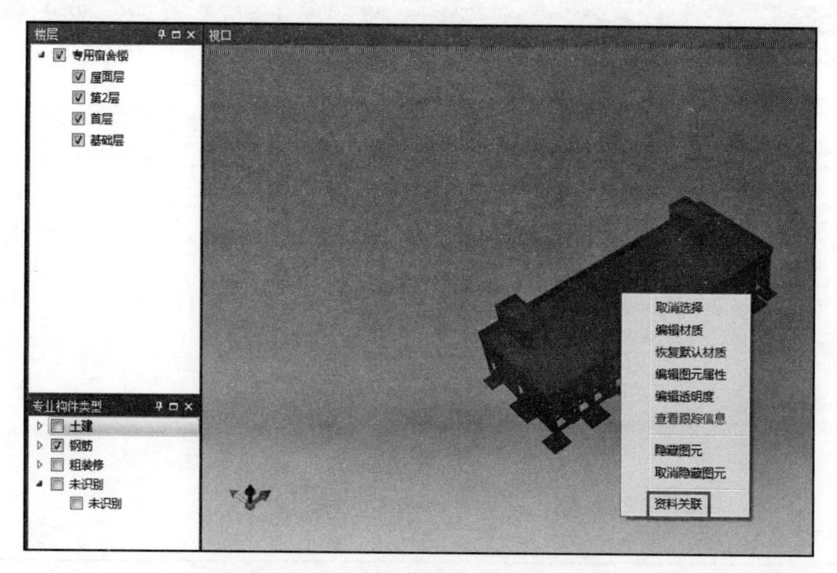

图 5.6.9

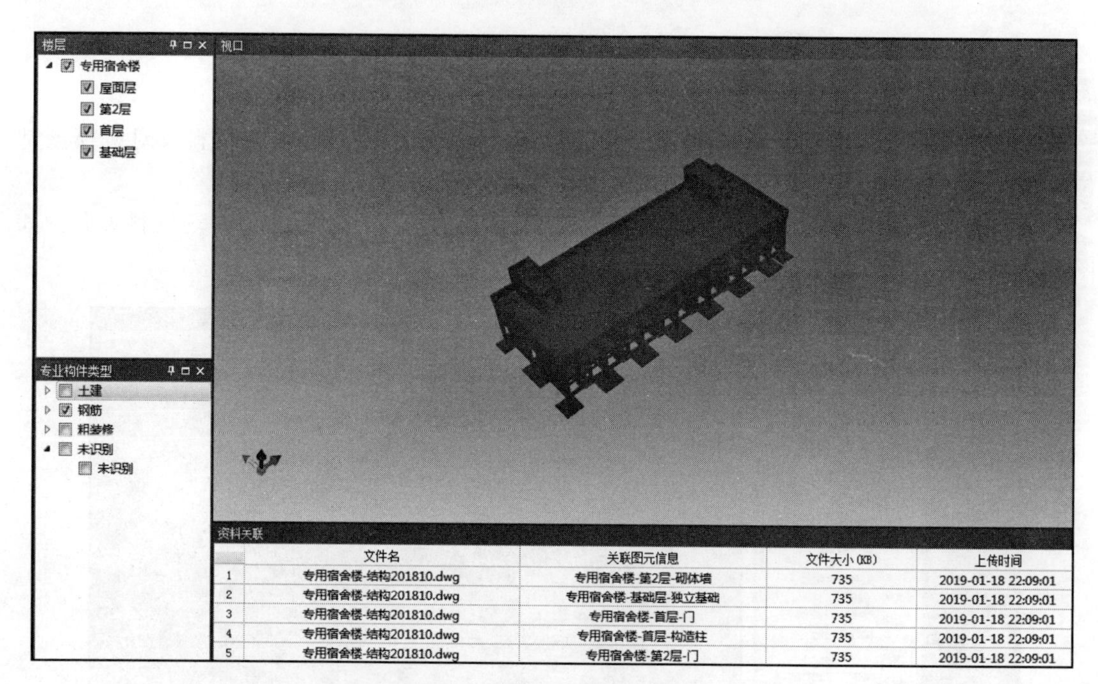

	文件名	关联图元信息	文件大小(KB)	上传时间
1	专用宿舍楼-结构201810.dwg	专用宿舍楼-第2层-砌体墙	735	2019-01-18 22:09:01
2	专用宿舍楼-结构201810.dwg	专用宿舍楼-基础层-独立基础	735	2019-01-18 22:09:01
3	专用宿舍楼-结构201810.dwg	专用宿舍楼-首层-门	735	2019-01-18 22:09:01
4	专用宿舍楼-结构201810.dwg	专用宿舍楼-首层-构造柱	735	2019-01-18 22:09:01
5	专用宿舍楼-结构201810.dwg	专用宿舍楼-第2层-门	735	2019-01-18 22:09:01

图 5.6.10

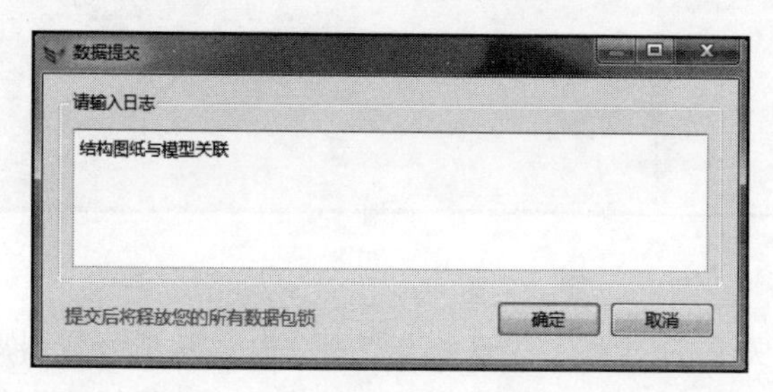

图 5.6.11

◆ **任务总结**

(1) 注意在Web端项目资料模块建立资料库，通过下载模板工具进行编辑保存上传。

(2) 资料上传的途径包括PC端及Web端两种。

(3) 资料文件在Web端、PC端以及移动端的云文档处均可进行查看。

(4) 资料关联可将模型与对应交底资料进行挂接，可以直接在浏览模型时查看对应资料。

5.7 工艺库管理

◆ **业务背景**

项目部工艺库的建立，可以将各专业及分部分项工作的施工工艺流程精细化管理，针对施工过程中重要的工序工艺对施工人员进行交底，提前建立基于专用宿舍楼的完善施工工艺工法，为后期生产过程物料跟踪奠定基础。

工艺库工具是构造PC端BIM5D中【流水视图】—【任务派分】—【关联工艺】与【构件跟踪】—【跟踪计划】—【跟踪事项】数据的重要工具。

◆ **任务目标**

基于专用宿舍楼案例，技术经理结合本工程项目特点，负责建立基于本项目的工艺工法库，录入到工艺库管理工具中。

◆ **责任岗位**

技术经理。

◆ **任务实施**

通过BIM5D工艺库管理工具进行项目工艺库建立，并分类建立专业及分部工艺内容。注意项目成员A先通过工艺库工具进入项目进行编辑；项目成员B进入项目，没有编辑权限，只能看；只有当成员A提交数据，退出项目后，成员B重新进入项目才能获取编辑权限。

二维码10 工艺库的建立及上传

第一步：技术经理打开工艺库，选择专用宿舍楼项目，进入工艺库页签，可以对项目工艺库进行编辑。注意在对应页签下编辑内容，编辑完成后为了避免数据丢失，需要及时点击提交数据按钮，如图5.7.1、图5.7.2所示：

第二步：可以根据项目需要新建同级、新建下级、新建子分部、新建分项、新建子分项、新建工艺。新建工艺后，可在工艺下新建阶段、工序，在工序下可以新建管控点。新建管控点为最小新建单位。注意复制工艺时只能在工艺节点上进行复制，其他节点均不可以。复制的工艺只能在同一个父节点下，不支持跨父节点复制。如图5.7.3所示：

图5.7.1

第三步：输入工艺、阶段、工序的公共描述内容，点击新建，输入分组、子项及备注内容，同时可上传附件及添加图片。如图5.7.4所示：

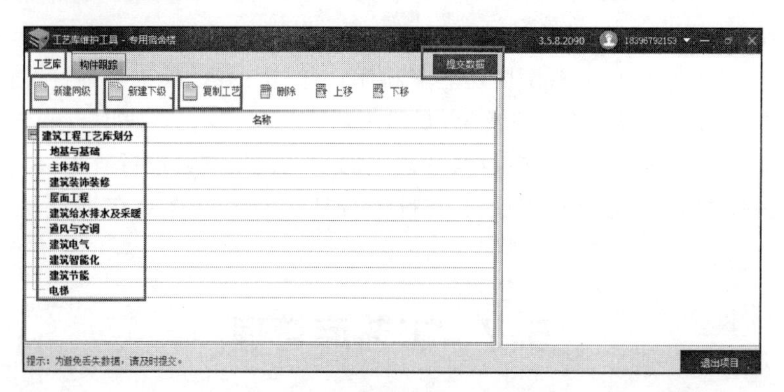

图 5.7.2

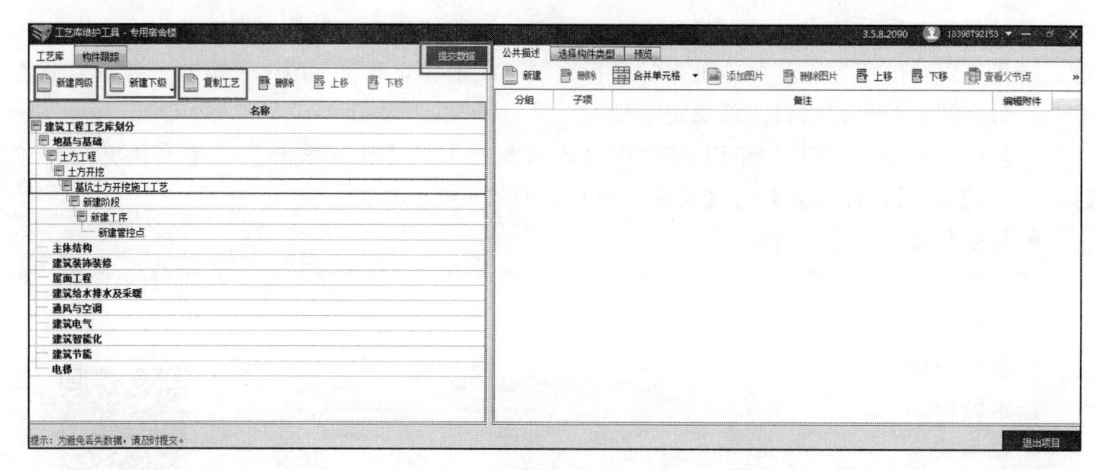

图 5.7.3

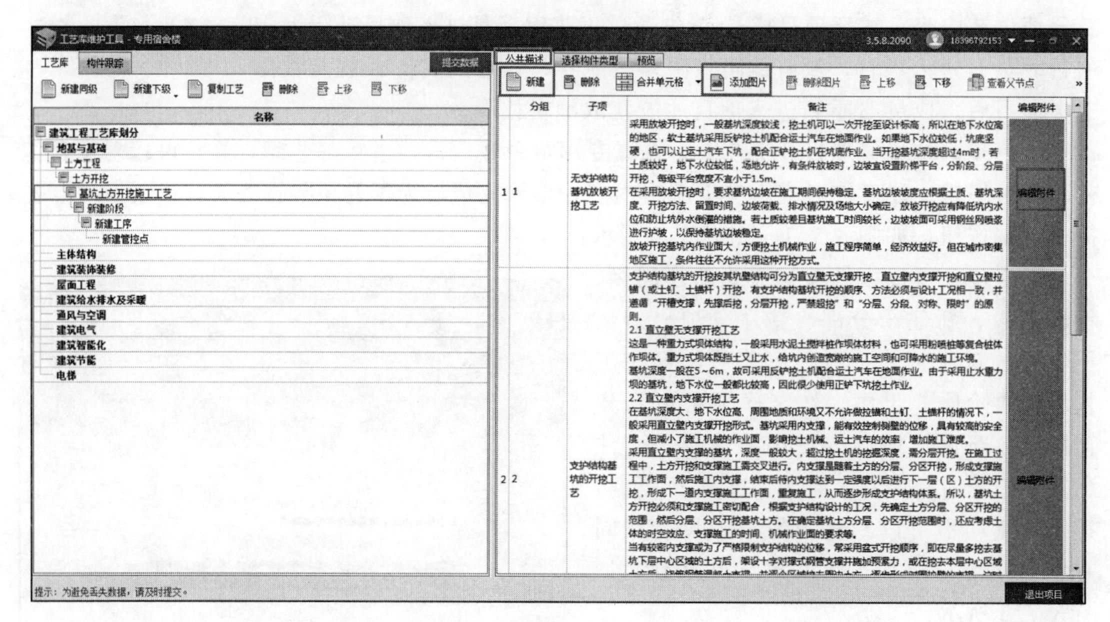

图 5.7.4

第四步：选择构件类型。只有在工艺库页签下的工艺节点，右侧才会有选择构件类型的按钮。根据需求选择构件类型，不选择的话，在 PC 端后续利用【构件跟踪】模块没有图元信息。

点击预览可以看到对应节点的逻辑关系图，其与左侧层级对应，方便查看。如图 5.7.5、图 5.7.6 所示：

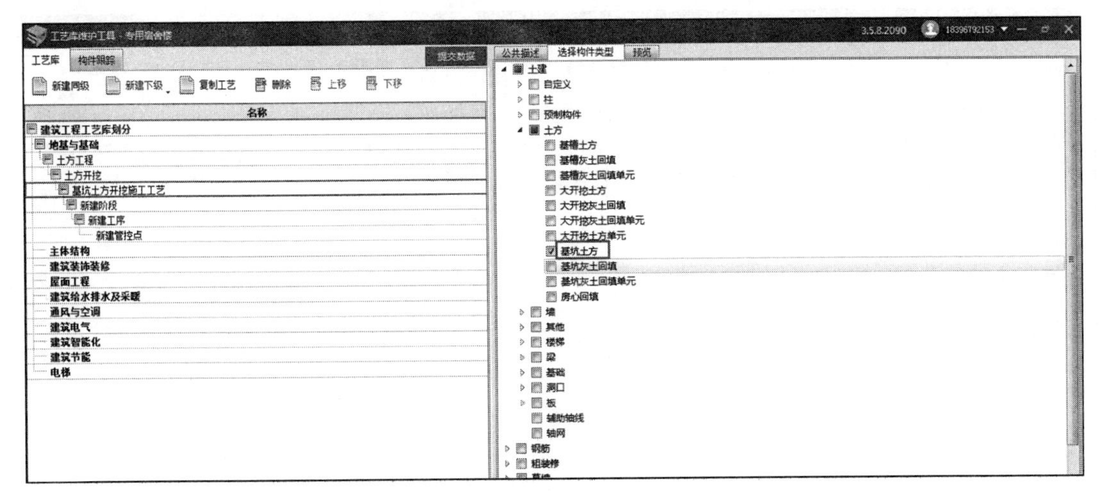

图 5.7.5

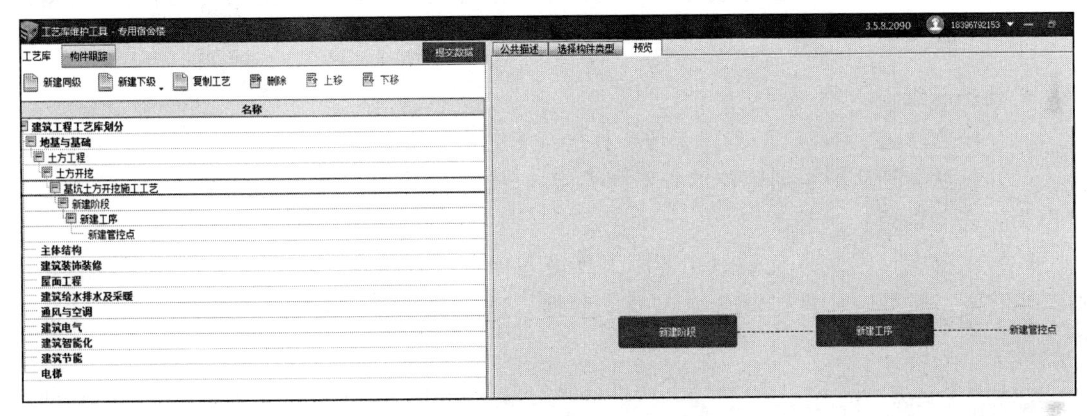

图 5.7.6

第五步：管控点信息录入。点击管控点后，在右侧选择新建，出现行内容，单元格背景为白色的可以双击填写。数据有五种类型，包括数值偏差、数值、文字、时间、选项。只有数值偏差、选项、时间的数据类型可勾选是否预警和填写参数值。如图 5.7.7 所示：

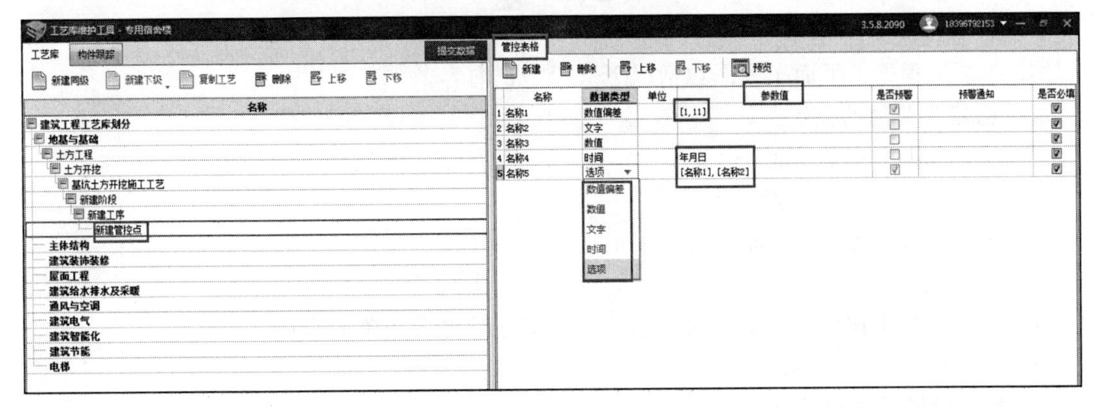

图 5.7.7

第六步：提交数据。将针对项目录入好的工艺、阶段、工序以及管控点的内容进行提交，实时完善工艺库内容。如图 5.7.8 所示：

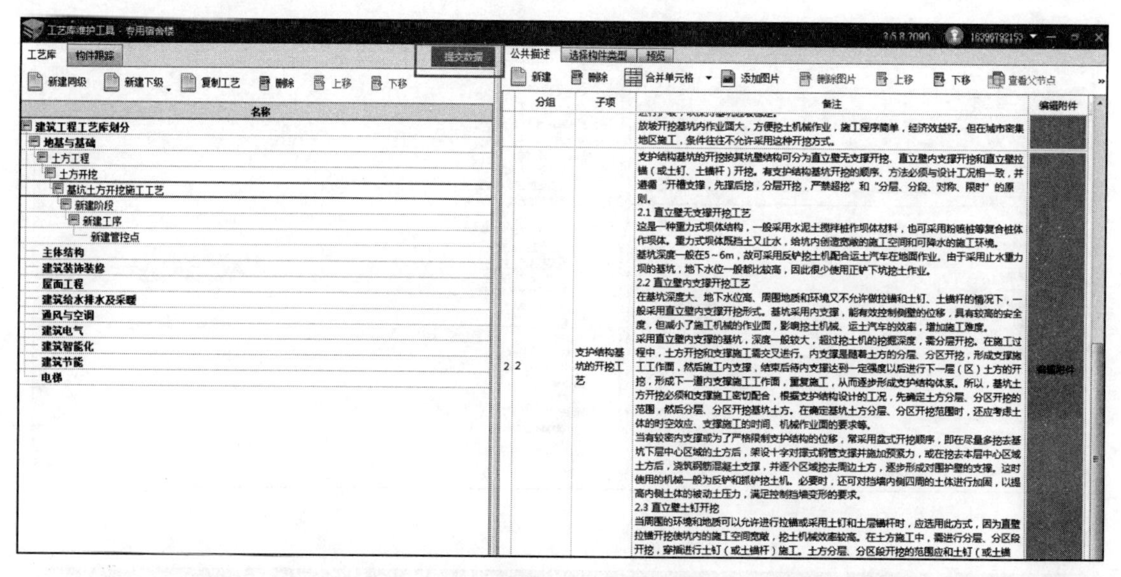

图 5.7.8

◆ **任务总结**

(1) 注意通过 BIM5D 工艺库管理工具进行工艺库建立。

(2) 新建类别从同级到管控点有不同类型的分级，管控点为最小新建单位，常用工艺节点作为工艺信息录入。

(3) 注意项目成员 A 先通过工艺库工具进入项目进行编辑；项目成员 B 进入项目，没有编辑权限，只能看。只有当成员 A 提交数据，退出项目后，成员 B 重新进入项目才能获取编辑权限。

(4) 在工艺、阶段、工序分类下，可以录入公共描述内容作为工艺流程交底展现，同时可添加附属图片及附件内容。

(5) 在管控点页签下可以看到管控表格。

(6) 复制工艺只支持同父节点下的工艺节点复制，其他新建节点均不可以。

习　题

1. 单位工程施工平面布置图包括以下（　　）内容。

A. 已建建筑物的位置　　B. 垂直运输设置的位置

C. 项目部办公室的位置　　D. 劳务宿舍的位置

E. 项目承建单位的位置

2. 施工现场平面布置的原则有（　　）。

A. 少占地　　B. 少搬运

C. 少搭建员工宿舍，增加宿舍容量　　D. 少建办公用临时设施

E. 少征地

3. 垂直运输设备包括（　　）。

A. 塔式起重机

B. 自行式起重机

C. 龙门架

D. 施工电梯

E. 无人机

4. 砖砌体质量要求为（　　）。

A. 横平竖直

B. 砂浆饱满

C. 上下对缝

D. 接茬可靠

E. 颜色均匀

5. 下面材料属于砌块的有（　　）。

A. 普通混凝土小型空心砌块

B. 蒸压加气块

C. 蒸压灰砂砖

D. 烧结多孔砖

E. 轻骨料混凝土小型空心砌块

第6章

BIM5D生产应用

6.1 章节概述

本书在上述章节讲解中，主要以专用宿舍楼技术应用篇章进行讲解，意在帮助项目团队快速了解技术交底、进场机械路径合理性检查、专项方案查询、二次结构砌体排砖、资料管理及工艺库管理等多项技术应用点，并在操作过程中熟悉三维可视化交底、漫游检查、专项方案查询、自动排砖、资料管理及工艺库的功能运用等。通过上述章节对专用宿舍楼项目采用边讲解边练习的方式，相信项目团队已经可以基于团队分工完成技术应用章节全部任务。

本章主要基于专用宿舍楼生产应用篇章进行讲解，通过流水段划分、进度管理、施工模拟、工况模拟、进度对比分析、物资提量、构件跟踪等多项生产应用业务场景进行BIM5D的生产应用学习。

6.1.1 能力目标

(1) 能够了解施工现场流水施工组织方式的意义及原则，掌握基于BIM技术进行流水施工的应用方法，熟悉基于BIM5D流水段划分的功能运用；

(2) 能够了解施工现场进度管理的基本业务，掌握基于BIM技术进行进度管理的应用方法，熟悉基于BIM5D进行进度关联的功能运用；

(3) 能够了解工程项目进行施工模拟的意义价值，掌握基于BIM技术进行施工模拟的应用方法，熟悉基于BIM5D进行虚拟施工的功能运用；

(4) 能够了解工程项目进行工况模拟的意义价值，掌握基于BIM技术进行工况模拟的应用方法，熟悉基于BIM5D进行工况设置及模拟的功能运用；

(5) 能够了解施工现场进度对比的意义价值，掌握基于BIM技术进行计划进度与实际进度对比的应用方法，熟悉基于BIM5D进行实际进度录入及对比模拟的功能运用；

(6) 能够了解施工现场物资管理的基本业务，掌握基于BIM技术进行物资提量的应用方法，掌握基于BIM5D进行物资查询的功能运用；

(7) 能够了解施工现场物料跟踪的业务价值，掌握基于BIM技术进行物料跟踪的应用方法，掌握基于BIM5D进行构件跟踪的功能运用。

6.1.2 任务明确

(1) 基于专用宿舍楼案例，组织流水施工方式，根据项目流水划分要求，完成施工流水段的划分绘制；

(2) 基于专用宿舍楼案例，导入施工进度计划，完成进度关联，根据项目部决策可对计划进行调整；

(3) 基于专用宿舍楼案例，完成编制施工模拟视频，包括默认模拟视频及动画方案模拟视频各一份，用于交底及例会展示使用；

(4) 基于专用宿舍楼案例，进行工况设置，编制工况模拟，结合虚拟施工导出视频，查看在场机械统计；

(5) 基于专用宿舍楼案例，根据已完成进度实际时间录入进度计划，制作开工至7月31日计划与实际模拟对比视频，用于形象进度交底；

(6) 基于专用宿舍楼案例，完成物资提量；根据相关要求提取该项目的首层的土建专业物资量、二层一区的钢筋物资量，并根据提取的物资量提报需求计划，导出数据表格；

(7) 基于专用宿舍楼案例，需要在工艺库创建钢筋专业框架柱构件、土建专业框架梁及现浇板构件的追踪事项，在PC端创建跟踪计划，通过手机端填写构件跟踪信息，通过Web端查看构件跟踪情况，查看物料跟踪信息并导出。

6.2 流水任务

◆ 业务背景

在组织流水施工时，通常把施工对象划分为劳动量相等或大致相等的若干段，这些段称为施工段。每一个施工段在某一段时间内只供给一个施工过程使用。施工段可以是固定的，也可以是不固定的。在固定施工段的情况下，所有施工过程都采用同样的施工段，施工段的分界对所有施工过程来说都是固定不变的。在不固定施工段的情况下，对不同的施工过程分别地规定出一种施工段划分方法，施工段的分界对于不同的施工过程是不同的。固定的施工段便于组织流水施工，使用较广，而不固定的施工段则较少采用。在划分施工段时，应考虑以下几点：

(1) 施工段的分界同施工对象的结构界限（温度缝、沉降缝和建筑单元等）尽可能一致；

(2) 各施工段上所消耗的劳动量尽可能相近；

(3) 划分的段数不宜过多，以免使工期延长；

(4) 对各施工过程均应有足够的工作面。

项目部小组根据本项目编制的施工方案及施工进度计划，为了方便协同工作，实现流水作业施工，生产经理负责在BIM5D中完成流水段划分，组织流水施工。

◆ 任务目标

基于专用宿舍楼案例，生产经理负责完成流水段划分，通过对本工程的综合考虑，将本工程分为以下流水段：

(1) 基础层、屋顶层作为整体进行施工；

(2) 1～2层流水段划分以7轴为界限，7轴左侧部分为一区，右侧部分为二区，如图6.2.1所示：

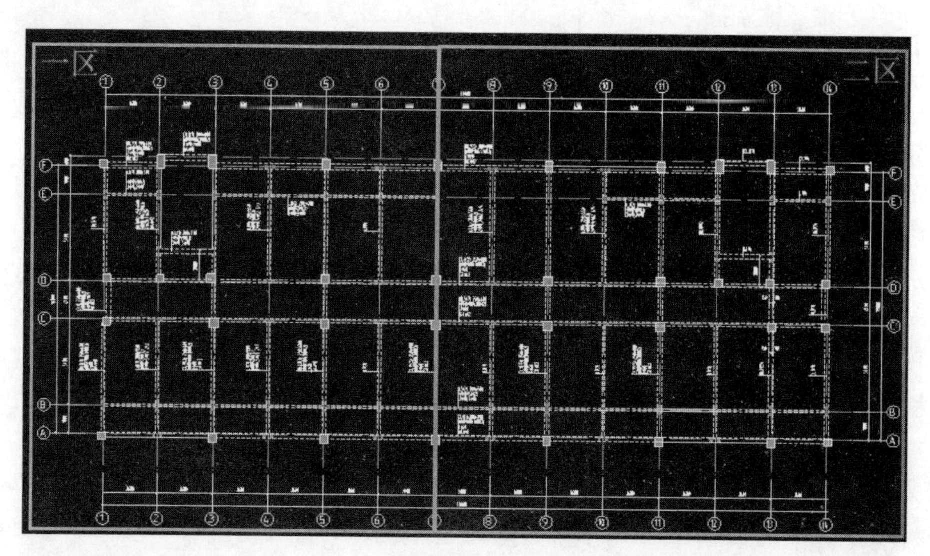

图 6.2.1

划分流水段要求钢筋及土建两个专业均按以上要求进行，在每个流水段内要求关联所有构件。划分完成后导出流水段表格，通过查询视图导出各流水段构件工程量，交付商务部。

◆ **责任岗位**

生产经理。

二维码 11
流水段划分

◆ **任务实施**

创建流水段，按照土建、钢筋专业分别进行划分。

（1）流水段定义

第一步：生产经理首先登录技术端，授权锁定后，在【流水视图】模块中，在流水段定义页签，点击新建同级，在类型中选择【单体】【楼层】【专业】和【自定义】中任意一个，在单体列表、楼层列表、专业列表中勾选，或在自定义列表中新建。注意如果上级节点已有单体，才可以创建楼层。在这里选择先新建单体，基于专用宿舍楼案例直接选择。如图 6.2.2 所示：

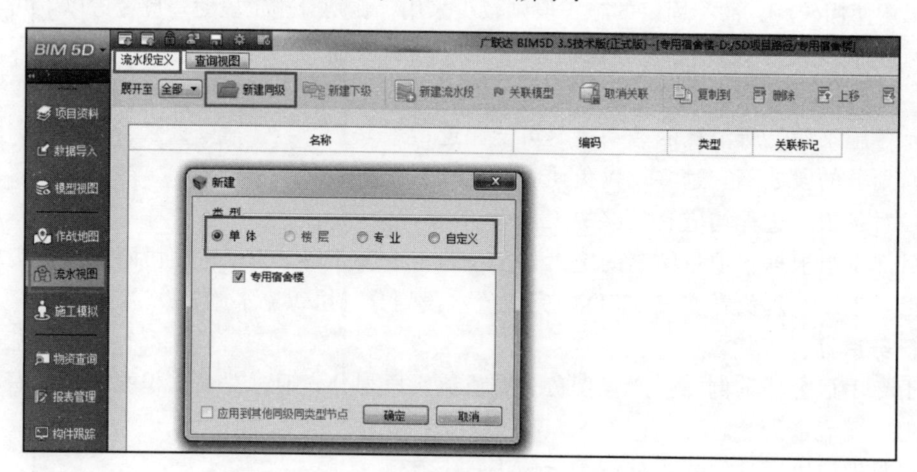

图 6.2.2

第二步：点击新建下级，在类型中可以选择【楼层】【专业】【自定义】，在这里先选择专业进行建立，围绕钢筋及土建两个专业进行。如图 6.2.3 所示：

图 6.2.3

第三步：选择在土建专业继续新建下级，围绕楼层进行建立，分别包括基础层、首层、二层、屋面层。新建时可以直接勾选应用到其他同级同类型节点，即应用到钢筋专业。如图 6.2.4 所示：

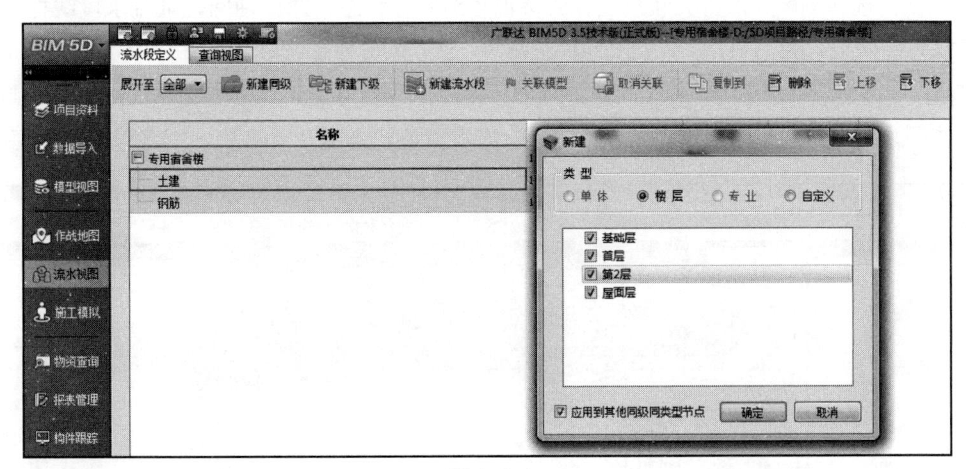

图 6.2.4

最终完成流水段定义如图 6.2.5 所示：

当流水段的父级节点同时包含【单体】和【专业】，且不包含【楼层】时，可以采用新建【自定义】选择图元的方法进行模型关联，此方法一般用于跨层图元的关联。如需删除各类分类行，可以点击上方删除按钮即可。【上移】和【下移】按钮可以调整各行位置。

(2) 新建流水段及关联模型

第一步：新建流水段。在任意分组下，都可以新建流水段，名称可以自定义。点击土建专业下首层，新建流水段，命名为一区。如图 6.2.6 所示：

名称	编码	类型	关联标记
专用宿舍楼	1	单体	
土建	1.1	专业	
基础层	1.1.1	楼层	
首层	1.1.2	楼层	
第2层	1.1.3	楼层	
屋面层	1.1.4	楼层	
钢筋	1.2	专业	
基础层	1.2.1	楼层	
首层	1.2.2	楼层	
第2层	1.2.3	楼层	
屋面层	1.2.4	楼层	

图 6.2.5

名称	编码	类型	关联标记
专用宿舍楼	1	单体	
土建	1.1	专业	
基础层	1.1.1	楼层	
首层	1.1.2	楼层	
一区	1.1.2.1	流水段	
第2层	1.1.3	楼层	
屋面层	1.1.4	楼层	
钢筋	1.2	专业	
基础层	1.2.1	楼层	
首层	1.2.2	楼层	
第2层	1.2.3	楼层	
屋面层	1.2.4	楼层	

图 6.2.6

第二步：选择一区，点击关联模型。调整视角到俯视状态，调出轴网，画流水段线框，首层按照 7 轴为界限进行施工划分。先划分 7 轴左侧为一区，划分流水段时可按住 Shift 和鼠标左键进行偏移绘制，同时可以利用下方顶点、中点、轴网、交点等按钮方便找轴线上对应点，如果绘制过程中出现错误，可以选中流水段点击按钮 删除流水段重新绘制。如图 6.2.7、图 6.2.8 所示：

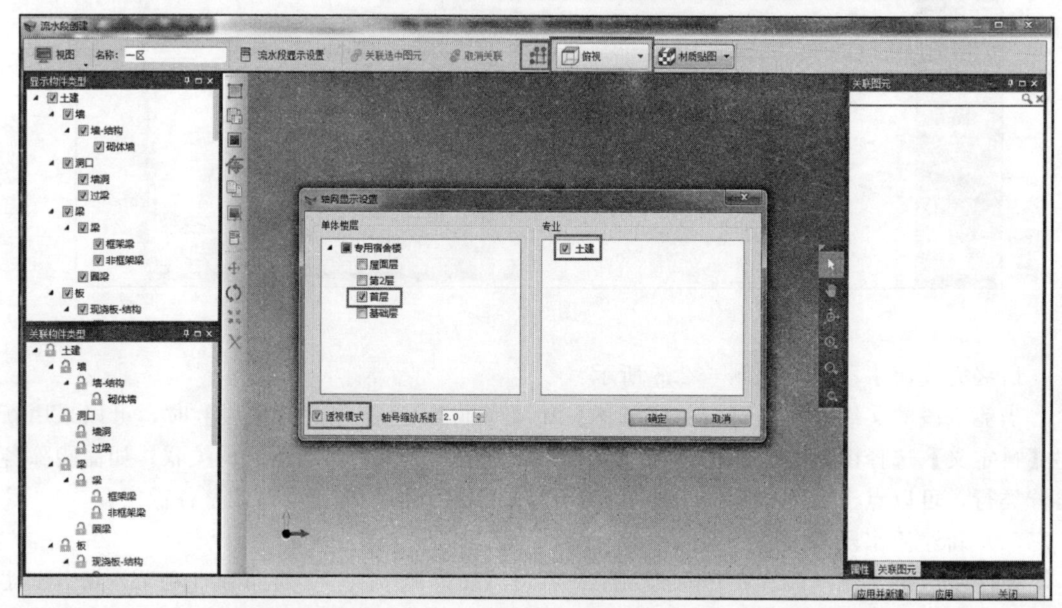

图 6.2.7

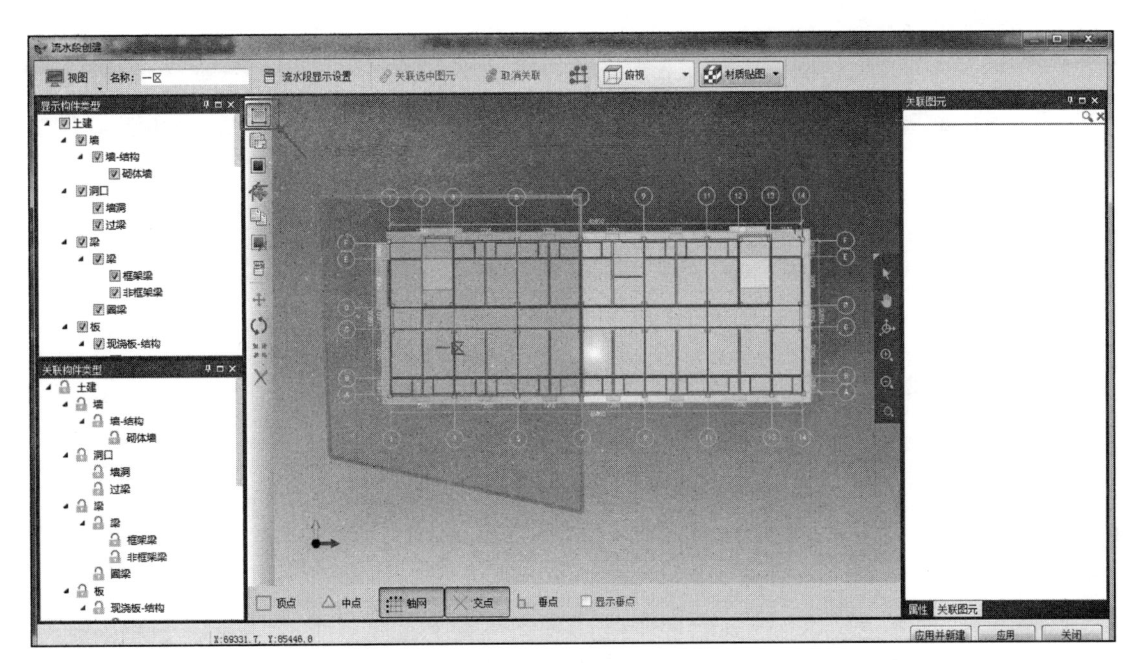

图 6.2.8

第三步：关联构件类型。左下角选择全部构件进行关联，可直接点击专业旁的进行锁定，变为即为锁定关联构件。如图 6.2.9 所示：

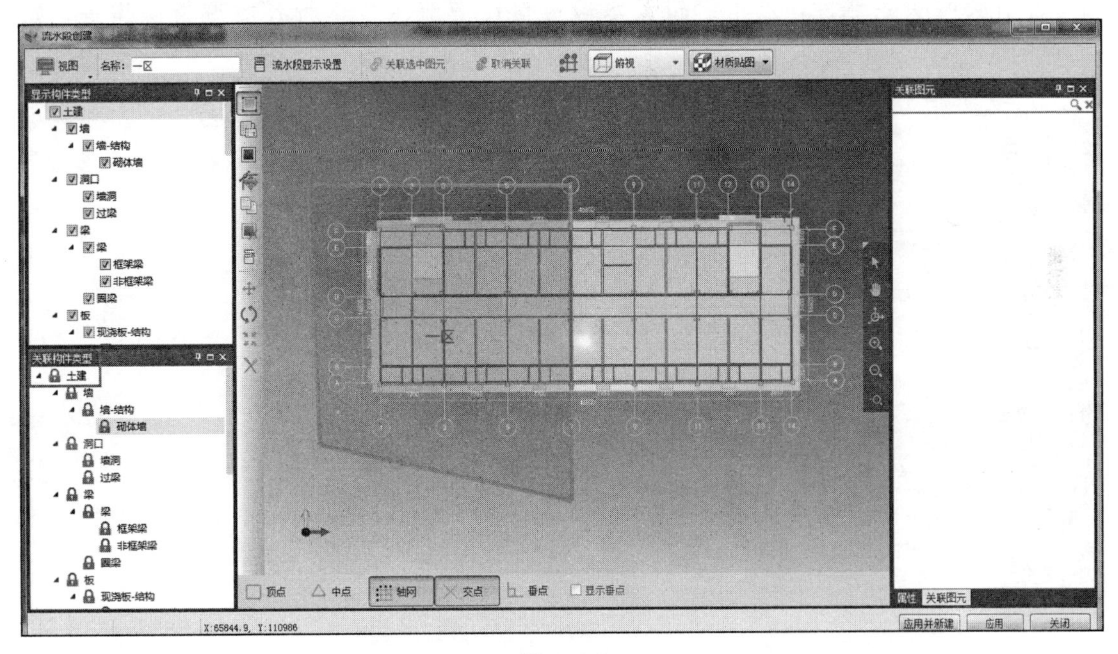

图 6.2.9

第四步：点击应用/应用并新建按钮。应用并新建是指不退出此界面继续绘制其他段，应用是退出此界面后手动选择其他新建流水段进行关联。点击应用并新建，可以继续绘制另一区，命名为二区，重复以上画线框操作，同时确保关联构件类型选择全部构件。如图 6.2.10 所示：

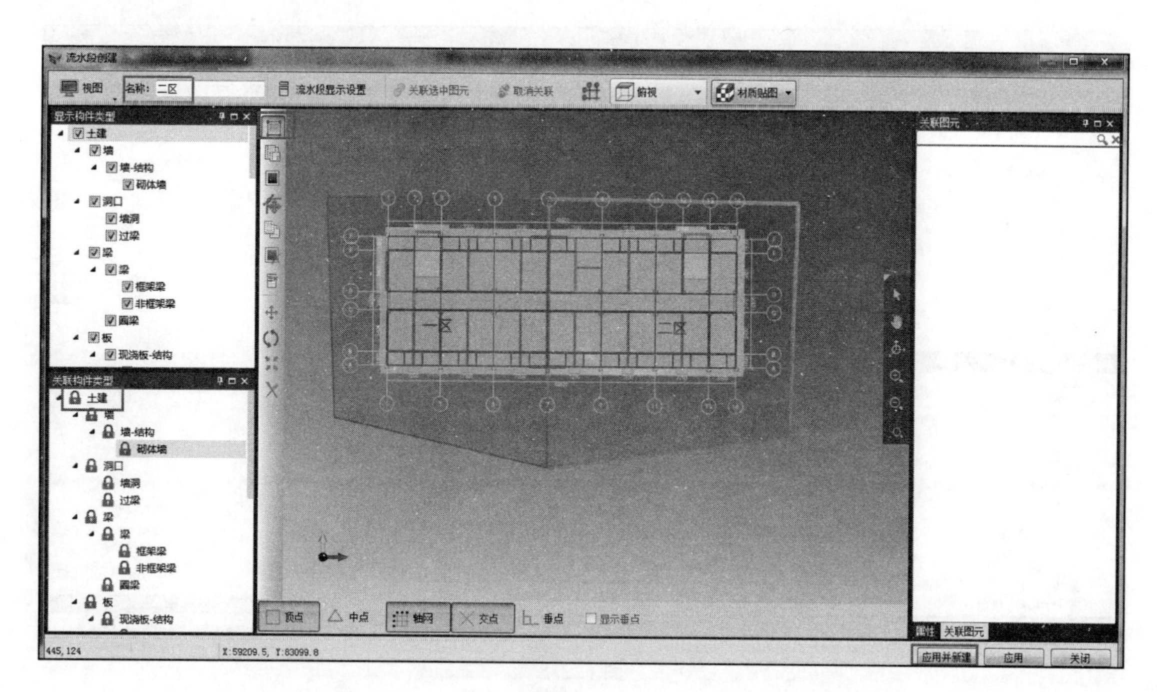

图 6.2.10

第五步：点击应用，关闭退出，完成首层一区及二区流水段绘制关联。点击取消关联，可将已有关联关系删除，点击编辑流水段可对已有流水段进行各类编辑操作等。如图 6.2.11 所示：

BIM 5D　广联达 BIM5D 3.5技术版(正式版)--[专用宿舍楼-D:/5D项目路径/专用宿舍楼]

流水段定义　查询视图

展开至 全部　新建同级　新建下级　新建流水段　编辑流水段　取消关联　复制到　删除　上移　下移

项目资料　数据导入　模型视图　作战地图　流水视图　施工模拟　物资查询　报表管理　构件跟踪

名称	编码	类型	关联标记
专用宿舍楼	1	单体	
土建	1.1	专业	
基础层	1.1.1	楼层	
首层	1.1.2	楼层	
一区	1.1.2.1	流水段	⚑
二区	1.1.2.2	流水段	⚑
第2层	1.1.3	楼层	
屋面层	1.1.4	楼层	
钢筋	1.2	专业	
基础层	1.2.1	楼层	
首层	1.2.2	楼层	
第2层	1.2.3	楼层	
屋面层	1.2.4	楼层	

图 6.2.11

第六步：快速复制流水段。选择已创建关联的流水段，点击复制到，可将该流水段快速复制到其他专业及楼层。选中土建专业首层的一区和二区，复制到土建专业二层、钢筋专业首层及二层，点击复制及确定即可完成。如图 6.2.12、图 6.2.13 所示：

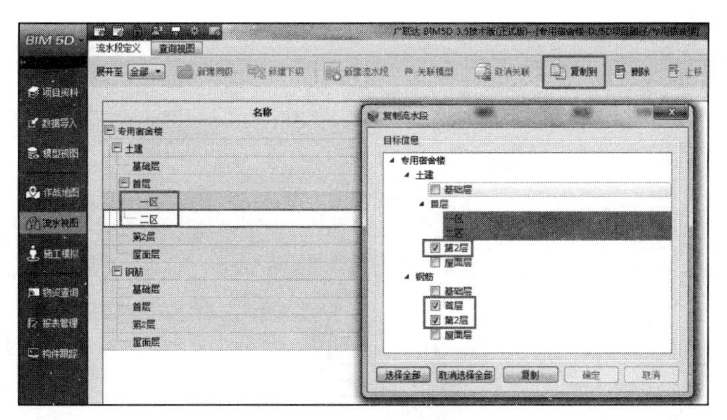

图 6.2.12

名称	编码	类型	关联标记
专用宿舍楼	1	单体	
土建	1.1	专业	
基础层	1.1.1	楼层	
首层	1.1.2	楼层	
一区	1.1.2.1	流水段	
二区	1.1.2.2	流水段	
第2层	1.1.3	楼层	
一区	1.1.3.1	流水段	
二区	1.1.3.2	流水段	
屋面层	1.1.4	楼层	
钢筋	1.2	专业	
基础层	1.2.1	楼层	
首层	1.2.2	楼层	
一区	1.2.2.1	流水段	
二区	1.2.2.2	流水段	
第2层	1.2.3	楼层	
一区	1.2.3.1	流水段	
二区	1.2.3.2	流水段	
屋面层	1.2.4	楼层	

图 6.2.13

第七步：按以上操作方式完成基础层及屋面层的新建流水段和关联模型，包括钢筋及土建专业，完成专用宿舍楼流水段划分。注意复制之后编辑检查各流水段，需关联所有构件类型。如图 6.2.14～图 6.2.16 所示：

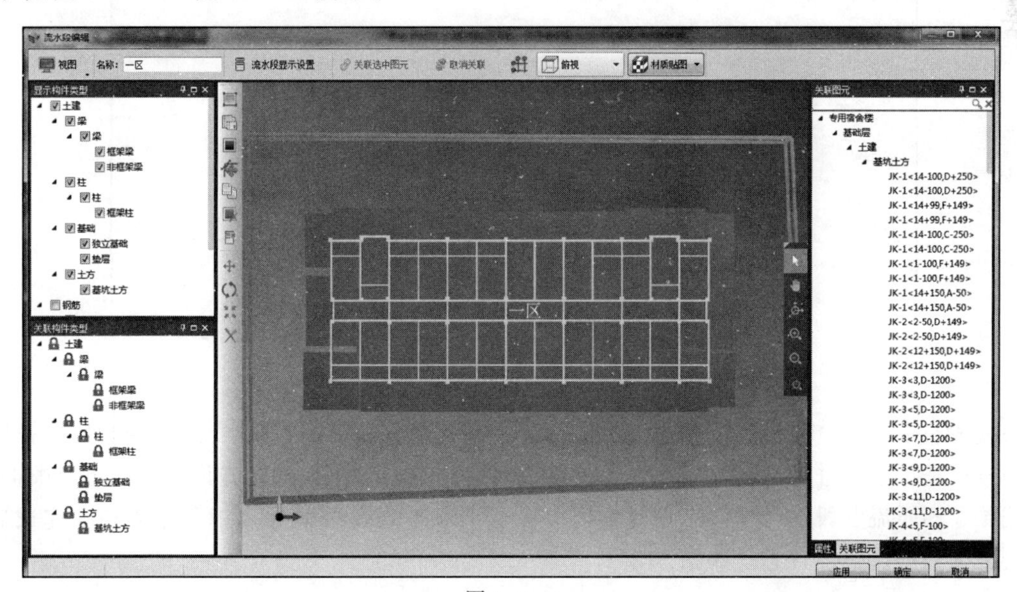

图 6.2.14

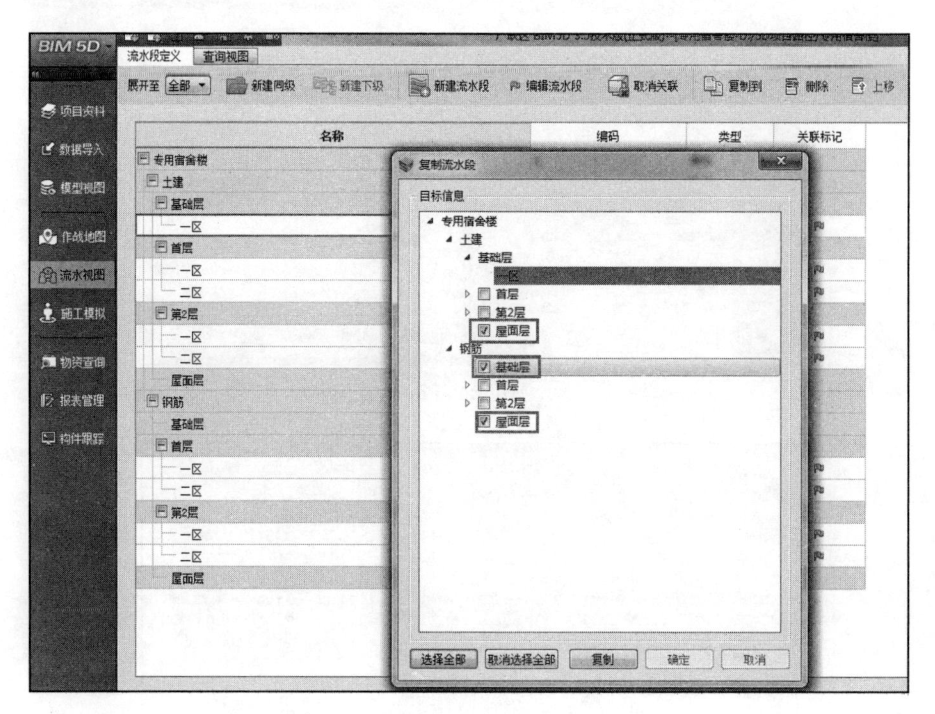

图 6.2.15

名称	编码	类型	关联标记
专用宿舍楼	1	单体	
土建	1.1	专业	
基础层	1.1.1	楼层	
一区	1.1.1.1	流水段	
首层	1.1.2	楼层	
一区	1.1.2.1	流水段	
二区	1.1.2.2	流水段	
第2层	1.1.3	楼层	
一区	1.1.3.1	流水段	
二区	1.1.3.2	流水段	
屋面层	1.1.4	楼层	
一区	1.1.4.1	流水段	
钢筋	1.2	专业	
基础层	1.2.1	楼层	
一区	1.2.1.1	流水段	
首层	1.2.2	楼层	
一区	1.2.2.1	流水段	
二区	1.2.2.2	流水段	
第2层	1.2.3	楼层	
一区	1.2.3.1	流水段	
二区	1.2.3.2	流水段	
屋面层	1.2.4	楼层	
一区	1.2.4.1	流水段	

图 6.2.16

完成流水段划分后，可以导出 Excel 表格对施工人员进行任务分配交底。同时点击显示模型可以进行形象进度交底，直观显示流水段对应施工内容。切换到查询视图，可以根据不同楼层、不同流水段进行构件工程量查询，设置汇总方式，可以导出工程量表格。完成后，点击提交数据，输入日志。如图 6.2.17～图 6.2.19 所示：

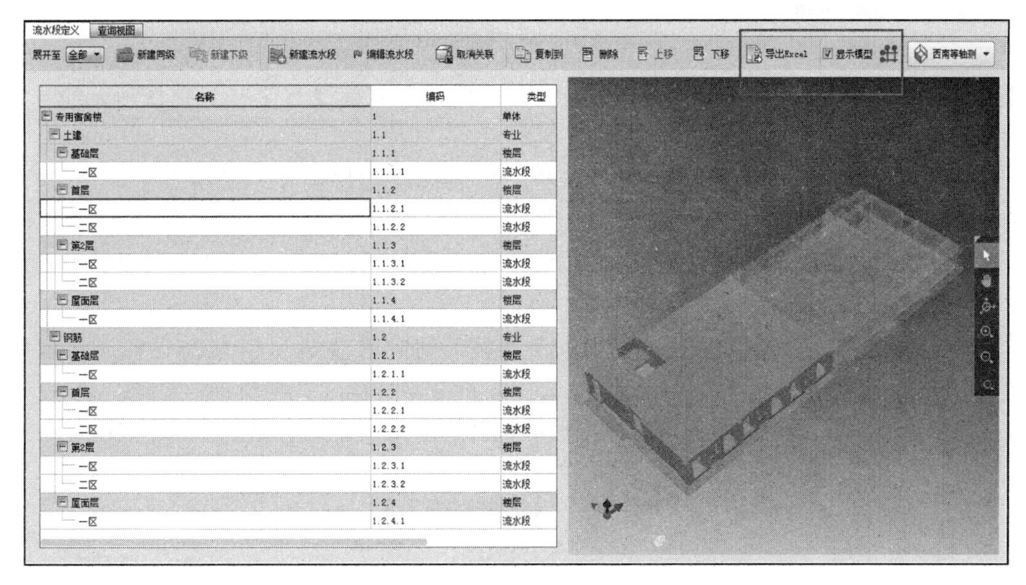

图 6.2.17

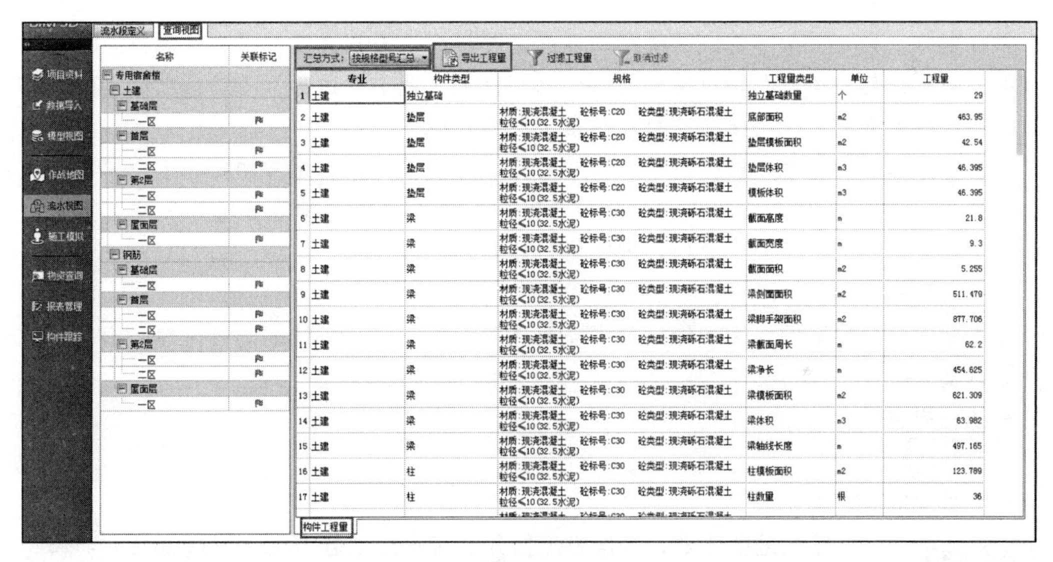

图 6.2.18

图 6.2.19

◆ **任务总结**

(1) 划分流水段时，注意先进行流水段定义，点击新建同级或下级，在类型中选择【单体】【楼层】【专业】和【自定义】中任意一个，在单体列表、楼层列表、专业列表中勾选，或在自定义列表中新建。

(2) 一般按照单体、专业、楼层、流水段的顺序进行建立。当流水段的父级节点同时包含【单体】和【专业】，且不包含【楼层】时，可以采用新建【自定义】选择图元的方法进行模型关联，此方法一般用于跨层图元的关联。

(3) 流水段关联时，注意先进行画线框，然后关联构件类型，最后点击应用/应用并新建。

(4) 可利用复制到功能快速将已有流水段进行复制，可复制到其他专业及其他楼层，流水段可按照 Ctrl 和鼠标左键进行多选一并复制。

(5) 可以在流水段定义界面导出 Excel 表格，同时勾选显示模型查看各流水段模型情况。

(6) 通过查询视图，可以查询各流水段的构件工程量，导出数据到 Excel 表格。

6.3 进度管理

◆ **业务背景**

进度是项目管理中最重要的一个因素。进度管理就是为了保证项目按期完成、实现预期目标而提出的，它采用科学的方法确定项目的进度目标，编制进度计划和资源供应计划，进行进度控制，在与质量、费用目标相互协调的基础上实现工期目标。项目进度管理的最终目标通常体现在工期上，就是保证项目在预定工期内完成。

作为项目部生产经理，根据技术部编制的施工进度计划，为了方便协同工作，结合流水施工作业，在 BIM5D 中导入进度计划，按分区划分流水段后与相应任务项关联，按上面要求设置关联关系，进行模拟，分析计划的可行性并调整计划。

◆ **任务目标**

基于专用宿舍楼案例，生产经理负责完成进度关联，并分析计划的可行性，根据需求进行计划调整。

◆ **责任岗位**

生产经理。

◆ **任务实施**

二维码 12
进度关联

导入进度计划，根据施工任务及流水段划分情况，将进度计划与模型进行挂接。

第一步：生产经理首先登录技术端，授权锁定后，在【施工模拟】模块中，在视图菜单下勾选进度计划，点击下方导入进度计划按钮，支持导入 Project 和斑马进度两种格式。导入对应格式需要安装软件才可导入。在这里导入项目部编制完成的 Project 进度计划，按照字段匹配即可，点击确定。注意进度计划功能区相关按钮功能，导入完成后，可以点击编辑计划修改原始进度文件，点击前置和后置任务可以查看紧前紧后工作，选中任务模型可以查看对应模型状态，清除关联可以删除已有关联关系，任务关联模型是将任务与模型进行挂接。如图 6.3.1～图 6.3.3 所示：

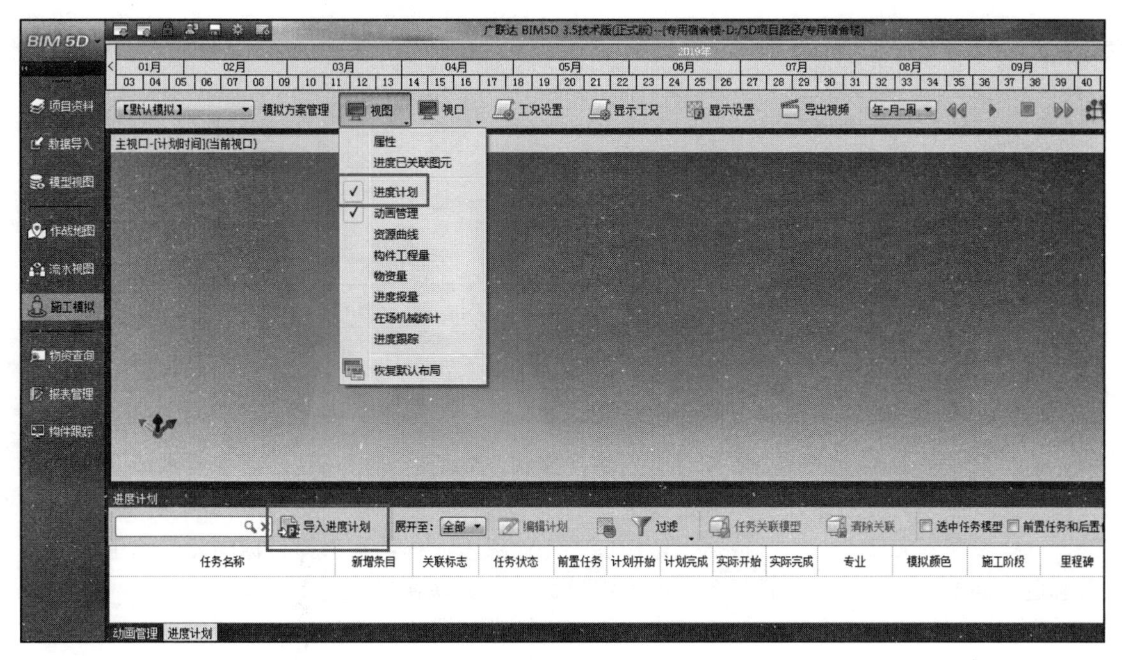

图 6.3.1

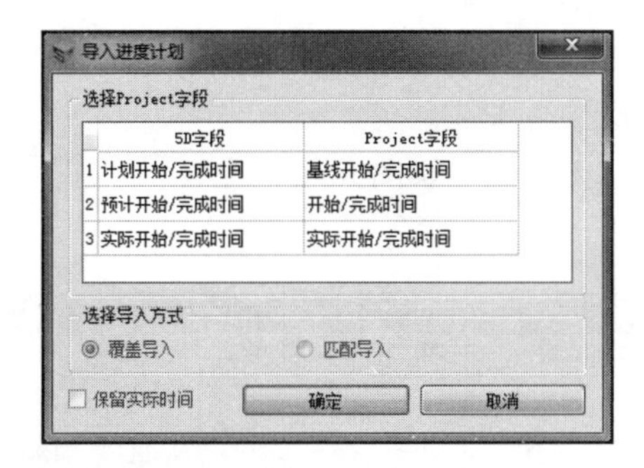

图 6.3.2

进度计划

导入进度计划　展开至：全部　编辑计划　过滤　任务关联模型　清除关联　选中任务模型　前置任务和后置任务

	任务名称	新增条目	关联标志	任务状态	前置任务	计划开始	计划完成	实际开始	实际完成	专业	模拟颜色	施工阶段	里程碑
1	专用宿舍楼项目施工			未开始		2018-06-19	2018-09-15						
2	基础层结构施工			未开始		2018-06-19	2018-07-06						
3	土方开挖			未开始		2018-06-19	2018-06-23						
4	基础垫层施工			未开始	3	2018-06-23	2018-06-26						
5	独立基础结构施工			未开始	4	2018-06-26	2018-06-30						
6	柱结构施工			未开始	5	2018-06-30	2018-07-03						
7	地梁及地圈梁结构施工			未开始	6	2018-07-03	2018-07-06						
8	首层主体结构施工			未开始		2018-07-06	2018-07-20						
9	首层A区主体结构施工			未开始		2018-07-06	2018-07-17						
10	柱结构施工			未开始	7	2018-07-06	2018-07-09						
11	梁结构施工			未开始	10	2018-07-09	2018-07-12						
12	板结构施工			未开始	11	2018-07-12	2018-07-15						
13	楼梯结构施工			未开始	12	2018-07-15	2018-07-17						
14	首层B区主体结构施工			未开始		2018-07-09	2018-07-20						
15	柱结构施工			未开始	10	2018-07-09	2018-07-12						
16	梁结构施工			未开始	11, 15	2018-07-12	2018-07-15						
17	板结构施工			未开始	12, 16	2018-07-15	2018-07-18						
18	楼梯结构施工			未开始	13, 17	2018-07-18	2018-07-20						
19	二层主体结构施工			未开始		2018-07-20	2018-08-03						
30	屋顶层主体结构施工			未开始		2018-08-03	2018-08-12						

动画管理　进度计划

图 6.3.3

第二步：选择任务行，设置主体结构施工、二次结构施工、零星施工专业为土建，设置粗装修施工专业为粗装修。如图 6.3.4 所示：

	任务名称	新增条目	关联标志	任务状态	前置任务	计划开始	计划完成	实际开始	实际完成	专业	模拟颜色	施工阶段	里程碑
1	专用宿舍楼项目施工			未开始		2018-06-19	2018-09-15						
2	基础层结构施工			未开始		2018-06-19	2018-07-06			土建			
8	首层主体结构施工			未开始		2018-07-06	2018-07-20			土建			
19	二层主体结构施工			未开始		2018-07-20	2018-08-03			土建			
30	屋顶层主体结构施工			未开始		2018-08-03	2018-08-12			土建			
35	二次结构施工			未开始		2018-08-12	2018-08-27			土建			
39	粗装修施工			未开始		2018-08-27	2018-09-13			粗装修			
49	零星施工			未开始		2018-09-13	2018-09-15			土建			

图 6.3.4

第三步：根据进度计划每项任务，均需进行进度关联，选择每一项子类行，点击任务关联模型。关联方式包括关联流水段及关联图元两种。

选择关联流水段模式时，选择对应的单体楼层、专业，即可看到之前在流水视图中划分的流水段，选择目标流水段与任务进行关联。

选择关联图元模式时，可根据单体楼层、专业点击或框选来选择目标图元，选中的图元为蓝色，点击选中图元关联到任务，即可将目标图元关联在任务上。

生产经理将主体部分内容使用关联流水段模式挂接，将二次结构、粗装修及零星施工使用关联图元模式挂接。注意关联每一项任务时根据任务内容选择对应流水段及构件图元进行关联，可直接点击下一条任务继续关联。

在关联土建专业任务项时，涉及包括钢筋信息的构件，在任务关联模型时，勾选钢筋及土建两个专业、流水段和对应构件关联。

关联流水段示例，见图 6.3.5，关联图元示例见图 6.3.6。关联流水段后显示 ⚑ 标志，关联图元后也显示 ⚑ 标志。

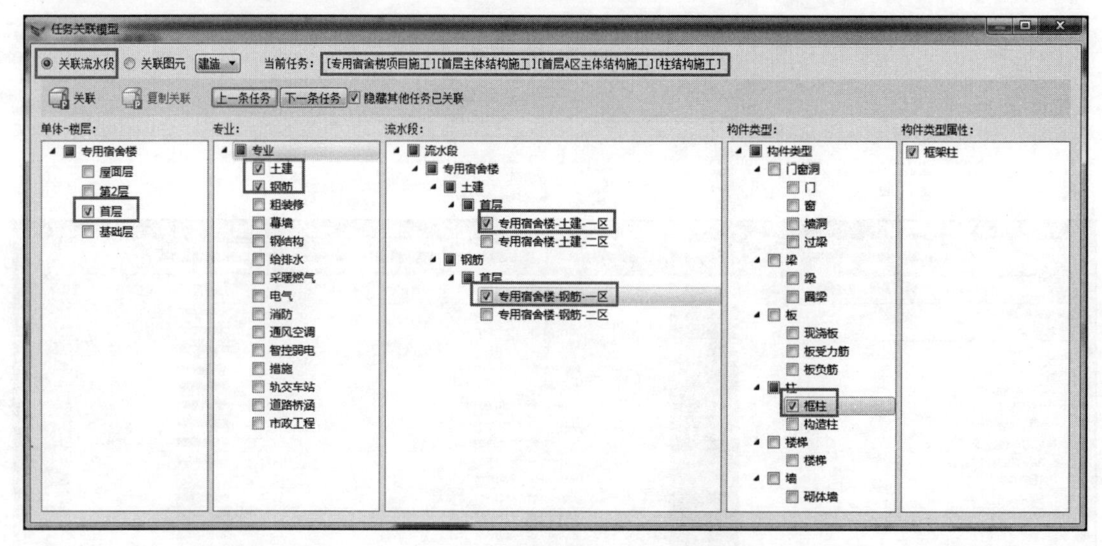

图 6.3.5

第四步：复制关联。在关联流水段过程中，可以利用复制关联功能，将流水任务项关联结果复制到其他层，方法同流水段。如图 6.3.7 所示：

第五步：按照以上说明进行关联，完成专用宿舍楼项目全部任务进度关联。点击提交数据，输入日志。如图 6.3.8、图 6.3.9 所示：

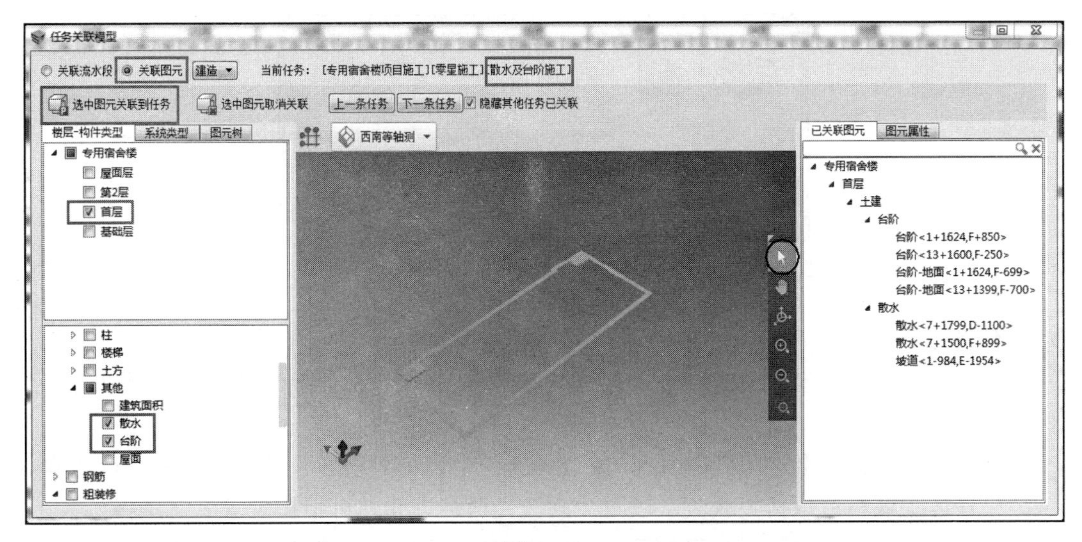

图 6.3.6

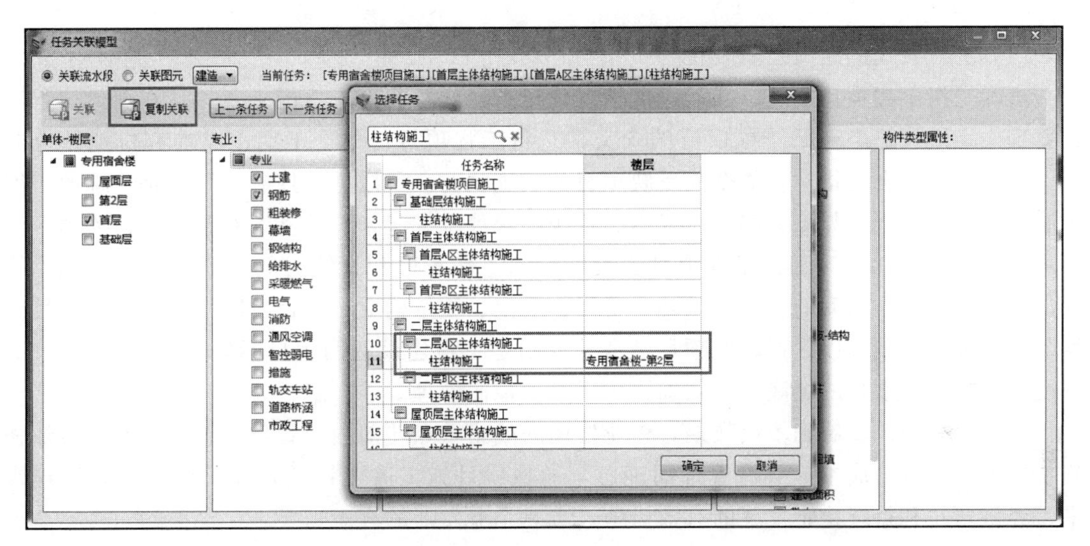

图 6.3.7

进度计划

	任务名称	新增条目	关联标志	任务状态	前置任务	计划开始	计划完成	实际开始	实际完成	专业	模拟颜色	施工阶段	里程碑
31	屋顶层主体结构施工			未开始		2018-08-03	2018-08-12			土建			
32	柱结构施工			未开始	29	2018-08-03	2018-08-06			土建			
33	梁结构施工			未开始	32	2018-08-06	2018-08-09			土建			
34	板结构施工			未开始	33	2018-08-09	2018-08-12			土建			
35	二次结构施工			未开始		2018-08-12	2018-08-27			土建			
36	首层砌筑施工			未开始	34	2018-08-12	2018-08-17			土建			
37	二层砌筑施工			未开始	36	2018-08-17	2018-08-22			土建			
38	屋面层砌筑施工			未开始	37	2018-08-22	2018-08-27			土建			
39	粗装修施工			未开始		2018-08-27	2018-09-13			粗装修			
40	首层门窗施工			未开始	38	2018-08-27	2018-08-29			粗装修			
41	二层门窗施工			未开始	40	2018-08-29	2018-08-31			粗装修			
42	屋面层门窗施工			未开始	41	2018-08-31	2018-09-02			粗装修			
43	首层天棚及楼地面施工			未开始	40	2018-08-29	2018-08-31			粗装修			
44	二层天棚及楼地面施工			未开始	41, 43	2018-08-31	2018-09-02			粗装修			
45	屋面层天棚施工			未开始	42, 44	2018-09-02	2018-09-04			粗装修			
46	屋面层墙面施工			未开始	45	2018-09-04	2018-09-07			粗装修			
47	二层墙面及踢脚施工			未开始	46	2018-09-07	2018-09-10			粗装修			
48	首层墙面及踢脚施工			未开始	47	2018-09-10	2018-09-13			粗装修			
49	零星施工			未开始		2018-09-13	2018-09-15			土建			
50	散水及台阶施工			未开始	48	2018-09-13	2018-09-15			土建			

图 6.3.8

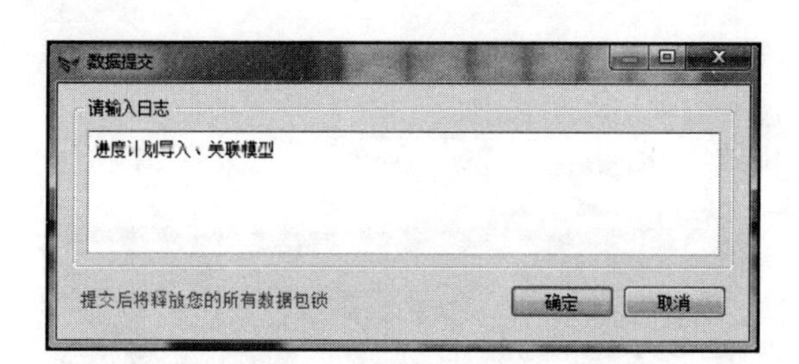

图 6.3.9

◆ **任务总结**

(1) 进度计划导入支持 Project 及斑马进度两种格式，无论导入哪种，均需安装对应软件。

(2) 点击编辑计划会进入到 Project 或斑马软件中，可对已导入的进度计划进行修改。

(3) 任务关联模型包括关联流水段及关联图元两种方式，可根据需求灵活选择。

(4) 复制关联只支持不同楼层相同流水段之间的复制，否则关联构件会出错。

◆ **知识链接**

(1) 进度管理的定义及重要性

进度是指工程项目实施结果的进展情况，以项目任务的完成情况来表达。在现代工程项目管理中，进度已经被赋予更广泛的含义，它将工程项目任务、工期、成本有机地结合起来，形成一个综合的指标，能全面反映项目的实施状况。所以进度控制已不只是传统的工期控制，而且还将工期与工程实物、成本、资源配置等统一起来，其基本对象是工程活动。施工进度管理控制就是对工程建设项目建设阶段的工作程序和持续时间进行规划、实施、检查、调查等一系列活动的总称。工期、费用、安全、质量构成了项目的四大目标，这些目标均能通过进度控制加以掌握，而项目进度的控制是工程建设的四大目标的重要部分。因此，进度控制管理是项目的灵魂，必须加强项目进度控制管理。

现在施工企业发展到了成熟期，企业发展的战略重点转向内部管理，于是就要确实加强施工进度、质量、成本等战略管理的理念，加强项目施工进度管理是施工企业提高管理水平、经济效益和持续稳定发展的有效措施，也是企业发展的客观需要。

工程进度目标按期实现的前提是要有一个科学合理的进度计划。根据工程建设项目的规模、工程量与工程复杂程度，建设单位对工期和项目投产时间的要求、资金到位计划和实现的可能性、主要进场计划等进行科学分析后，制定出工程建设项目最佳的施工工期。工程施工进度控制就是根据进度目标确定实施方案，在施工过程中进行控制和调整，以实现进度控制的目标。具体地讲，进度控制的任务是进行进度规划、进度控制和进度协调。要完成好这个任务，应做好三项工作：制定工程建设项目总进度目标和总计划；要对进度进行控制，必须对建设项目的全过程、对计划进度与实际进度进行比较；进度协调的任务是对整个建设项目中各安装、土建等施工单位、总包单位、分包单位之间的进度搭接，在时间、空间交叉上进行协调。施工进度计划是施工进度控制的依据，因此编制施工进度计划以提高进度控制的质量成为进度控制的关键问题。

因此，工程进度控制管理是在项目的工程建设过程中实施经审核批准的工程进度计划，采用适当的方法定期跟踪、检查工程实际进度状况，与计划进度对照、比较找出两者之间的偏差，并对产生偏差的各种因素及影响工程目标的程度进行分析与评估，及时采取有效的措施调整工程进度计划。在工程进度计划执行中不断循环往复，直至按设定的工期目标（项目竣工），也就是按合同约定的工期完成，或在保证工程质量和不增加工程造价的条件下提前完成。

（2）传统进度管理的缺陷

① 前期无法对计划有效预估；

② 网络计划抽象，难以理解及执行；

③ 施工过程中，进度优化调整难；

④ 传统方法不利于规范化和精细化管理。

（3）基于 BIM 的进度管理

① 应用 BIM 系统分析资源（劳动力、材料、机械）与进度相关性，校核进度，可有效预估进度编排的合理性；

② 通过 4D 模拟，查看多专业工序穿插施工，提供模拟动画，支撑工序穿插合理性判断；

③ BIM 系统过程记录进度信息，预估未来周期内进度状态，根据关键任务资源信息，支撑进度优化调整。

6.4 施工模拟

◆ 业务背景

施工模拟是将施工进度计划写入 BIM 信息模型后，将空间信息与时间信息整合在一个可视的 4D 模型中，就可以直观、精确地反映整个建筑的施工过程。集成全专业资源信息用静态与动态结合的方式展现项目的节点工况，以动画形式模拟重点、难点的施工方案。提前预知本项目主要施工的控制方法、施工安排是否均衡，总体计划、场地布置是否合理，工序是否正确，并可以进行及时优化。

生产部、技术部人员进行虚拟施工模拟，进行现场三维可视化技术交底，方便了解施工工艺与技术要求，采用模拟视频，定期向甲方汇报，清楚了解目前的施工状态和目前工期差距，同时根据差距做进度计划校核。

◆ 任务目标

基于专用宿舍楼案例，技术经理、生产经理负责编制施工模拟视频，包括默认模拟视频及动画方案模拟视频各一份，用于交底及例会展示使用。

二维码 13
施工模拟

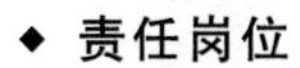

◆ 责任岗位

生产经理、技术经理。

◆ 任务实施

相关操作如下文所述。

6.4.1 默认模拟

采取默认虚拟建造过程进行模拟，不加任何动画，直观显现建造过程。

第一步：生产经理或技术经理首先登录技术端，授权锁定后，在【施工模拟】模块中，在视图菜单下勾选进度计划，在视口界面单击右键，选择编辑视口属性，在属性里可以设置时间类型、显示范围及显示设置等。勾选显示范围为专用宿舍楼全部构件。如图 6.4.1、图 6.4.2 所示：

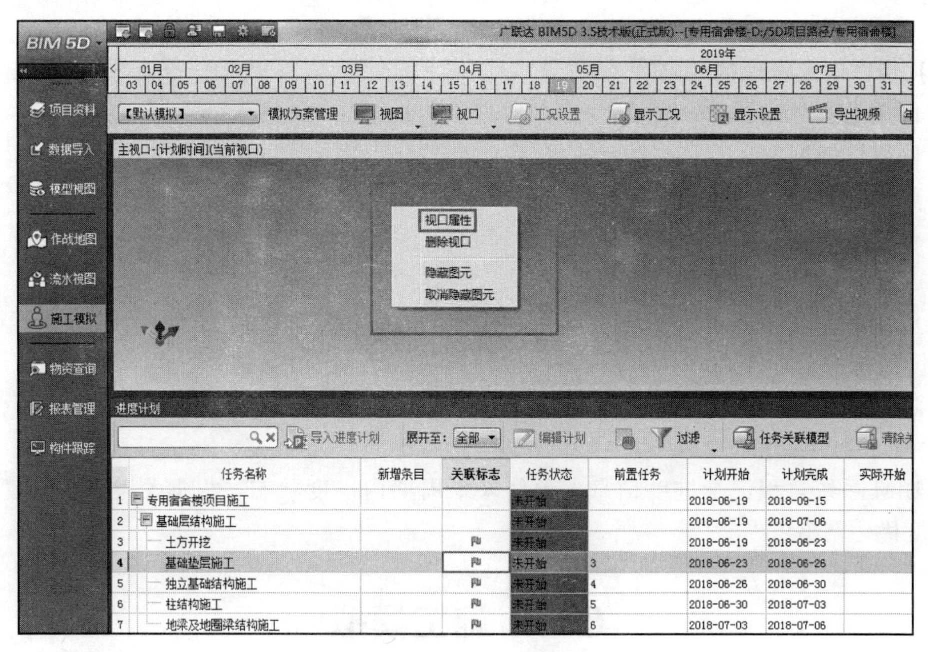

图 6.4.1

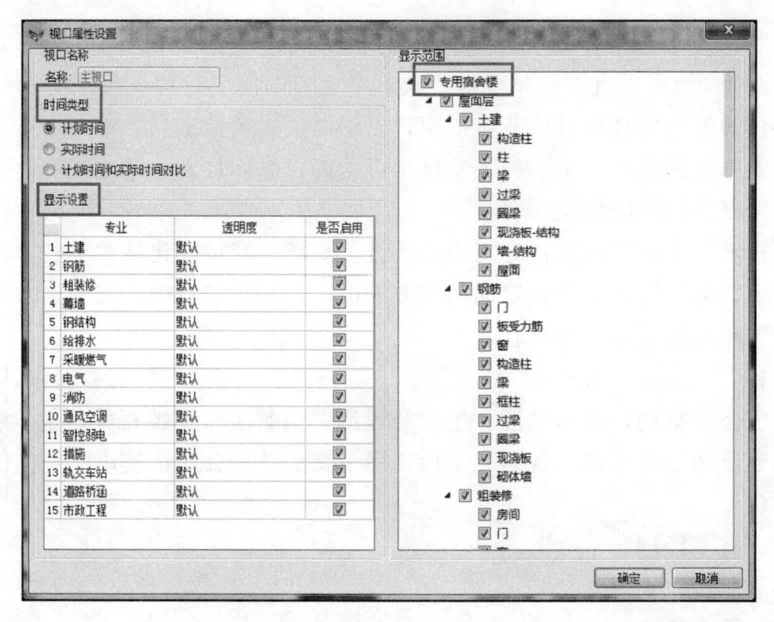

图 6.4.2

第二步：在上方时间轴可以设置年-月-日或年-月-周两种形式，可以任意选中一段时间模拟，也可以右键定位具体时间或按进度计划时间进行选择。以按进度选择为例，如图 6.4.3 所示：

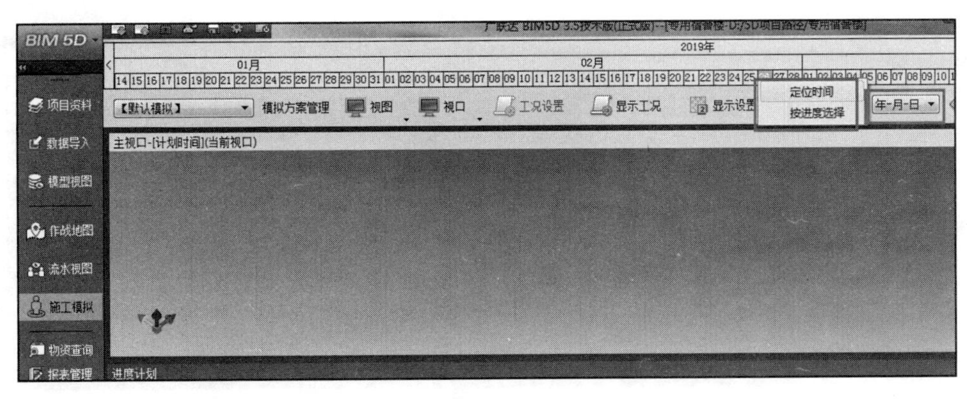

图 6.4.3

第三步：选择时间轴后，可以直接看到模型显示情况。通过播放及加减变速按钮可以进行虚拟建造过程模拟播放，如图 6.4.4 所示：

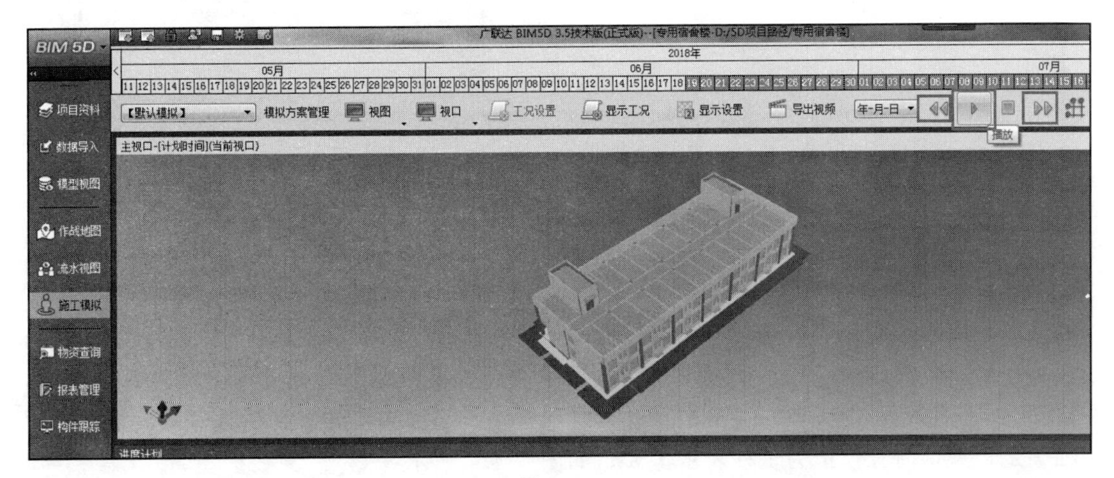

图 6.4.4

第四步：点击导出视频，进行导出设置，可对视频、内容及布局分别设置，项目部可自行设计，设置完成后，进行模拟视频导出。如图 6.4.5、图 6.4.6 所示：

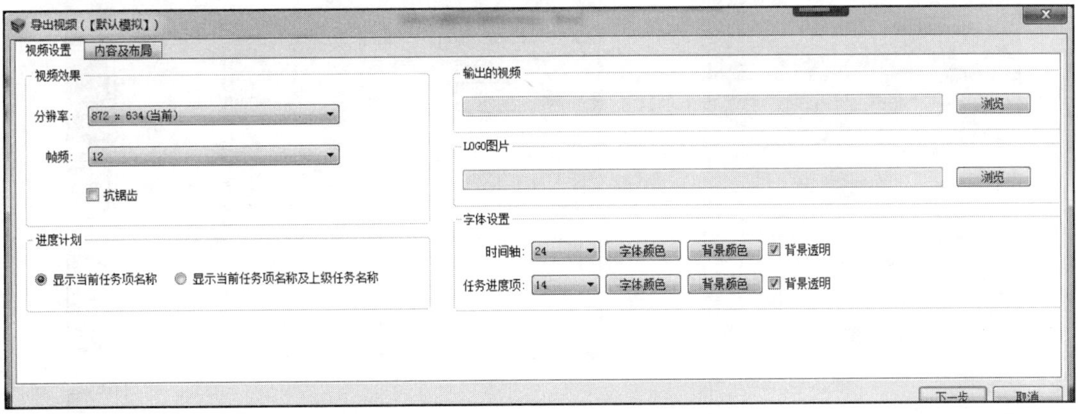

图 6.4.5

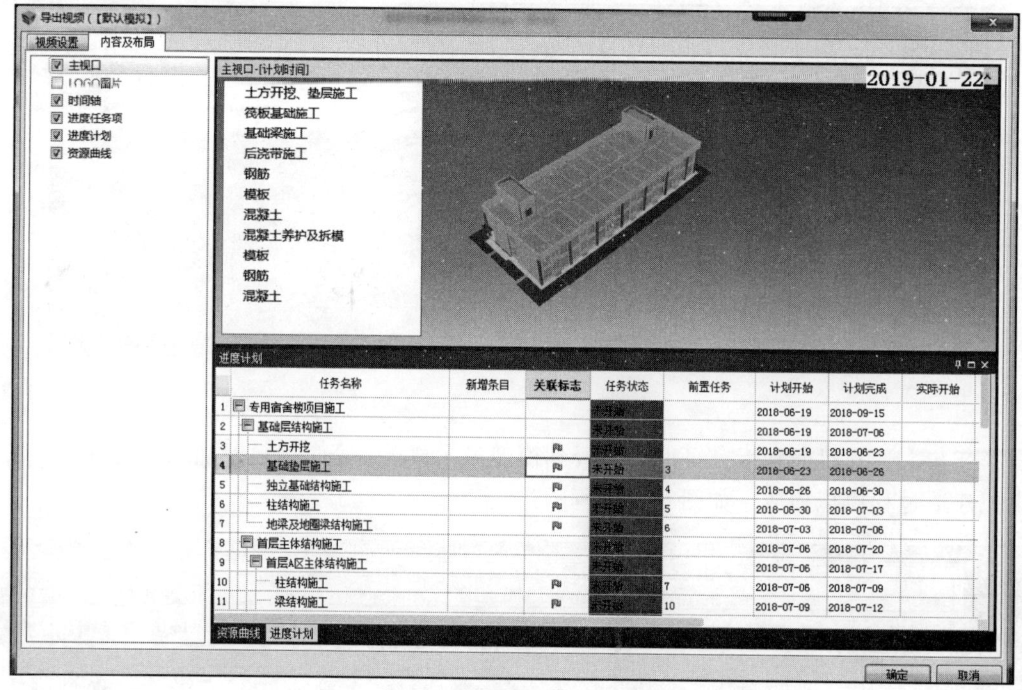

图 6.4.6

6.4.2 动画方案模拟

采取模拟方案配合不同类型动画进行模拟，可以直观进行展示交底。

第一步：生产经理或技术经理首先登录技术端，授权锁定后，在【施工模拟】模块中，在视图菜单下勾选动画管理，点击模拟方案管理按钮，添加模拟方案，播放时长根据上方时间轴确定，默认时长模拟为 1 秒表示 1 天。如图 6.4.7 所示：

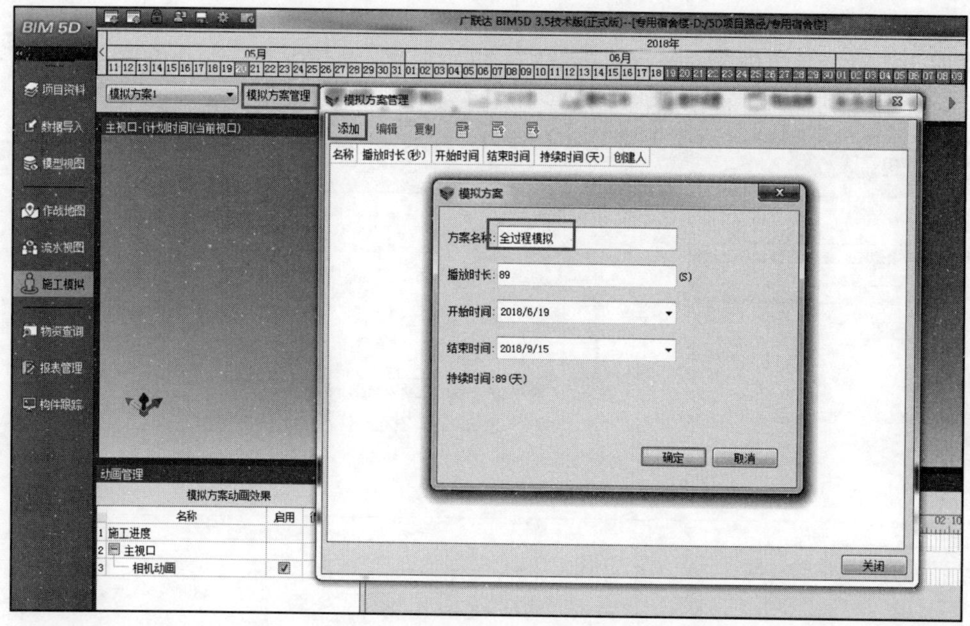

图 6.4.7

第二步：切换模拟方式为建立好的全过程模拟，同之前操作进行视口属性设置，设定显示范围为全部。添加动画内容，包括相机动画、文字动画、图片动画、颜色动画、路径动画及显隐动画等。如图 6.4.8 所示：

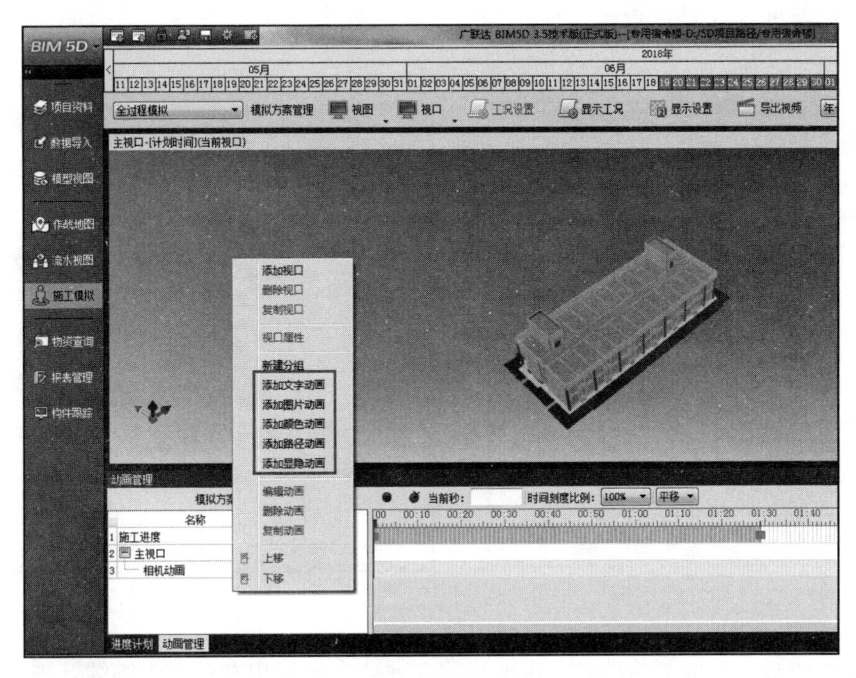

图 6.4.8

(1) 相机动画。相机动画通过捕捉节点添加关键帧，可在不同视角、不同远近程度等进行平移、旋转、缩放等相机动画制定，操作方法为先选择相机动画一行，设定不同角度、位置及远近程度，然后捕捉节点，拖动捕捉轴，再改变不同角度、位置及远近，继续捕获节点，如果添加节点有错误，可以点击删除节点。如图 6.4.9 所示：

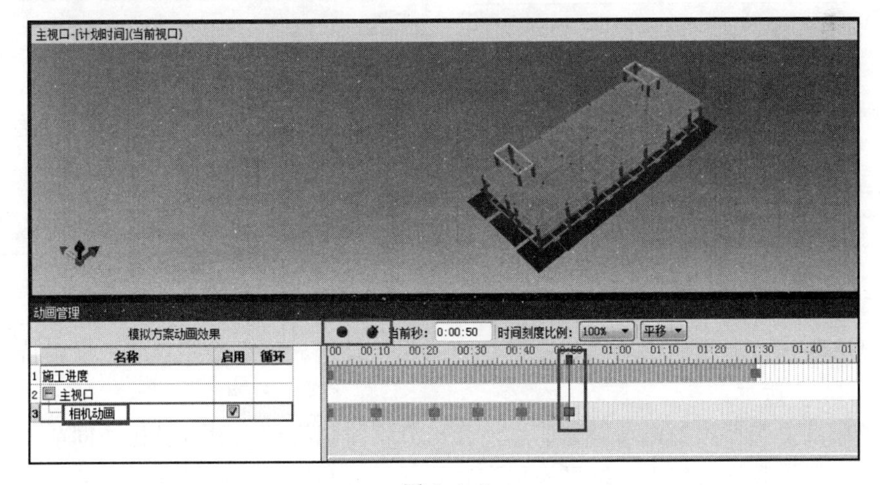

图 6.4.9

(2) 文字动画。在动画管理窗口中，右键新增文字动画，可进入文字动画设置界面，在窗口中可以设置文字内容、字体大小、字体颜色、随窗自动缩放，持续时间可以按照手工设置时间或是按进度计划任务显示文字，最后可以设置文字在窗口中的位置。如图 6.4.10 所示：

（3）图片动画。右键新增图片动画，可进入图片动画设置界面，在窗口中可以设置图片的高度与宽度，并可以设置是否随窗体自动缩放，设置图片显示或消失的时间。如图 6.4.11 所示：

图 6.4.10

图 6.4.11

（4）颜色动画。新增颜色动画，需要选定图元，在视口中右键点击继续，进入颜色动画设置界面中，在此处可以设置图元的颜色以及颜色的持续时间。如图 6.4.12 所示：

（5）路径动画。新增路径动画，首先选择节点，即需要移动的图元，然后编辑图元移动路径，接着编辑初始方向，并且可以设置每个节点的标高，确定之后，在播放施工模拟时即可看到选择的图元按照路径进行移动。如图 6.4.13 所示：

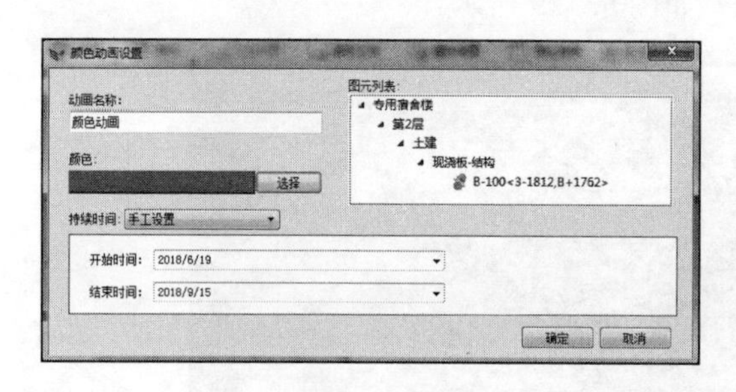

图 6.4.12

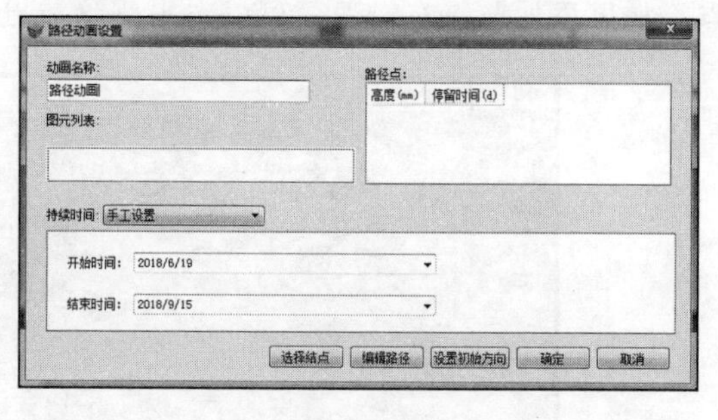

图 6.4.13

（6）显隐动画。新增显隐动画，选择目标图元，设定显示或隐藏日期，设置持续时间即可。如图 6.4.14 所示：

技术经理或生产经理制作动画完成后，导出方案模拟视频，设置及操作同前。默认模拟视频及方案模拟视频均可作为三维可视化交底及展示视频使用，同时在生产例会上可以进行形象进度分析。项目部可将导出的视频上传至资料库进行管理使用。操作完成后，点击提交数据，输入日志，如图 6.4.15 所示：

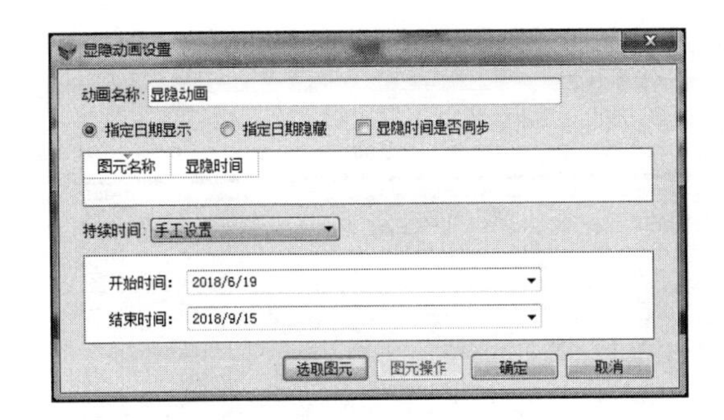

图 6.4.14

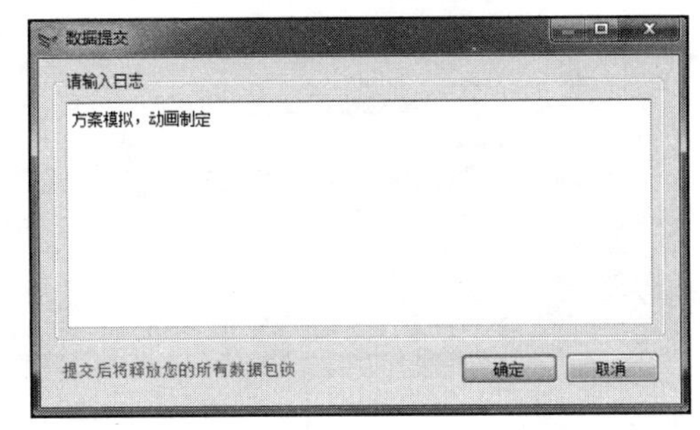

图 6.4.15

◆ **任务总结**

（1）施工模拟视频可以分为默认模拟和方案模拟两种，只有方案模拟可以添加各种动画效果。

（2）模拟前需要设置视口属性，注意选择显示构件范围决定模型的显示与否。

（3）动画类型包括相机动画、文字动画、路径动画、图片动画、颜色动画、显隐动画等，可在任意时点添加设置。

（4）制定好的默认模拟及方案模拟均可导出视频，进行导出设置，内容及布局自定。

6.5 工况模拟

◆ **业务背景**

工况模拟是将施工现场的场地阶段变化及施工机械结合到施工模拟中，将场地、垂直运输机械和大型机械设备与模型集成做模拟分析，考虑大型机械进场通道，指导现场施工。在施工模拟过程中，同样可以加入场地部分的模型变化，输出施工模拟视频。根据施工机械进场及出场设定，可以直接统计机械进出场时间等信息。

生产部人员基于项目进行工况设置，进行现场工况方案制定，方便了解施工现场场内变化及机械进出时间节点，采用模拟视频，定期召开进度例会，清晰目前的施工状态。

◆ **任务目标**

基于专用宿舍楼案例，生产经理负责进行工况设置，编制工况模拟，结合虚拟施工导出视频，查看在场机械统计。

◆ **责任岗位**

生产经理。

◆ **任务实施**

相关操作如下文所述。

6.5.1 工况设置

二维码 14
工况模拟

根据导入场地模型及机械模型，进行工况设置。

第一步：生产经理首先登录技术端，授权锁定后，在【施工模拟】模块中，点击工况设置。如图 6.5.1 所示：

第二步：选择发生工况变化的日期，点击具体某一天，注意不是一个时段。如图 6.5.2 所示：

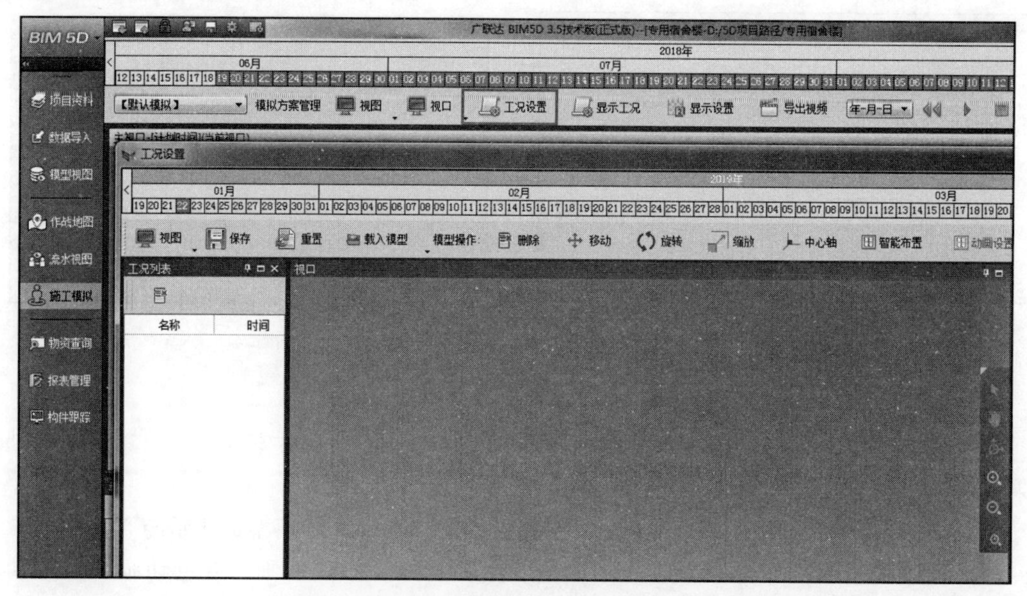

图 6.5.1

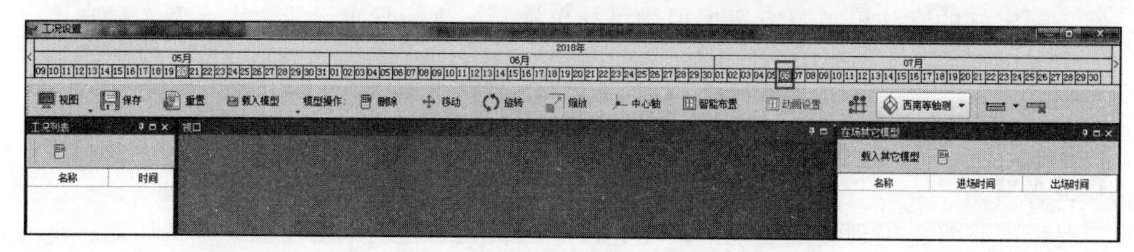

图 6.5.2

第三步：导入模型/删除模型。可以导入场地模型和其他模型等，右侧显示在场已经导入的其他模型。选择已经导入的模型，点击删除，可以删除模型。导入模型模拟的时间决定进场时间，删除模型的时间决定出场时间。载入模型时可以选择下方自动贴面及捕捉高度功能，自动贴面可将其他模型贴在模型表面，捕捉高度可将其他模型放置在某一楼层上。如图 6.5.3 所示：

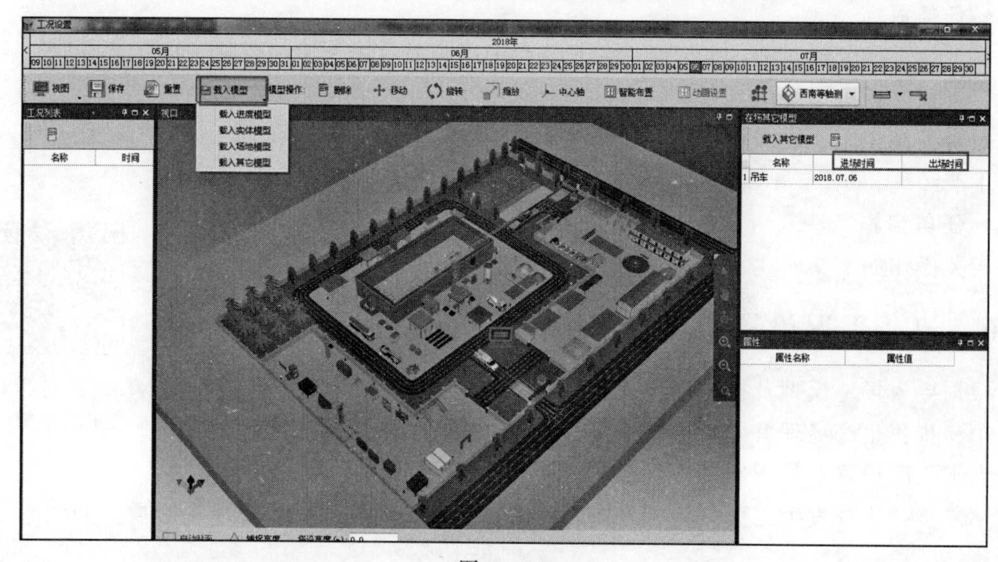

图 6.5.3

第四步：点击保存，即可在左侧工况列表中看见制作的工况。如图 6.5.4 所示：

图 6.5.4

生产经理根据项目部需求设定工程模拟，可编制施工现场随阶段变化体现方案、各类施工机械进出场模拟方案等。

6.5.2 工况模拟

结合施工模拟，展示工况模拟效果。

第一步：在施工模拟界面，点击显示工况，选择对应的时间轴即可展示相关时间范围内工况内容。如图 6.5.5 所示：

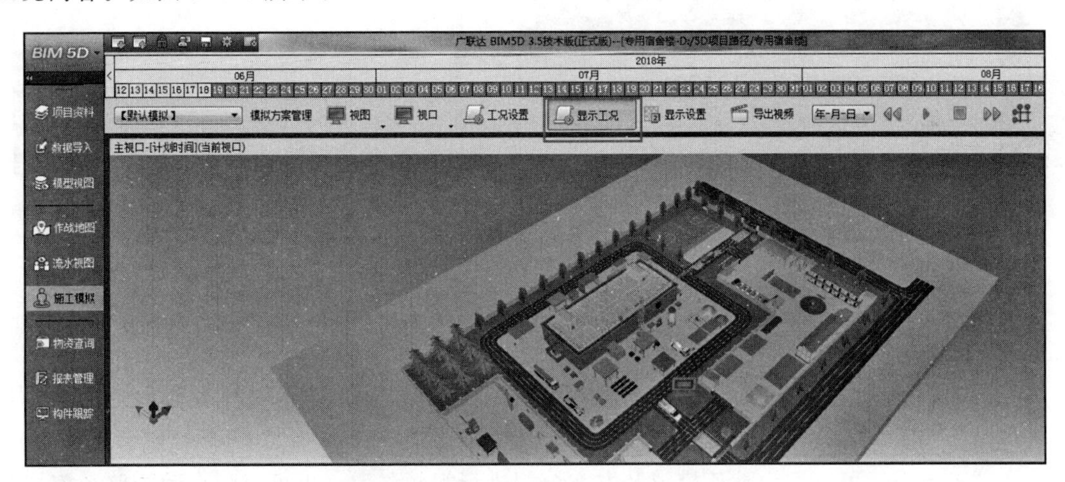

图 6.5.5

第二步：在显示工况的状态下，配合默认模拟及方案模拟，可以导出相关视频，操作方法同前。如图 6.5.6 所示：

第三步：点击视图菜单下的在场机械统计，可以统计出工况设置下的机械在场数量及进出场时间。操作完成后，点击提交数据，输入日志。如图 6.5.7、图 6.5.8 所示：

图 6.5.6

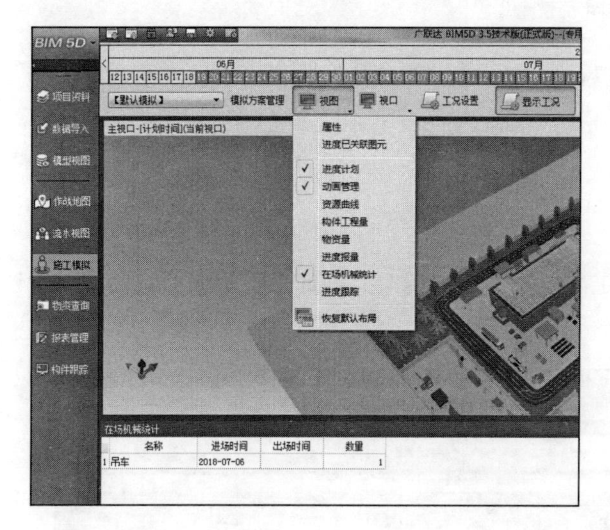

图 6.5.7

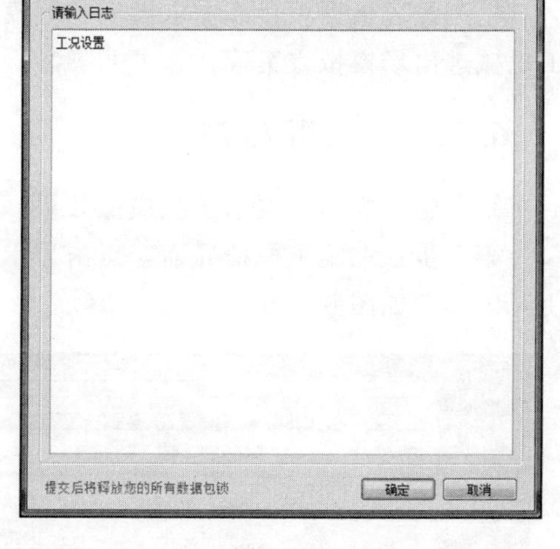

图 6.5.8

◆ **任务总结**

(1) 工况设置根据前期导入的场地模型及其他模型进行设定，选择导入的时间决定进场时间，选择删除的时间决定出场时间。

(2) 工程设置的过程是先选择时间点（非持续时间段），然后选择导入或删除模型，最后点击保存到工况列表。

(3) 工况设置可以配合默认模拟及方案模拟进行视频展示，也可以配合动画路径模拟各类机械设备进出场路线及场内施工路径等。

6.6 进度对比分析

◆ **业务背景**

项目部根据实际施工的任务起始时间录入到系统，以计划与实际对比分析差距，这对于后续施工进度的决策具有关键性意义。比如生产部门在下月开工前需对已完成的进度进行校核分析，现场生产经理需对后续施工进度进行分析及管控，进而用最合理的进度计划去指导现场施工，确保工期按期完成。

假定项目已经施工至 7 月 31 日，实际进度与计划相比有所滞后，生产部人员通过分析开工至 7 月 31 日的实际进度与计划对比情况，需要制定措施赶回工期。

◆ **任务目标**

基于专用宿舍楼案例，生产经理根据已完成进度实际时间录入进度计划，制作开工至 7 月 31 日计划与实际模拟对比视频，召开进度例会，进行形象进度交底。

二维码 15
计划与实际对比

◆ **责任岗位**

生产经理。

◆ **任务实施**

相关操作如下文所述。

6.6.1 实际时间录入

项目部基于导入的进度计划录入实际开始与结束时间，与计划形成对比。

第一步：生产经理首先登录技术端，授权锁定后，在【施工模拟】模块中，点击进度计划中【编辑计划】按钮，软件将自动启动编制进度计划的软件，在这里以 Project 为例，打开 Project，插入实际开始时间与实际结束时间两列。如图 6.6.1～图 6.6.4 所示：

	任务名称	新增条目	关联标志	任务状态	前置任务	计划开始	计划完成	实际开始	实际完成
1	专用宿舍楼项目施工			未开始		2018-06-19	2018-09-15		
2	基础层结构施工			未开始		2018-06-19	2018-07-06		
3	土方开挖			未开始		2018-06-19	2018-06-23		
4	基础垫层施工			未开始	3	2018-06-23	2018-06-26		
5	独立基础结构施工			未开始	4	2018-06-26	2018-06-30		
6	柱结构施工			未开始	5	2018-06-30	2018-07-03		
7	地梁及地圈梁结构施工			未开始	6	2018-07-03	2018-07-06		
8	首层主体结构施工			未开始		2018-07-06	2018-07-20		
9	首层A区主体结构施工			未开始		2018-07-06	2018-07-17		
10	柱结构施工			未开始	7	2018-07-06	2018-07-09		
11	梁结构施工			未开始	10	2018-07-09	2018-07-12		
12	板结构施工			未开始	11	2018-07-12	2018-07-15		
13	楼梯结构施工			未开始	12	2018-07-15	2018-07-17		

图 6.6.1

第二步：根据项目实际施工情况，录入实际时间，如图 6.6.5 所示。

第三步：在 Project 中点击保存，然后退出，返回到 BIM5D 施工模拟界面，可以看到录入的实际时间已经显示出来，录入完成后，点击提交数据，输入日志。如图 6.6.6、图 6.6.7 所示：

专用宿舍楼进度计划.mpp - Project Professional
甘特图工具
格式
文件
任务
资源
报表
项目
视图
BIM5D
日程表
开始时间 2018年6月19日
七月上旬
七月下旬
八月中旬
将带有日期的任务添加到日程
SimSun
11
任务模式
任务名称
工期
开始时间
完成时间
前置任务
剪切(T)
复制(C)
粘贴(P)
选择性粘贴(S)...
自动换行(W)
插入列(C)
隐藏列(H)
字体(F)...
文本样式(T)...
域设定(F)
自定义字段(D)
数据类型(D)
甘特图
1 专用宿舍楼项目施工 88 days 2018年6月19日 2018年9月15日
2 基础层结构施工 17 days 2018年6月19日 2018年7月6日
3 土方开挖 4 days? 2018年6月19日 2018年6月23日
4 基础垫层施工 3 days? 2018年6月23日 2018年6月26日 3
5 独立基础结构施工 4 days? 2018年6月26日 2018年6月30日 4
6 柱结构施工 3 days? 2018年6月30日 2018年7月3日 5
7 地梁及地圈梁结构施工 3 days? 2018年7月3日 2018年7月6日 6
8 首层主体结构施工 14 days 2018年7月6日 2018年7月20日
9 首层A区主体结构施工 11 days 2018年7月6日 2018年7月17日
10 柱结构施工 3 days? 2018年7月6日 2018年7月9日 7
11 梁结构施工 3 days? 2018年7月9日 2018年7月12日 10
12 板结构施工 3 days? 2018年7月12日 2018年7月15日 11
13 楼梯结构施工 2 days? 2018年7月15日 2018年7月17日 12
14 首层B区主体结构施工 11 days 2018年7月9日 2018年7月20日
15 柱结构施工 3 days? 2018年7月9日 2018年7月12日 10
16 梁结构施工 3 days? 2018年7月12日 2018年7月15日 11,15
17 板结构施工 3 days? 2018年7月15日 2018年7月18日 12,16
18 楼梯结构施工 2 days? 2018年7月18日 2018年7月20日 13,17
19 二层主体结构施工 14 days 2018年7月20日 2018年8月3日
20 二层A区主体结构施工 11 days 2018年7月20日 2018年7月31日
21 柱结构施工 3 days? 2018年7月20日 2018年7月23日 18
22 梁结构施工 3 days? 2018年7月23日 2018年7月26日 21
23 板结构施工 3 days? 2018年7月26日 2018年7月29日 22
24 楼梯结构施工 2 days? 2018年7月29日 2018年7月31日 23

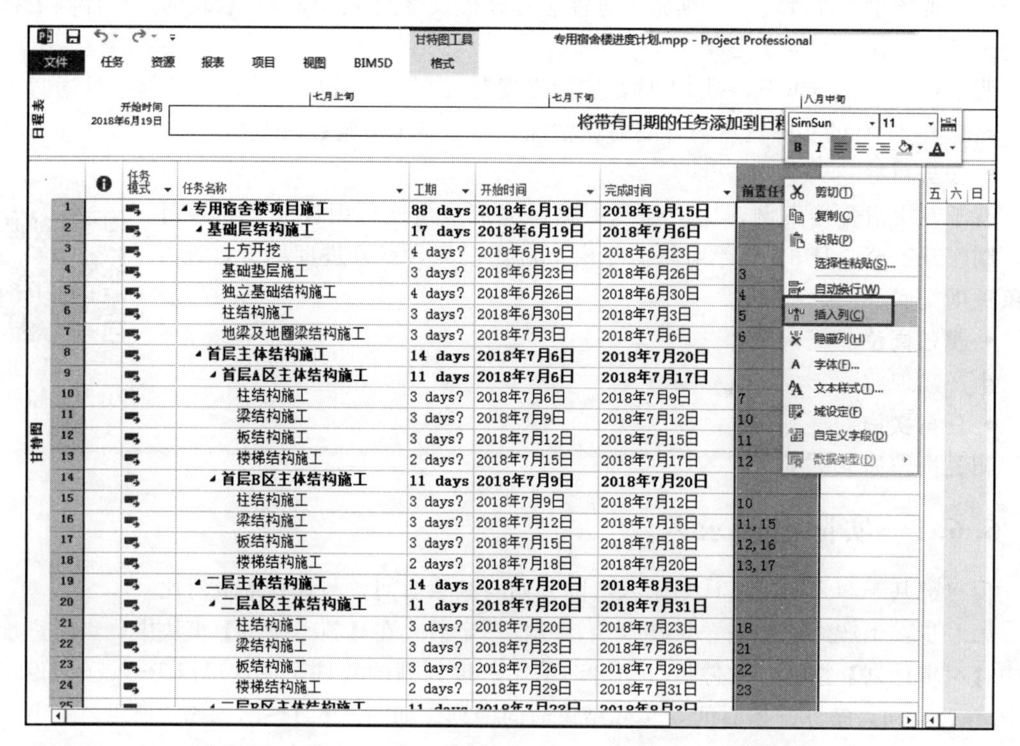

图 6.6.2

专用宿舍楼进度计划.mpp - Project Professional
甘特图工具
格式
文件
任务
资源
报表
项目
视图
BIM5D
日程表
开始时间 2018年6月19日
七月上旬
七月下旬
八月中旬
将带有日期的任务添加到日程表
任务模式
任务名称
工期
开始时间
完成时间
[键入列名]
前置任务
任务模式
任务日历
任务日历 GUID
日期1
日期10
日期2
日期3
日期4
日期5
日期6
日期7
日期8
日期9
剩余成本
剩余工期
剩余工时
剩余加班成本
剩余加班工时
实际成本
实际工期
实际工时
实际加班成本
实际加班工时
实际开始时间
实际完成百分比
实际完成时间
数字1
数字10
数字11
数字12
数字13
数字14
数字15
甘特图
1 专用宿舍楼项目施工 88 days 2018年6月19日 2018年9月15日
2 基础层结构施工 17 days 2018年6月19日 2018年7月6日
3 土方开挖 4 days? 2018年6月19日 2018年6月23日
4 基础垫层施工 3 days? 2018年6月23日 2018年6月26日
5 独立基础结构施工 4 days? 2018年6月26日 2018年6月30日
6 柱结构施工 3 days? 2018年6月30日 2018年7月3日
7 地梁及地圈梁结构施工 3 days? 2018年7月3日 2018年7月6日
8 首层主体结构施工 14 days 2018年7月6日 2018年7月20日
9 首层A区主体结构施工 11 days 2018年7月6日 2018年7月17日
10 柱结构施工 3 days? 2018年7月6日 2018年7月9日
11 梁结构施工 3 days? 2018年7月9日 2018年7月12日
12 板结构施工 3 days? 2018年7月12日 2018年7月15日
13 楼梯结构施工 2 days? 2018年7月15日 2018年7月17日
14 首层B区主体结构施工 11 days 2018年7月9日 2018年7月20日
15 柱结构施工 3 days? 2018年7月9日 2018年7月12日
16 梁结构施工 3 days? 2018年7月12日 2018年7月15日
17 板结构施工 3 days? 2018年7月15日 2018年7月18日
18 楼梯结构施工 2 days? 2018年7月18日 2018年7月20日
19 二层主体结构施工 14 days 2018年7月20日 2018年8月3日
20 二层A区主体结构施工 11 days 2018年7月20日 2018年7月31日
21 柱结构施工 3 days? 2018年7月20日 2018年7月23日
22 梁结构施工 3 days? 2018年7月23日 2018年7月26日
23 板结构施工 3 days? 2018年7月26日 2018年7月29日
24 楼梯结构施工 2 days? 2018年7月29日 2018年7月31日

图 6.6.3

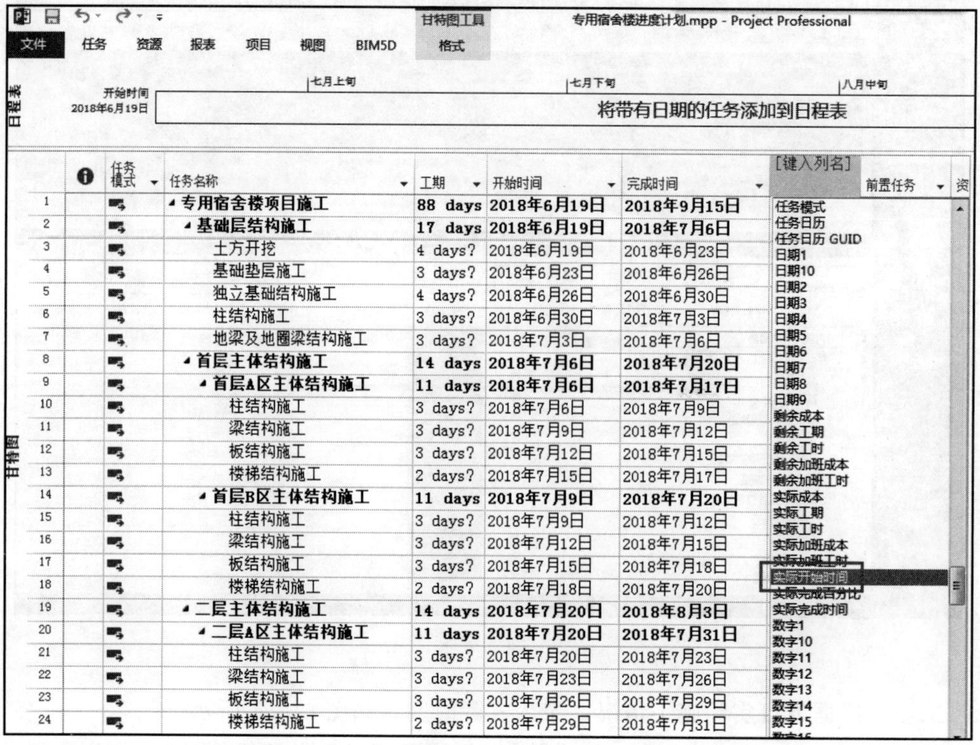

	任务模式	任务名称	工期	开始时间	完成时间	实际开始时间	实际完成时间	前置任务
1		◢ 专用宿舍楼项目施工	88 days	2018年6月19日	2018年9月15日	NA	NA	
2		◢ 基础层结构施工	17 days	2018年6月19日	2018年7月6日	NA	NA	
3		土方开挖	4 days?	2018年6月19日	2018年6月23日	NA	NA	
4		基础垫层施工	3 days?	2018年6月23日	2018年6月26日	NA	NA	3
5		独立基础结构施工	4 days?	2018年6月26日	2018年6月30日	NA	NA	4
6		柱结构施工	3 days?	2018年6月30日	2018年7月3日	NA	NA	5
7		地梁及地圈梁结构施工	3 days?	2018年7月3日	2018年7月6日	NA	NA	6
8		◢ 首层主体结构施工	14 days	2018年7月6日	2018年7月20日	NA	NA	
9		◢ 首层A区主体结构施工	11 days	2018年7月6日	2018年7月17日	NA	NA	
10		柱结构施工	3 days?	2018年7月6日	2018年7月9日	NA	NA	7
11		梁结构施工	3 days?	2018年7月9日	2018年7月12日	NA	NA	10
12		板结构施工	3 days?	2018年7月12日	2018年7月15日	NA	NA	11
13		楼梯结构施工	2 days?	2018年7月15日	2018年7月17日	NA	NA	12
14		◢ 首层B区主体结构施工	11 days	2018年7月9日	2018年7月20日	NA	NA	
15		柱结构施工	3 days?	2018年7月9日	2018年7月12日	NA	NA	10
16		梁结构施工	3 days?	2018年7月12日	2018年7月15日	NA	NA	11,15
17		板结构施工	3 days?	2018年7月15日	2018年7月18日	NA	NA	12,16
18		楼梯结构施工	2 days?	2018年7月18日	2018年7月20日	NA	NA	13,17
19		◢ 二层主体结构施工	14 days	2018年7月20日	2018年8月3日	NA	NA	
20		◢ 二层A区主体结构施工	11 days	2018年7月20日	2018年7月31日	NA	NA	
21		柱结构施工	3 days?	2018年7月20日	2018年7月23日	NA	NA	18
22		梁结构施工	3 days?	2018年7月23日	2018年7月26日	NA	NA	21
23		板结构施工	3 days?	2018年7月26日	2018年7月29日	NA	NA	22
24		楼梯结构施工	2 days?	2018年7月29日	2018年7月31日	NA	NA	23
25		◢ 二层B区主体结构施工	11 days	2018年7月23日	2018年8月3日	NA	NA	

图 6.6.4

		任务模式	任务名称	工期	开始时间	完成时间	实际开始时间	实际完成时间	前置任务
1			◢ 专用宿舍楼项目施工	101.88	2018年6月19日	2018年10月2日	2018年6月19日	NA	
2	✓		◢ 基础层结构施工	26.88 d	2018年6月19日	2018年7月15日	2018年6月19日	2018年7月15日	
3	✓		土方开挖	6.88 day	2018年6月19日	2018年6月25日	2018年6月19日	2018年6月25日	
4	✓		基础垫层施工	2.88 day	2018年6月26日	2018年6月28日	2018年6月26日	2018年6月28日	3
5	✓		独立基础结构施工	6.88 day	2018年6月29日	2018年7月5日	2018年6月29日	2018年7月5日	4
6	✓		柱结构施工	4.88 day	2018年7月6日	2018年7月10日	2018年7月6日	2018年7月10日	5
7	✓		地梁及地圈梁结构施工	4.88 day	2018年7月11日	2018年7月15日	2018年7月11日	2018年7月15日	6
8	✓		◢ 首层主体结构施工	17.88 d	2018年7月16日	2018年8月2日	2018年7月16日	2018年8月2日	
9	✓		◢ 首层A区主体结构施工	13.88 d	2018年7月16日	2018年7月29日	2018年7月16日	2018年7月29日	
10	✓		柱结构施工	2.88 day	2018年7月16日	2018年7月18日	2018年7月16日	2018年7月18日	7
11	✓		梁结构施工	3.88 day	2018年7月19日	2018年7月22日	2018年7月19日	2018年7月22日	10
12	✓		板结构施工	3.88 day	2018年7月23日	2018年7月26日	2018年7月23日	2018年7月26日	11
13	✓		楼梯结构施工	2.88 day	2018年7月27日	2018年7月29日	2018年7月27日	2018年7月29日	12
14	✓		◢ 首层B区主体结构施工	14.88 d	2018年7月19日	2018年8月2日	2018年7月19日	2018年8月2日	
15	✓		柱结构施工	2.88 day	2018年7月19日	2018年7月21日	2018年7月19日	2018年7月21日	10
16	✓		梁结构施工	3.88 day	2018年7月23日	2018年7月26日	2018年7月23日	2018年7月26日	11,15
17	✓		板结构施工	3.88 day	2018年7月27日	2018年7月30日	2018年7月27日	2018年7月30日	12,16
18	✓		楼梯结构施工	2.88 day	2018年7月31日	2018年8月2日	2018年7月31日	2018年8月2日	13,17

图 6.6.5

进度计划

导入进度计划 展开至：全部 编辑计划 过滤 任务关联模型 清除关联 选中任务模型 前置任务和后置任务

	任务名称	新增条目	关联标志	任务状态	前置任务	计划开始	计划完成	实际开始	实际完成	专业	模拟颜色	施工阶段	里程碑
1	专用宿舍楼项目施工			正常开始		2018-06-19	2018-09-15	2018-06-19					
2	基础层结构施工			延迟完成		2018-06-19	2018-07-06	2018-06-19	2018-07-15	土建			
3	土方开挖			延迟完成		2018-06-19	2018-06-23	2018-06-19	2018-06-25	土建			
4	基础垫层施工			延迟完成	3	2018-06-23	2018-06-26	2018-06-26	2018-06-28	土建			
5	独立基础结构施工			延迟完成	4	2018-06-26	2018-06-30	2018-06-29	2018-07-05	土建			
6	柱结构施工			延迟完成	5	2018-06-30	2018-07-03	2018-07-06	2018-07-10	土建			
7	地梁及地圈梁结构施工			延迟完成	6	2018-07-03	2018-07-06	2018-07-11	2018-07-15	土建			
8	首层主体结构施工			延迟完成		2018-07-06	2018-07-20	2018-07-16	2018-08-02	土建			
9	首层A区主体结构施工			延迟完成		2018-07-06	2018-07-17	2018-07-16	2018-07-29	土建			
10	柱结构施工			延迟完成	7	2018-07-06	2018-07-09	2018-07-16	2018-07-18	土建			
11	梁结构施工			延迟完成	10	2018-07-09	2018-07-12	2018-07-19	2018-07-22	土建			
12	板结构施工			延迟完成	11	2018-07-12	2018-07-15	2018-07-23	2018-07-26	土建			
13	楼梯结构施工			延迟完成	12	2018-07-15	2018-07-17	2018-07-27	2018-07-29	土建			
14	首层B区主体结构施工			延迟完成		2018-07-09	2018-07-20	2018-07-19	2018-08-02	土建			
15	柱结构施工			延迟完成	10	2018-07-09	2018-07-12	2018-07-19	2018-07-21	土建			
16	梁结构施工			延迟完成	11,15	2018-07-12	2018-07-15	2018-07-23	2018-07-26	土建			
17	板结构施工			延迟完成	12,16	2018-07-15	2018-07-18	2018-07-27	2018-07-30	土建			
18	楼梯结构施工			延迟完成	13,17	2018-07-18	2018-07-20	2018-07-31	2018-08-02	土建			
19	二层主体结构施工			可能延迟		2018-07-20	2018-08-03			土建			
20	二层A区主体结构施工			可能延迟		2018-07-20	2018-07-31			土建			

图 6.6.6

图 6.6.7

6.6.2 计划与实际对比

查看计划与实际对比施工模拟有两种方式：第一种是通过多视口进行对比，包括计划与实际视口直观显示不同时间施工进度区别；另一种是通过在单一视口里，计划与实际的区别通过红色加深显示突出。

(1) 多视口对比

第一步：点击视口菜单下，新建视口，分别设置两个视口的属性，其中一个设置为计划时间，另一个设置为实际时间，同时两个视口都勾选全部构件显示范围，操作方法同施工模拟章节讲解，如图 6.6.8～图 6.6.10 所示。

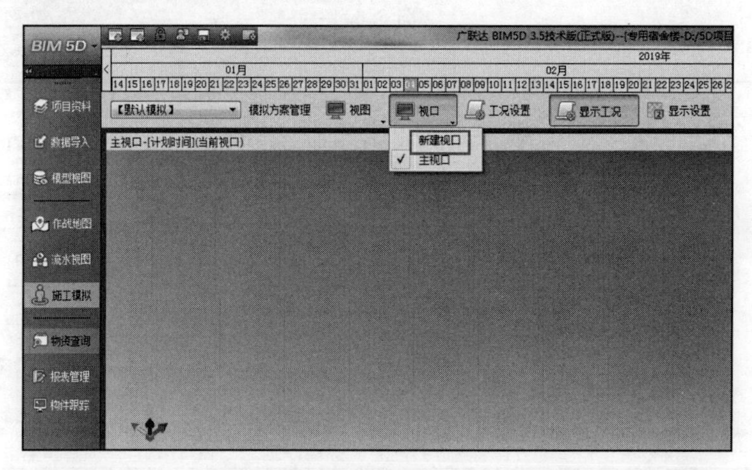

图 6.6.8

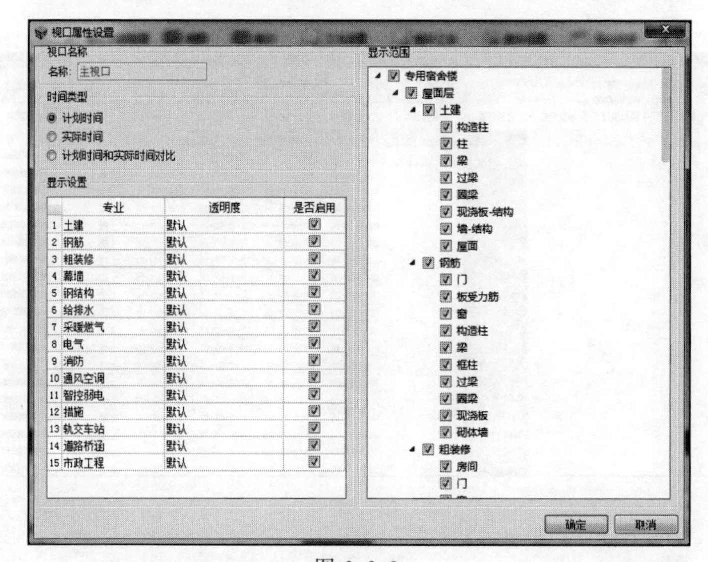

图 6.6.9

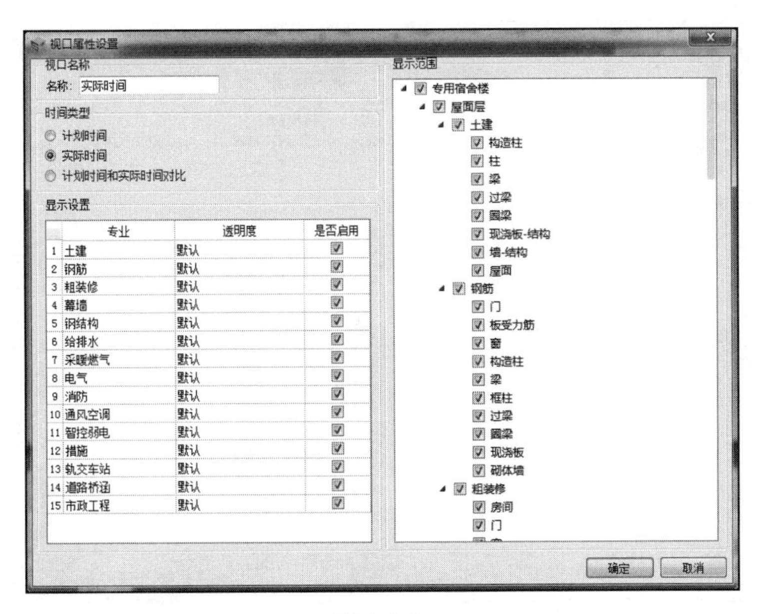

图 6.6.10

第二步：在上方时间轴选择 2018 年 6 月 19 日至 7 月 31 日，进行播放施工模拟，查看计划时间与实际时间的施工进度对比，如图 6.6.11 所示。

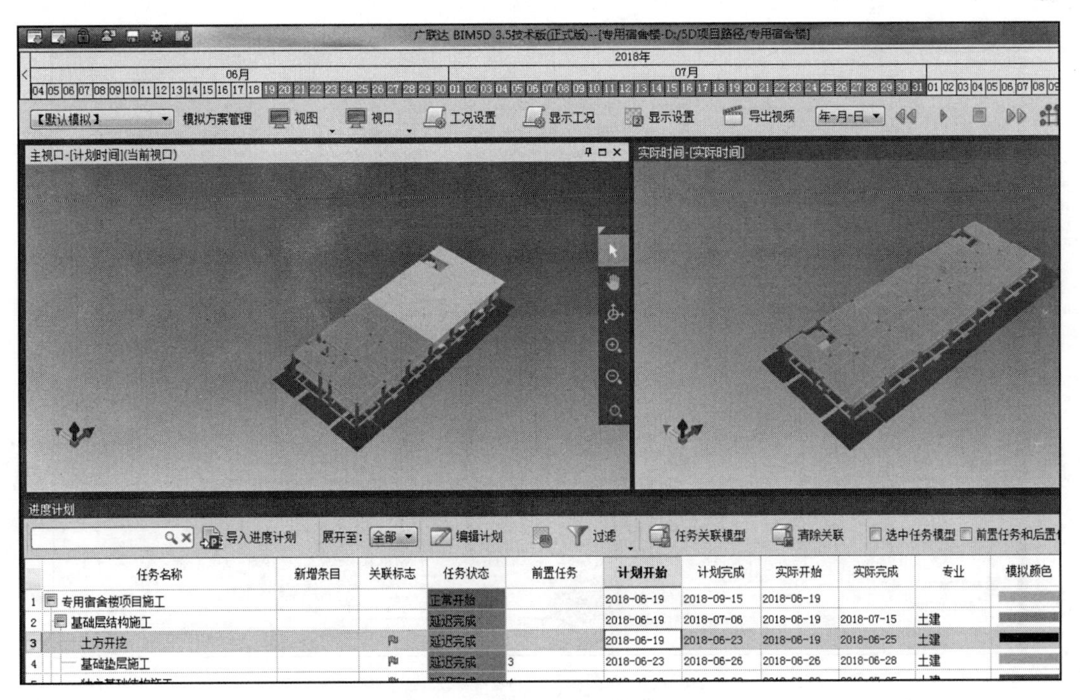

图 6.6.11

第三步：点击导出视频，自行设置路径及布局，导出后上传到项目资料库。

（2）单视口对比

第一步：设置主视口属性，选择计划时间和实际时间对比。如图 6.6.12 所示：

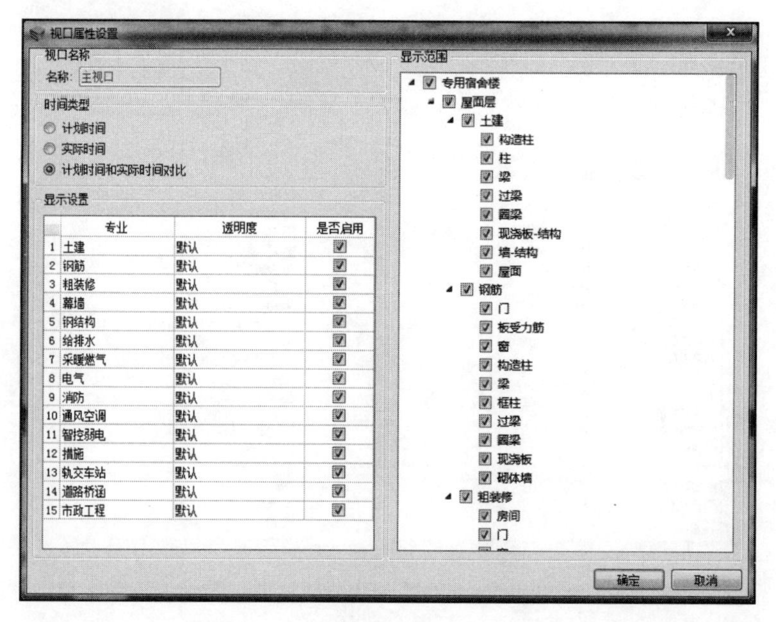

图 6.6.12

第二步：在上方时间轴选择 2018 年 6 月 19 日至 7 月 31 日，进行播放施工模拟，可以查看红色显示的部位为施工延后状态。如图 6.6.13 所示：

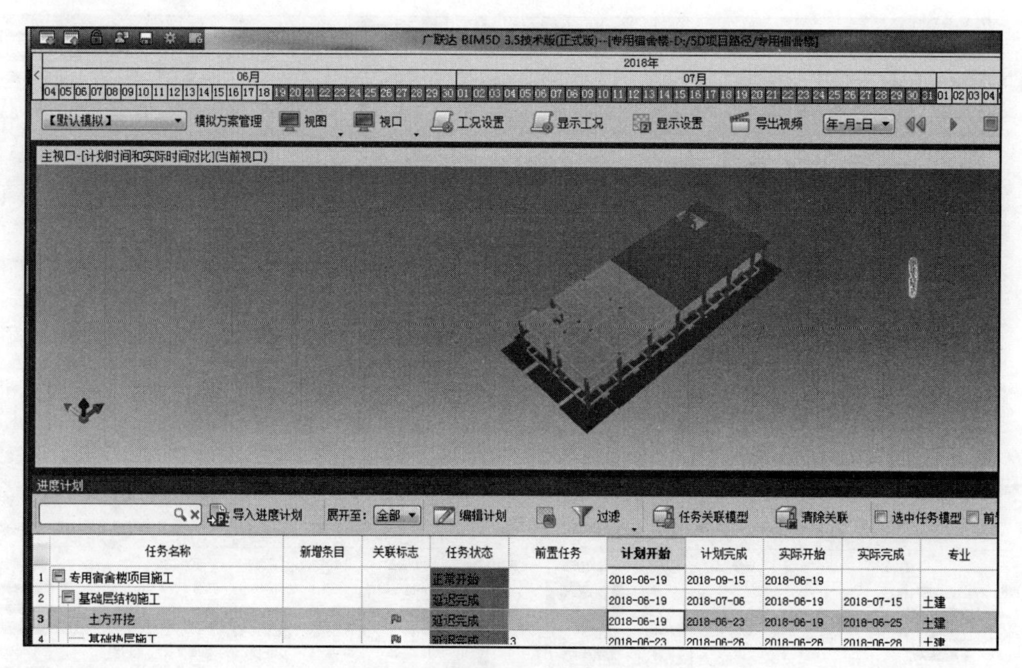

图 6.6.13

第三步：点击导出视频，自行设置路径及布局，导出后上传到项目资料库。

6.6.3　显示设置

在施工模拟界面点击显示设置，可以添加、复制、删除、上移下移显示方案，添加、复制的显示方案会自动同步到进度关联模型的显示方案中。进度关联模型的时候，先选择显示方案，再显示进度关联模型，播放模拟方案的时候，模型会按照显示设置中的设置方式来模拟。

显示设置一般与视口属性配合使用，可以演示整个工程的施工进度，也可以以其他专业为参照物，演示安装专业的施工过程。

视口属性中的时间类型选择计划时间或者实际时间，那么显示设置下的外观设置只有未开始、进行中和已结束三种状态设置有效。模型会根据时间轴上的时间，根据计划时间或实际时间判断工程处于未开始、进行中、已结束的哪一种状态，然后根据显示设置中该状态的设置显示模型。如图 6.6.14 所示：

图 6.6.14

五种状态的判断标准为：

（1）未开始：时间轴日期早于计划开始或实际开始日期，判断为未开始状态。

（2）进行中：时间轴日期在计划开始和计划结束日期之内（包括边界日期），判断为进行中状态，实际时间同计划时间。

（3）已结束：时间轴日期晚于计划结束或实际结束日期，判断为已结束状态。

（4）提前：提前状态包括提前开始和提前结束。实际开始早于计划开始，那么时间轴上该时间区间判断为提前；实际结束早于计划结束，那么时间轴上该时间区间也判断为提前。

（5）延后：延后状态包括延后开始和延后结束。实际开始晚于计划开始，那么时间轴上该时间区间判断为延后；实际结束晚于计划结束，那么时间轴上该时间区间也判断为延后。

◆ **任务总结**

（1）掌握在进度计划中录入实际时间的方法，注意通过编辑计划启动进度编制软件，在软件中录入实际开始和结束时间，保存退出后才可更新到5D已导入的进度计划中。

(2) 掌握计划时间与实际时间对比模拟的两种方法，包括多视口模拟和单视口模拟。

(3) 注意施工模拟过程中显示设置内容，同时明确五种状态的判断标准。

6.7 物资提量

◆ **业务背景**

物资管理是指用计划来组织、指挥、监督、调节物资的订货、采购、运输、分配、供应、储备、使用等经济活动的管理工作。按时间、进度、部位、分包单位提量会造成工作量增大，加大物资精细化管理的难度。

作为项目的生产负责人，要根据项目的进度计划上报相应的材料计划，使用 BIM5D 系统多维查询物资，可按时间、进度、部位、分包提量等为商务预算、库存校核提供数据支撑，为精细化管理及时提供可靠数据。

◆ **任务目标**

基于专用宿舍楼案例，生产经理请根据相关要求提取该项目的首层的土建专业物资量、二层一区的钢筋物资量，并根据提取的物资量提报需求计划，导出数据表格提供给商务部及采购部。

◆ **责任岗位**

生产经理。

二维码 16 物资查询及构件跟踪

◆ **任务实施**

物资查询模块可以在多专业整合后，从时间、进度、楼层、流水段、自定义等维度查看各专业的物资量。查询模式包括时间、进度、楼层、流水段、自定义等模式，其中自定义查询还可以按照构件类型及规格型号查询。

第一步：生产经理首先登录技术端，授权锁定后，进入【物资查询】模块，选择专业为土建，查询模式为首层。如图 6.7.1 所示：

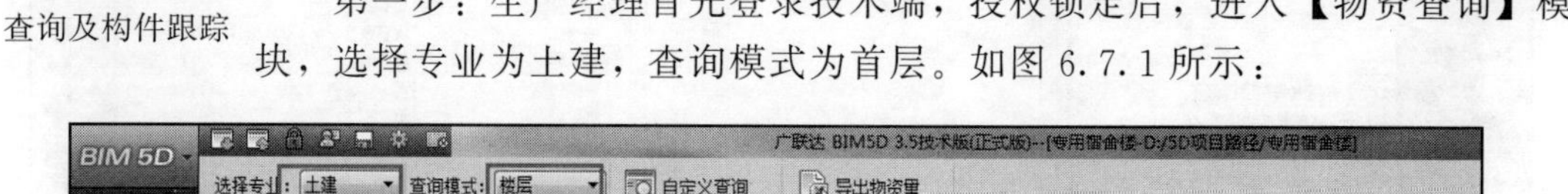

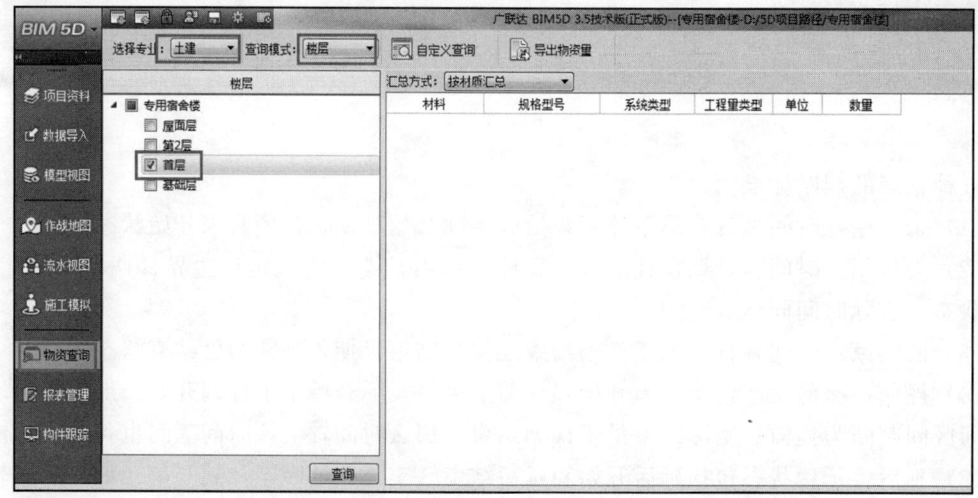

图 6.7.1

第二步：点击查询，选择汇总方式，可以按照材质、流水段、楼层及楼层构件类型进行汇总。这里默认选择按材质汇总，可显示出所查询内容，如图 6.7.2 所示：

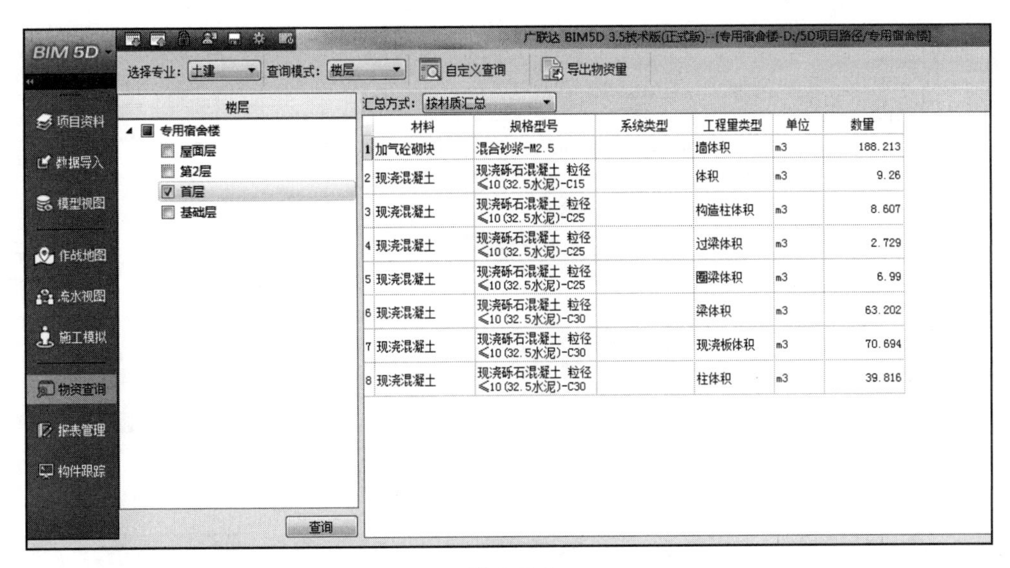

	材料	规格型号	系统类型	工程量类型	单位	数量
1	加气砼砌块	混合砂浆-M2.5		墙体积	m3	188.213
2	现浇混凝土	现浇砾石混凝土 粒径≤10(32.5水泥)-C15		体积	m3	9.26
3	现浇混凝土	现浇砾石混凝土 粒径≤10(32.5水泥)-C25		构造柱体积	m3	8.607
4	现浇混凝土	现浇砾石混凝土 粒径≤10(32.5水泥)-C25		过梁体积	m3	2.729
5	现浇混凝土	现浇砾石混凝土 粒径≤10(32.5水泥)-C25		圈梁体积	m3	6.99
6	现浇混凝土	现浇砾石混凝土 粒径≤10(32.5水泥)-C30		梁体积	m3	63.202
7	现浇混凝土	现浇砾石混凝土 粒径≤10(32.5水泥)-C30		现浇板体积	m3	70.694
8	现浇混凝土	现浇砾石混凝土 粒径≤10(32.5水泥)-C30		柱体积	m3	39.816

图 6.7.2

第三步：点击导出物资量，将提取物资表格导出 Excel 交付商务部及采购部等。如图 6.7.3 所示：

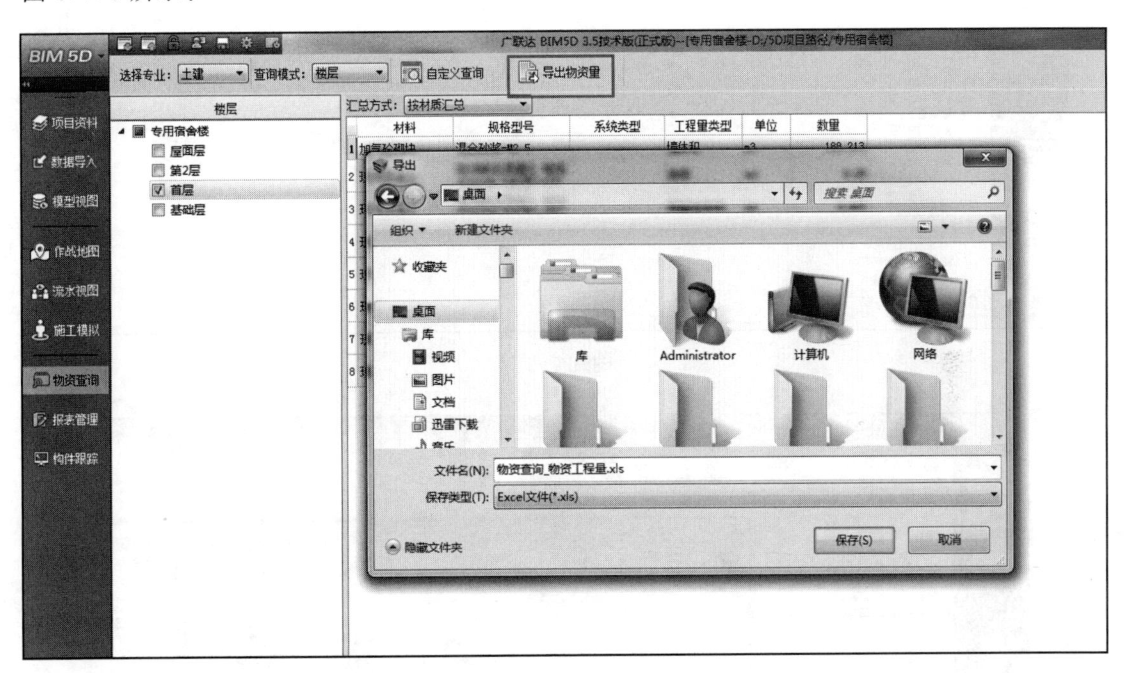

图 6.7.3

注意如果点击自定义查询，可以设置自定义查询维度，按单维度或多维度进行查询均可，可以点击新建分组—新建下级分组—保存查询方案。如图 6.7.4 所示：

第四步：重复以上操作，按照钢筋专业及流水段维度进行查询二层一区的钢筋量，导出查询表格，全部查询完成后，提交数据，输入日志。如图 6.7.5～图 6.7.7 所示：

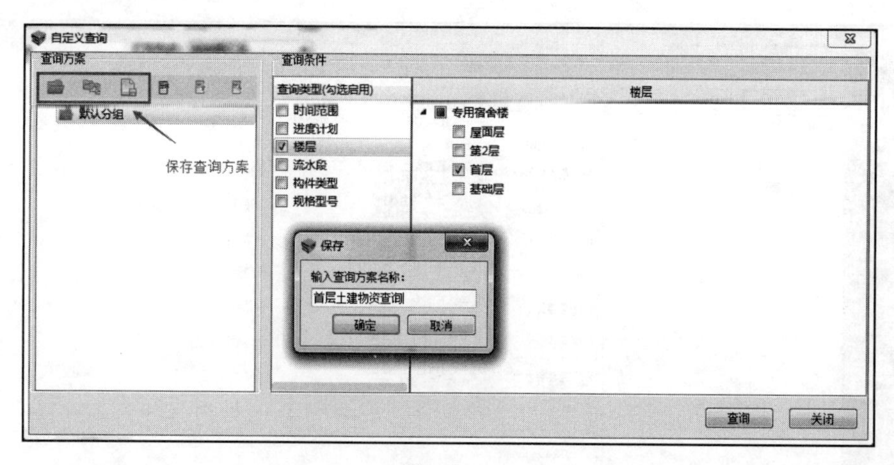

图 6.7.4

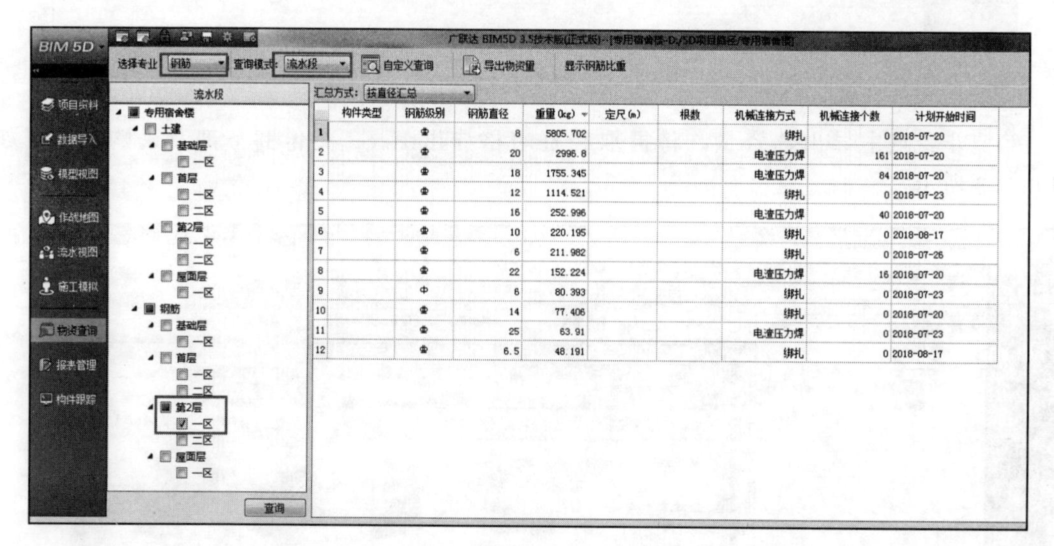

图 6.7.5

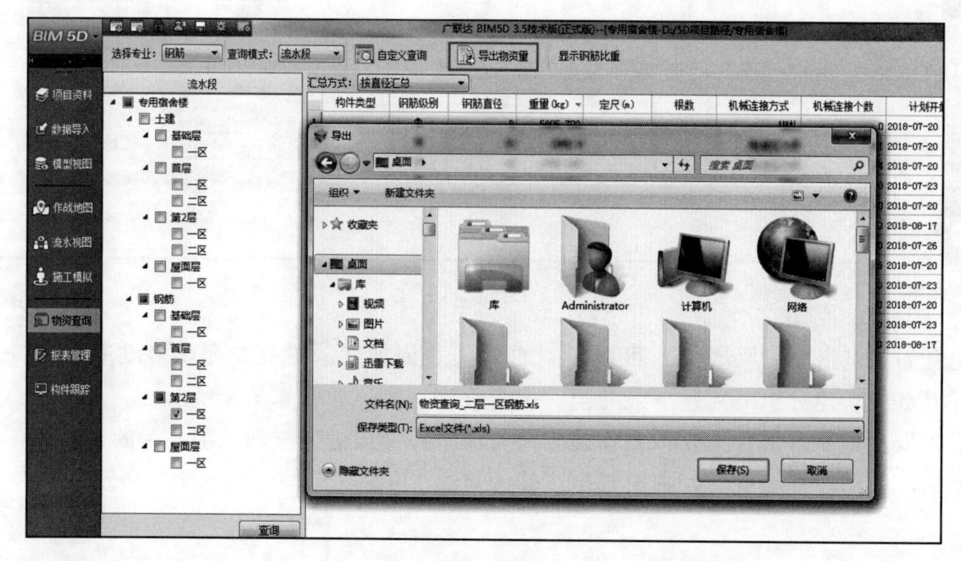

图 6.7.6

图 6.7.7

物资查询同样可以在手机端进行，首先要在PC端点击右上角云数据同步，在项目基础信息里勾选物资提量，点击数据同步。然后进入BIM5D手机端，在知识库里点击物资查询，选择对应专业和查询模式，即可查询物资信息，以查询首层钢筋专业为例，如图6.7.8～图6.7.12所示：

BIM 5D　数据同步-专用宿舍楼

项目基础信息　模型信息　场地信息　图纸信息　进度信息　产值　成本　资金管理

	名称	选择同步	描述
1	项目数据	☑	
2	项目基础信息	☑	项目资料中项目名称楼层等基础信息
3	项目基础数据	☑	项目专业、模型文件等记录数据
4	项目效果图	☑	项目效果图
5	项目施工单位	☑	项目资料中施工单位负责人等数据
6	文件关联数据	☑	模型视图-资料关联中上传的数据关联信息
7	成本分析	☐	成本分析数据
8	物资提量	☑	物资数据

请勾选同步范围并点击数据同步按钮。　数据同步　关闭

图 6.7.8

图 6.7.9

图 6.7.10

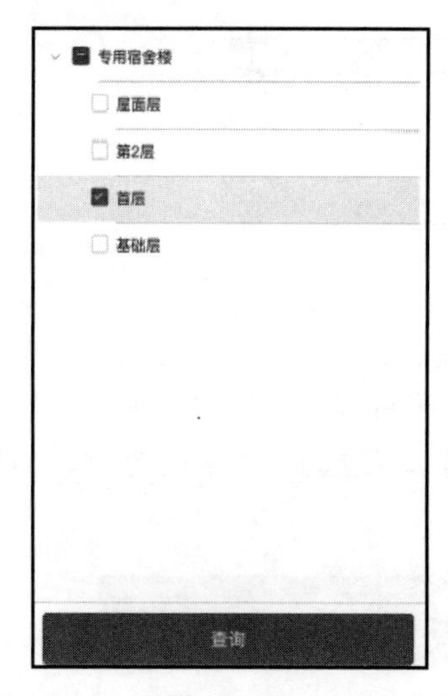

图 6.7.11

	钢筋级别	钢筋直径	重量（kg）	定尺（m）
1	HPB300	6	386.223	0
2	HRB400	6	377.352	0
3	HRB400	6.5	107.579	0
4	HRB400	8	9474.639	0
5	HRB400	10	682.569	0
6	HRB400	12	2926.231	0
7	HRB400	14	173.954	0
8	HRB400	16	419.522	0
9	HRB400	18	2328.202	0
10	HRB400	20	8003.862	0

图 6.7.12

◆ **任务总结**

（1）掌握物资查询功能的运用，明确查询模式和自定义查询的使用区别。

（2）注意查询模式包括采用时间、进度、楼层、流水段、自定义等模式进行查询，其中自定义查询还可以按照构件类型及规格型号进行查询，同时在自定义查询界面可以保存查询方案。

（3）注意可以将查询结果导出到表格，交付其他部门协同使用。

（4）通过手机端查询物资时，要先从 PC 端将物资数据进行云数据同步后才可查询。

6.8 物料跟踪

◆ **业务背景**

物料跟踪是指将施工现场各类构件的工序、工艺质量信息和完成情况通过手动信息化地加以控制及追踪，可以实时查看整体物料落实情况，发现问题并及时纠偏，保证施工质量，落实规范化施工流程。

现场技术人员提前设置各类构件的工序和工艺的质量控制信息，现场生产人员落实自己的任务，查看工艺要求，实时录入现场质量信息和完成情况；管理人员需要按照某个工艺查看具体管控的构件是否达标并可追溯，在办公室能够查看整体物料落实情况，发现问题，并及时进行处理安排。

◆ **任务目标**

基于专用宿舍楼案例，技术经理需要在工艺库创建钢筋专业框架柱构件、土建专业框架梁及现浇板构件的追踪事项，生产经理在 PC 端创建跟踪计划，通过手机端填写构件跟踪信息，项目经理通过 Web 端查看构件跟踪情况，查看物料跟踪信息并导出。

◆ **责任岗位**

生产经理、技术经理、项目经理。

◆ **任务实施**

相关操作如下文所述。

6.8.1 建立跟踪事项

技术经理通过利用工艺库工具建立跟踪事项。

第一步：技术经理首先打开工艺库，登录账号密码，进入项目列表，单击进入对应的协同项目专用宿舍楼。选择构件跟踪页签，物料跟踪提供构件跟踪、桩基跟踪、钢结构跟踪、自定义跟踪四个模块给项目团队根据工程需求自行选择，在对应模块创建跟踪事项。构件跟踪页签的通用操作功能同技术应用章节所讲解的工艺库页签功能，故不再赘述。如图 6.8.1 所示：

第二步：以构件跟踪为例，其他同理。点击新建下级，建立跟踪事项，在跟踪事项下可以建立阶段及工序，可在工序下新建管控点，可为对应跟踪事项、阶段、工序添加公共描述。注意跟踪事项一定要选择构件类型，如图 6.8.2～图 6.8.4 所示：

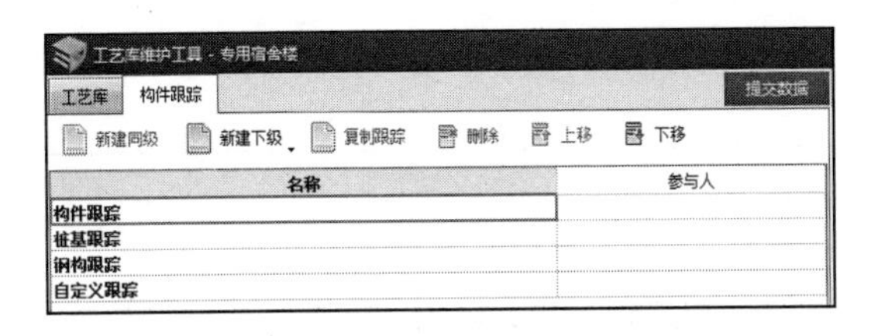

图 6.8.1

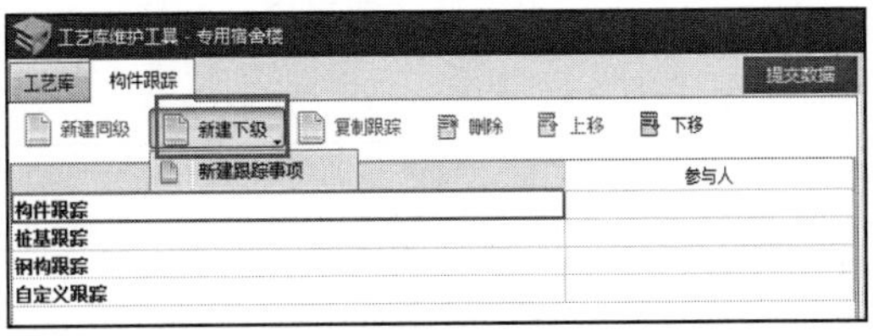

图 6.8.2

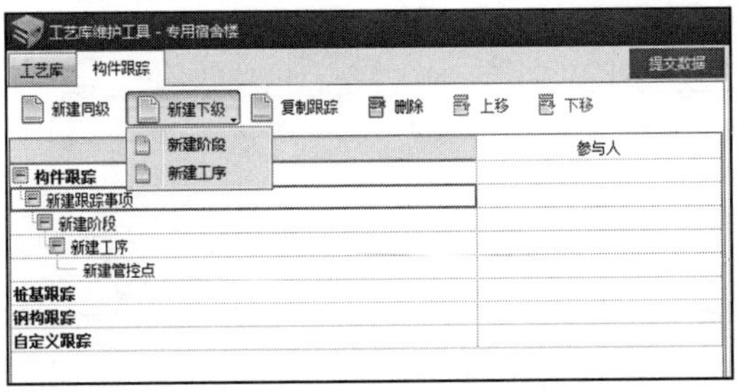

图 6.8.3

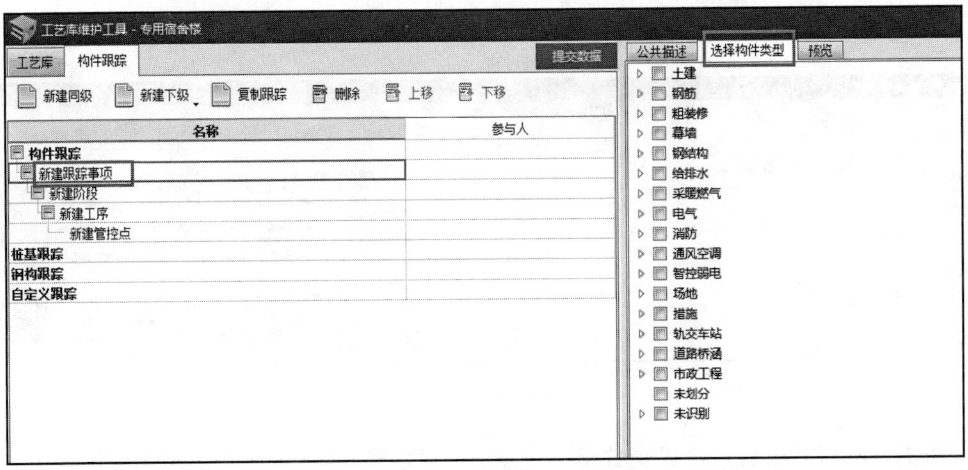

图 6.8.4

第三步：创建钢筋专业的框架柱构件追踪以及土建专业的梁构件追踪事项，项目小组通过查阅资料完善框架柱钢筋绑扎、框架梁及现浇板混凝土浇筑的工序工艺要求和管控点要求，填写公共描述，并选择对应构件类型。如图 6.8.5～图 6.8.8 所示：

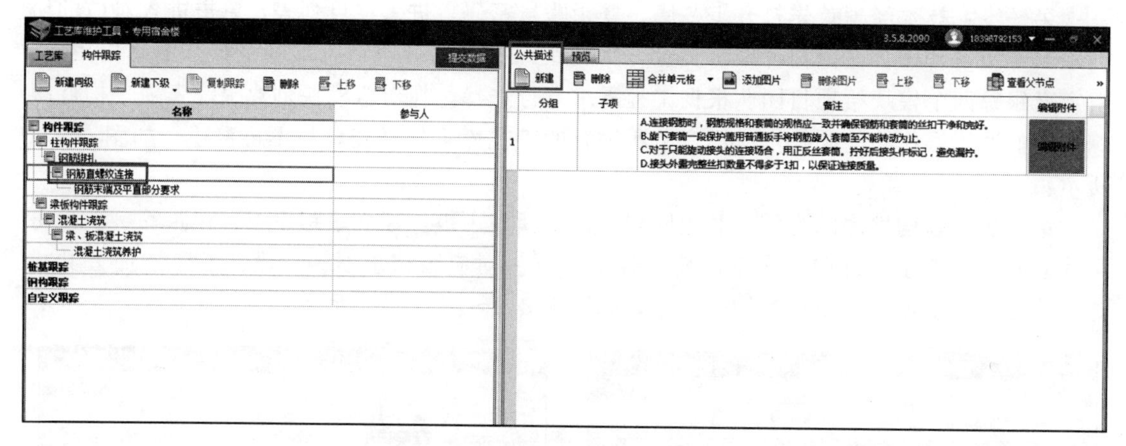

图 6.8.5

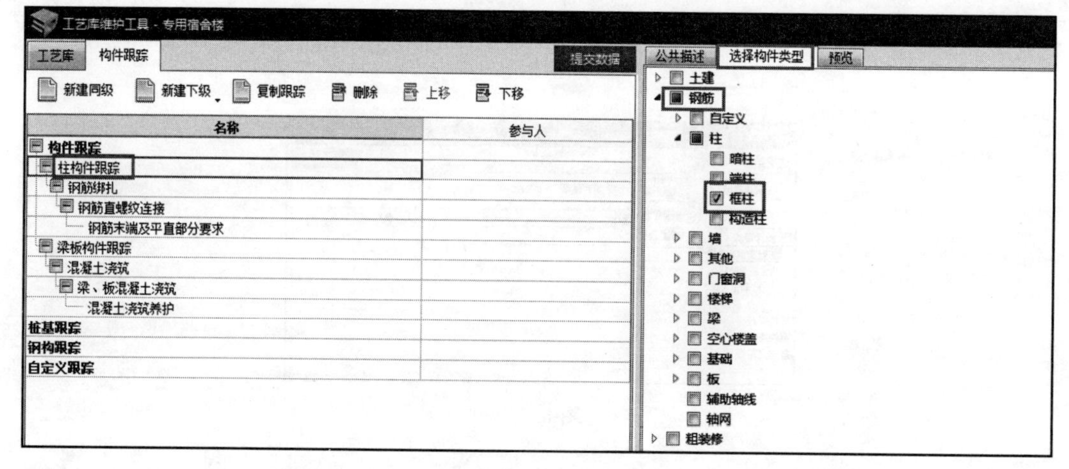

图 6.8.6

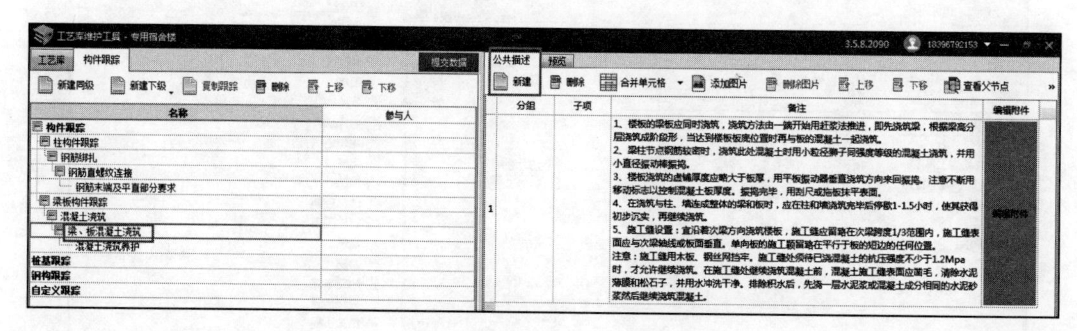

图 6.8.7

第四步：填写完成后点击提交数据，注意 PC 端物料跟踪一旦引用该跟踪事项后，回到工艺库工具后该跟踪事项将不可修改。如图 6.8.9 所示：

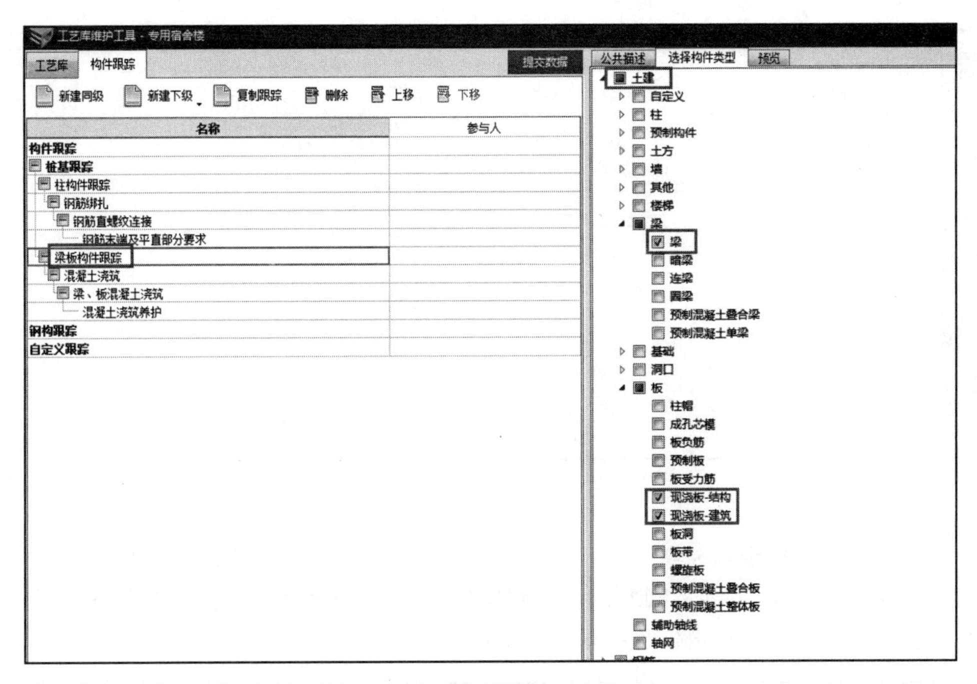

图 6.8.8

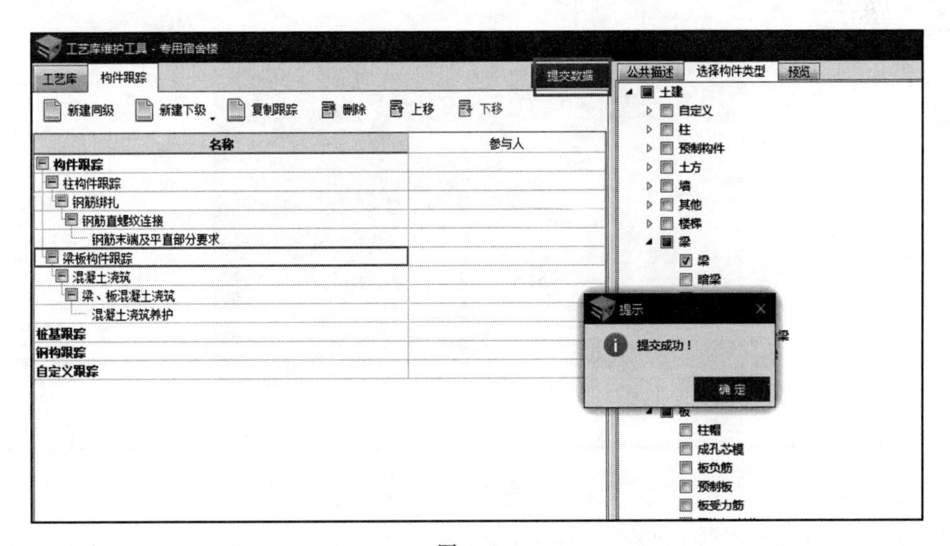

图 6.8.9

6.8.2　建立跟踪计划

生产经理通过利用PC端构件跟踪建立跟踪计划。

第一步：生产经理首先打开技术端，点击数据更新，将工艺库中的数据同步到5D中，授权锁定后，进入构件跟踪模块。在跟踪计划下新建，跟踪事项下选择在工艺库中列取的跟踪事项，设置跟踪的计划开始和完成时间，右侧构件明细中选择关联图元。如图6.8.10所示：

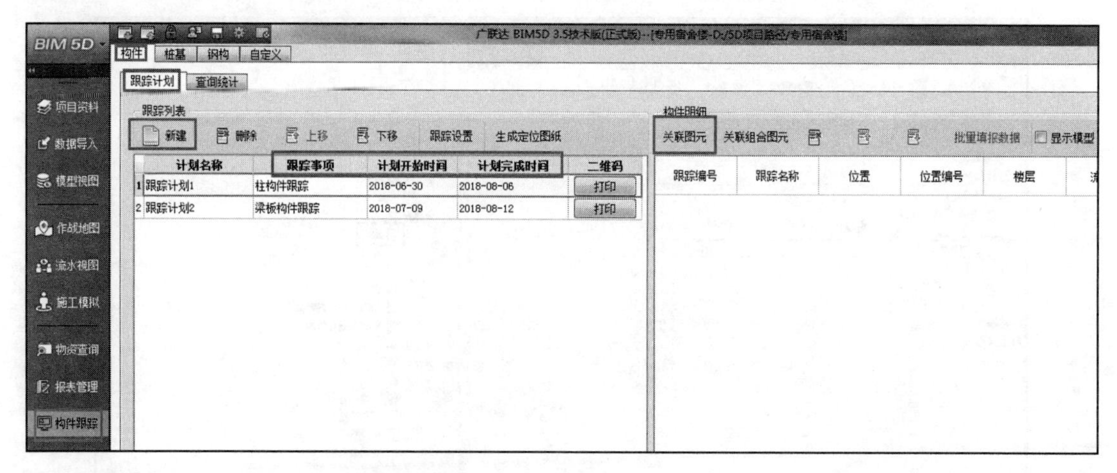

图 6.8.10

第二步：以柱构件跟踪关联为例，点击关联图元，在弹出的关联图元中选择全部楼层，下方选择对应钢筋专业，此时右侧会出现相关联的图元，拉框选择需要关联的图元后，点击选中图元关联即可，然后点击保存并退出。如图 6.8.11 所示：

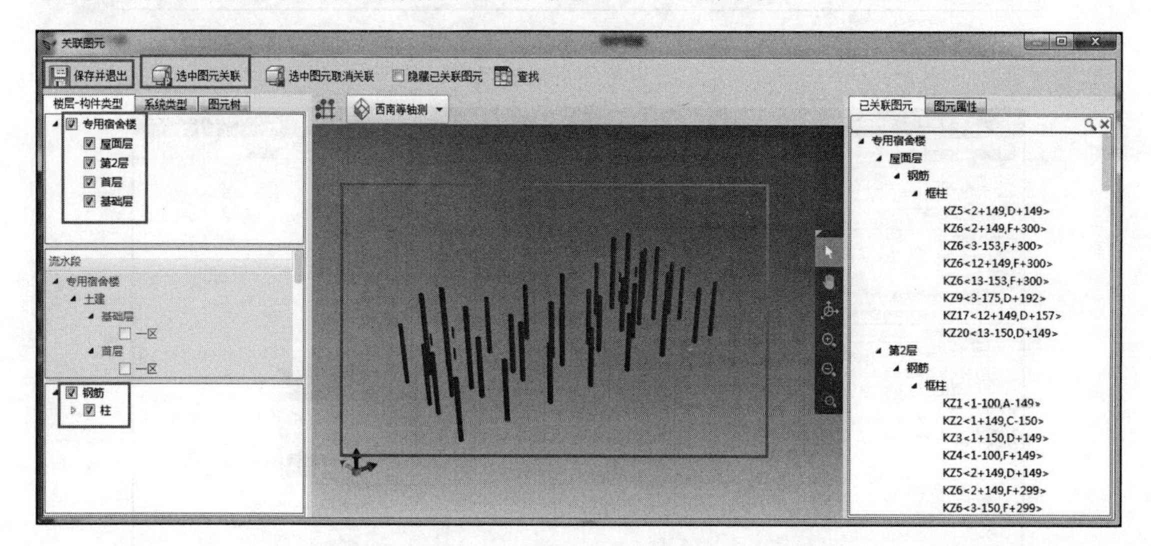

图 6.8.11

第三步：此时构件明细中将会出现上述步骤中勾选过的图元的详情，表格中的每项图元跟踪的跟踪编号、计划完成时间和跟踪人均可自行设置，位置编号为自动生成。图元的计划完成时间参照施工进度计划查看对应构件的所属楼层及流水段施工完成的时间，跟踪人可设置为生产经理或其他成员均可。设置完成后，如果默认的表格列不足以说明详情，可在跟踪设置中进行扩展列设置，此处可以添加文本、日期、数值三种类型数据，还可以更改新建工序的完成颜色。项目团队可根据需求自行设定是否添加修改。点击生成定位图纸，可以将构件跟踪的显示图纸生成并导出到路径及上传到云空间，如图 6.8.12～图 6.8.15 所示：

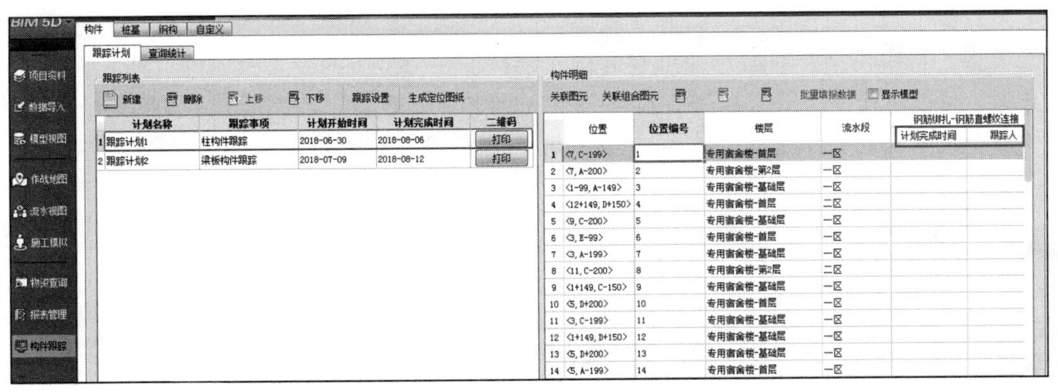

图 6.8.12

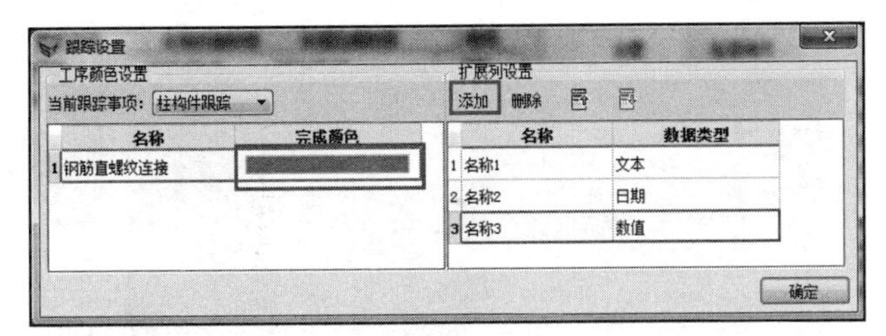

图 6.8.13

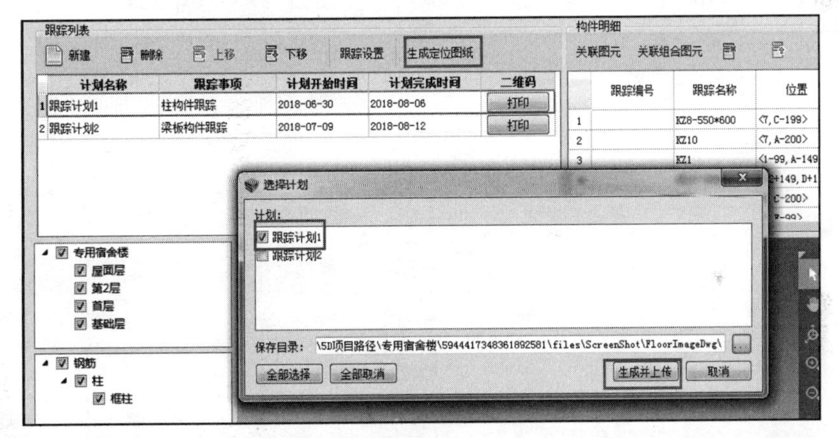

图 6.8.14

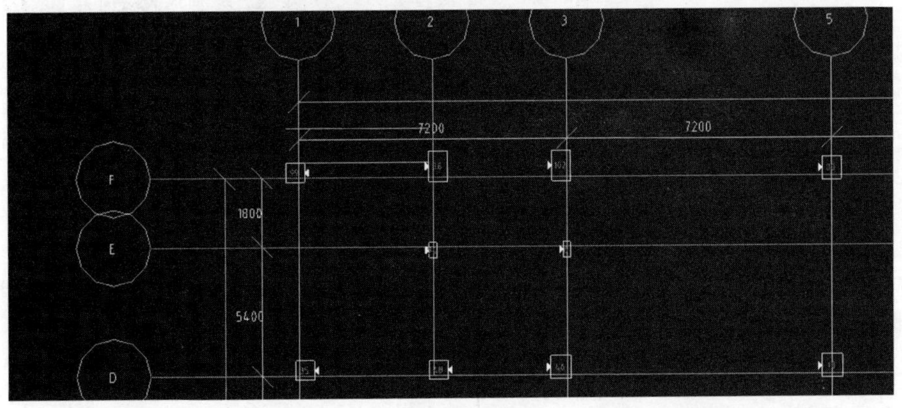

图 6.8.15

第四步：选中构件明细中的显示模型，然后勾选对应楼层，下侧将显示出构件的全部图元模型。选中模型互联后，即可查看每一行构件在模型中的位置及属性。同时在查询统计界面，可以将构件跟踪信息进行过滤条件查询和显示设置，以及导出数据到 Excel 表格等。所有数据填写完毕后，点击提交数据可将数据提交到云端。如图 6.8.16、图 6.8.17 所示：

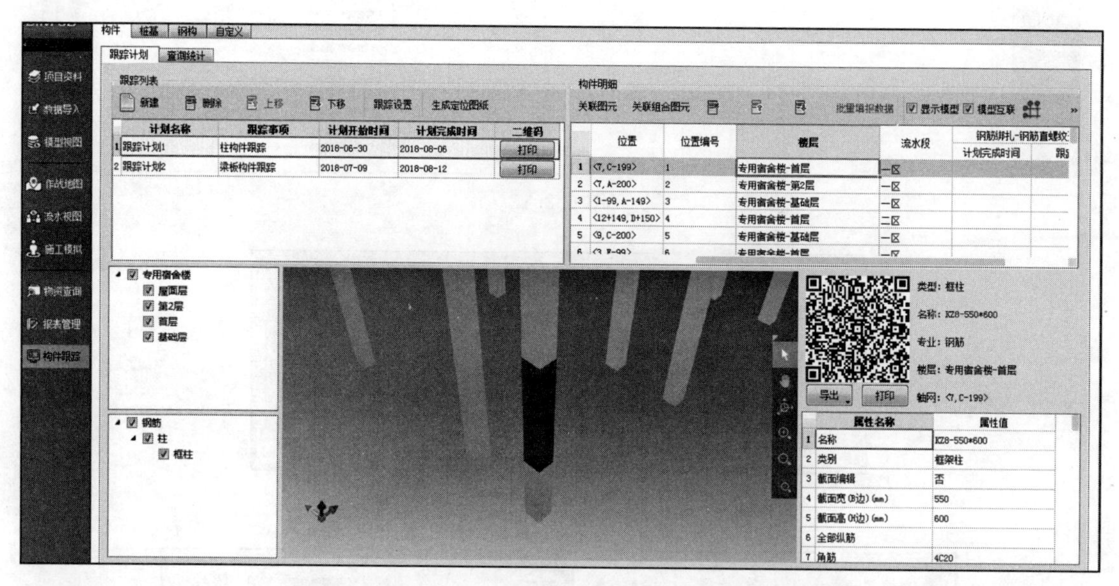

图 6.8.16

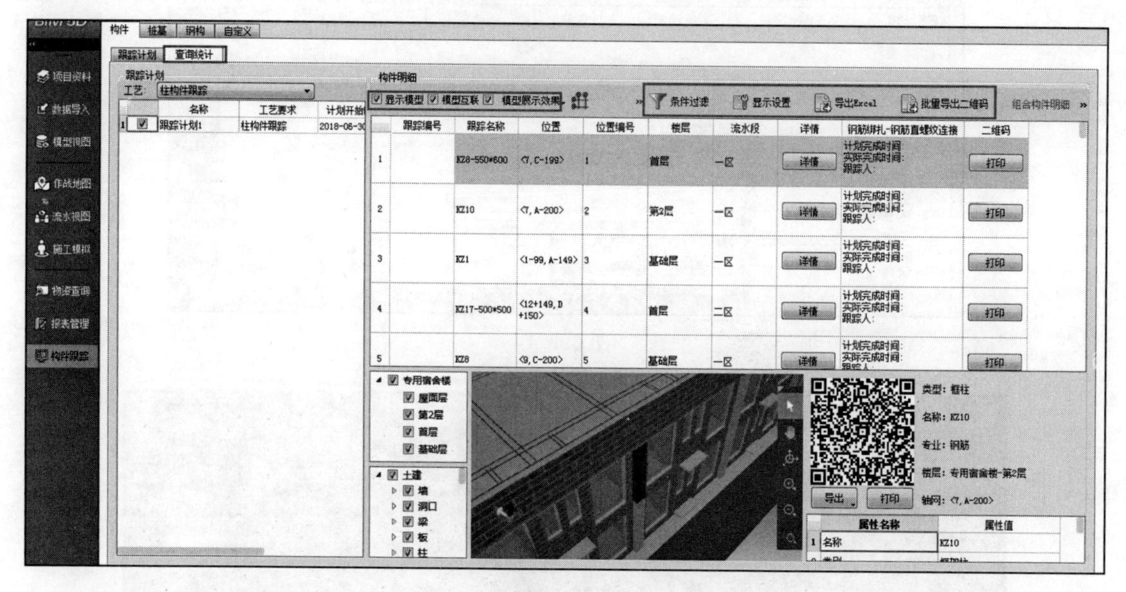

图 6.8.17

第五步：重复以上操作，完成梁板构件混凝土跟踪计划的建立，生成定位图纸并上传云空间，最后提交数据。如图 6.8.18 所示：

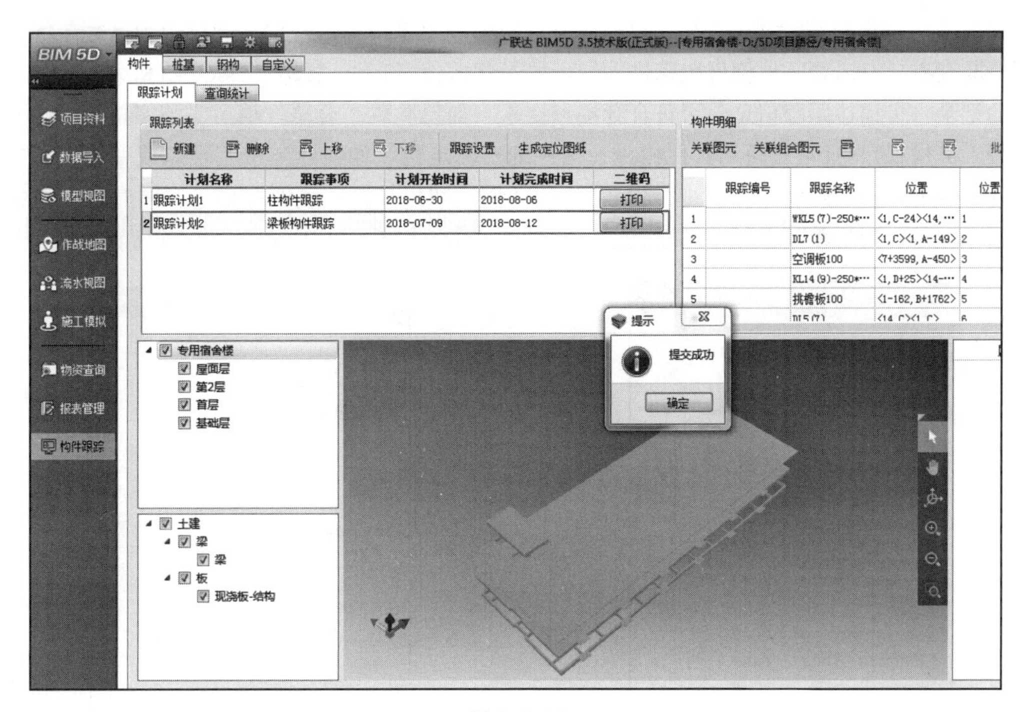

图 6.8.18

6.8.3 进行跟踪构件

生产经理通过利用手机端填写构件跟踪信息，进行构件跟踪。

第一步：生产经理首先打开手机端，在构件跟踪模块下，点击构件跟踪，即可看到在PC端建立的跟踪计划内容。可以通过跟踪计划点击进入，也可以通过扫一扫PC端建立的跟踪构件的二维码进行扫码填写确认。如图6.8.19、图6.8.20所示：

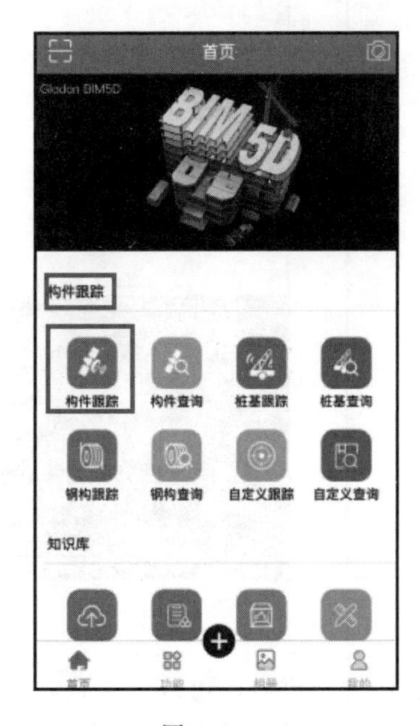

图 6.8.19

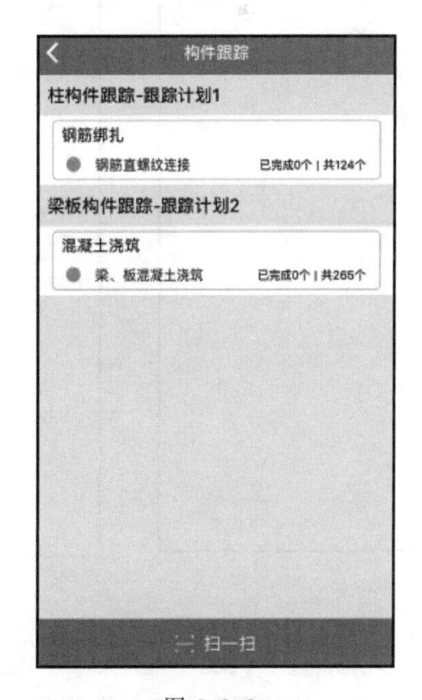

图 6.8.20

第二步：点击跟踪计划进入后，可以看到在跟踪计划里所有未开始、进行中和已完成的构件跟踪情况查看。点击每一项构件跟踪进入均可填写相应信息，可以设置实际开始和完成时间、管控点的记录（可描述跟踪信息是否符合管控点要求，如果验收不合格，填写实测实量数值，并添加预警人员检视）、批量复制到其他构件、构件的实际定位（如实际定位有误差或变动时，在构件跟踪图纸上选择实际构件位置进行更正）、图文描述和任务跟踪说明等信息，同时可以添加图片和语音记录，如果跟踪无误，可以点击完成当前工序。如图 6.8.21～图 6.8.25 所示：

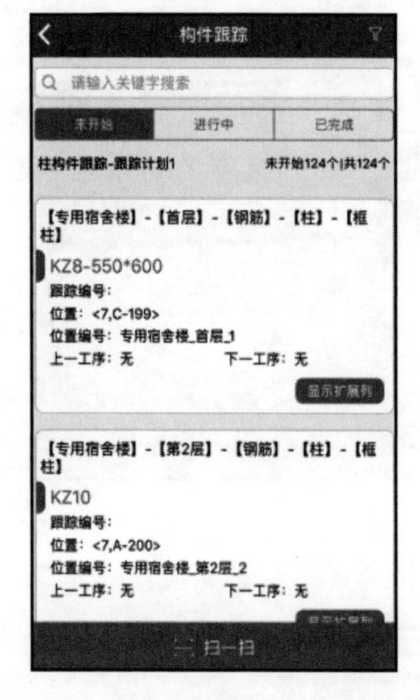

图 6.8.21

图 6.8.22

图 6.8.23

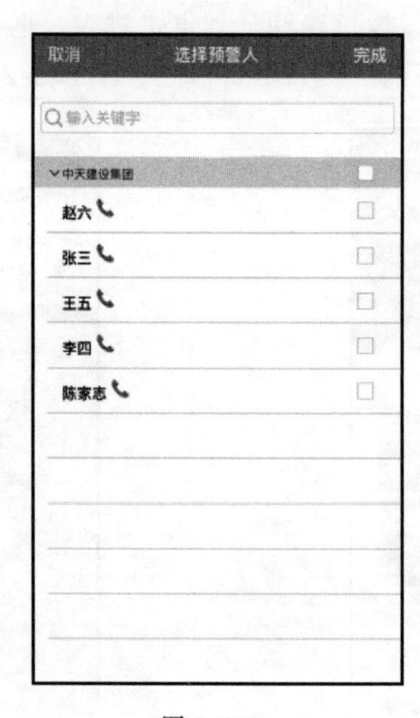

图 6.8.24

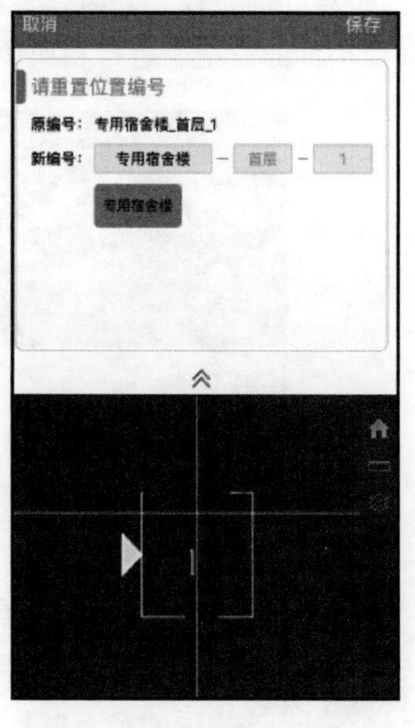

图 6.8.25

第三步：通过手机端左上角扫码功能扫 PC 端生成的构件二维码，可以直接查看对应构件信息、工程量、构件跟踪及相关资料列表等。以位置编号为 1 的柱钢筋跟踪为例，假定计划时间 7 月 9 日完成，扫码后进行信息查看，点击构件跟踪，录入状态信息。如图 6.8.26～图 6.8.33 所示：

图 6.8.26

图 6.8.27

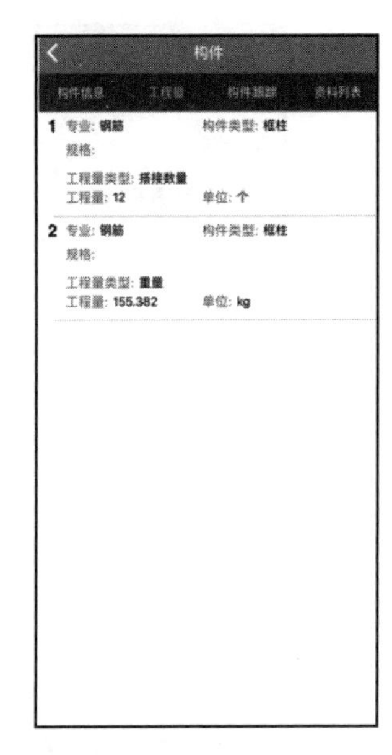

图 6.8.28

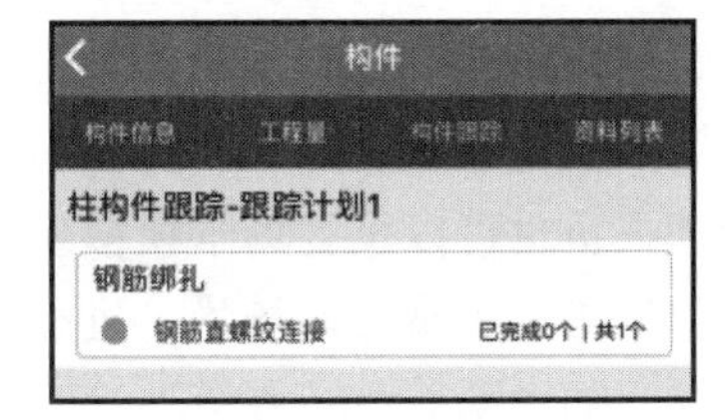

图 6.8.29

图 6.8.30

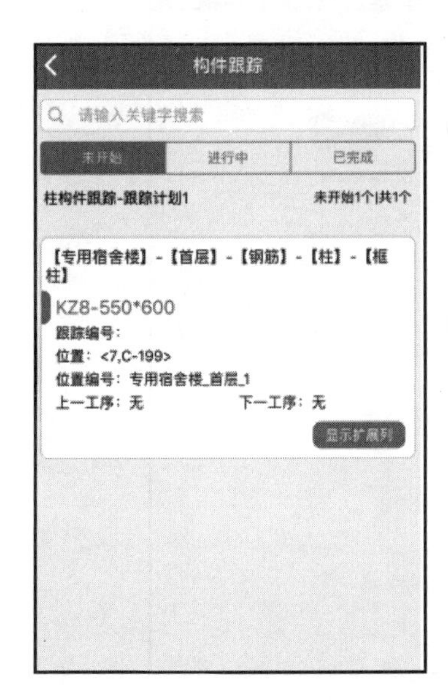

图 6.8.31

图 6.8.32

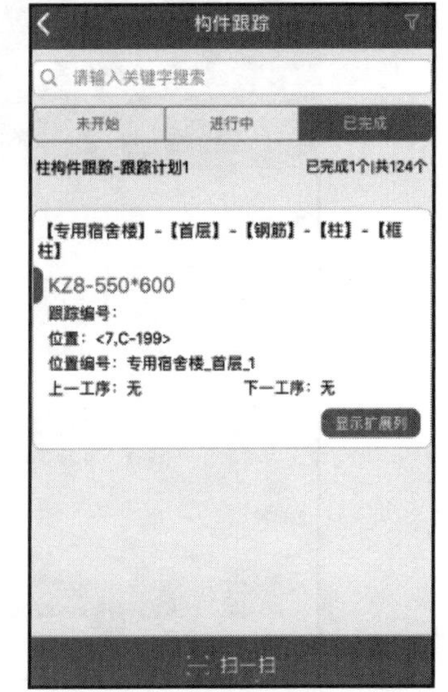

图 6.8.33

注意如果需要打回跟踪信息，可在已完成的跟踪项里，点击重新开始当前工序即可，其会在进行中显示，如需再次通过，再次点击完成当前工序即可。如图 6.8.34、图 6.8.35 所示：

图 6.8.34

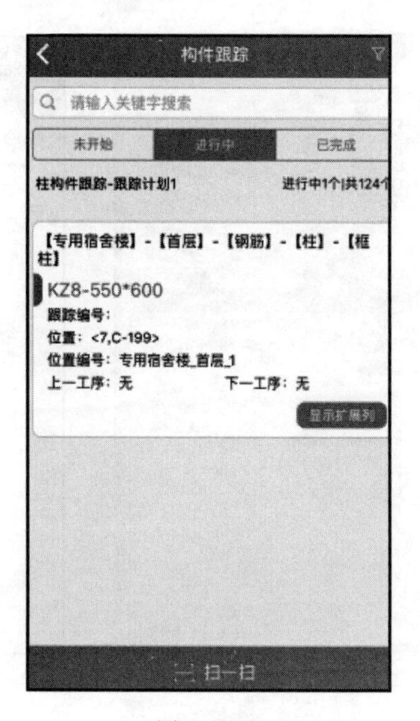

图 6.8.35

第四步：重复以上操作，相同时间开始完成的跟踪，可以利用批量复制的功能快速进行跟踪通过。完成柱钢筋及梁板混凝土的构件跟踪，完成时间参照施工进度计划，并根据构件所属楼层及流水段计划和实际完成的时间设置。教师作为管理人员也可以设置场景模拟项目团队的构件跟踪通过要求，如管控点设置要求细度、图文描述内容等，丰富实训场景。过程中可以点击构件查询，查看当前跟踪构件的计划占比及完成率情况。如图 6.8.36、图 6.8.37 所示：

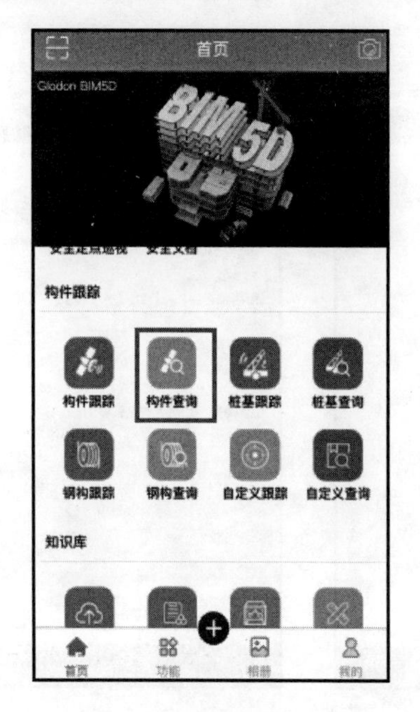

图 6.8.36

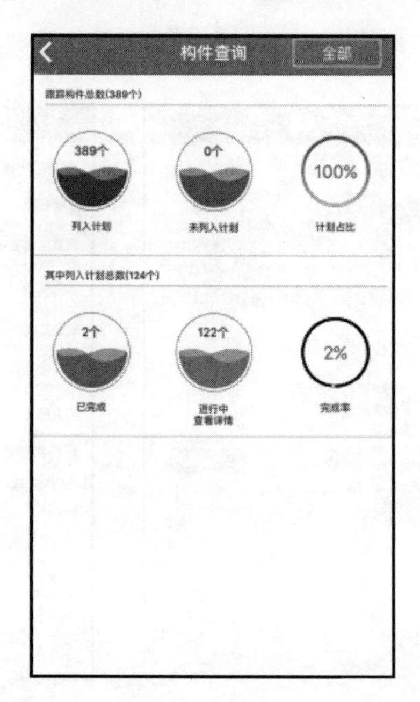

图 6.8.37

6.8.4 查看物料跟踪

项目经理通过利用Web端查看物料跟踪情况。

第一步：项目经理登录Web端项目看板，登录账号后，在列表界面选择专用宿舍楼项目，再选择构件跟踪模块，在界面左侧有自定义、构件、桩基、钢结构四个大模块，其中除了自定义模块只有期间任务分析，其他模块均有当天任务情况与期间任务分析两大界面，此处对构件模块进行操作介绍，其他模块可参考此模块。如图6.8.38所示：

图6.8.38

第二步：进入构件模块的当天任务分析，页面分为过滤界面、模型浏览界面、计划执行情况、施工进度图四个模块。相关操作界面见图6.8.39、图6.8.40。

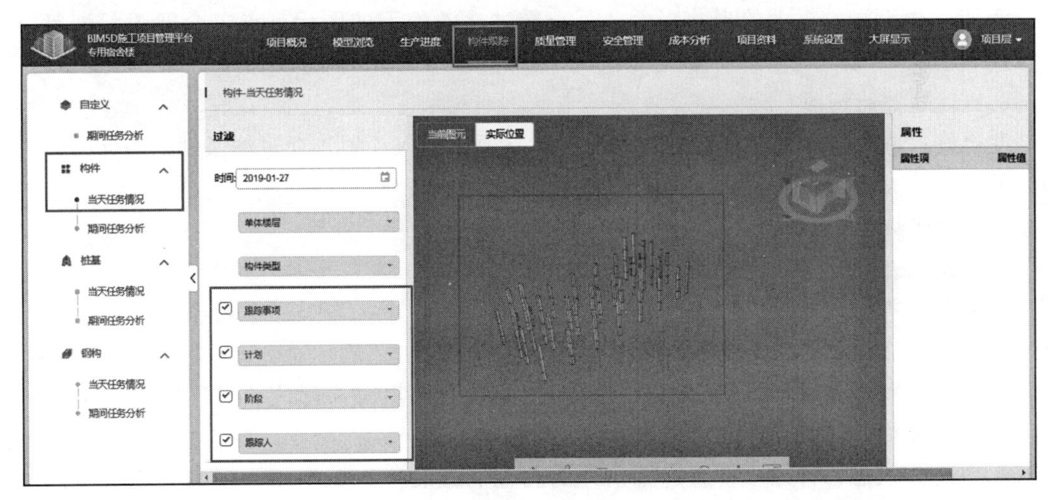

图6.8.39

（1）过滤界面

①时间默认为当前日期，可对其进行更改，当构件的实际完成时间或计划完成时间任意一个在过滤日期之前的即可查看；

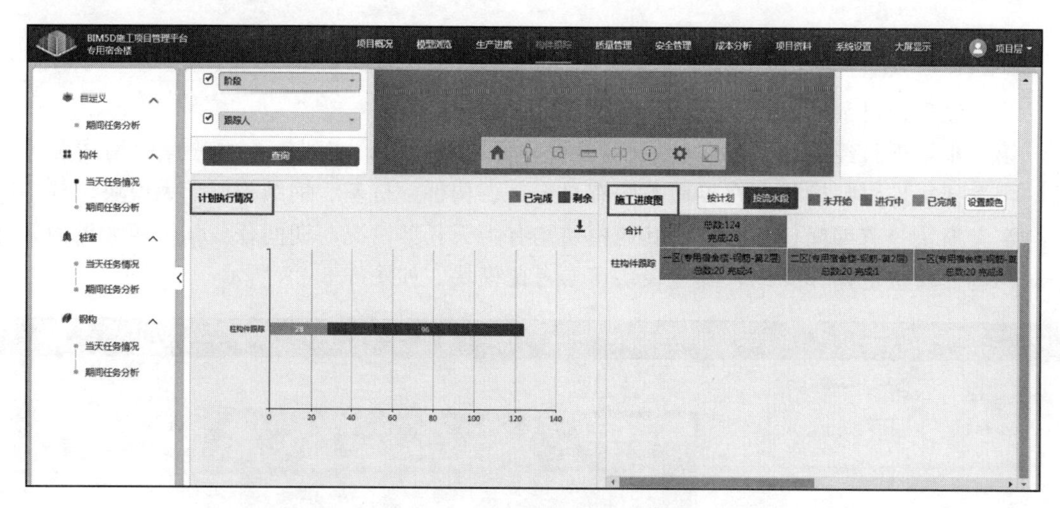

图 6.8.40

② 单体楼层过滤选项中只显示有跟踪构件的单体楼层，支持多选过滤，选中后，模型浏览随之更新模型；

③ 跟踪事项显示 PC 端物料跟踪中已关联构件的跟踪事项，支持多选过滤；

④ 跟踪计划显示 PC 端建立的跟踪计划，支持多选过滤；

⑤ 阶段是显示跟踪计划中所有的阶段，支持多选过滤；

⑥ 跟踪人显示跟踪计划各工序中的责任人，支持多选过滤；

⑦ 点击查询，可就目前查询条件对模型进行过滤，查询计划执行情况。

（2）模型浏览界面

① 可对模型进行选择、旋转、平移、放大、缩小、缩放全部、缩小选中及调视角等操作；

② 点击模型浏览框上的当前图元，可查看过滤条件下的图元，点击全部图元恢复全部图元。

（3）计划执行情况

左边显示过滤出的跟踪事项，右边是跟踪事项下列入计划符合过滤条件的图元数量。若构件最后一道工序的实际完成时间小于或等于查询时间，则为已完成。剩余数量等于计划数量减去已完成数量。

（4）施工进度图

① 可切换按计划或流水段进行查看。左边为跟踪事项，右边显示符合过滤条件的计划及各自的图元总数量和完成数量。

② 未开始状态：计划下符合过滤条件的图元均没有填写实际完成时间或第一道工序的实际完成时间大于查询日期。

③ 已完成状态：计划下符合过滤条件的图元的最后一道工序填写了实际完成时间且小于或等于当前日期。

④ 进行中状态：其他情况均视为进行中。

第三步：进入构件跟踪期间任务分析界面，可以查看跟踪明细表及管控点看板信息。同前所讲，可以筛选过滤条件，点击查询即可查看相应信息，点击导出可以将数据导出 Excel。如图 6.8.41、图 6.8.42 所示：

图 6.8.41

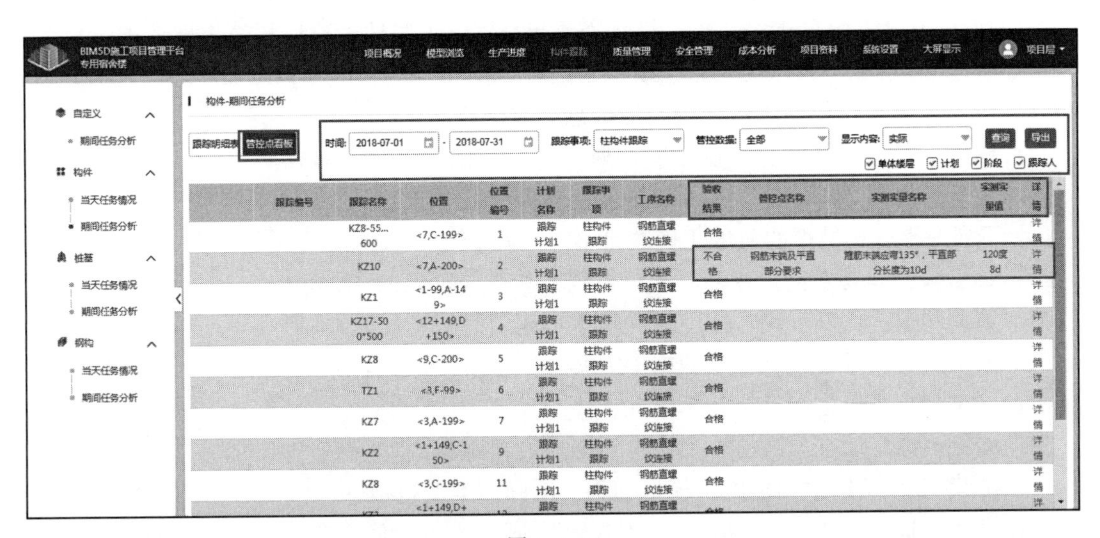

图 6.8.42

◆ **任务总结**

（1）物料跟踪包括四大模块：构件跟踪、桩基跟踪、钢结构跟踪和自定义跟踪。可根据实际情况结合选择，物料跟踪多用于预制构件及装配式施工等模式。

（2）通过工艺库工具建立跟踪事项，可以新建跟踪事项、阶段、工序、管控点等信息，结合添加公共描述，注意在跟踪事项选择对应构件类型及专业。

（3）通过 PC 端建立跟踪计划，新建跟踪计划，关联对应图元，并录入跟踪编号、计划完成时间和跟踪人，生成定位图纸并上传，最终提交数据到云端。

（4）通过手机端进行构件跟踪，可以通过点击跟踪事项或扫码进入，可以直接看到每一项跟踪信息。根据实际情况进行录入信息，包括实际开始和完成时间、管控点实测信息、实际定位信息、图文描述查看、任务跟踪说明等信息，录入完成后，根据管控点实测是否通过决定当前工序完成与否。

（5）通过 Web 端进行构件跟踪查看，在构件跟踪模块可以查看期间任务分析和当天任务情况分析，主要是通过条件筛选，查看各项构件跟踪完成情况及管控点验收结果等。

习 题

1. 关于组织流水施工划分流水段，下列说法正确的是（ ）。

A. 施工段的分界与施工对象的结构界限尽量一致

B. 各施工段上消耗的劳动量相等

C. 划分的施工段数量不宜过多

D. 施工过程应有足够的工作面

E. 各施工段的工程量相等

2. 在 BIM5D 平台创建流水段时，一般先新建（ ），再新建（ ），然后新建（ ），最后新建（ ）。

A. 流水段　　B. 楼层　　C. 单体　　D. 专业　　E. 自定义

3. 基于 BIM 的进度管理，说法正确的是（ ）。

A. 应用 BIM 系统分析人、材、机等资源与进度的关联性，可以预估进度编排的合理性

B. 通过 4D 模拟，可以提供施工模拟动画

C. BIM 系统可以根据关键任务资源信息支撑进度优化

D. BIM 系统可以智能化编制进度计划

E. 施工模拟动画可以查看多专业工序穿插施工的合理性

4. 下列关于施工模拟的说法正确的是（ ）。

A. 施工模拟是将空间信息和时间信息整合在一个可视的 4D 模型中

B. 施工模拟，可以直观、精确地反映整个建筑的施工过程

C. 施工动画难以模拟重难点的施工方案

D. 施工模拟可以进行三维技术交底

E. 施工模拟可以查看当前施工状态与工期的差距

5. 在 BIM5D 系统中创建施工模拟动画，动画的类型包括（ ）。

A. 相机动画　　B. 文字动画　　C. 颜色动画　　D. 显隐动画　　E. 路径动画

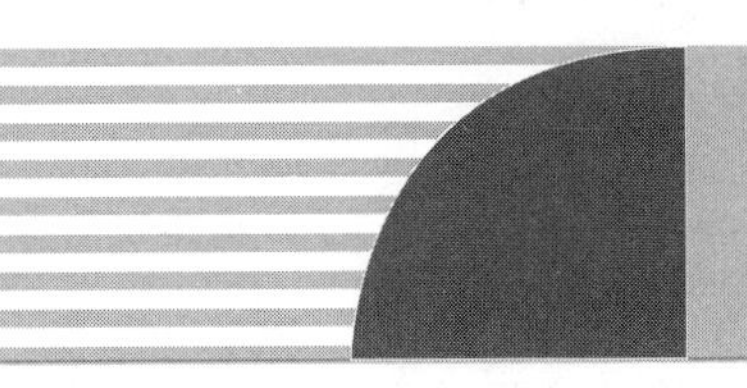

第7章

BIM5D 商务应用

7.1 章节概述

在上述章节中，主要以专用宿舍楼生产应用篇章进行讲解，意在帮助项目团队快速了解流水段划分、进度管理、施工模拟、工况模拟、进度对比分析、物资提量、构件跟踪等多项生产应用点，并在操作过程中熟悉流水划分、进度关联、模拟动画制作、工况设置及模拟、进度对比模拟、物资查询、构件跟踪等功能。通过上述章节对专用宿舍楼项目采用边讲解边练习的方式，相信项目团队已经可以基于团队分工完成生产应用章节全部任务。

本章主要基于专用宿舍楼商务应用篇章进行讲解，通过成本挂接、变更管理、资金及资源曲线分析、进度报量、合约规划、三算对比等多项商务应用业务场景，进行 BIM5D 的商务应用学习。

7.1.1 能力目标

(1) 能够了解施工现场成本管理的基本业务，掌握基于 BIM 技术进行成本管理的应用方法，熟悉基于 BIM5D 清单匹配、清单关联的功能运用；

(2) 能够了解施工现场资金资源曲线的意义及原则，掌握基于 BIM 技术进行资金资源分析的应用方法，熟悉基于 BIM5D 资金、资源曲线提取的功能运用；

(3) 能够了解施工现场进度报量的方式及原则，掌握基于 BIM 技术进行工程量提报的应用方法，熟悉基于 BIM5D 进行进度报量、高级工程量查询的功能运用；

(4) 能够了解施工现场项目变更的基本业务及流程，掌握基于 BIM 技术进行变更管理的应用方法，熟悉基于 BIM5D 进行变更登记、更新模型的功能运用；

(5) 能够了解施工现场合约规划的目的及意义，掌握基于 BIM 技术进行合约规划管理的应用方法，熟悉基于 BIM5D 进行合约规划的功能运用；

(6) 能够了解施工现场三算对比的含义及业务，掌握基于 BIM 技术进行三算对比分析的应用方法，熟悉基于 BIM5D 进行清单三算对比、资源三算对比的功能运用。

7.1.2 任务明确

(1) 基于专用宿舍楼案例，将编制好的合同预算与成本预算导入到 BIM5D，并将土建专业、粗装修专业进行清单匹配挂接，将钢筋专业进行清单关联挂接；

（2）基于专用宿舍楼案例，根据任务要求提取资金曲线及资源曲线，导出表格用于数据分析；

（3）基于专用宿舍楼案例，进行月度工程量的提报，完成统计整个项目工期内的计划报量数据；

（4）基于专用宿舍楼案例，根据项目变更要求，将变更信息录入 BIM5D 系统，并进行模型的变更替换；

（5）基于专用宿舍楼案例，进行合约规划，按照劳务、专业及物资采购的任务要求进行分类设立，设置对外分包单价，查看各分包合同费用金额，进行费用分析，同时导出各分包合同费用表格及合约表格信息；

（6）基于专用宿舍楼案例，进行三算对比分析，分析指定清单项的数据盈亏情况，导出对比信息表格，并得出结论。

7.2 成本关联

◆ **业务背景**

成本管理是企业管理的一个重要组成部分，要求系统全面、科学和合理，它对于促进增产节支，加强经济核算，改进企业管理，提高企业整体管理水平具有重大意义。作为商务经理，需要了解项目各个关键时间节点的项目资金计划，需分析工程进度资金投入计划，根据计划合理调整资源，保证工程顺利实施，采用 BIM 软件结合现场施工进度，提取项目各时间节点的工程量及材料用量。

在 BIM5D 中会涉及合同预算与成本预算两类预算文件，其中合同预算是指中标之后，和甲方签订合同并作为合同中的主要部分的内容，主要明确了各项清单的综合单价和各项其他费用；成本预算是指中标之后，总包单位进行内部实际成本核算的主要商务内容，包括实际材料价、人工价等。

项目部利用 BIM5D 进行商务成本管理，作为商务经理，负责将编制好的合同预算和成本预算文件导入到 BIM 系统，与模型进行关联，为项目成本管理奠定基础。

◆ **任务目标**

基于专用宿舍楼案例，商务经理将编制好的合同预算与成本预算导入到 BIM5D，并将土建专业、粗装修专业进行清单匹配挂接，将钢筋专业进行清单关联挂接。

◆ **责任岗位**

商务经理。

◆ **任务实施**

相关操作如下文所述。

7.2.1 清单匹配

二维码 17
清单匹配

商务经理将土建专业和粗装修专业与模型清单进行清单匹配，完成此部分的成本挂接。

第一步：商务经理首先登录商务端，授权锁定后，在【数据导入】模块中，点击预算导入页签，可在左侧选择合同预算模块和成本预算模块分别导入对应文件。5D 支持两种类型（合同预算和成本预算）、多份文件、多种格式文件（xlsx、

GBQ4、GBQ5、GZB4、GTB4、TMT、EB3）的导入，为模型清单与预算清单匹配提供接口，以支持软件商务数据的提取和调用。如图 7.2.1 所示：

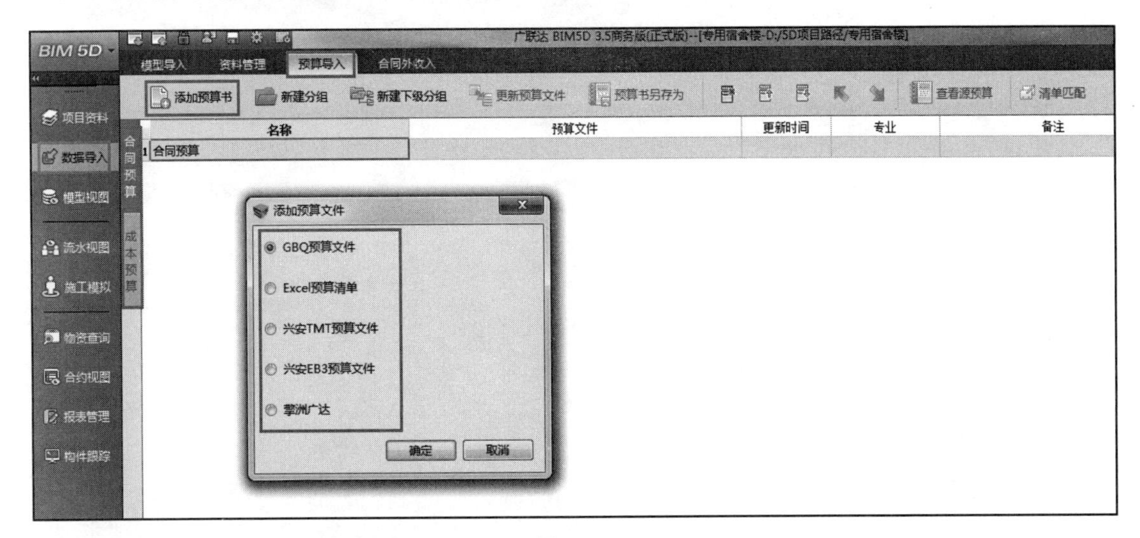

图 7.2.1

第二步：添加合同预算和成本预算书文件。商务经理将编制好的合同预算和成本预算分别添加到对应模块下，并设置专业类型，选择土建专业。以添加 GBQ 文件为例，如图 7.2.2、图 7.2.3 所示：

	名称	预算文件	更新时间	专业
1	合同预算			
2	专用宿舍楼-合同预算	专用宿舍楼-合同预算.GBQ4	2019-01-28	土建

图 7.2.2

	名称	预算文件	更新时间	专业
1	成本预算			
2	专用宿舍楼-成本预算	专用宿舍楼-成本预算.GBQ4	2019-01-28	土建

图 7.2.3

注意如果导入 Excel 预算文件时，建议将分部分项工程量清单、可计量措施清单、总价措施项三种一起导入，或者将分部分项工程量清单、可计量措施清单或分部分项工程量清单、总价措施项一起导入。这样将会合并为一份预算文件，在后续总价措施关联时，可以将清单关联到总价措施项下。否则，清单将关联不到总价措施项下。

第三步：选择导入的清单预算书，进行清单匹配。合同预算匹配和成本预算匹配相同，在这里以合同预算为例进行演示。在清单匹配界面，可以设置汇总方式为全部汇总或按单体汇总。按单体汇总要选择进行匹配的预算文件；全部汇总时要对所有模型清单和预算文件中的清单进行匹配，匹配时不需要选择预算文件，注意切换汇总方式时，会清空之前匹配好的清单。如图 7.2.4、图 7.2.5 所示：

第四步：进行自动匹配。自动匹配可以选择清单类型、匹配规则、匹配范围，注意事项如下：

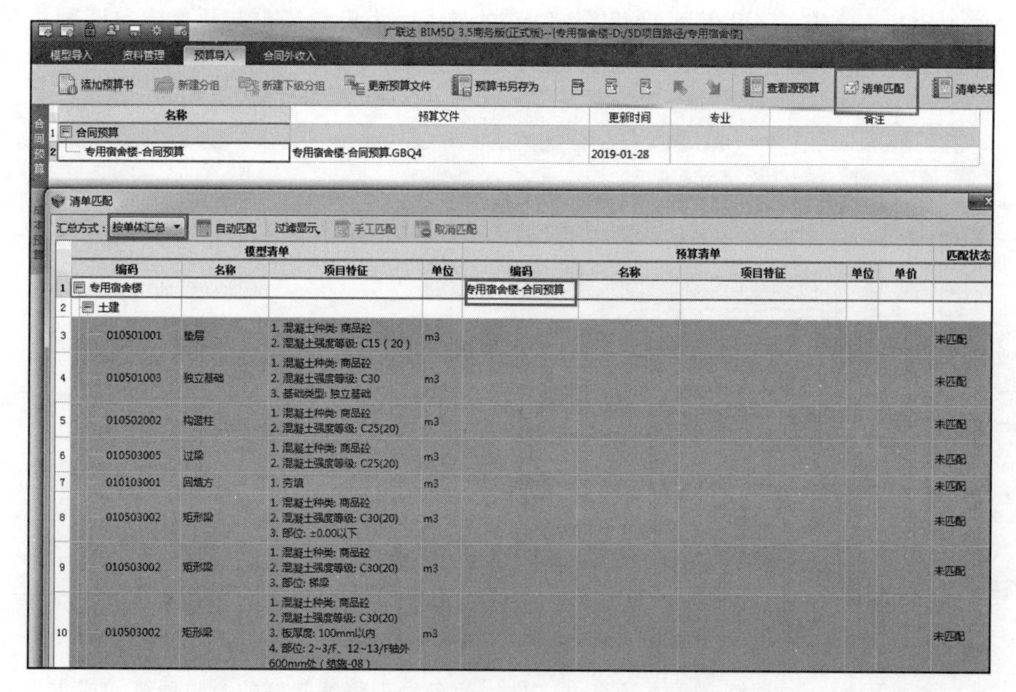

图 7.2.4

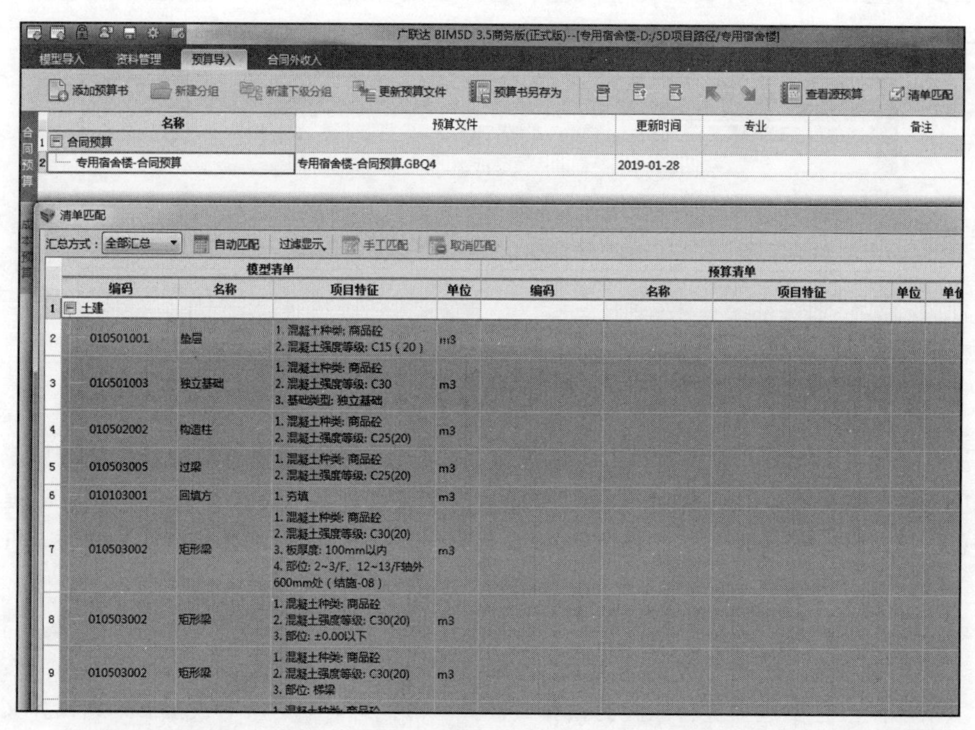

图 7.2.5

(1) 按国标清单匹配：模型清单和预算文件通过“编码前 9 位＋名称＋项目特征＋单位”四个字段做全匹配。

(2) 按非国标清单匹配：模型清单和预算文件通过“编码＋名称＋项目特征＋单位”四

个字段做全匹配。

（3）匹配范围可以选择匹配全部和匹配未匹配清单，根据实际情况选择。

（4）不管是按国标清单、非国标清单，均默认按“编码＋名称＋项目特征＋单位”四个字段匹配，项目小组可以根据时间情况进行设置。

（5）当匹配自动既有国标清单，又有非国标清单时，可以先进行“国标清单＋匹配全部”匹配后，再进行“非国标清单＋匹配未匹配清单”进行匹配。

商务经理点击自动匹配，汇总方式为按单体汇总，选择预算清单文件为“专用宿舍楼-合同预算”，按国标清单四字段进行全匹配，选择匹配全部。如图 7.2.6、图 7.2.7 所示：

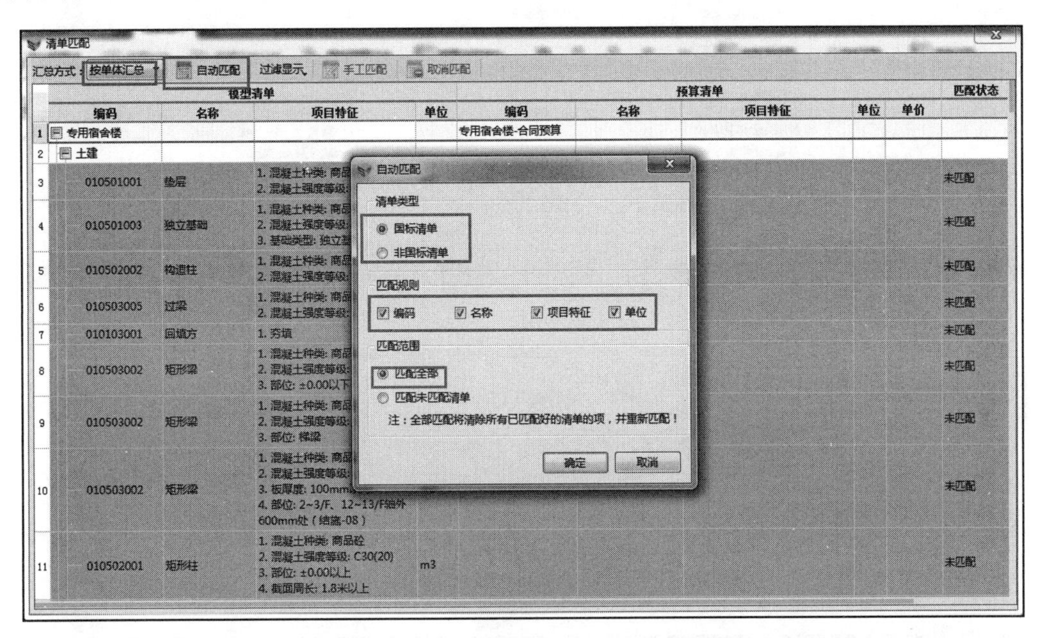

图 7.2.6

图 7.2.7

第五步：进行手工匹配。点击过滤显示，可以设置显示所有清单、已匹配清单和未匹配清单。如果存在未匹配的项目，选择显示未匹配的清单，可以利用手工匹配功能进行匹配。点击手工匹配后，利用条件查询（输入关键字描述或编码）、预算书查询，选择预算清单，点击需要匹配的清单项，点击匹配按钮即可。若匹配错误，选中错误匹配项，点击取消匹配即可，然后按照以上操作重新匹配。如图 7.2.8～图 7.2.10 所示：

清单匹配

汇总方式：按单体汇总　自动匹配　过滤显示　手工匹配　取消匹配

✓ 显示所有清单　显示已匹配清单　显示未匹配清单

	模型清单				预算清单					匹配状态
	编码	名称		单位	编码	名称	项目特征	单位	单价	
1	专用宿舍楼				专用宿舍楼-合同预算					
2	土建									
3	010501001	垫层	1. 混凝土种类: 商品砼 2. 混凝土强度等级: C15（20）	m3	010501001001	垫层	1. 混凝土种类: 商品砼 2. 混凝土强度等级: C15（20）	m3	436.14	已匹配
4	010501003	独立基础	1. 混凝土种类: 商品砼 2. 混凝土强度等级: C30 3. 基础类型: 独立基础	m3	010501003001	独立基础	1. 混凝土种类: 商品砼 2. 混凝土强度等级: C30 3. 基础类型: 独立基础	m3	406.08	已匹配
5	010502002	构造柱	1. 混凝土种类: 商品砼 2. 混凝土强度等级: C25(20)	m3	010502002001	构造柱	1. 混凝土种类: 商品砼 2. 混凝土强度等级: C25(20)	m3	588.73	已匹配
6	010503005	过梁	1. 混凝土种类: 商品砼 2. 混凝土强度等级: C25(20)	m3	010503005001	过梁	1. 混凝土种类: 商品砼 2. 混凝土强度等级: C25(20)	m3	525.32	已匹配
7	010103001	回填方	1. 夯填	m3	010103001001	回填方	1. 夯填	m3	18.36	已匹配
8	010503002	矩形梁	1. 混凝土种类: 商品砼 2. 混凝土强度等级: C30(20) 3. 部位: ±0.00以下	m3	010503002003	矩形梁	1. 混凝土种类: 商品砼 2. 混凝土强度等级: C30(20) 3. 部位: ±0.00以下	m3	437.62	已匹配
9	010503002	矩形梁	1. 混凝土种类: 商品砼 2. 混凝土强度等级: C30(20) 3. 部位: 梯梁	m3	010503002002	矩形梁	1. 混凝土种类: 商品砼 2. 混凝土强度等级: C30(20) 3. 部位: 梯梁	m3	437.59	已匹配
10	010503002	矩形梁	1. 混凝土种类: 商品砼 2. 混凝土强度等级: C30(20) 3. 板厚度: 100mm以内 4. 部位: 2~3/F、12~13/F轴外600mm处（结施-08）	m3	010503002001	矩形梁	1. 混凝土种类: 商品砼 2. 混凝土强度等级: C30(20) 3. 板厚度: 100mm以内 4. 部位: 2~3/F、12~13/F轴外600mm处（结施-08）	m3	437.54	已匹配
11	010502001	矩形柱	1. 混凝土种类: 商品砼 2. 混凝土强度等级: C30(20) 3. 部位: ±0.00以上 4. 截面周长: 1.8米以上	m3	010502001001	矩形柱	1. 混凝土种类: 商品砼 2. 混凝土强度等级: C30(20) 3. 部位: ±0.00以上 4. 截面周长: 1.8米以上	m3	518.53	已匹配

图 7.2.8

图 7.2.9

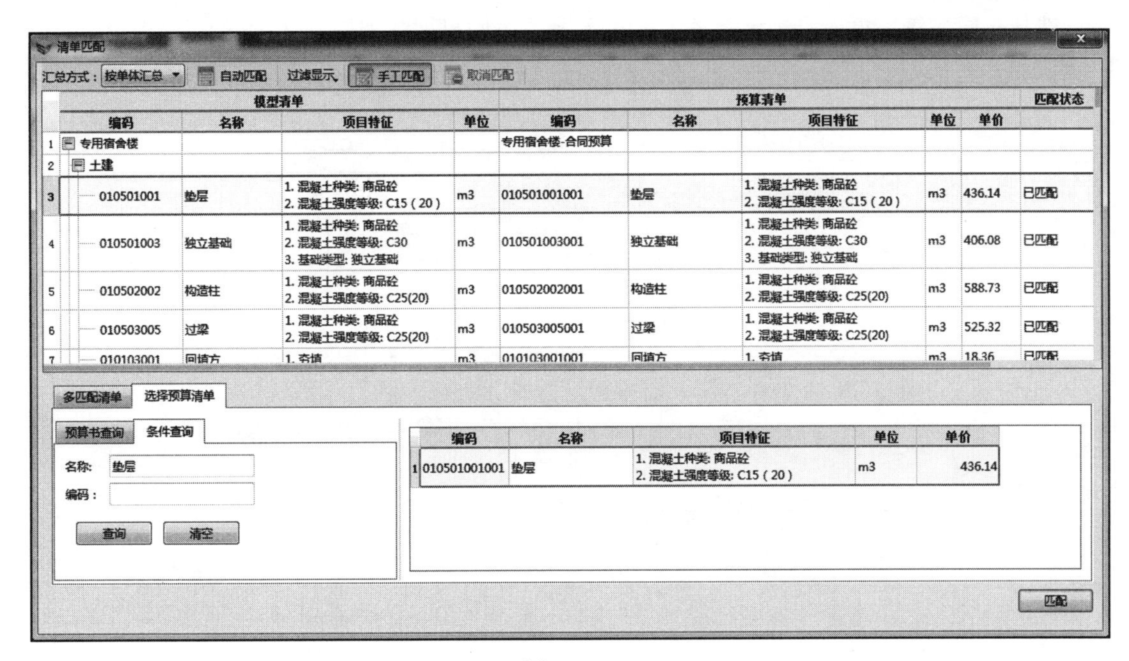

图 7.2.10

当预算书有变更时，可以进行更新预算文件。更新的预算文件中的编码、名称、项目特征、单位不变，仅单价变化，则无须重新进行清单匹配，已做的清单匹配记录自动保留。如图 7.2.11 所示：

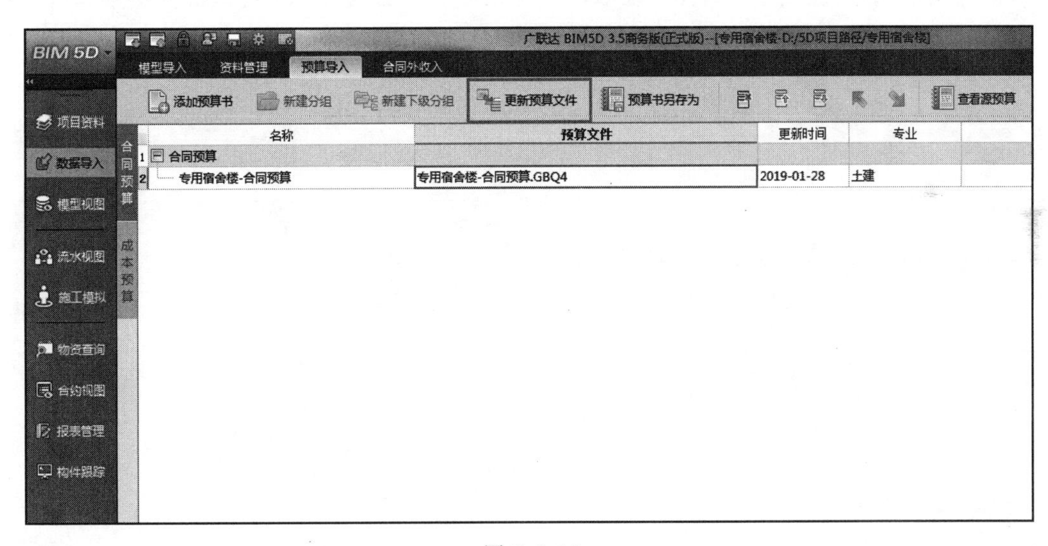

图 7.2.11

成本预算相关操作同合同预算。商务经理通过自动匹配、手工匹配完成土建专业、粗装修专业的合同及成本清单匹配。

二维码 18
清单关联

7.2.2 清单关联

商务经理将钢筋专业进行清单关联，完成此部分的成本挂接。

第一步：商务经理点击预算导入页签，以合同预算为例进行钢筋清单关联，选择合同预算文件，点击清单关联，进入清单关联界面。如图 7.2.12 所示：

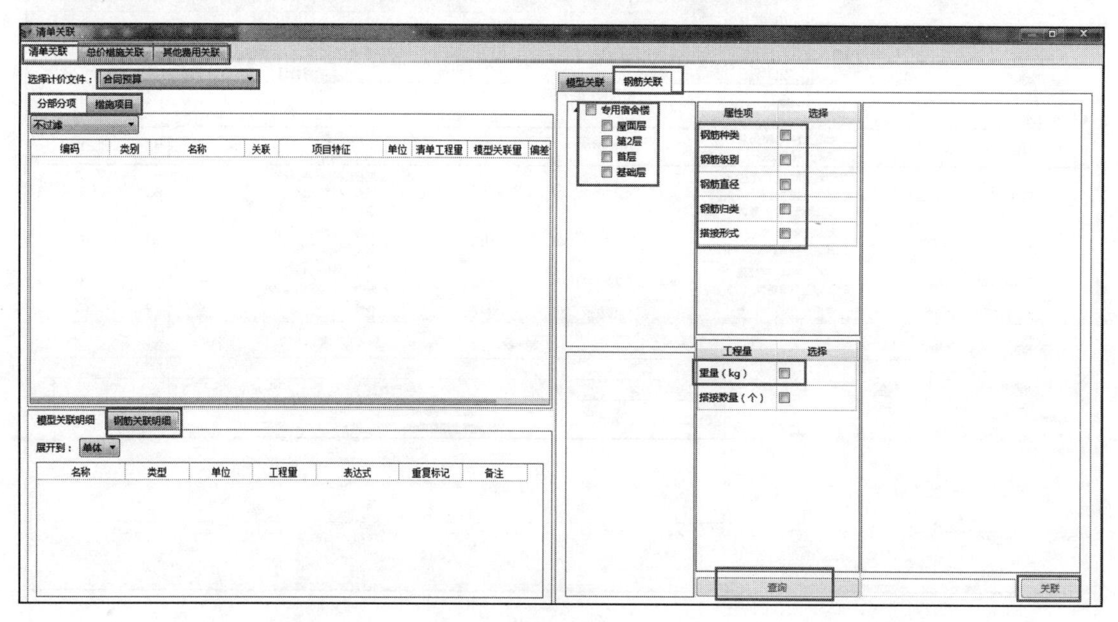

图 7.2.12

第二步：进行钢筋图元信息查询。选择计价文件为合同预算，选择分部分项。在右侧选择关联模块为钢筋关联，由于钢筋清单按照级别及直径进行编制，勾选楼层及构件类型时全选即可。然后设置属性项全部可见，关联时更加清晰。关联的工程量可以选择重量和搭接数量，根据钢筋清单项选择即可。以关联钢筋重量为例，选择完成后，点击查询按钮。如图 7.2.13 所示：

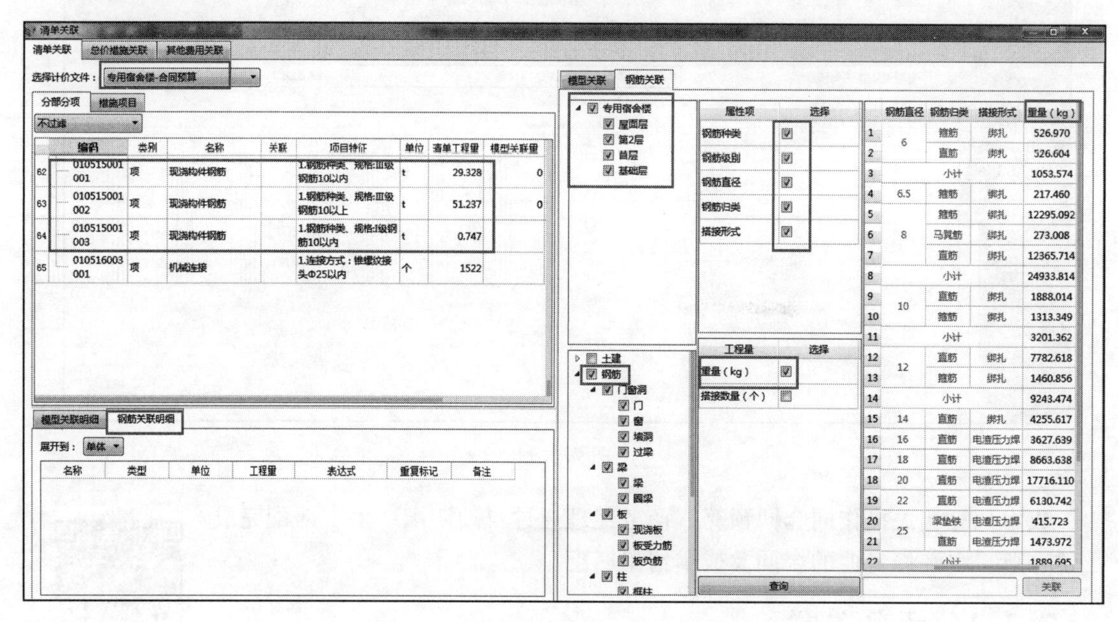

图 7.2.13

第三步：进行钢筋清单关联。根据查询内容及清单项目特征描述，选择和匹配清单相关的重量点击关联即可，如有多项重量需要和一条清单进行关联时，可继续重复多选进行累加。以 HPB300 钢筋关联为例，如图 7.2.14 所示：

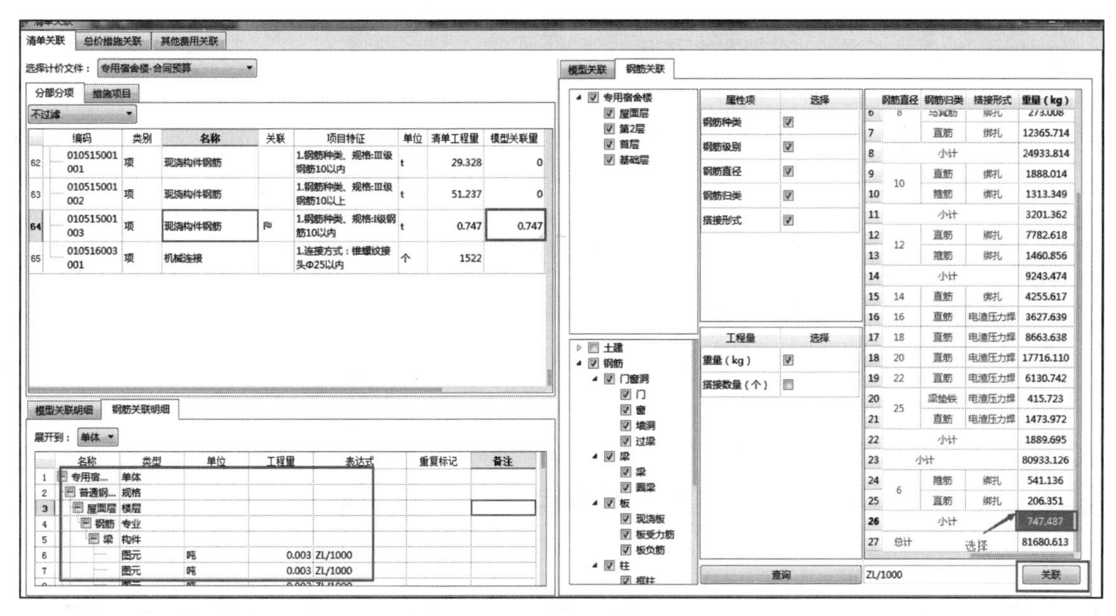

图 7.2.14

第四步：如果关联有误，可在已关联的明细中，右键点击选择取消关联，然后重复上述操作重新关联即可。土建专业也可以利用清单关联的功能完成成本信息挂接，操作方法同钢筋，本处不再进行演示。注意清单匹配和清单关联最终的目的是一致的，前期通过清单匹配的清单项在清单关联中默认已经为关联状态。如图 7.2.15 所示：

模型关联明细　钢筋关联明细

展开到：单体

	名称	类型	单位	工程量	表达式	重复标记	备注
1	专用宿... 取消关联						
2	普通钢						
3	屋面层	楼层					
4	钢筋	专业					
5	梁	构件					
6		图元	吨	0.003	ZL/1000		
7		图元	吨	0.003	ZL/1000		

图 7.2.15

第五步：进行总价措施关联，计算措施费用。在此界面显示预算文件中的总价措施，选中一条措施项，选中该措施项对应的清单项，点击关联。关联完成后，选择表达式。对措施项和清单关联选择对应的计算式，将清单和模型关联，即可计算出该措施项的费用。关联后，在后续施工模拟时间轴上，选择对应的施工时间，在资金曲线中可查看金额。如图 7.2.16、图 7.2.17 所示：

第六步：进行其他费用关联。增加录入其他费用，为后期商务部分做准备。录入后，同样可在资金曲线中查看金额。如图 7.2.18 所示：

商务经理根据上述操作自行完成合同预算及成本预算的清单关联工作。完成之后点击数据提交，输入日志。如图 7.2.19 所示：

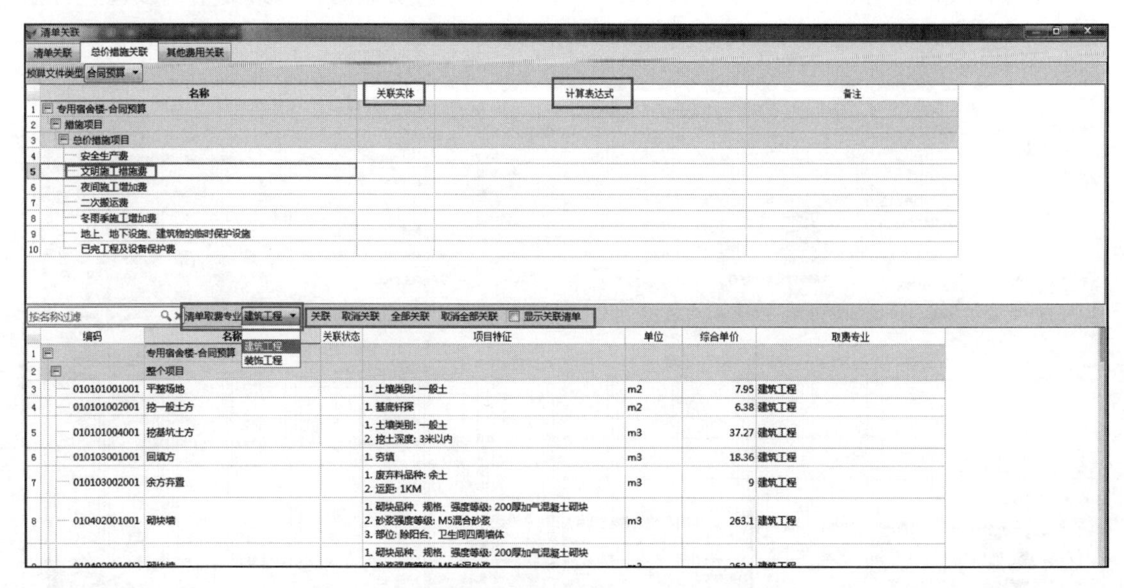

图 7.2.16

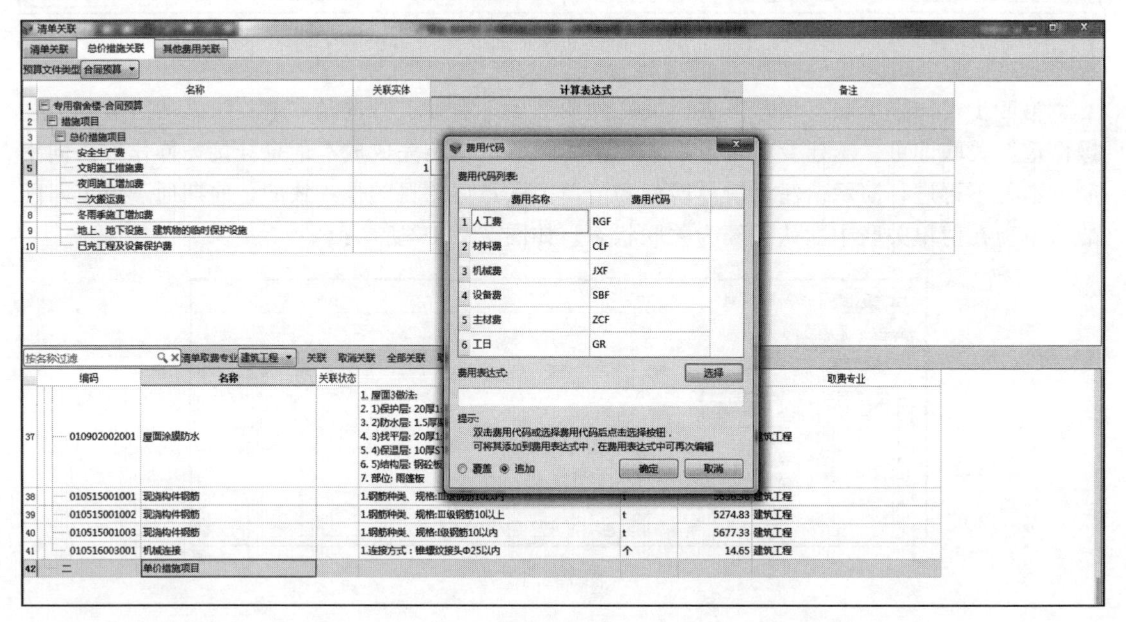

图 7.2.17

清单关联

清单关联 | 总价措施关联 | 其他费用关联

选择预算类型: 合同预算 | 新建标题 | 新建下级标题 | 新建费用 | 导入Excel | 导出Excel

	序号	项目名称	单价 (元/m2)	建筑面积 (m^2)	合价 (万元)	合同约定全部支付 (万元)	合同约定百分比支付 (万元)	占总支出比 (%)	计划支付时间	实际支付时间	备注
1	A	土地使用费用		0	4517.2	0	451.72	100			
2	A01	土地征用及迁移补偿费		0	3517.2		351.72	77.86	2018-06-19	2018-06-19	
3	A02	土地使用权出让金		0	1000		100	22.14	2018-06-19	2018-06-19	
4	合计			0	4517.2	0	451.72	100			

图 7.2.18

◆ **任务总结**

（1）注意合同预算和成本预算的区别，理解各自含义。

（2）明确清单挂接的两种方式：清单匹配、清单关联。

（3）理解清单匹配的性质是将导入的预算清单和模型自身的模型清单进行匹配，清单关联是将导入的预算清单和模型图元进行关联。

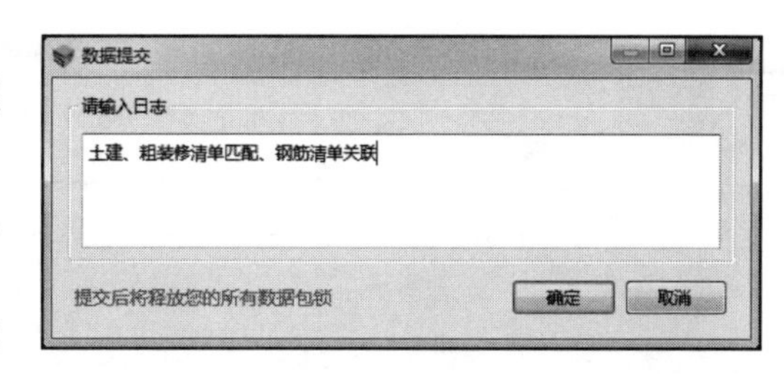

图 7.2.19

（4）掌握清单匹配（自动匹配、手工匹配）和清单关联（清单关联、总价措施关联、其他费用关联）的操作方式。

（5）当预算书有变更时，可以进行更新预算文件。更新的预算文件中的编码、名称、项目特征、单位不变，仅单价变化，则无须重新进行清单匹配，已做的清单匹配记录自动保留。

7.3 资金资源曲线

◆ **业务背景**

资金计划、资源计划以曲线表的形式进行展示，可以十分直观地反映项目的资金运作及资源利用情况，做资源分析，辅助编制项目资金计划。事前统计施工周期内所需资金量及主要材料量，根据其曲线做相应决策及准备。

利用 5D 模拟进行资金曲线进度款分析，通过合理配置资金，最大程度节约资金成本。利用 5D 模拟进行资源曲线分析，针对提取的主材资源曲线在该进度时间中的合理性进行分析，找出波峰及波谷时间段的安排的不合理的地方，进行相应调整。

项目部小组利用 BIM5D 进行资金资源曲线分析，作为商务经理，在 5D 中完成成本挂接之后，调取相应时间范围内的资金资源曲线。

◆ **任务目标**

基于专用宿舍楼案例，商务经理提取 2018 年 7 月 1 日至 7 月 31 日资金曲线，按周进行分析；同时提取该时间范围内的人工工日曲线和钢筋混凝土曲线，按周进行分析，均导出 Excel 表格用于数据分析。

◆ **责任岗位**

商务经理。

◆ **任务实施**

相关操作详见下文。

二维码 19
资金资源曲线

7.3.1 资金曲线

第一步：商务经理首先登录商务端，授权锁定后，在【施工模拟】模块中，选择时间轴范围为 2018 年 7 月 1 日至 7 月 31 日，点击【视图】菜单下，选择资金曲线。如图 7.3.1 所示：

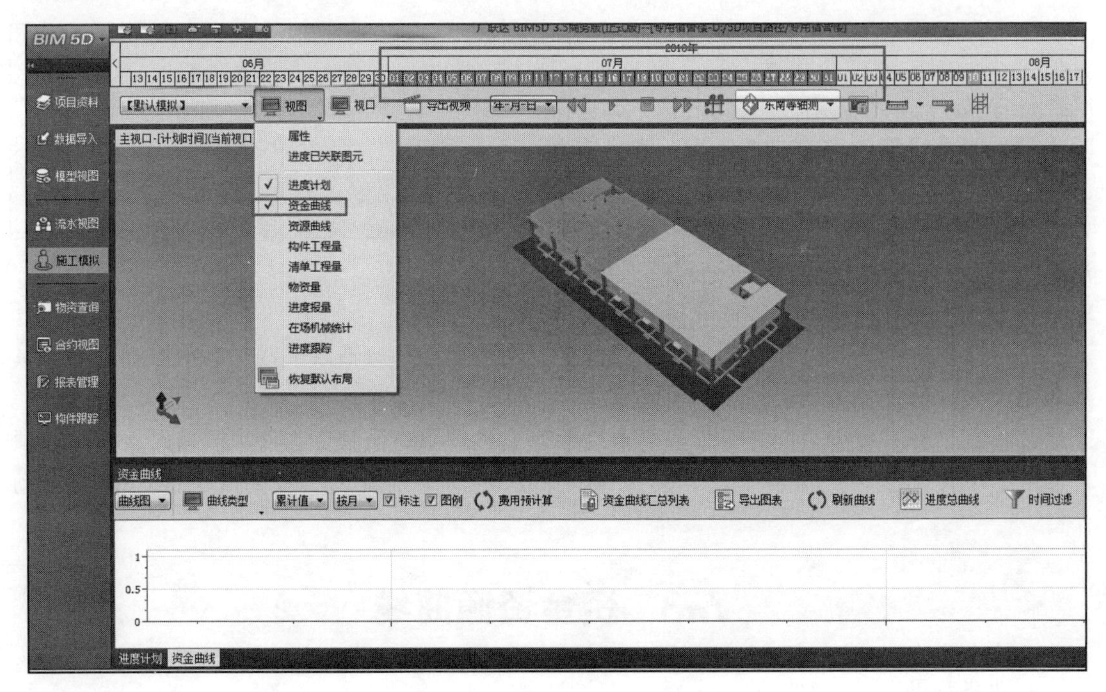

图 7.3.1

第二步：根据项目需求设置图类型，可选择曲线图和柱状图。曲线类型可以查看计划曲线、实际曲线和实际-计划曲线。统计可按累计值、当前值分别查看。时间范围可按月、周、日进行分析。如图 7.3.2 所示：

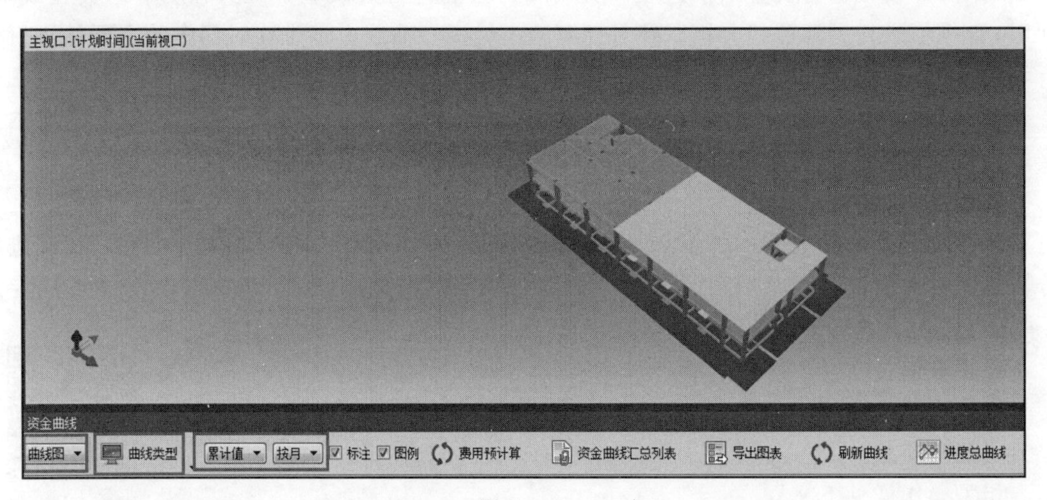

图 7.3.2

第三步：设置完成后，点击费用预计算按钮，然后点击刷新曲线。曲线会自动完成计算并显示，如图 7.3.3 所示：

第四步：点击资金曲线汇总列表和导出图标，可将曲线导出为表格或图片的形式。如图 7.3.4、图 7.3.5 所示：

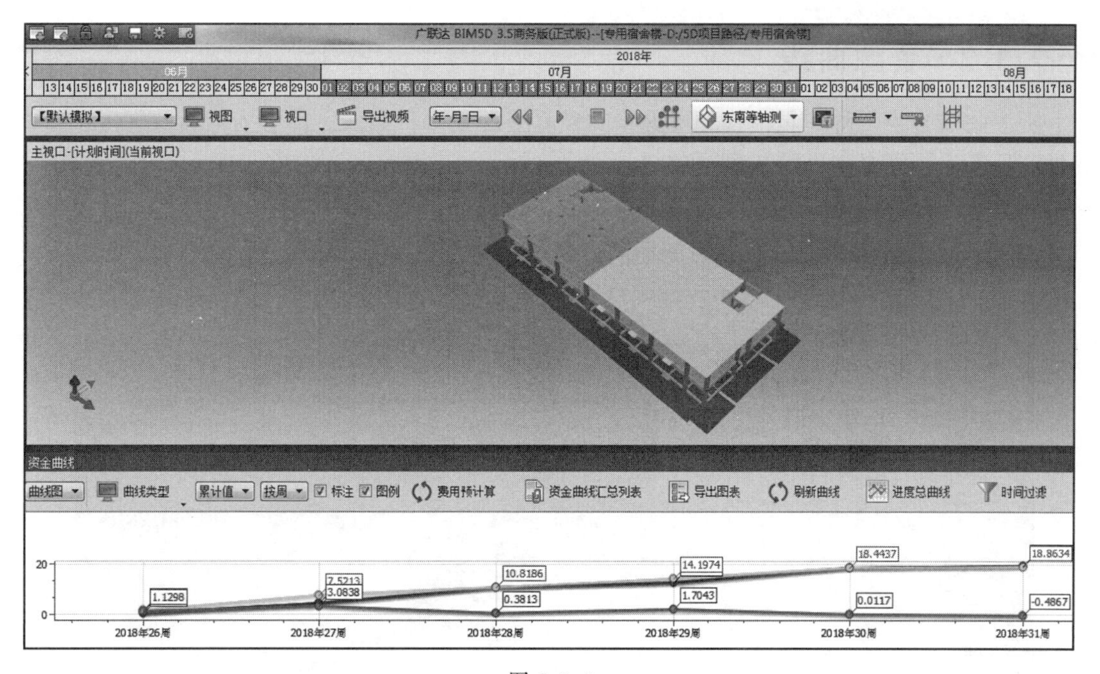

图 7.3.3

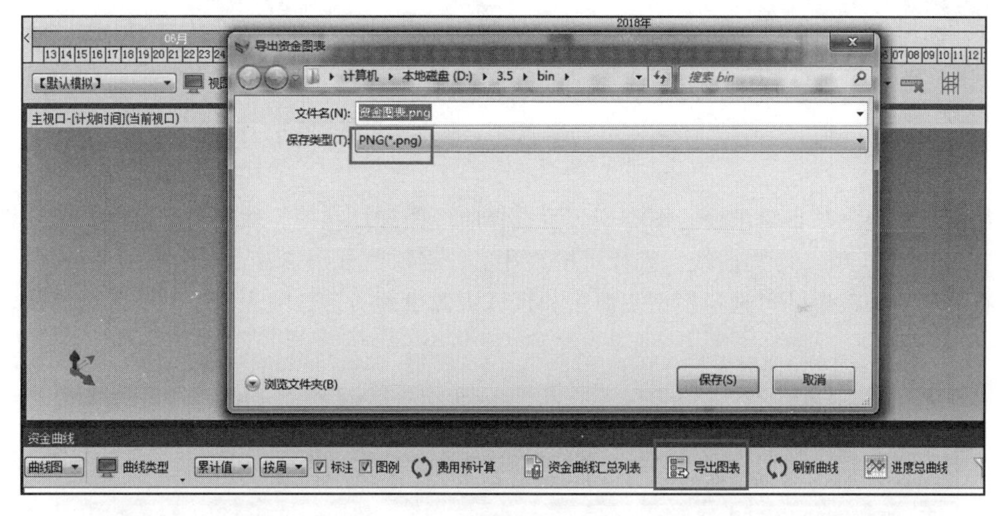

图 7.3.4

汇总列表

导出Excel

	时间	单位	计划时间-当前金额	计划时间-累计金额	实际时间-当前金额	实际时间-累计金额	当前差额	累计差额
1	2018年26周	万元	0.253	0.253	1.3828	1.3828	1.1298	1.1298
2	2018年27周	万元	4.1845	4.4375	6.1385	7.5213	1.954	3.0838
3	2018年28周	万元	5.9998	10.4373	3.2973	10.8186	-2.7025	0.3813
4	2018年29周	万元	2.0558	12.4931	3.3788	14.1974	1.323	1.7043
5	2018年30周	万元	5.9389	18.432	4.2463	18.4437	-1.6926	0.0117
6	2018年31周	万元	0.9181	19.3501	0.4197	18.8634	-0.4984	-0.4867

图 7.3.5

商务经理根据任务要求，提取资金曲线，并将其导入为图片和表格数据，进行分析。

7.3.2 资源曲线

资源曲线分为两种，包括模型资源量和预算资源量两种曲线。前者为钢筋及混凝土资源统计，后者为预算书中人料机资源的统计。

第一步：商务经理在【施工模拟】模块中，选择时间轴范围为 2018 年 7 月 1 日至 7 月 31 日，点击【视图】菜单，选择资源曲线。如图 7.3.6 所示：

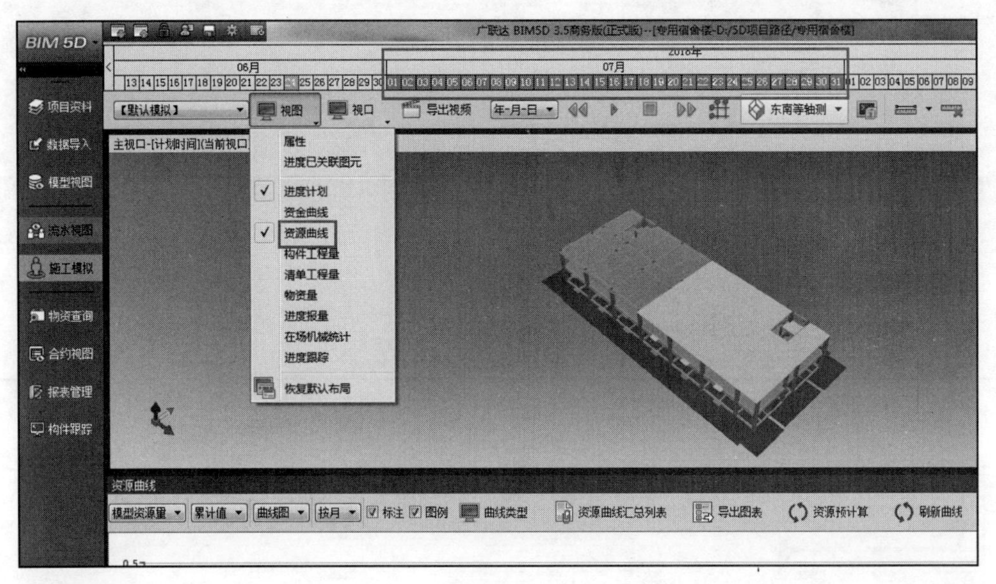

图 7.3.6

第二步：根据项目需求设置图类型，可选择曲线图和柱状图。曲线类型可以查看计划曲线、实际曲线和实际-计划曲线。统计可按累计值、当前值分别查看。时间范围可按月、周、日进行分析。曲线统计可选择模型资源量和预算资源量两类。这里先以模型资源量为例，如图 7.3.7 所示：

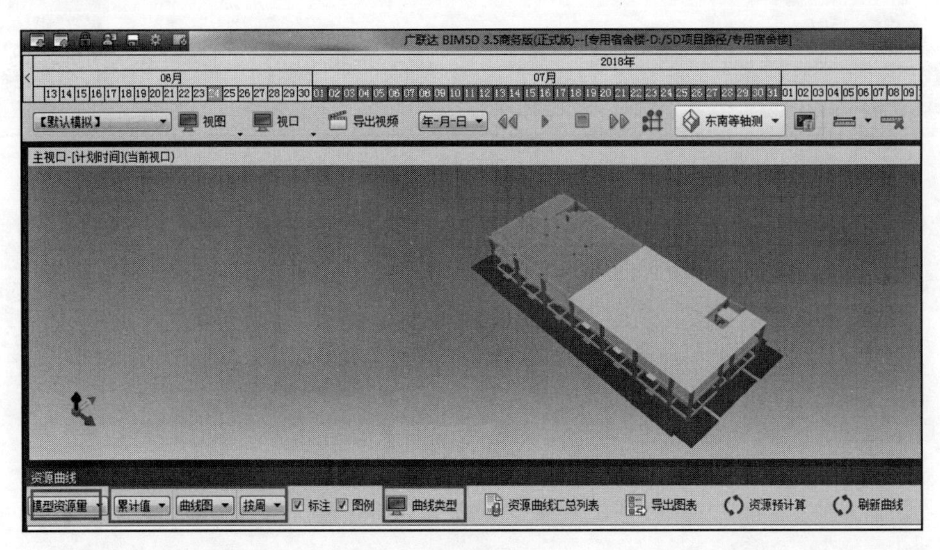

图 7.3.7

第三步：设置完成后，点击资源预计算按钮，然后点击刷新曲线。曲线会自动完成计算并显示，如图 7.3.8 所示：

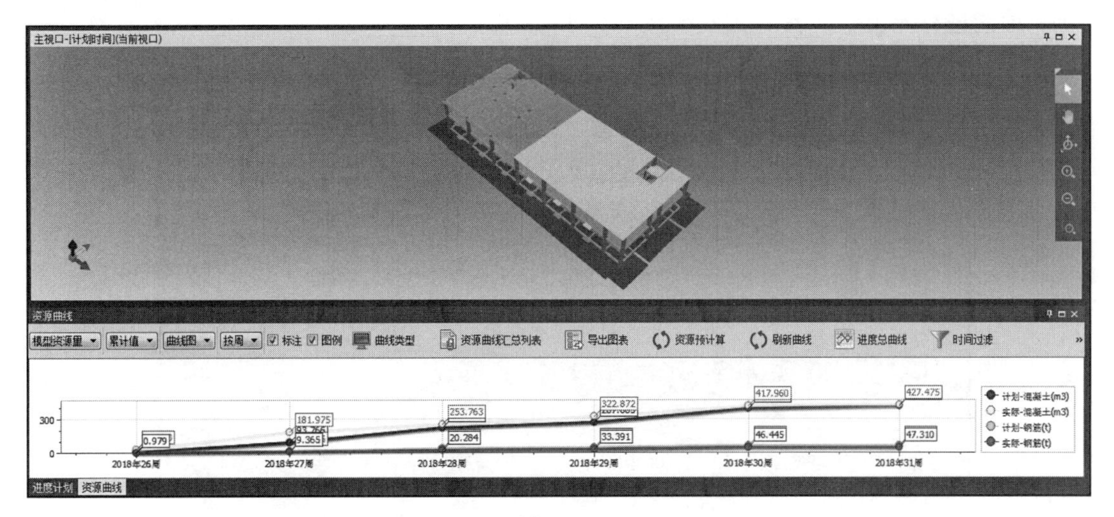

图 7.3.8

第四步：点击资源曲线汇总列表和导出图标，可将曲线导出为表格或图片的形式。如图 7.3.9、图 7.3.10 所示：

图 7.3.9

汇总列表

导出Excel

	日期	资源	单位	计划时间-当前工程量	计划时间-累计工程量	实际时间-当前工程量	实际时间-累计工
1	2018年26周	钢筋	t	1.863	1.863	0.979	
2	2018年27周	钢筋	t	14.092	15.955	8.386	
3	2018年28周	钢筋	t	22.003	37.958	10.919	
4	2018年29周	钢筋	t	4.745	42.703	13.107	
5	2018年30周	钢筋	t	20.083	62.786	13.054	
6	2018年31周	钢筋	t	2.087	64.873	0.865	
7	2018年26周	混凝土	m3	4.879	4.879	34.053	
8	2018年27周	混凝土	m3	88.887	93.766	147.922	1
9	2018年28周	混凝土	m3	130.02	223.786	71.788	2
10	2018年29周	混凝土	m3	43.899	267.685	69.109	3
11	2018年30周	混凝土	m3	129.171	396.856	95.088	
12	2018年31周	混凝土	m3	20.817	417.673	9.515	4

图 7.3.10

第五步：切换到预算资源量曲线。点击曲线设置，选择定额工日曲线，进行添加到曲线。同前操作点击资源预计算和刷新曲线，然后通过点击资源汇总列表和导出图标功能，可将工日曲线进行导出。如图 7.3.11～图 7.3.13 所示：

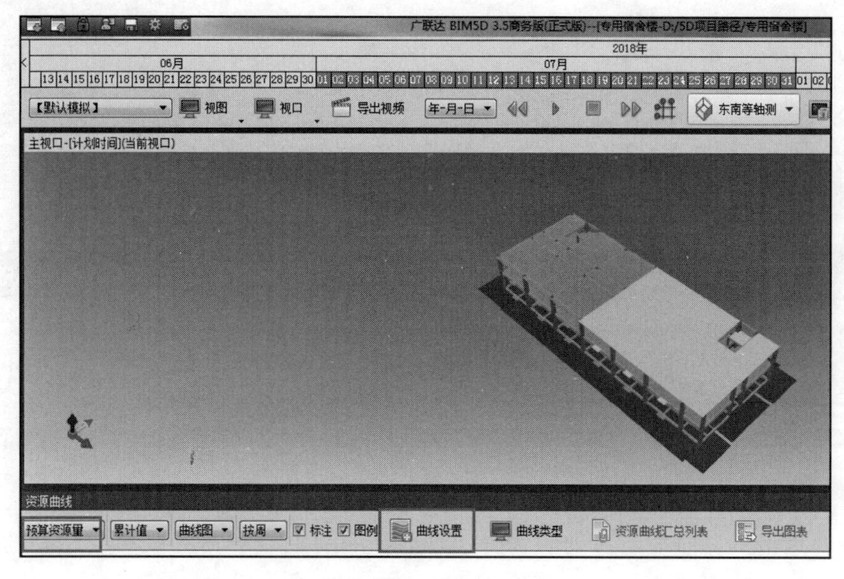

图 7.3.11

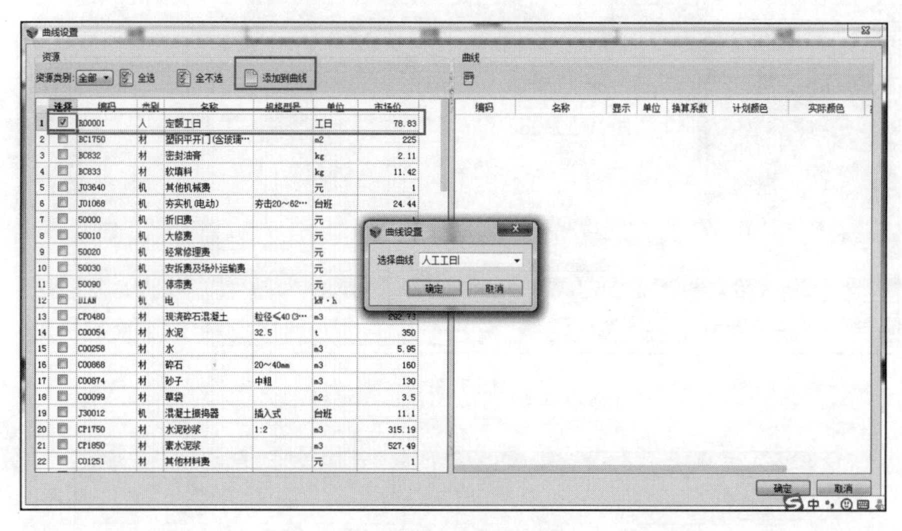

	选择	编码	类别	名称	规格型号	单位	市场价
1	☑	R00001	人	定额工日		工日	78.83
2		BC1750	材	塑钢平开门(含玻璃…		m2	225
3		BC832	材	密封油膏		kg	2.11
4		BC833	材	软填料		kg	11.42
5		J03640	机	其他机械费		元	1
6		J01068	机	夯实机(电动)	夯击20～62…	台班	24.44
7		50000	机	折旧费		元	
8		50010	机	大修费		元	
9		50020	机	经常修理费		元	
10		50030	机	安拆费及场外运输费		元	
11		50090	机	停滞费		元	
12		DIAN	机	电		kW·h	
13		CP0480	材	现浇碎石混凝土	粒径≤40 C…	m3	292.73
14		C00054	材	水泥	32.5	t	350
15		C00258	材	水		m3	5.95
16		C00868	材	碎石	20～40mm	m3	160
17		C00874	材	砂子	中粗	m3	130
18		C00099	材	草袋		m2	3.5
19		J30012	机	混凝土振捣器	插入式	台班	11.1
20		CP1750	材	水泥砂浆	1:2	m3	315.19
21		CP1850	材	素水泥浆		m3	527.49
22		C01251	材	其他材料费		元	1

图 7.3.12

商务经理根据任务要求，提取钢筋、混凝土及人工工日曲线，并将其导入为图片和表格数据，进行分析。数据提取完成后，点击数据提交，输入日志。如图 7.3.14 所示：

◆ **任务总结**

（1）注意曲线提取时，先选择对应时间轴范围，然后再点击资金或资源曲线进行查询。

（2）曲线设置均可按不同时间、不同类型、不同格式进行查看。

（3）对于资金曲线和模型资源量曲线，点击资金预计算/资源预计算，然后刷新曲线，均可显示对应时间范围的曲线内容。

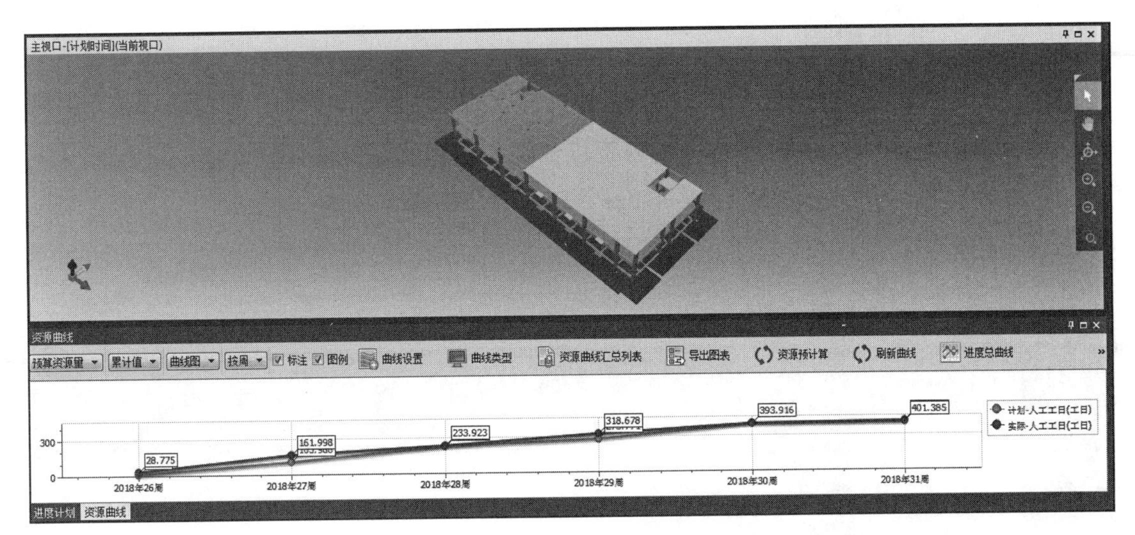

图 7.3.13

(4) 预算资源量曲线，要先进行曲线设置，将对应的人材机资源选择添加到曲线后，同样进行预计算和刷新曲线，才可显示曲线内容。

(5) 资金资源曲线均可导出为图片和表格的形式进行查看，且可以配合施工模拟功能进行曲线动态播放。

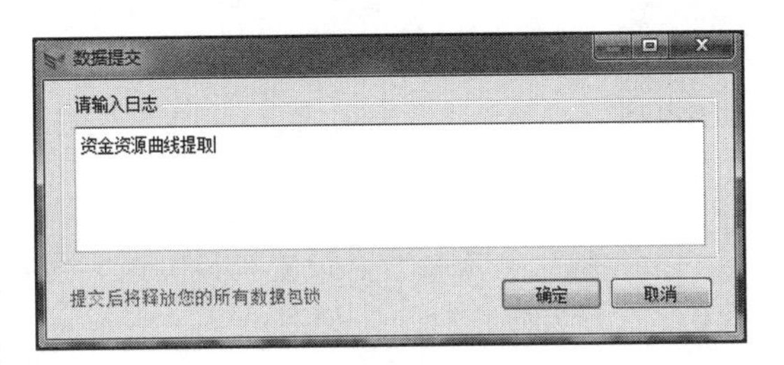

图 7.3.14

7.4 进度报量

◆ **业务背景**

在实际项目施工过程中，根据项目合同中的进度款支付方式，需要根据工程进度对甲方上报形象进度工程量，对每月的工程量及资金进行提报。

本工程项目进度款按月支付，作为商务经理，需要每月根据工程进度对甲方进行报量，通过模型计算的范围得到业主报量的预算范围，协助形象进度上报工作。

项目部小组利用BIM5D进行进度报量工作，作为商务经理，按月进行工程量提报，定期与甲方进行进度款结算。

◆ **任务目标**

基于专用宿舍楼案例，商务经理进行月度工程款提报。假定每月结算周期从本月5号到下月5号为一个月度周期，现需要将整个工期提取每月月度报量数据作为报量依据。

◆ **责任岗位**

商务经理。

◆ **任务实施**

相关操作详见下文。

二维码 20
进度报量

7.4.1 进度报量

商务经理利用进度报量功能进行工程量提报，设置每期截止时间为 5 日当天。

第一步：商务经理首先登录商务端，授权锁定后，在【施工模拟】模块中，点击【视图】菜单下【进度报量】。如图 7.4.1 所示：

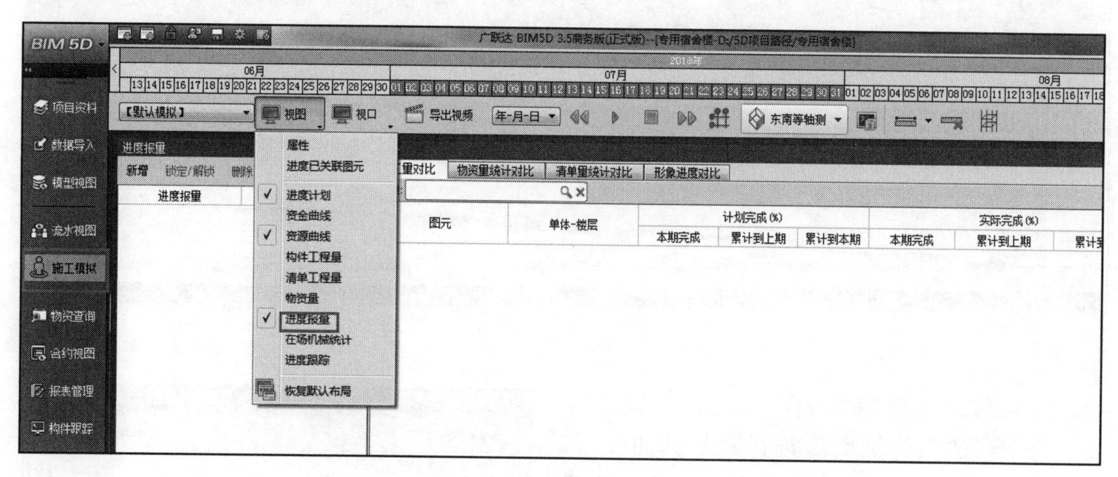

图 7.4.1

第二步：点击新增，设置统计方式、统计周期和截止日期。以第一期报量为例，设置 7 月份，5 日为截止时间，如图 7.4.2 所示：

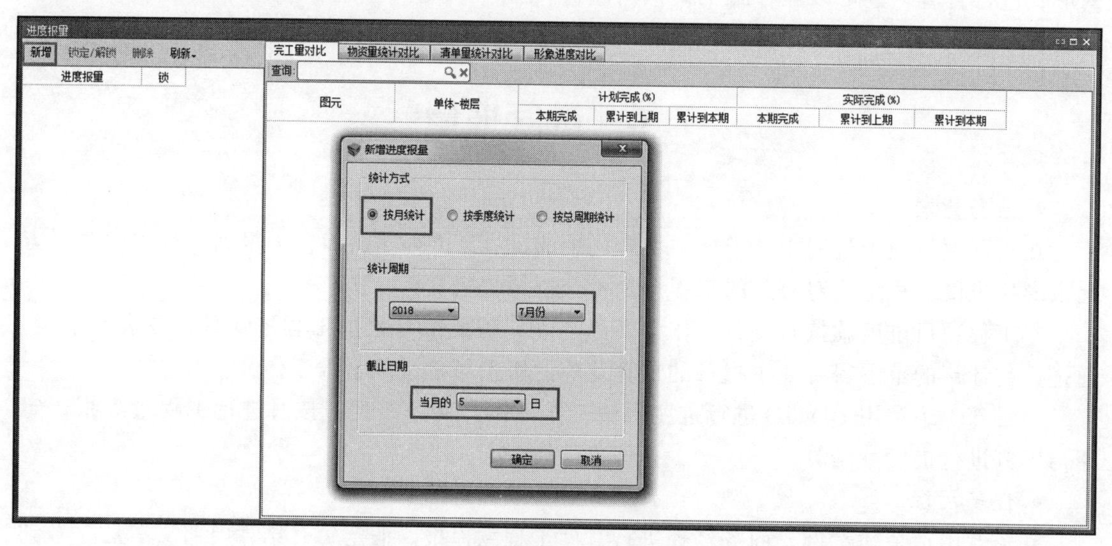

图 7.4.2

第三步：查看完工量对比。可以看到本期计划完成和实际完成的百分比。在界面上方刷新或点击鼠标右键，可对进度报量进行刷新，从进度计划刷新计划完工量及实际完工量。根据所选择的时间段，通过施工模拟进度关联任务的完成率，对构件的完成量进行对比。其中实际完成中的本期完成可以手动修改，并且对后续任务可产生影响。设置完成后，可以点击锁定按钮，把此条进度报量进行锁定，同时也可以再点击解锁进行解除。如图 7.4.3 所示：

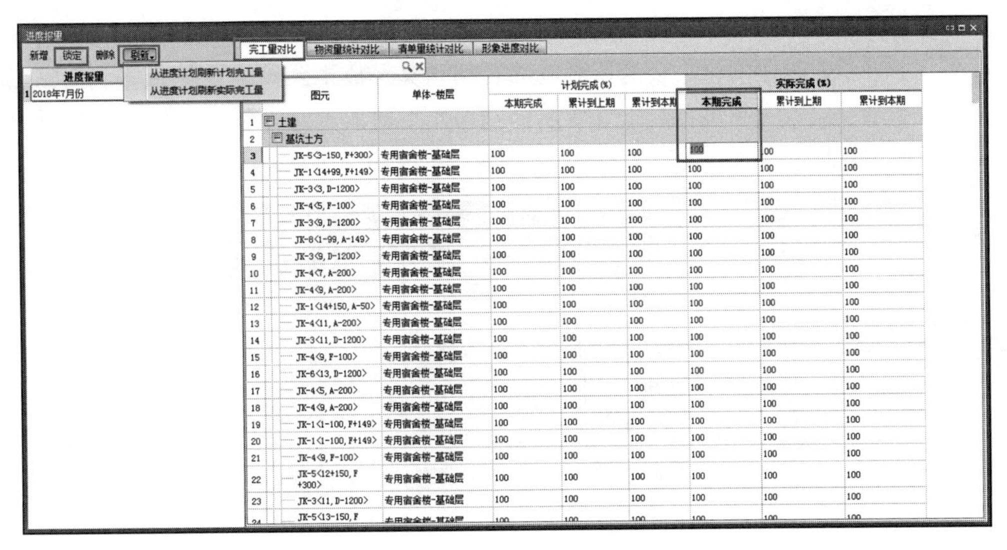

图 7.4.3

注意：

（1）进度报量首次只生成计划完工量，需刷新后才能生成实际完工量；

（2）只要对流水段或进度计划进行了编辑，在进度报量界面必须右键所有与进度计划相关的进度报表来刷新计划量与完工量，这样后面的数据才是设置完成后的数据；

（3）完工量百分比＝图元切割百分比×本期完工时间/总完工时间；

（4）锁定一条进度报量，则它之前的进度报量也会被锁定；

（5）解锁一条进度报量，则它之后的进度报量也会被解锁；

（6）锁定功能只针对完工量，物资量和清单量不受影响，仍能刷新。

第四步：查看物资量统计对比。可以输入材料、规格型号、工程量类型等查询条件进行筛选过滤，会显示查询出的每一项物资的规格型号、工程量类型、单位、计划完工量、实际完工量和量差等信息。点击导出 Excel 数据，可以选择本期或多期物资对比数据进行导出。如图 7.4.4 所示：

	材料	规格型号	工程量类型	单位	计划完工量	实际完工量	量差(实际-计划)
3	钢筋	普通钢筋-箍筋-HRB400-8	重量	kg	1582.004	0	-1582.004
4	钢筋	普通钢筋-箍筋-HPB300-6	重量	kg	122.408	0	-122.408
5	钢筋	普通钢筋-直筋-HRB400-16	重量	kg	2464.69	2233.616	-231.074
6	钢筋	普通钢筋-直筋-HRB400-22	重量	kg	2472.03	0	-2472.03
7	钢筋	普通钢筋-梁垫铁-HRB400-25	重量	kg	26.363	0	-26.363
8	钢筋	普通钢筋-直筋-HRB400-18	重量	kg	1906.602	0	-1906.602
9	钢筋	普通钢筋-直筋-HRB400-25	重量	kg	833.339	0	-833.339
10	钢筋	普通钢筋-箍筋-HRB400-10	重量	kg	1313.346	0	-1313.346
11	钢筋	普通钢筋-箍筋-HRB400-12	重量	kg	1460.842	0	-1460.842
12	钢筋	普通钢筋-直筋-HRB400-14	重量	kg	3756.568	3748.981	-7.587
13	钢筋	普通钢筋-直筋-HRB400-10	重量	kg	412.03	412.03	0
14	钢筋	普通钢筋-直筋-HRB400-8	重量	kg	64.085	64.085	0
15	现浇混凝土	现浇砾石混凝土 粒径≤10(32.5水泥)-C30	柱体积	m3	19.519	0	-19.519
16	现浇混凝土	现浇砾石混凝土 粒径≤10(32.5水泥)-C30	独基体积	m3	238.375	238.375	0
17	现浇混凝土	现浇砾石混凝土 粒径≤10(32.5水泥)-C30	梁体积	m3	47.987	0	-47.987
18	现浇混凝土	现浇砾石混凝土 粒径≤10(32.5水泥)-C20	垫层体积	m3	46.395	46.395	0

图 7.4.4

第五步：查看清单量统计对比。可以输入材料、规格型号、工程量类型等查询条件进行筛选过滤，会显示查询出的每一项清单对应的合同预算及成本预算综合单价、计划完工量、实际完工量和量差。点击导出 Excel 数据，可以选择本期或多期清单量对比数据进行导出。如图 7.4.5 所示：

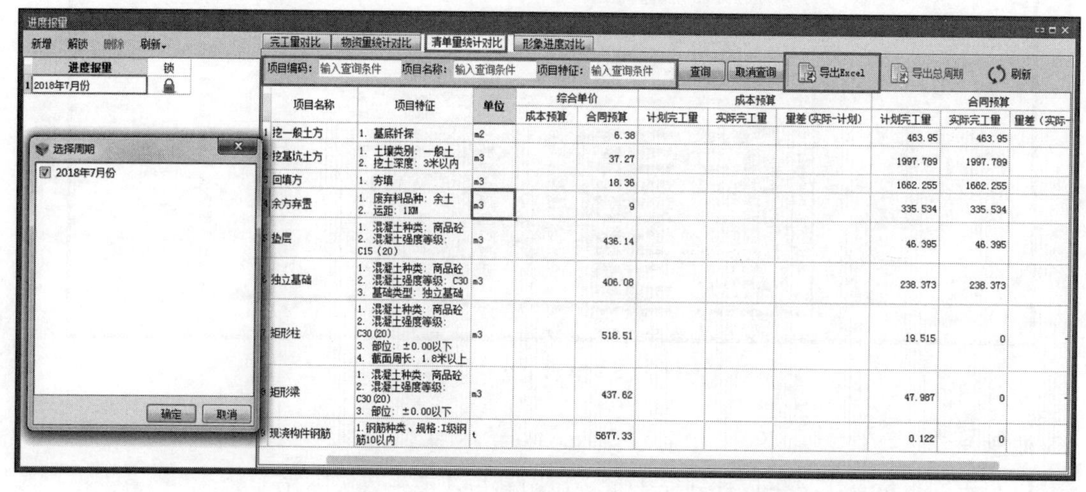

图 7.4.5

第六步：查看形象进度对比。可以点击显示设置，进行不同状态模型显示颜色的修改等。共分为四种状态显示模型：上一期已经完成、提前、正常、延迟，见图 7.4.6。

（1）上一期已经完成：截止到上期已经实际完成的进度计划模型；

（2）提前：下期的提前至本期的进度计划模型；

（3）正常：本期正常完成的进度计划模型；

（4）延后：本期延后至下期的进度计划模型。

商务经理根据上述操作步骤，自行设定每期的报量数据，进行分析查看，并导出物资对比及清单对比的 Excel 表格。如图 7.4.7 所示：

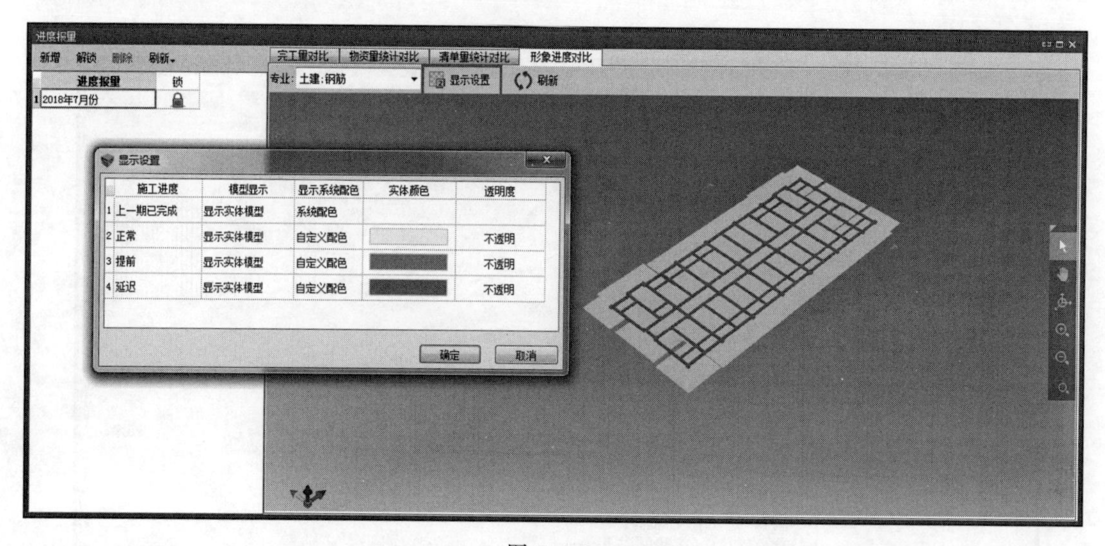

图 7.4.6

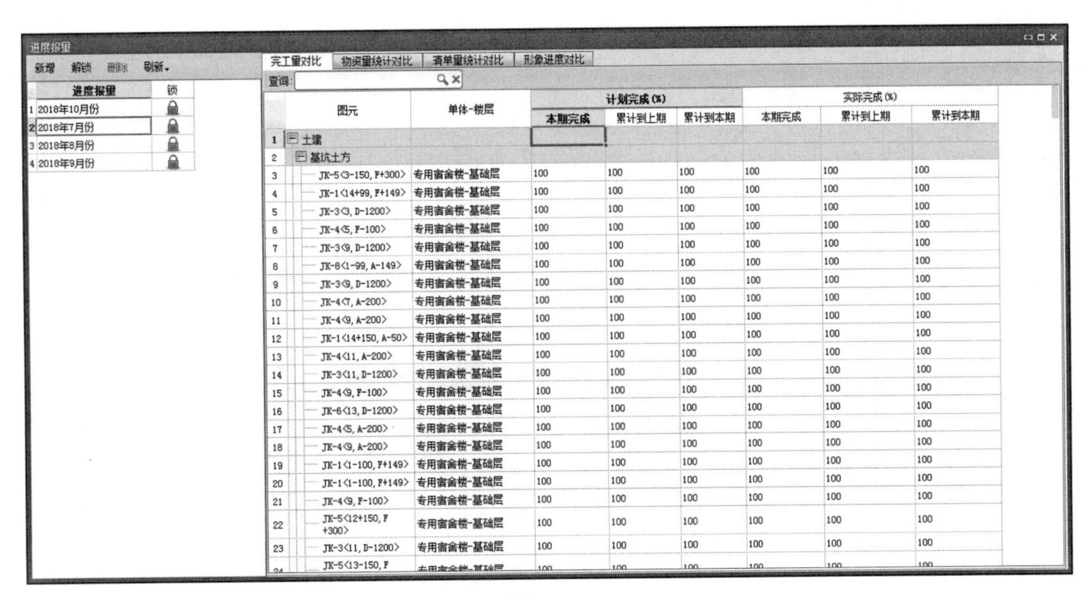

图 7.4.7

7.4.2 高级工程量查询

商务经理利用进度报量功能进行工程量提报，设置每期截止时间为 5 日当天。

第一步：商务经理在【模型视图】模块中，点击右上角的【高级工程量查询】按钮，进入查询界面。如图 7.4.8 所示：

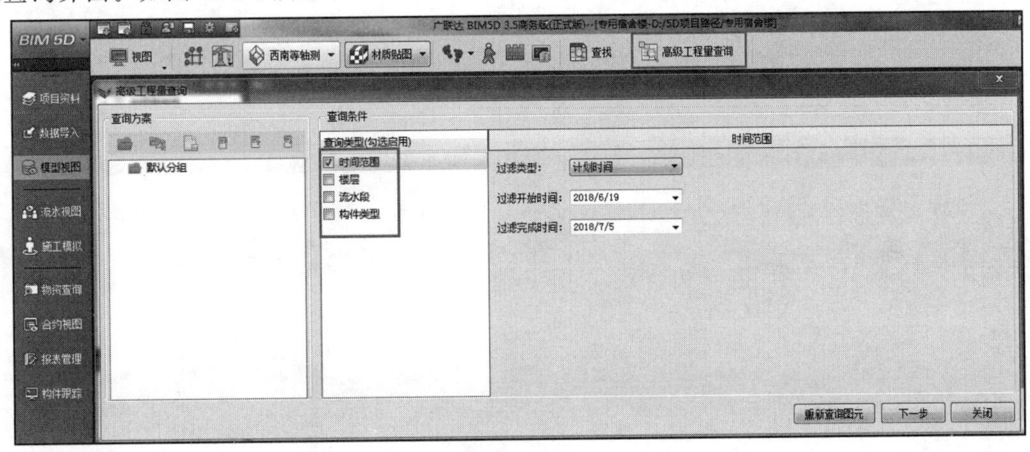

图 7.4.8

第二步：选择查询的方式，进行工程量的查询。下面以利用时间范围为例进行查询，其他查询条件同物资查询条件设定，不再单独进行阐述，各项目团队可根据需求自行选择。在选择了查询类型之后，选择对应的计划时间或实际时间范围。以 7 月 5 日到 8 月 5 日的报量周期为例，如图 7.4.9 所示：

第三步：点击下一步，然后点击汇总工程量，可以看到所选时间范围内的构件工程量及清单工程量。清单量及构件量均可设置汇总方式，清单工程量还可以选择是按合同预算或成本预算查看，点击当前清单资源量或全部资源量还可以查看清单项的人料机资源信息。如图 7.4.10、图 7.4.11 所示：

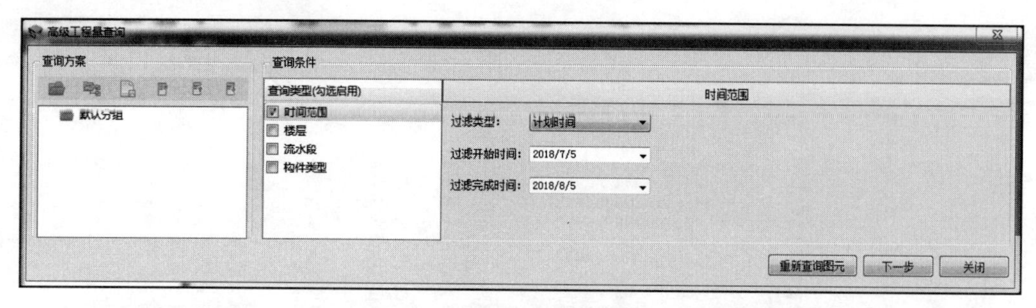

图 7.4.9

高级工程量查询

构件工程量 清单工程量

汇总方式：按规格型号汇总 导出工程量 过滤工程量 取消过滤

	专业	构件类型	规格	工程量类型	单位	工程量
1	土建	独立基础		独立基础数量	个	29
2	土建	垫层	材质:现浇混凝土 砼标号:C20 砼类型:现浇砾石混凝土 粒径≤10(32.5水泥)	底部面积	m2	463.95
3	土建	垫层	材质:现浇混凝土 砼标号:C20 砼类型:现浇砾石混凝土 粒径≤10(32.5水泥)	垫层模板面积	m2	42.54
4	土建	垫层	材质:现浇混凝土 砼标号:C20 砼类型:现浇砾石混凝土 粒径≤10(32.5水泥)	垫层体积	m3	46.395
5	土建	垫层	材质:现浇混凝土 砼标号:C20 砼类型:现浇砾石混凝土 粒径≤10(32.5水泥)	模板体积	m3	46.395
6	土建	梁	材质:现浇混凝土 砼标号:C30 砼类型:现浇砾石混凝土 粒径≤10(32.5水泥)	截面高度	m	21.8
7	土建	梁	材质:现浇混凝土 砼标号:C30 砼类型:现浇砾石混凝土 粒径≤10(32.5水泥)	截面宽度	m	9.3
8	土建	梁	材质:现浇混凝土 砼标号:C30 砼类型:现浇砾石混凝土 粒径≤10(32.5水泥)	截面面积	m2	5.255
9	土建	梁	材质:现浇混凝土 砼标号:C30 砼类型:现浇砾石混凝土 粒径≤10(32.5水泥)	梁侧面面积	m2	383.609
10	土建	梁	材质:现浇混凝土 砼标号:C30 砼类型:现浇砾石混凝土 粒径≤10(32.5水泥)	梁脚手架面积	m2	658.28
11	土建	梁	材质:现浇混凝土 砼标号:C30 砼类型:现浇砾石混凝土 粒径≤10(32.5水泥)	梁截面周长	m	62.2
12	土建	梁	材质:现浇混凝土 砼标号:C30 砼类型:现浇砾石混凝土 粒径≤10(32.5水泥)	梁净长	m	340.968
13	土建	梁	材质:现浇混凝土 砼标号:C30 砼类型:现浇砾石混凝土 粒径≤10(32.5水泥)	梁模板面积	m2	465.982
14	土建	梁	材质:现浇混凝土 砼标号:C30 砼类型:现浇砾石混凝土 粒径≤10(32.5水泥)	梁体积	m3	47.987

上一步 返回 关闭

图 7.4.10

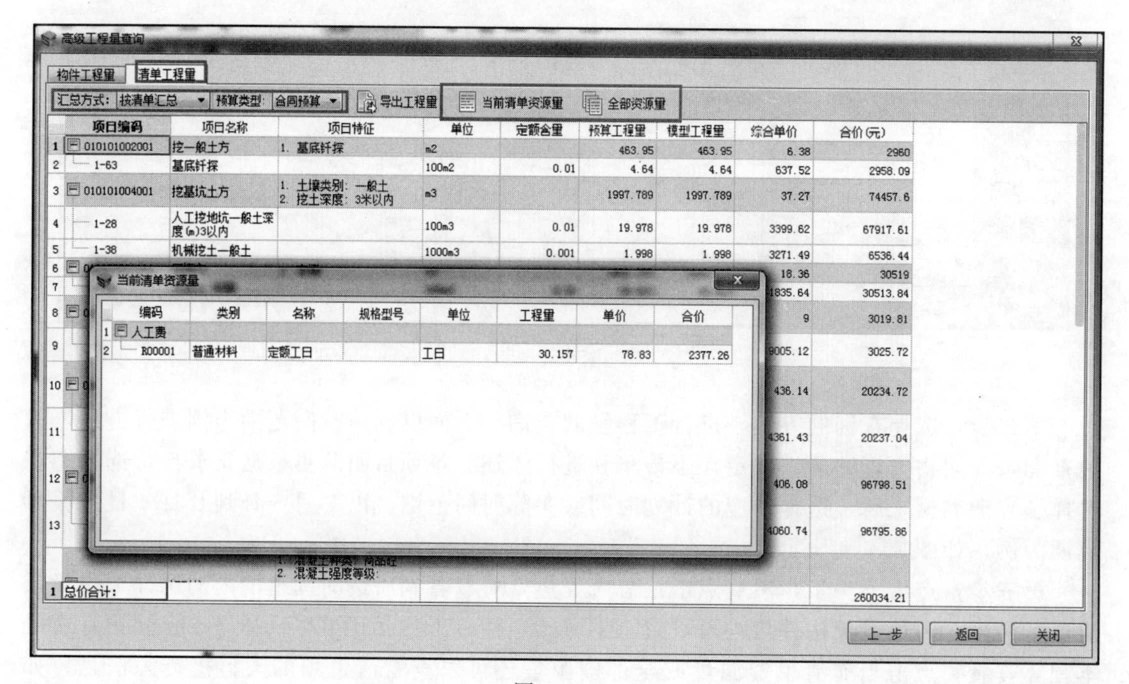

图 7.4.11

第四步：点击导出工程量，可以将构件工程量及清单工程量导出 Excel 表格信息。如图 7.4.12、图 7.4.13 所示：

高级工程量查询

构件工程量 | 清单工程量

汇总方式：按清单汇总　预算类型：合同预算　导出工程量　当前清单资源量　全部资源量

	项目编码	项目名称	项目特征	单位	定额含量	预算工程量	模型工程量	综合单价	合价(元)
1	010101002001	挖一般土方	1. 基底钎探	m2		463.95	463.95	6.38	2960
2	1-63	基底钎探		100m2	0.01	4.64	4.64	637.52	2958.09
3	010101004001	挖基坑土方	1. 土壤类别：一般土 2. 挖土深度：3米以内	m3		1997.789	1997.789	37.27	74457.6
4	1-28	人工挖地坑一般土深度(m)3以内		100m3	0.01	19.978	19.978	3399.62	67917.61
5	1-38	机械挖土一般土		1000m3	0.001	1.998	1.998	3271.49	6536.44
6	010103001001	回填方	1. 夯填	m3		1662.255	1662.255	18.36	30519
7	1-B4	回填土 夯填		100m3	0.01	16.623	16.623	1835.64	30513.84
8	010103002001	余方弃置	1. 废弃料品种：余土 2. 运距：1KM	m3		335.534	335.534	9	3019.81
9	1-46	装载机装土自卸汽车运土1km内		1000m3	0.001	0.336	0.336	9005.12	3025.72
10	010501001001	垫层	1. 混凝土种类：商品砼 2. 混凝土强度等级：C15（20）	m3		46.395	46.395	436.14	20234.72
11	4-13	基础垫层混凝土(C10-40（32.5水泥）现浇碎石砼)		10m3	0.1	4.64	4.64	4361.43	20237.04
12	010501003001	独立基础	1. 混凝土种类：商品砼 2. 混凝土强度等级：C30 3. 基础类型：独立基础	m3		238.373	238.373	406.08	96798.51
13	4-5	独立基础混凝土(C15-40（32.5水泥）现浇碎石砼)		10m3	0.1	23.837	23.837	4060.74	96795.86
			1. 混凝土种类：商品砼 2. 混凝土强度等级：						
1	总价合计：								260034.21

上一步　返回　关闭

图 7.4.12

高级工程量查询

构件工程量 | 清单工程量

汇总方式：按规格型号汇总　导出工程量　过滤工程量　取消过滤

	专业	构件类型	规格	工程量类型	单位	工程量
1	土建	独立基础		独立基础数量	个	29
2	土建	垫层	材质:现浇混凝土　砼标号:C20　砼类型:现浇砾石混凝土 粒径≤10(32.5水泥)	底部面积	m2	463.95
3	土建	垫层	材质:现浇混凝土　砼标号:C20　砼类型:现浇砾石混凝土 粒径≤10(32.5水泥)	垫层模板面积	m2	42.54
4	土建	垫层	材质:现浇混凝土　砼标号:C20　砼类型:现浇砾石混凝土 粒径≤10(32.5水泥)	垫层体积	m3	46.395
5	土建	垫层	材质:现浇混凝土　砼标号:C20　砼类型:现浇砾石混凝土 粒径≤10(32.5水泥)	模板体积	m3	46.395
6	土建	梁	材质:现浇混凝土　砼标号:C30　砼类型:现浇砾石混凝土 粒径≤10(32.5水泥)	截面高度	m	21.8
7	土建	梁	材质:现浇混凝土　砼标号:C30　砼类型:现浇砾石混凝土 粒径≤10(32.5水泥)	截面宽度	m	9.3
8	土建	梁	材质:现浇混凝土　砼标号:C30　砼类型:现浇砾石混凝土 粒径≤10(32.5水泥)	截面面积	m2	5.255
9	土建	梁	材质:现浇混凝土　砼标号:C30　砼类型:现浇砾石混凝土 粒径≤10(32.5水泥)	梁侧面面积	m2	383.609
10	土建	梁	材质:现浇混凝土　砼标号:C30　砼类型:现浇砾石混凝土 粒径≤10(32.5水泥)	梁脚手架面积	m2	658.28
11	土建	梁	材质:现浇混凝土　砼标号:C30　砼类型:现浇砾石混凝土 粒径≤10(32.5水泥)	梁截面周长	m	62.2
12	土建	梁	材质:现浇混凝土　砼标号:C30　砼类型:现浇砾石混凝土 粒径≤10(32.5水泥)	梁净长	m	340.968
13	土建	梁	材质:现浇混凝土　砼标号:C30　砼类型:现浇砾石混凝土 粒径≤10(32.5水泥)	梁模板面积	m2	465.982
14	土建	梁	材质:现浇混凝土　砼标号:C30　砼类型:现浇砾石混凝土 粒径≤10(32.5水泥)	梁体积	m3	47.987

上一步　返回　关闭

图 7.4.13

商务经理根据任务要求，分别查询每期报量，并导出相应的构件量及清单量表格信息。任务完成后，点击提交数据，输入日志。如图 7.4.14 所示：

图 7.4.14

◆ **任务总结**

(1) 进度报量和高级工程量查询功能，均可实现向甲方进行报量的业务场景应用，项目团队可根据需求自行选择；

（2）进度报量按月进行统计时，注意设置月统计截止时间，并刷新计划完工量和实际完工量；

（3）进度报量功能可以查看完工量对比、物资量统计对比、清单量统计对比、形象进度对比等内容，其中物资量统计对比和清单量统计对比的数据可以导出表格信息；

（4）高级工程量查询功能可以基于时间范围、楼层、流水段及构件类型等条件进行构件工程量和清单工程量的提取。

7.5 变更管理

◆ **业务背景**

设计变更是指设计单位依据建设单位要求调整，或对原设计内容进行修改、完善、优化。设计变更应以图纸或设计变更通知单的形式发出。

在工程施工过程中发现原设计文件与实际施工情况存在很大的差异时，会对整个项目的创效造成很大难度。因此需要对项目进行设计变更，而改变有关工程的施工时间和顺序也属于设计变更。变更有关工程价款的报告应由承包人提出。承包人在施工过程中更改施工组织设计的，应经业主和监理同意。

项目施工过程中，会发生很多变更。如何将大量的变更有效管理起来，决定后期结算能否顺利进行。在 BIM 系统中可以记录变更的基本信息，以便查看变更历史记录、根据变更号查看模型及其他数据等。

◆ **任务目标**

基于专用宿舍楼案例，施工过程中遇到以下变更：项目首层柱混凝土强度不足，对项目质量造成隐患，现将混凝土标号由 C30 改为 C35，同时首层的 KZ6 纵筋直径由 20mm 变更为 22mm。作为商务经理，将变更信息录入 BIM5D 系统，并进行模型的变更替换。

二维码 21
变更管理

◆ **责任岗位**

商务经理。

◆ **任务实施**

相关操作见下文。

7.5.1 变更登记

商务经理在录入变更之前，需要协同项目部技术经理负责模型信息的修改，完成混凝土标号及钢筋直径的变更，导出变更模型文件。

第一步：商务经理首先登录商务端，授权锁定后，在【项目资料】模块中，点击【变更等级】页签。通过新建分组、新建下级分组、新建变更，输入变更基本信息。其中变更及分组名称、变更号、变更时间及变更内容自行录入，变更类型可以选择设计变更、现场签证、工程洽商。如图 7.5.1 所示：

第二步：新建上传变更资料，其支持全格式，可以将变更单图片、变更模型等进行上传记录。如图 7.5.2 所示：

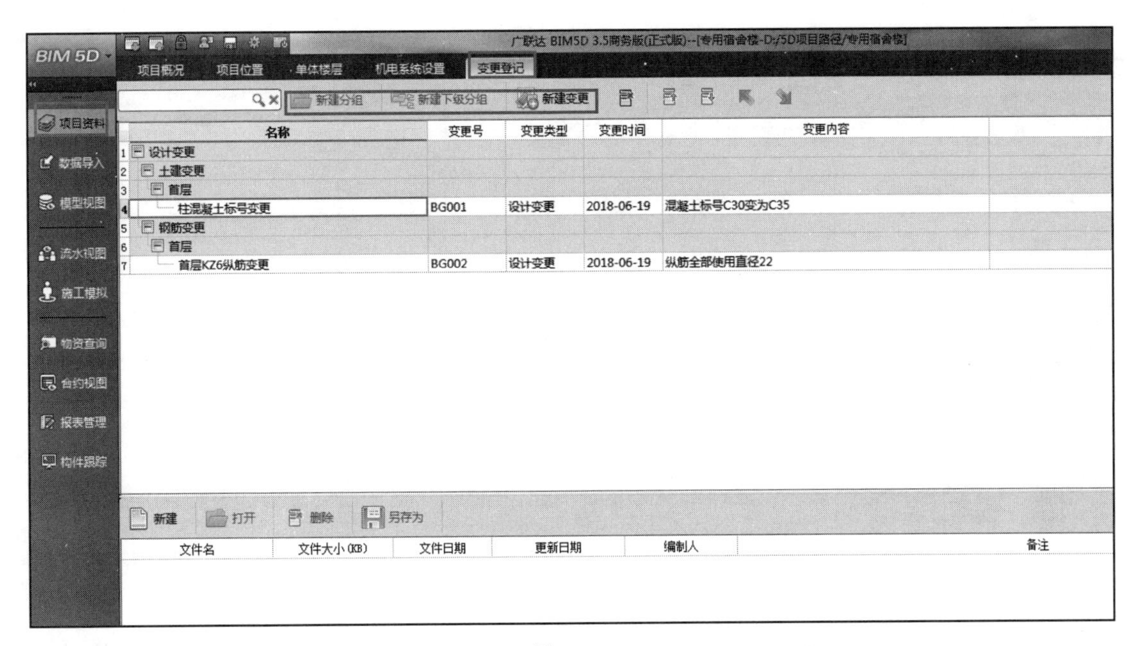

图 7.5.1

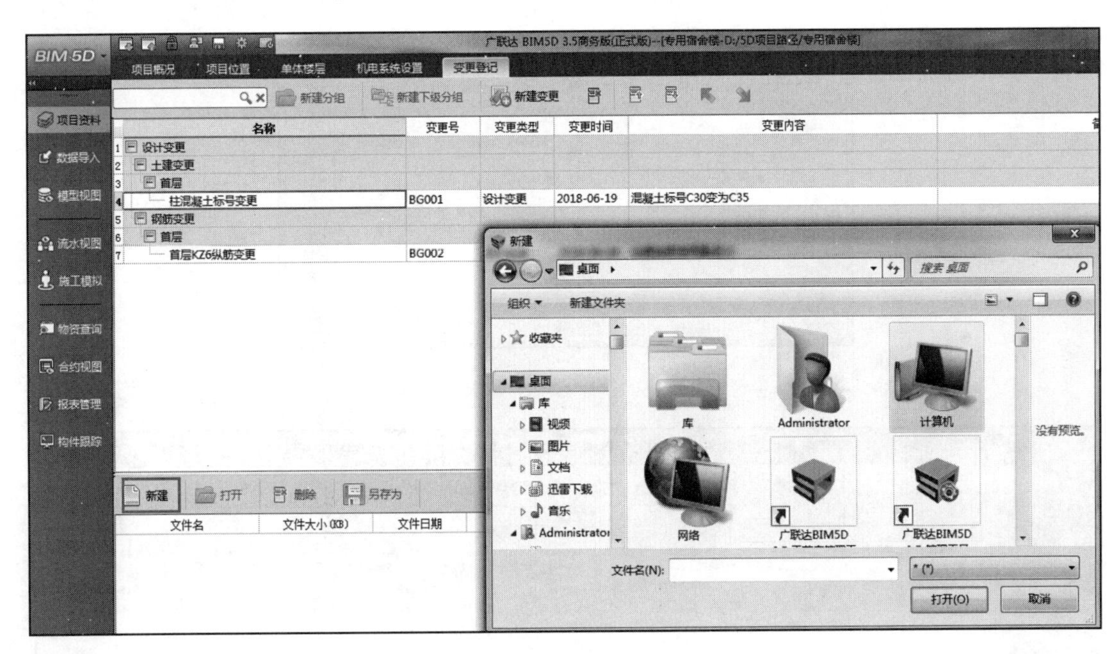

图 7.5.2

7.5.2　更新模型

商务经理在录入变更信息后，需将之前导入的专业实体模型进行更新替换。

第一步：商务经理在【数据导入】模块中，点击【模型导入】页签，左侧选择【实体模型】类别，选中专用宿舍楼土建模型一行，点击上方更新模型按钮。如图 7.5.3 所示：

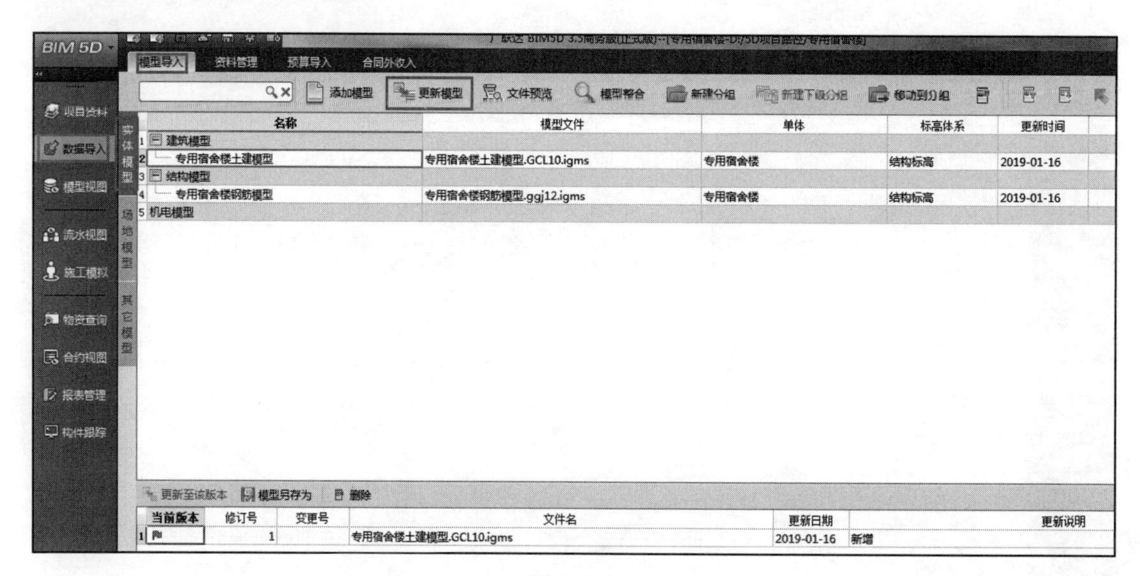

图 7.5.3

第二步：选择更新模型对应的变更号，选择土建变更下变更对应变更号。然后选择更变模型进行导入，并描述更新说明。同时在软件下方点击更新至该版本，将新导入的模型文件进行替换。如图 7.5.4、图 7.5.5 所示：

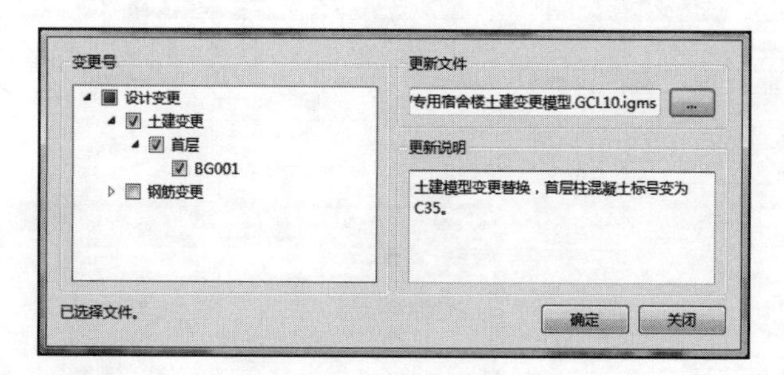

图 7.5.4

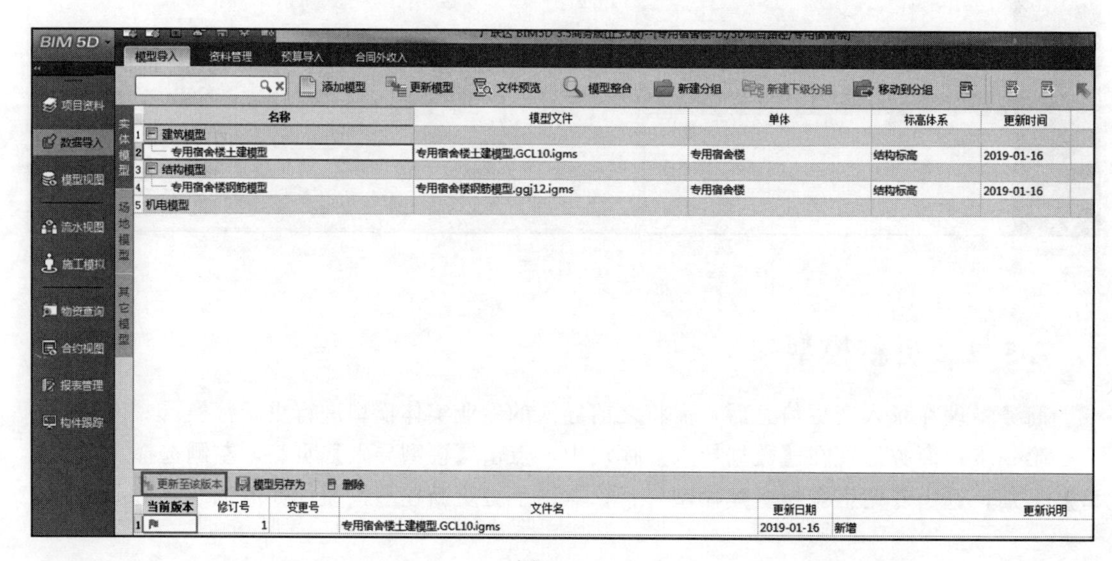

图 7.5.5

第三步：商务经理根据上述操作，继续完成钢筋变更的模型更新。更新完成后，点击数据提交，输入日志。如图 7.5.6 所示：

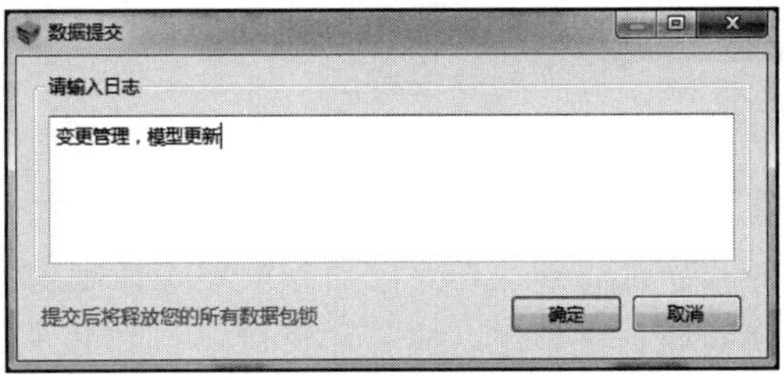

图 7.5.6

◆ **任务总结**

（1）变更管理模块可以录入各类变更信息，包括设计变更、现场签证、工程洽商，可以分类建立分组进行管理；

（2）变更文件支持上传全格式；

（3）更新模型可以将之前导入的实体模型进行替换，并对应变更登记中的信息记录。更新模型后，不影响原有的关联关系。

◆ **知识链接**

变更工作过程中的具体做法

进场后，拿到施工蓝图后，组织相关商务技术人员进行审图，审图完成后由商务技术人员开始计算工程各专业蓝图工程量，并注明各分项工作施工内容、工序等并提交材料数量，完成后交计划成本部，由计划成本部进行与合同工程量清单的对比工作。主要对比的内容有：分项工程是否有漏项、是否存在工程量偏差、蓝图分项工程施工内容与合同工程量清单分项工程项目特征是否一致、材料设备规格型号是否一致。

在施工过程中，发生非自己单位原因造成的变更及费用增加的项目或合同外工程内容时，及时留取相应的影像资料、编制现场变更单或现场签证单，以确认变更内容及变更工程量，并由计划成本部核算变更及增加费用，及时上报监理业主予以确认。

施工蓝图工程量与合同工程量清单对比完成后，对存在不一致的分项工程进行单独分析，如无相同单价或类似单价的，要根据实际情况编制新增单价。在新增单价编制过程中，人员、材料、机械的单价要按照合同及相关价格信息指导价进行调整价差。

对比并筛选出合同工程量清单中漏项的施工内容，查找合同中相关条款的要求，查看漏项的施工内容报价是否已在投标报价过程中包含在总价中。如未包含在总价中，由计划成本部根据施工蓝图的要求编制漏项施工内容预算，将漏项施工内容预算汇总到结算工程量中，以达到变更索赔的目的。

7.6 合约规划、三算对比

◆ **业务背景**

合约规划是指项目目标成本确定后，对项目全生命周期内所发生的所有合同类、金额进行预估，是实现成本控制的基础。合约规划也可以理解为以预估合同的方式对目标成本的分级，将目标成本控制科目上的金额分解为具体的合同。

三算对比，是指根据中标清单工程量及单价、施工图预算工程量及单价、实际成本工程量及单价的三部分分别对比分析，利用收入-支出（清单收入-实际成本）得出项目盈亏情况，利用预算-支出（预算收入-实际成本）得出项目实际的节超情况。三算对比是项目成本管控分析的主要手段及方式。

在项目合同预算已经明确的情况下，商务部门在项目开工前需对投标清单进行合理的分解，作为现场商务经理需对整个项目拟分包的项目进行合理规划，确定劳务、专业分包拟招标范围及金额，进而完成分包项目的合约规划工作，从而保证项目招标工作正常进行。

按照传统的分包做法，施工单位按照清单维度进行成本控制，支付给分包的是劳务、材料机械等费用，只能在项目完成，与分包结算后，才能判断项目是否盈利，盈利多少。很难在施工过程中及时将收入和支出对比，做到实时进行成本监控。

项目商务部先要做商务策划，且定期进行损益分析。利用 BIM5D 合约视图，通过合约规划与三算对比以清单和资源不同维度得出盈亏和节超分析，帮助相关人员了解项目资金情况。

◆ **任务目标**

基于专用宿舍楼案例，作为商务经理，为了实现基于 BIM 技术对合约的规划及管理，在 BIM5D 软件合约视图中将合同预算进行划分，分别为劳务、专业及物资采购三类分包，将预算人工归类至劳务分包单位，钢筋、砌块分别归类至物资采购单位，防水相关内容归类为专业分包，分别进行分包合同挂接。通过市场询价，对劳务分包、防水专业承包及物资采购三类分包设置对外分包单价，查看各分包合同费用金额，进行费用分析，同时导出各分包合同费用表格及合约表格信息。

项目经理要求商务部对项目整体经营情况进行对比分析，需要利用三算对比来分析项目的矩形梁和屋面卷材防水清单项盈亏情况及材料节超情况。

◆ **责任岗位**

商务经理、项目经理。

◆ **任务实施**

相关操作详见下文。

二维码 22 合约规划及三算对比

7.6.1 合约规划

商务经理设置分包合同维护，利用合约规划进行分包合同费用分析。

第一步：商务经理首先登录商务端，授权锁定后，在【合约视图】模块中，点击新建或从模板新建，完成合约建立。选择新建方式时，自行录入信息。从模板导入时，可以从设置好的 Excel 导入或从 2013 年版清单规范按照专业名称、分部及分项名称三个层级进行建立。如图 7.6.1 所示：

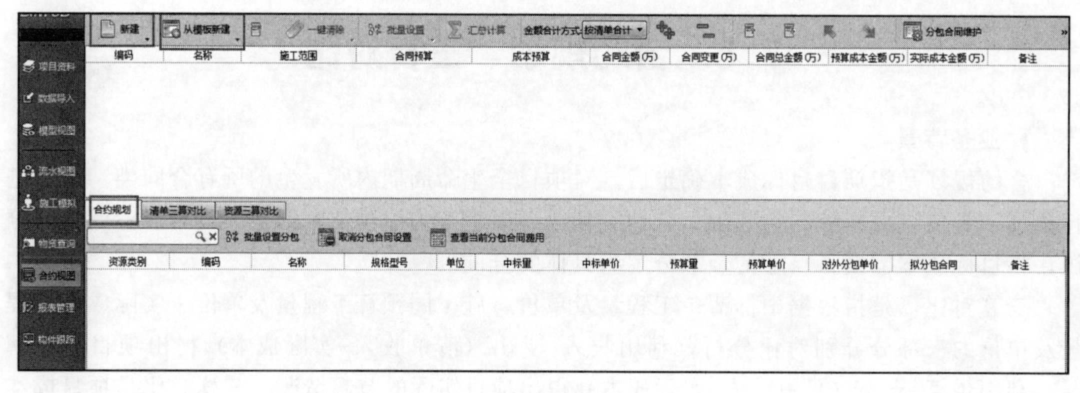

图 7.6.1

第二步：商务经理建立合约，新建一条土建专业合约，施工范围选择土建专业全楼范围；同时新建一条钢筋专业合约，施工范围选择钢筋专业全楼范围，设置合同预算与成本预算文件。点击汇总计算，汇总计算后，可以看到合约的合同金额、合同变更、合同总金额、预算成本金额、实际成本金额。其中合同金额来自合同预算文件，预算成本金额来自成本预算文件，实际成本金额默认等于成本预算，实际成本的单价及工程量可自行修改。合同变更金额根据涉及合同外的收入自行录入，合同总金额等于合同金额加合同变更。金额合计方式可以选择按清单合计和按资源合计两种。如图 7.6.2 所示：

	编码	名称	施工范围	合同预算	成本预算	合同金额(万)	合同变更(万)	合同总金额(万)	预算成本金额(万)	实际成本金额(万)
1	HY001	专用宿舍楼土建	专用宿舍楼-基础层,...	专用宿舍楼-合同预算.GB...	专用宿舍楼-成本预算.GB...	102.8678		102.8678	97.2271	97.2271
2	HY002	专用宿舍楼钢筋	专用宿舍楼-第2层,专...	专用宿舍楼-合同预算.GB...	专用宿舍楼-成本预算.GB...	43.9285		43.9285	43.1158	43.1158

	资源类别	编码	名称	规格型号	单位	中标量	中标单价	预算量	预算单价	对外分包单价	拟分包合同	备注
1	普通材料											
2	普通材料	C00026	镀锌铁丝	22#	kg	0	4.5	0	0	0		
3	普通材料	50090	停滞费		元	2483.33	0	2483.454	0	0		
4	普通材料	QY	汽油		kg	4.322	7.87	4.322	10.6	10.6		
5	普通材料	CY	柴油		kg	465.794	8.43	465.794	8.3	8.3		
6	普通材料	50010	大修费		元	450.327	1	450.345	1	1		
7	普通材料	R00001	定额工日		工日	3534.35	78.83	3535.152	78.83	78.83		
8	普通材料	C00168	二甲苯		kg	2.999	6.7	2.999	6.7	6.7		
9	普通材料	C00099	草袋		m2	786.938	3.5	787.074	3.5	3.5		
10	普通材料	AC8001	碎石	5～16mm	m3	24.576	160	24.576	130	130		
11	普通材料	AC104	混凝土块	加气	m3	431.611	145	431.602	145	145		
12	普通材料	C00197	丙酮		kg	2.38	8.83	2.38	8.83	8.83		
13	普通材料	50030	安拆费及场外运输费		元	138.592	1	138.645	1	1		
14	普通材料	AC3167	聚氨酯涂料		kg	62.356	15.04	62.356	13.35	13.35		
15	普通材料	C00874	砂子	中粗	m3	412.939	130	412.999	130	130		
16	普通材料	DC456	圆钉		kg	2.083	6.89	2.102	6.89	6.89		

图 7.6.2

第三步：建立分包单位。项目经理对分包单位进行招标，通过访问 BIM 云，进入 Web 端。点击系统设置—组织架构—单位成员，新建劳务分包单位、物资采购单位、专业分包单位。如图 7.6.3 所示：

图 7.6.3

第四步：建立分包合同维护。新增合同，选择合同类型，录入编号、名称，然后选择暂定分包单位，如图 7.6.4 所示：

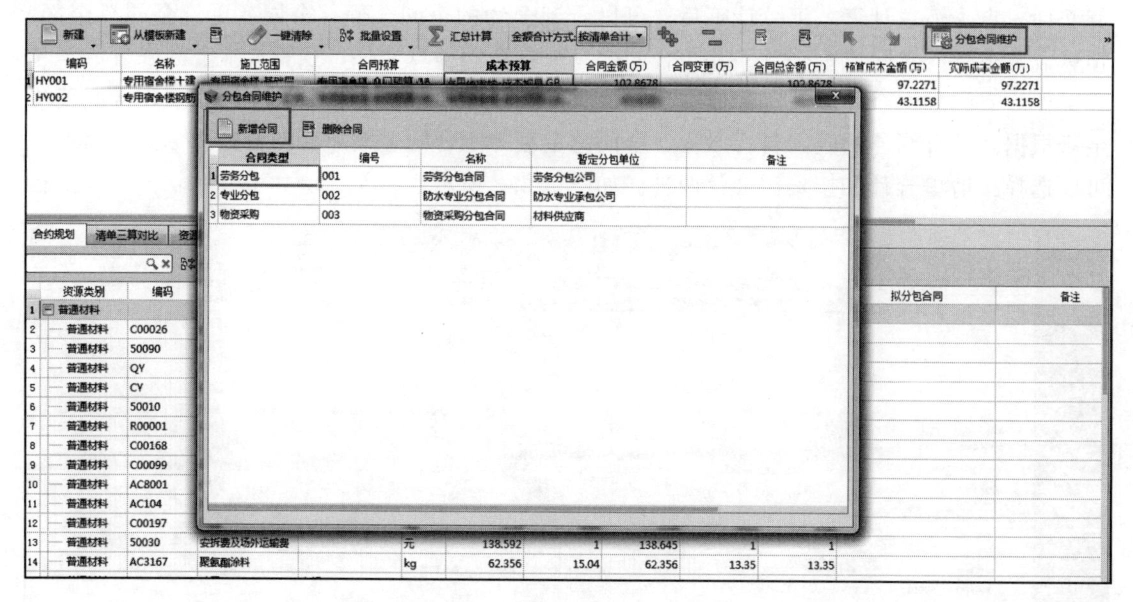

图 7.6.4

第五步：设置拟分包合同。将人工工日资源设置为劳务分包，将钢筋、砌块资源设置为物资采购分包，将高聚物改性沥青卷材设置为防水专业分包。如图 7.6.5、图 7.6.6 所示：

	编码	名称	施工范围	合同预算	成本预算	合同金额(万)	合同变更(万)	合同总金额(万)	预算成本金额(万)	实际成本金额(万)
1	HY001	专用宿舍楼土建	专用宿舍楼-基础层,...	专用宿舍楼-合同预算.GB...	专用宿舍楼-成本预算.GB...	102.8678		102.8678	97.2271	97.2271
2	HY002	专用宿舍楼钢筋	专用宿舍楼-第2层,专...	专用宿舍楼-合同预算.GB...	专用宿舍楼-成本预算.GB...	43.9285		43.9285	43.1158	43.1158

合约规划 清单三算对比 资源三算对比

批量设置分包 取消分包合同设置 查看当前分包合同费用

	资源类别	编码	名称	规格型号	单位	中标量	中标单价	预算量	预算单价	对外分包单价	拟分包合同	备注
1	普通材料											
2	普通材料	50090	停滞费		元	484.551	0	485.452	0	0		
3	普通材料	50030	安拆费及场外运输费		元	255.41	1	255.886	1	1		
4	普通材料	50000	折旧费		元	484.551	1	485.452	1	1		
5	普通材料	C01267	钢筋	Ⅲ级10以外	t	52.731	4209	53.03	4156	4156	物资采购分包合同	
6	普通材料	JXGR	定额工日		工日	20.784	78.83	20.823	78.83	78.83	劳务分包合同	
7	普通材料	R00001	定额工日		工日	552.488	78.83	553.513	78.83	78.83	劳务分包合同	
8	普通材料	C01267	钢筋	Ⅲ级10以内	t	30.152	4560	30.009	4330	4330	物资采购分包合同	
9	普通材料	50020	经常修理费		元	304.816	1	305.383	1	1		
10	普通材料	AC441	电焊条	(综合)	kg	321.878	4	322.481	4	4		
11	普通材料	DIAN	电		kW·h	3232.026	0.72	3238.063	0.88	0.88		
12	普通材料	50010	大修费		元	75.539	1	75.679	1	1		
13	普通材料	C00026	镀锌铁丝	22#	kg	221.104	4.5	221.511	6.3	6.3		
14	普通材料	C00003	钢筋	Φ10以内 Ⅰ级	t	0.769	4310	0.77	4210	4210	物资采购分包合同	
15	普通材料	C01251	其他材料费		元	88.526	1	88.691	1	1		

图 7.6.5

第六步：商务经理通过市场询价，设置对外分包单价，并查看各项资源费用。其中中标量和中标单价来源于合同预算，预算量和预算单价来源于成本预算，对外分包单价可自行设定。如图 7.6.7 所示：

第七步：查看各项分包合同费用。点击查看当前分包合同费用，可以查看分包合同的目标成本、合同收入与合同金额信息。点击查看来源，会显示出产生该费用的清单项。点击导出 Excel，可以将当前分包信息导出。如图 7.6.8～图 7.6.10 所示：

	编码	名称	施工范围	合同预算	成本预算	合同金额(万)	合同变更(万)	合同总金额(万)	预算成本金额(万)	实际成本金额(万)
1	HY001	专用宿舍楼土建	专用宿舍楼-基础层,...	专用宿舍楼-合同预算.GB...	专用宿舍楼-成本预算.GB...	102.8678		102.8678	97.2271	97.2271
2	HY002	专用宿舍楼钢筋	专用宿舍楼-第2层,专...	专用宿舍楼-合同预算.GB...	专用宿舍楼-成本预算.GB...	43.9285		43.9285	43.1158	43.1158

合约规划 清单三算对比 资源三算对比

批量设置分包 取消分包合同设置 查看当前分包合同费用

	资源类别	编码	名称	规格型号	单位	中标量	中标单价	预算量	预算单价	对外分包单价	拟分包合同	备注
28	普通材料	50020	经常修理费		元	1595.15	1	1595.292	1	1		
29	普通材料	AC878	PVC卷材基层处理剂		kg	280.141	7.8	281.481	5.18	5.18		
30	普通材料	AC3091	蒸养灰砂砖	240×115×53	千块	11.653	450	11.653	450	450	物资采购分包合同	
31	普通材料	50060	其他费用		元	216.154	1	216.154	1	1		
32	普通材料	AC876	高聚物改性沥青卷材	3mm	m2	2082.38	38.5	2092.345	29.5	29.5	防水专业分包合同	
33	普通材料	C00229	木柴		kg	251.304	0.56	253.758	0.56	0.56		
34	普通材料	C01251	其他材料费		元	404.216	1	406.001	1	1		
35	普通材料	50000	折旧费		元	2267.176	1	2267.3	1	1		
36	普通材料	AC877	高聚物改性沥青卷材	2mm	m2	205.437	34.5	206.42	25	25	防水专业分包合同	
37	普通材料	JXGR	定额工日		工日	20.651	78.83	20.651	78.83	78.83	劳务分包合同	
38	普通材料	AC879	改性沥青粘结剂		kg	1041.19	11.12	1046.173	11.12	11.12		
39	普通材料	C00054	水泥	32.5	t	438.957	350	439.001	320	320		
40	普通材料	C00175	防水粉		kg	15.779	4.5	15.779	4.5	4.5		
41	普通材料	AC1728	聚苯乙烯泡沫塑料板	30mm	m2	872.42	15.67	872.42	15.67	15.67		
42	普通材料	C01174	模板料		m3	0.104	2200	0.105	2200	2200		
43	普通材料	C00167	滑石粉	325目	kg	243.697	0.67	246.077	0.67	0.67		

图 7.6.6

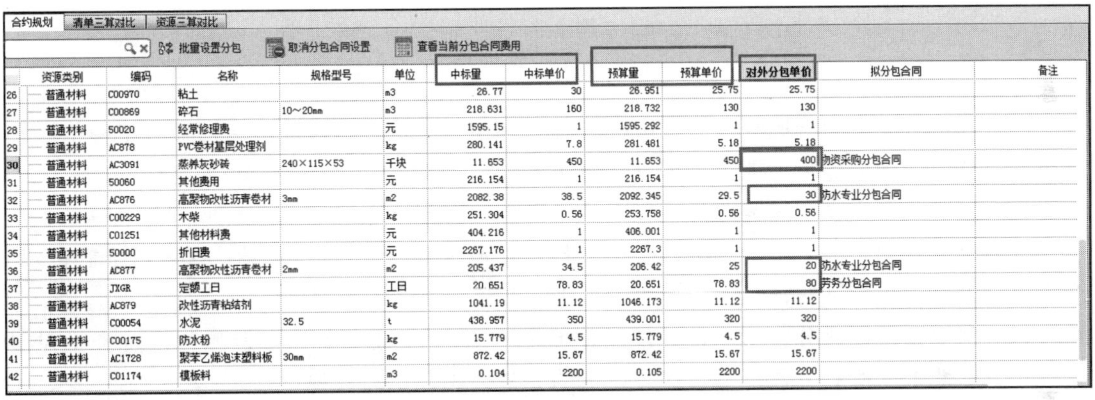

合约规划 清单三算对比 资源三算对比

批量设置分包 取消分包合同设置 查看当前分包合同费用

	资源类别	编码	名称	规格型号	单位	中标量	中标单价	预算量	预算单价	对外分包单价	拟分包合同	备注
26	普通材料	C00970	粘土		m3	26.77	30	26.951	25.75	25.75		
27	普通材料	C00869	碎石	10～20mm	m3	218.631	160	218.732	130	130		
28	普通材料	50020	经常修理费		元	1595.15	1	1595.292	1	1		
29	普通材料	AC878	PVC卷材基层处理剂		kg	280.141	7.8	281.481	5.18	5.18		
30	普通材料	AC3091	蒸养灰砂砖	240×115×53	千块	11.653	450	11.653	450	400	物资采购分包合同	
31	普通材料	50060	其他费用		元	216.154	1	216.154	1	1		
32	普通材料	AC876	高聚物改性沥青卷材	3mm	m2	2082.38	38.5	2092.345	29.5	30	防水专业分包合同	
33	普通材料	C00229	木柴		kg	251.304	0.56	253.758	0.56	0.56		
34	普通材料	C01251	其他材料费		元	404.216	1	406.001	1	1		
35	普通材料	50000	折旧费		元	2267.176	1	2267.3	1	1		
36	普通材料	AC877	高聚物改性沥青卷材	2mm	m2	205.437	34.5	206.42	25	20	防水专业分包合同	
37	普通材料	JXGR	定额工日		工日	20.651	78.83	20.651	78.83	80	劳务分包合同	
38	普通材料	AC879	改性沥青粘结剂		kg	1041.19	11.12	1046.173	11.12	11.12		
39	普通材料	C00054	水泥	32.5	t	438.957	350	439.001	320	320		
40	普通材料	C00175	防水粉		kg	15.779	4.5	15.779	4.5	4.5		
41	普通材料	AC1728	聚苯乙烯泡沫塑料板	30mm	m2	872.42	15.67	872.42	15.67	15.67		
42	普通材料	C01174	模板料		m3	0.104	2200	0.105	2200	2200		

图 7.6.7

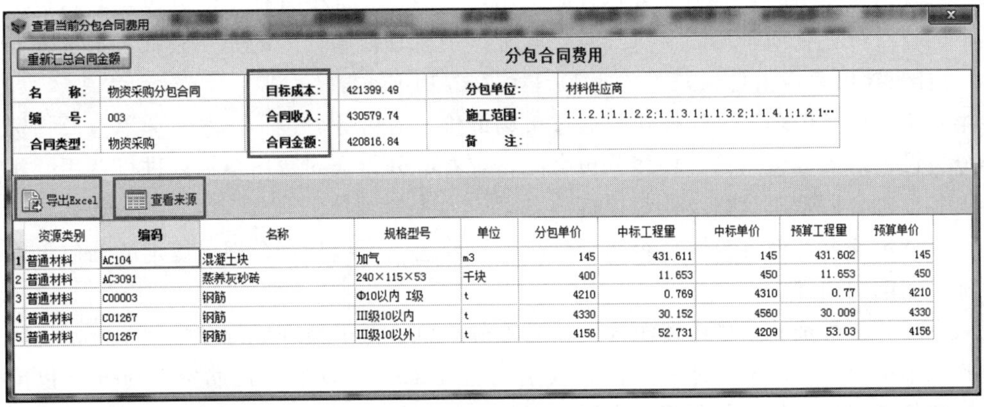

查看当前分包合同费用

重新汇总合同金额

分包合同费用

名称:	物资采购分包合同	目标成本:	421399.49	分包单位:	材料供应商
编号:	003	合同收入:	430579.74	施工范围:	1.1.2.1;1.1.2.2;1.1.3.1;1.1.3.2;1.1.4.1;1.2.1…
合同类型:	物资采购	合同金额:	420816.84	备注:	

导出Excel 查看来源

	资源类别	编码	名称	规格型号	单位	分包单价	中标工程量	中标单价	预算工程量	预算单价
1	普通材料	AC104	混凝土块	加气	m3	145	431.611	145	431.602	145
2	普通材料	AC3091	蒸养灰砂砖	240×115×53	千块	400	11.653	450	11.653	450
3	普通材料	C00003	钢筋	Φ10以内 I级	t	4210	0.769	4310	0.77	4210
4	普通材料	C01267	钢筋	III级10以内	t	4330	30.152	4560	30.009	4330
5	普通材料	C01267	钢筋	III级10以外	t	4156	52.731	4209	53.03	4156

图 7.6.8

清单来源

	预算书名称	预算类型	编码	名称	项目特征	单位	工程量	综合单价	综合合价
1	专用宿舍楼-成本预算	成本预算							
2	专用宿舍楼-成本预算	成本预算	010402001001	砌块墙		m3	230.25	262.4	60417.6
3	专用宿舍楼-成本预算	成本预算	010402001004	砌块墙		m3	16.75	262.45	4396.04
4	专用宿舍楼-成本预算	成本预算	010402001002	砌块墙		m3	133.34	262.41	34989.8
5	专用宿舍楼-成本预算	成本预算	010402001003	砌块墙		m3	17.89	262.42	4694.69
6	专用宿舍楼-成本预算	成本预算	010402001005	砌块墙		m3	55.7	262.38	14614.6
7	专用宿舍楼-合同预算	合同预算							
8	专用宿舍楼-合同预算	合同预算	010402001002	砌块墙		m3	133.344	263.1	35082.7
9	专用宿舍楼-合同预算	合同预算	010402001003	砌块墙		m3	17.891	263.11	4707.27
10	专用宿舍楼-合同预算	合同预算	010402001004	砌块墙		m3	16.753	263.11	4407.8
11	专用宿舍楼-合同预算	合同预算	010402001001	砌块墙		m3	224.504	263.1	59066.9
12	专用宿舍楼-合同预算	合同预算	010402001005	砌块墙		m3	55.695	263.1	14653.4

图 7.6.9

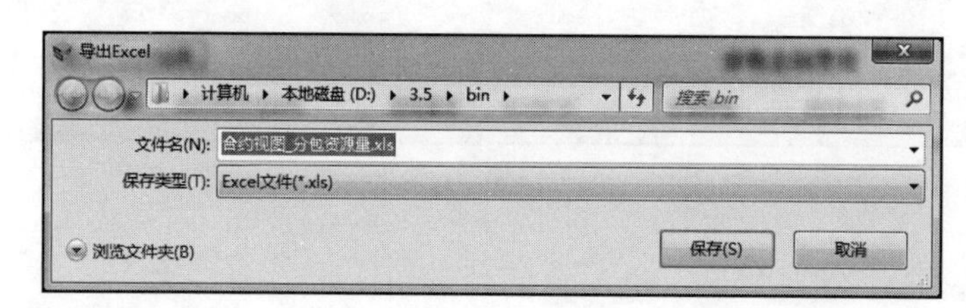

图 7.6.10

注意：

(1) 分包合同中的合同收入＝∑中标工程量×中标单价；目标成本＝∑预算工程量×预算单价；分包合同金额＝∑预算工程量×分包单价。

(2) 因实际工程中有固定总价等合同，所以分包合同金额可以根据实际情况填写，手动填写以后分包合同金额就不会随队外分包单价的修改而改变；点击重新汇总合同金额按钮，会重新对外分包单价进行计算。

(3) 利用批量设置分包功能，可以按住 Ctrl 和鼠标左键批量选中资源行，点击批量设置分包，则选中的所有分包行都会挂接设选的分包合同，提高效率。

(4) 点击取消分包合同设置，可以取消已经设定的分包关系。在合约规划页签下有层级关系的，选中上级设置（取消）分包，则所有下级都会被设置（取消）分包合同。

(5) 合约规划下的查看当前分包合同费用，只能查看选中行挂接的分包合同的费用，工具栏下的查看分包合同费用能显示分包合同维护中所有新增合同的费用情况。同时点击 Excel 可将合约导出表格信息。如图 7.6.11～图 7.6.14 所示：

第八步：商务经理按上述操作，通过市场询价，对劳务分包、防水专业承包及物资采购三类分包设置对外分包单价，挂接分包合同，查看各分包合同费用金额，进行费用分析，同时导出各分包合同费用表格及合约表格信息。

工程分包需要考虑各合同是否完全分解，拟分包的子项是否合理，确定的分包单价是否在目标控制范围内等。

以本部分工程蒸养灰砂砖资源为例，对外分包单价低于预算单价和中标单价，说明通过分包施工单位会有一部分额外收入。三级钢筋直径 10mm 以上的钢筋资源对外分包单价低于预算单价和中标单价，但预算量高于中标量，如果预算量的增加是由于设计变更等原因，则能够得到甲方认可，那么其分包合同金额低于目标成本，其差额为施工单位额外收入。如图 7.6.15、图 7.6.16 所示：

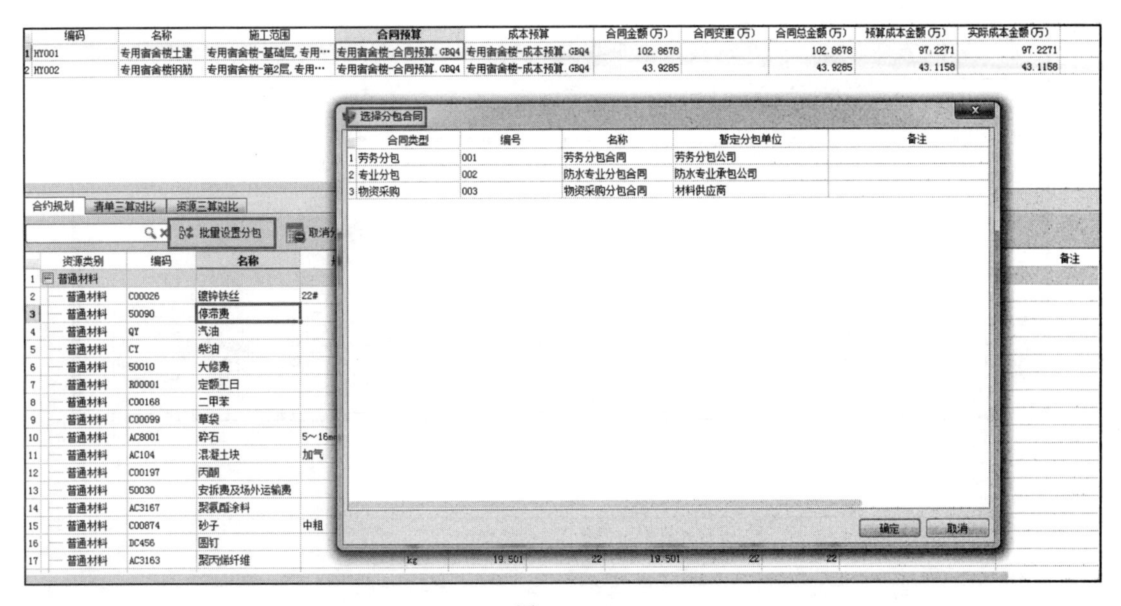

图 7.6.11

合约规划 | 清单三算对比 | 资源三算对比

批量设置分包　取消分包合同设置　查看当前分包合同费用

	资源类别	编码	名称	规格型号	单位	中标量	中标单价	预算量	预算单价	对外分包单价	拟分包合同	备注
1	普通材料											
2	普通材料	C00026	镀锌铁丝	22#	kg	0	4.5	0	0	0		
3	普通材料	50090	停滞费		元	2483.33	0	2483.454	0	0		
4	普通材料	QY	汽油		kg	4.322	7.87	4.322	10.6	10.6		
5	普通材料	CY	柴油		kg	465.794	8.43	465.794	8.3	8.3		
6	普通材料	50010	大修费		元	450.327	1	450.345	1	1		
7	普通材料	R00001	定额工日		工日	3534.35	78.83	3535.152	78.83	78.83	劳务分包合同	
8	普通材料	C00168	二甲苯		kg	2.999	6.7	2.999	6.7	6.7		
9	普通材料	C00099	草袋		m2	786.938	3.5	787.074	3.5	3.5		
10	普通材料	AC8001	碎石	5~16mm	m3	24.576	160	24.576	130	130		
11	普通材料	AC104	混凝土块	加气	m3	431.611	145	431.602	145	145	物资采购分包合同	
12	普通材料	C00197	丙酮		kg	2.38	8.83	2.38	8.83	8.83		
13	普通材料	50030	安拆费及场外运输费		元	138.592	1	138.645	1	1		
14	普通材料	AC3167	聚氨酯涂料		kg	62.356	15.04	62.356	13.35	13.35		
15	普通材料	C00874	砂子	中粗	m3	412.939	130	412.999	130	130		
16	普通材料	DC456	圆钉		kg	2.083	6.89	2.102	6.89	6.89		
17	普通材料	AC3163	聚丙烯纤维		kg	19.501	22	19.501	22	22		

图 7.6.12

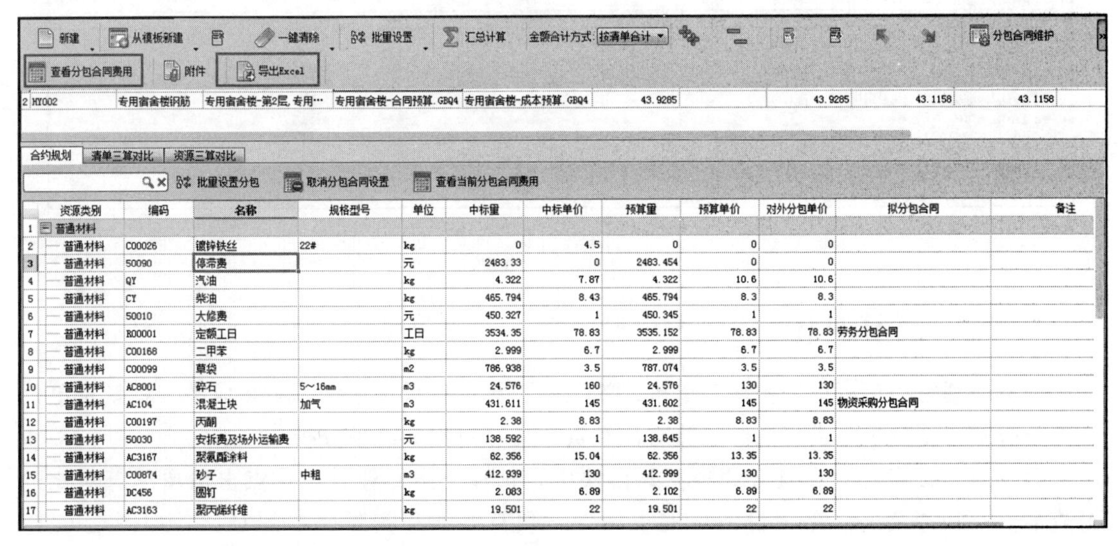

图 7.6.13

查看分包合同费用

重新汇总合同金额

	合同类型	编号	名称	暂定分包单位	施工范围	合同收入	目标成本	分包合同金额	备注
1	劳务分包	001	劳务分包合同	劳务分包公司	1.1.4.1;1.1.1…	325431.76	325578.86	325603.02	
2	专业分包	002	防水专业分包…	防水专业承包公司	1.1.4.1	87259.21	66884.68	66898.75	
3	物资采购	003	物资采购分包…	材料供应商	1.1.3.2;1.1.4…	430579.74	421399.49	420816.84	

导出Excel　查看来源

	资源类别	编码	名称	规格型号	单位	分包单价	中标工程量	中标单价	预算工程量	预算单价
1	普通材料	AC104	混凝土块	加气	m3	145	431.611	145	431.602	145
2	普通材料	AC3091	蒸养灰砂砖	240×115×53	千块	400	11.653	450	11.653	450
3	普通材料	C00003	钢筋	Φ10以内 I级	t	4210	0.769	4310	0.77	4210
4	普通材料	C01267	钢筋	III级10以内	t	4330	30.152	4560	30.009	4330
5	普通材料	C01267	钢筋	III级10以外	t	4156	52.731	4209	53.03	4156

图 7.6.14

合约规划　清单三算对比　资源三算对比

批量设置分包　取消分包合同设置　查看当前分包合同费用

	资源类别	编码	名称	规格型号	单位	中标里	中标单价	预算里	预算单价	对外分包单价	拟分包合同	备注
22	普通材料	C00280	石油沥青	10#	kg	127.056	2.95	128.296	2.8	2.8		
23	普通材料	DIAN	电		kW·h	1061.257	0.72	1061.651	0.88	0.88		
24	普通材料	C00077	石灰膏		m3	2.88	300	2.88	265	265		
25	普通材料	C00868	碎石	20～40mm	m3	443.069	160	443.063	130	130		
26	普通材料	C00970	粘土		m3	26.77	30	26.951	25.75	25.75		
27	普通材料	C00869	碎石	10～20mm	m3	218.631	160	218.732	130	130		
28	普通材料	50020	经常修理费		元	1595.15	1	1595.292	1	1		
29	普通材料	AC878	PVC卷材基层处理剂		kg	280.141	7.8	281.481	5.18	5.18		
30	普通材料	AC3091	蒸养灰砂砖	240×115×53	千块	11.653	450	11.653	450	400	物资采购分包合同	
31	普通材料	50060	其他费用		元	216.154	1	216.154	1	1		
32	普通材料	AC876	高聚物改性沥青卷材	3mm	m2	2082.38	38.5	2092.345	29.5	30	防水专业分包合同	
33	普通材料	C00229	木柴		kg	251.304	0.56	253.758	0.56	0.56		
34	普通材料	C01251	其他材料费		元	404.216	1	406.001	1	1		
35	普通材料	50000	折旧费		元	2267.176	1	2267.3	1	1		
36	普通材料	AC877	高聚物改性沥青卷材	2mm	m2	205.437	34.5	206.42	25	20	防水专业分包合同	
37	普通材料	JXGR	定额工日		工日	20.651	78.83	20.651	78.83	80	劳务分包合同	
38	普通材料	AC879	改性沥青粘结剂		kg	1041.19	11.12	1046.173	11.12	11.12		

图 7.6.15

合约规划　清单三算对比　资源三算对比

批量设置分包　取消分包合同设置　查看当前分包合同费用

	资源类别	编码	名称	规格型号	单位	中标里	中标单价	预算里	预算单价	对外分包单价	拟分包合同	备注
1	普通材料											
2	普通材料	50090	停滞费		元	484.551	0	485.452	0	0		
3	普通材料	50030	安拆费及场外运输费		元	255.41	1	255.886	1	1		
4	普通材料	50000	折旧费		元	484.551	1	485.452	1	1		
5	普通材料	C01267	钢筋	III级10以外	t	52.731	4209	53.03	4156	4000	物资采购分包合同	
6	普通材料	JXGR	定额工日		工日	20.784	78.83	20.823	78.83	78.83	劳务分包合同	
7	普通材料	R00001	定额工日		工日	552.488	78.83	553.513	78.83	78.83	劳务分包合同	
8	普通材料	C01267	钢筋	III级10以内	t	30.152	4560	30.009	4330	4330	物资采购分包合同	
9	普通材料	50020	经常修理费		元	304.816	1	305.383	1	1		
10	普通材料	AC441	电焊条	(综合)	kg	321.878	4	322.481	4	4		
11	普通材料	DIAN	电		kW·h	3232.026	0.72	3238.063	0.88	0.88		
12	普通材料	50010	大修费		元	75.539	1	75.679	1	1		
13	普通材料	C00026	镀锌铁丝	22#	kg	221.104	4.5	221.511	6.3	6.3		
14	普通材料	C00003	钢筋	Φ10以内 I级	t	0.769	4310	0.77	4210	4210	物资采购分包合同	
15	普通材料	C01251	其他材料费		元	88.526	1	88.691	1	1		

图 7.6.16

7.6.2 三算对比

商务经理对中标清单工程量及单价、施工图预算工程量及单价、实际成本工程量及单价三部分分别对比分析，进行清单三算对比和资源三算对比的商务分析。

第一步：商务经理在【合约视图】模块中，选择土建专业合约，点击清单三算对比进行查看，可以查看每一条项目清单的中标价、预算成本和实际成本的对比。如图 7.6.17 所示：

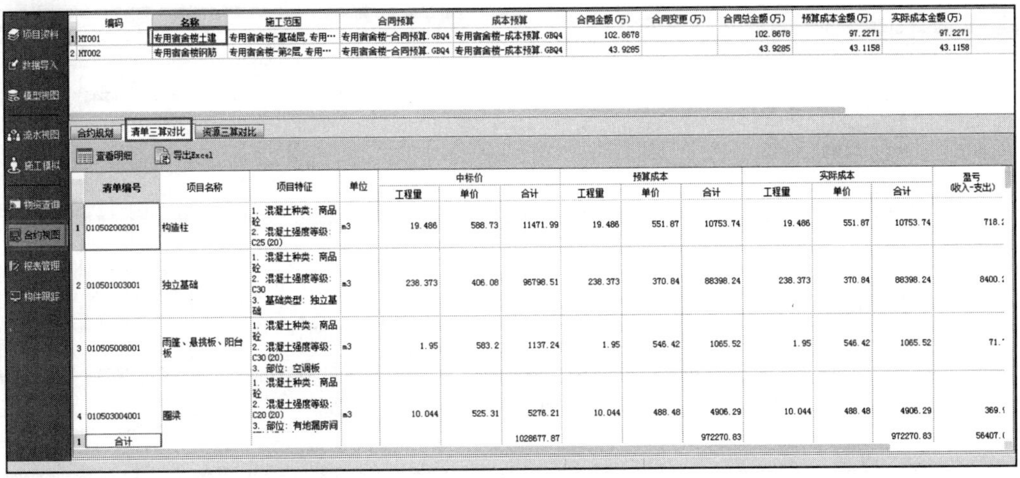

	编码	名称	施工范围	合同预算	成本预算	合同金额(万)	合同变更(万)	合同总金额(万)	预算成本金额(万)	实际成本金额(万)
1	MY001	专用宿舍楼土建	专用宿舍楼-基础层,专用…	专用宿舍楼-合同预算.GBQ4	专用宿舍楼-成本预算.GBQ4	102.8678		102.8678	97.2271	97.2271
2	MY002	专用宿舍楼钢筋	专用宿舍楼-第2层,专用…	专用宿舍楼-合同预算.GBQ4	专用宿舍楼-成本预算.GBQ4	43.9285		43.9285	43.1158	43.1158

合约规划 清单三算对比 资源三算对比

查看明细 导出Excel

	清单编号	项目名称	项目特征	单位	中标价			预算成本			实际成本			盈亏(收入-支出)
					工程量	单价	合计	工程量	单价	合计	工程量	单价	合计	
1	010502002001	构造柱	1. 混凝土种类：商品砼 2. 混凝土强度等级：C25(20)	m3	19.486	588.73	11471.99	19.486	551.87	10753.74	19.486	551.87	10753.74	718.:
2	010501003001	独立基础	1. 混凝土种类：商品砼 2. 混凝土强度等级：C30 3. 基础类型：独立基础	m3	238.373	406.08	96798.51	238.373	370.84	88398.24	238.373	370.84	88398.24	8400.:
3	010505008001	雨篷、悬挑板、阳台板	1. 混凝土种类：商品砼 2. 混凝土强度等级：C30(20) 3. 部位：空调板	m3	1.95	583.2	1137.24	1.95	546.42	1065.52	1.95	546.42	1065.52	71.'
4	010503004001	圈梁	1. 混凝土种类：商品砼 2. 混凝土强度等级：C20(20) 3. 部位：有地漏房间	m3	10.044	525.31	5276.21	10.044	488.48	4906.29	10.044	488.48	4906.29	369.(
1	合计						1028677.87			972270.83			972270.83	56407.(

图 7.6.17

第二步：找到矩形梁和屋面卷材防水两项清单，查看清单三算对比。实际成本的单价及工程量可以根据实际情况进行修改，默认等于预算成本的单价及工程量。以默认数据为例，进行盈亏及节超分析。

屋面卷材防水清单实际工程量 779.892m^2，实际成本单价 483.9 元/m^2，低于合同单价，故盈余 25003.34 元；矩形梁清单实际工程量 1.008m^3，实际成本单价为 400.06 元/m^3，低于合同单价，故盈余 37.78 元。如图 7.6.18、图 7.6.19 所示：

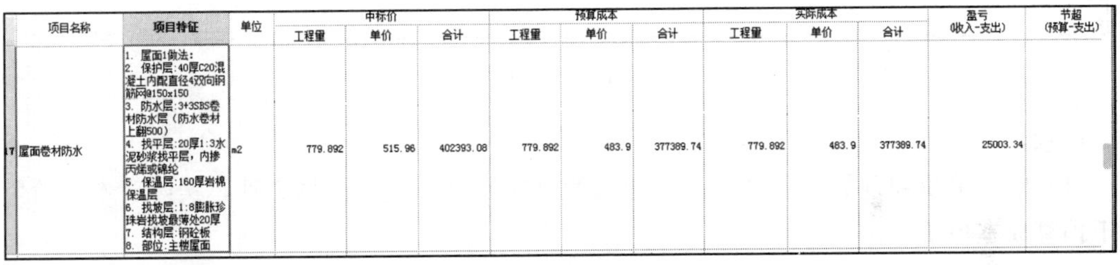

	项目名称	项目特征	单位	中标价			预算成本			实际成本			盈亏(收入-支出)	节超(预算-支出)
				工程量	单价	合计	工程量	单价	合计	工程量	单价	合计		
17	屋面卷材防水	1. 屋面1做法： 2. 保护层:40厚C20混凝土内配直径4双向钢筋网@150x150 3. 防水层:3+3SBS卷材防水层（防水卷材上翻500） 4. 找平层:20厚1:3水泥砂浆找平层，内掺丙烯或锦纶 5. 保温层:160厚岩棉保温层 6. 找坡层:1:8膨胀珍珠岩找坡最薄处20厚 7. 结构层:钢砼板 8. 部位:主楼屋面	m2	779.892	515.96	402393.08	779.892	483.9	377389.74	779.892	483.9	377389.74	25003.34	

图 7.6.18

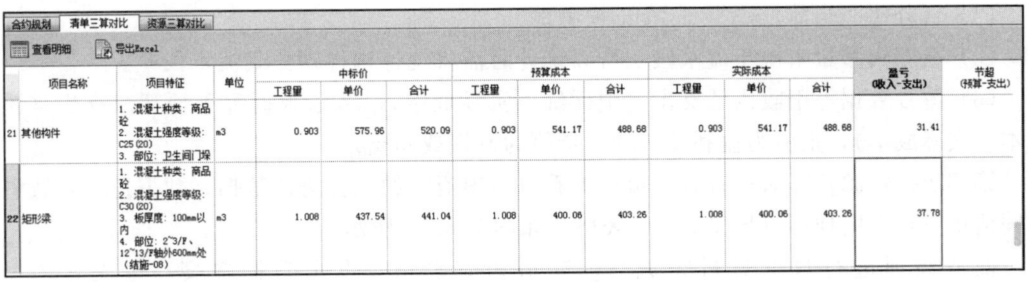

合约规划 清单三算对比 资源三算对比

查看明细 导出Excel

	项目名称	项目特征	单位	中标价			预算成本			实际成本			盈亏(收入-支出)	节超(预算-支出)
				工程量	单价	合计	工程量	单价	合计	工程量	单价	合计		
21	其他构件	1. 混凝土种类：商品砼 2. 混凝土强度等级：C25(20) 3. 部位：卫生间门垛	m3	0.903	575.96	520.09	0.903	541.17	488.68	0.903	541.17	488.68	31.41	
22	矩形梁	1. 混凝土种类：商品砼 2. 混凝土强度等级：C30(20) 3. 板厚度：100mm以内 4. 部位：2~3/F、12~13/F轴外600mm处（结施-08）	m3	1.008	437.54	441.04	1.008	400.06	403.26	1.008	400.06	403.26	37.78	

图 7.6.19

第三步：点击查看明细，以单价构成和资源对比维度查看选中的清单，点击导出 Excel 可以将三算对比数据进行导出。同时也可以在清单明细中导出单价构成对比表格和资源对比表格数据。如图 7.6.20、图 7.6.21 所示：

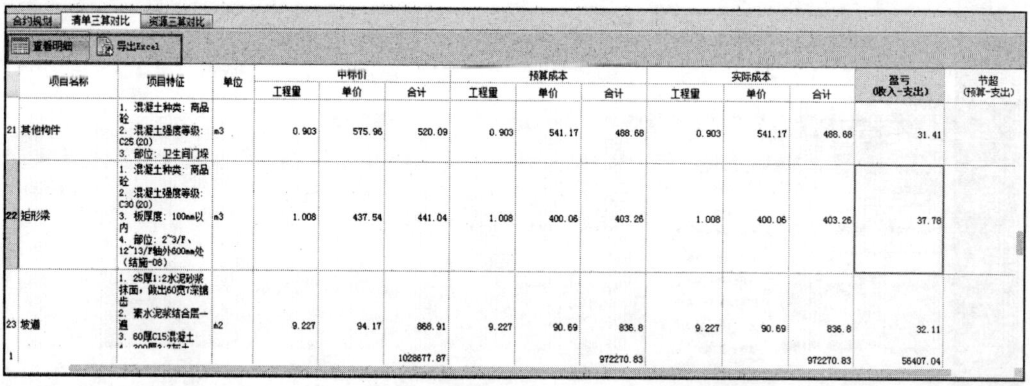

合约规划 清单三算对比 资源三算对比

查看明细 导出Excel

	项目名称	项目特征	单位	中标价			预算成本			实际成本			盈亏(收入-支出)	节超(预算-支出)
				工程量	单价	合计	工程量	单价	合计	工程量	单价	合计		
21	其他构件	1. 混凝土种类：商品砼 2. 混凝土强度等级：C25(20) 3. 部位：卫生间门垛	m3	0.903	575.96	520.09	0.903	541.17	488.68	0.903	541.17	488.68	31.41	
22	矩形梁	1. 混凝土种类：商品砼 2. 混凝土强度等级：C30(20) 3. 板厚度：100mm以内 4. 部位：2~3/F、12~13/F轴外600mm处(结施-08)	m3	1.008	437.54	441.04	1.008	400.06	403.26	1.008	400.06	403.26	37.78	
23	坡道	1. 25厚1:2水泥砂浆抹面，做出60宽7深锯齿 2. 素水泥浆结合层一遍 3. 60厚C15混凝土 4. 300厚3:7灰土	m2	9.227	94.17	868.91	9.227	90.69	836.8	9.227	90.69	836.8	32.11	
1						1028677.87			972270.83			972270.83	56407.04	

图 7.6.20

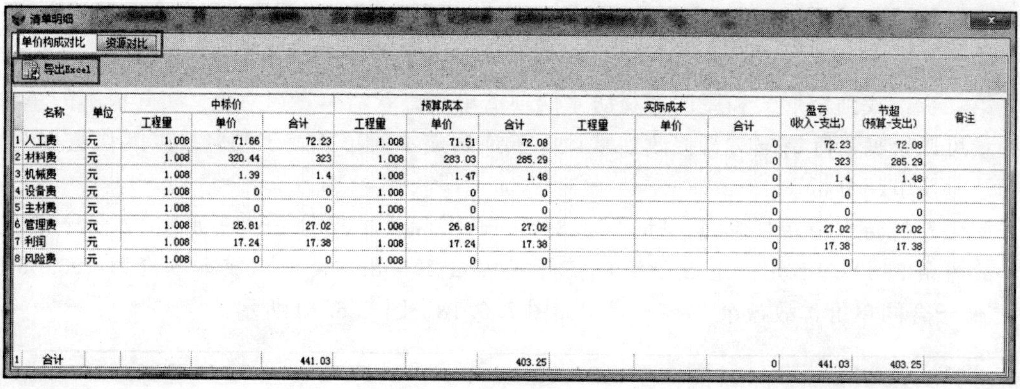

清单明细

单价构成对比 资源对比

导出Excel

	名称	单位	中标价			预算成本			实际成本			盈亏(收入-支出)	节超(预算-支出)	备注
			工程量	单价	合计	工程量	单价	合计	工程量	单价	合计			
1	人工费	元	1.008	71.66	72.23	1.008	71.51	72.08			0	72.23	72.08	
2	材料费	元	1.008	320.44	323	1.008	283.03	285.29			0	323	285.29	
3	机械费	元	1.008	1.39	1.4	1.008	1.47	1.48			0	1.4	1.48	
4	设备费	元	1.008	0	0	1.008	0	0			0	0	0	
5	主材费	元	1.008	0	0	1.008	0	0			0	0	0	
6	管理费	元	1.008	26.81	27.02	1.008	26.81	27.02			0	27.02	27.02	
7	利润	元	1.008	17.24	17.38	1.008	17.24	17.38			0	17.38	17.38	
8	风险费	元	1.008	0	0	1.008	0	0			0	0	0	
1	合计				441.03			403.25			0	441.03	403.25	

图 7.6.21

注意：

(1) 中标单价和预算单价分别来自导入的合同预算和成本预算文件，实际成本单价默认等于预算成本单价。

(2) 中标量＝百分比×预算量。

(3) 预算量＝范围内模型工程量×对应预算下资源的定额含量。

(4) 百分比＝当前范围模型/全部模型。

(5) 全部模型量来源于流水段，所以统计时需将统计构件划分到流水段中。

(6) 盈亏数据等于收入减支出（中标价－实际成本），节超数据等于预算减支出（预算成本－实际成本），正值为盈利或节约，负值为亏损或超支。

第四步：资源三算对比查看。可以查看每一项资源的三算对比数据，数据逻辑及查看方式同清单三算，同样可以导出 Excel 表格。如图 7.6.22 所示：

商务经理进行数据分析完成后，导出相应表格。点击数据提交，输入日志。如图 7.6.23 所示：

◆ **任务总结**

(1) 利用 BIM5D 合约视图模块可以进行合约规划、清单三算对比、资源三算对比的分析查看；

(2) 合约规划可以根据不同专业、不同楼层、不同流水段进行分类合约建立，利用分包

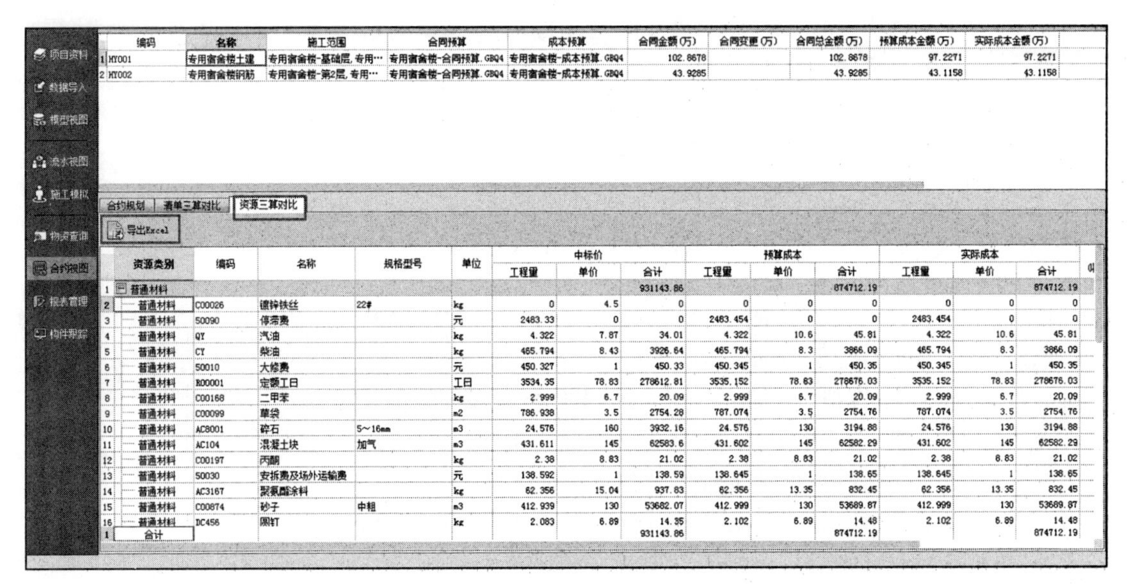

图 7.6.22

合同维护可以设置分包合同，挂接不同类型的分包合同到对应的资源项，可自行设定分包合同单价；

(3) 注意数据逻辑关系，中标价来源于合同预算文件，预算成本来源于成本预算文件，实际成本默认等于预算成本，可以自行设置单价和工程量；

(4) 分包合同中的合同收入=∑中标工程量×中标单价；目标成本=∑预算工程量×预算单价；分包合同金额=∑预算工程量×分包单价；

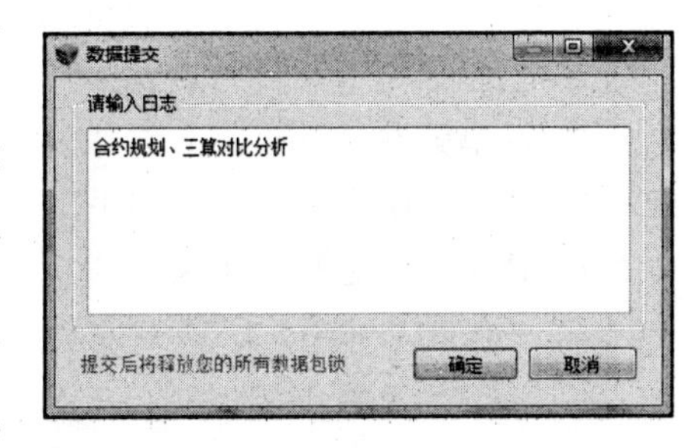

图 7.6.23

(5) 可以查看当前分包合同费用及分包合同费用，前者只能查看选中行挂接的分包合同的费用，后者能显示分包合同维护中所有新增合同的费用情况；

(6) 利用清单及资源三算对比，可以分析每一条清单或资源项的盈亏情况及节超情况，注意实际成本可以根据实际情况进行设定修改。

习 题

1. 关于三算对比的内涵，说法正确的是（　　）。

A. 三算对比根据中标清单工程量及单价、施工图预算工程量及单价、实际成本工程量及单价的三部分对比分析

B. 清单收入－实际成本可以查看盈亏情况

C. 预算收入－实际成本可查看项目的实际节超情况

D. 三算对比是项目成本管控分析的唯一手段

E. BIM 系统可以帮助项目商务部定期进行损益分析

2. 关于设计变更的说法，正确的是（　　）。

A. 设计单位依据建设单位要求对原设计内容进行修改、优化

B. 设计变更以口头形式发出

C. 在施工过程中，可以对项目进行设计变更

D. 改变工程的施工时间和顺序，不属于设计变更

E. 在施工过程中，可能会发生很多设计变更

3. 商务经理的工作范畴包括（　　）。

A. 根据工程进度，对甲方进行报量

B. 获取业主报量的预算范围

C. 协助形象进度上报

D. 与甲方进行进度款结算

E. 与施工队进行劳务费结算

4. 利用 BIM5D 模拟资金曲线、资源曲线分析，其价值体现在（　　）。

A. 通过资金曲线分析可帮助调整资金筹备方案

B. 通过资金曲线分析可最大程度节约资金成本

C. 通过资源曲线分析可对某段时间内的主材资源进行合理性分析

D. 可直观地反映项目资金运作和资源利用情况

E. 可以解决资金不足的问题

5. 在 BIM5D 平台中，关于清单匹配和清单关联，理解正确的是（　　）。

A. 清单匹配是将导入的预算清单与模型自身的模型清单进行匹配

B. 清单关联是将导入的预算清单与模型图元进行关联

C. 清单匹配分自动匹配和手工匹配

D. 清单关联包括清单关联、总价措施关联、其他费用关联等

E. 更新预算文件后，需要重新进行清单匹配

第8章

BIM5D 质安应用

8.1 章节概述

在上述章节中，主要以专用宿舍楼商务应用进行讲解，意在帮助项目团队快速了解成本管理、变更管理、资金及资源曲线分析、进度报量、合约规划、三算对比等多项商务应用点，并在操作过程中熟悉清单匹配关联、资金资源曲线调取、进度报量、合约规划设定与三算对比等功能运用等。通过上述章节对专用宿舍楼项目采用边讲解边练习的方式，相信项目团队已经可以基于团队分工完成商务应用章节全部任务。

本章主要基于专用宿舍楼质安应用进行讲解，通过质量安全跟踪、安全定点巡视、质量安全整改、质量安全评优、质量安全数据统计分析等多项质安应用业务场景进行 BIM5D 的质安应用学习。

8.1.1 能力目标

(1) 能够了解施工现场质量安全管理的基本业务，掌握基于 BIM 技术进行质安管理的应用方法，熟悉基于 BIM5D 进行质量安全问题创建及整改的功能运用；

(2) 能够了解施工现场质量安全评优的意义，掌握基于 BIM 技术进行质安评优的应用方法，熟悉基于 BIM5D 创建及查看质安评优的功能运用；

(3) 能够了解施工现场安全定点巡视的业务要求，掌握基于 BIM 技术进行安全巡检的应用方法，熟悉基于 BIM5D 进行安全定点巡视的功能运用。

8.1.2 任务明确

(1) 基于专用宿舍楼案例，根据任务要求，利用 BIM5D 移动端和云端创建质量安全问题，发送整改通知单并统计分析，进行问题整改、验收及复核；

(2) 基于专用宿舍楼案例，结合项目特点找出质量、安全评优入选至少各一例，进行评优创建，根据项目看板查看评优统计分析，奖励相关责任人；

(3) 基于专用宿舍楼案例，质安经理结合施工重点部位及安全因素考虑，设置项目安全定点巡检，并导出巡检记录做数据分析。

8.2 质量安全追踪

◆ **业务背景**

质量安全管理是项目管理中的重要组成部分，QHSE 管理体系中的 QS（质量、安全）则更是重中之重，故现场的质量、安全问题的采集以及及时反馈、处理非常重要。

施工过程中因质量存在安全问题数据采集难、共享难、协同整改难以及质量安全例会效率低等现状，工程项目管理中质量安全负责人希望可以便捷采集现场质量安全问题，并实时快速反馈至相关处理责任人，通过 BIM 模型与现场质量、安全问题跟踪挂接。在施工过程中，问题处理参与方可以及时交换意见、留存记录，并且各方可实时关注问题状态，跟踪问题进展。

项目部利用“BIM5D 应用移动端＋云端＋项目看板”的方式，现场通过手机设备采集质量安全问题数据，上传至云端，系统对问题进行记录分析、整理，并与相关责任人实现数据共享；可在手机端（现场人员）和云看板（领导层）跟踪查看项目任意时间段质量安全问题，了解项目健康状况。

◆ **任务目标**

基于专用宿舍楼案例，质安经理发现施工现场首层 1 轴与 A 轴相交处柱存在 2cm 偏移，同时发现脚手架杆件间距与剪刀撑的位置不符合规范的规定，利用“BIM5D 移动端＋云端”创建质量安全问题，发送整改通知单并统计分析，进行问题整改、验收及复核。

◆ **责任岗位**

质安经理、项目经理、其他项目成员。

◆ **任务实施**

相关操作详见下文。

二维码 23
质安管理

8.2.1 质安问题建立

质安经理将利用 Web 端及移动端建立质安问题，并进行数据同步。

第一步：质量安全问题设定。质安经理首先登录 Web 端项目看板，点击系统设置，可以在左侧质量管理及安全管理模块设定相应分类、等级、常见问题、扩展字段及评优描述。如图 8.2.1 所示：

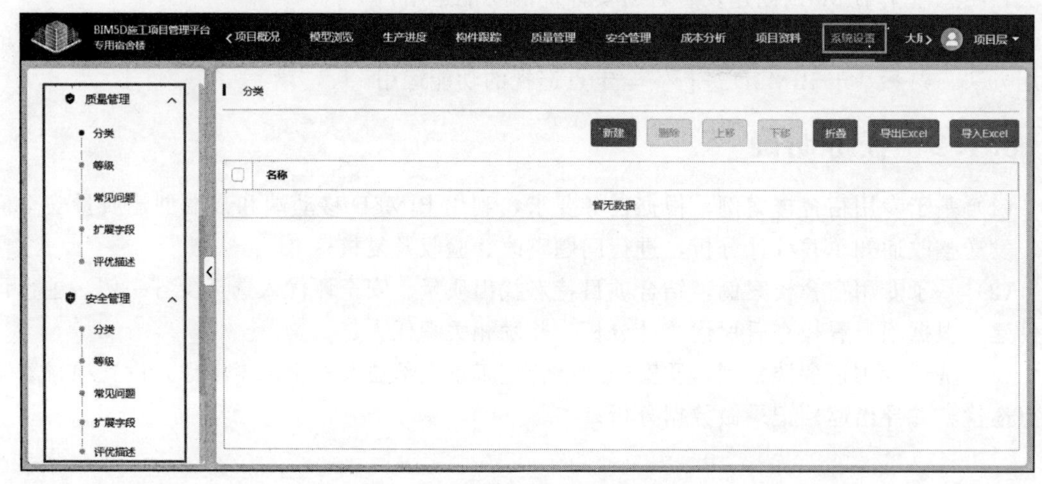

图 8.2.1

质量安全问题分类可自行建立，输入对应名称即可。以质量管理为例，安全管理同理，如图 8.2.2 所示：

图 8.2.2

等级默认包括一般隐患、较大隐患、严重隐患和重大隐患等不同等级，也可以自行新建或删除已有等级。针对每项等级，可以设置对应的参与人。以质量管理为例，安全管理同理，如图 8.2.3、图 8.2.4 所示：

常见问题可以查看系统内置的不同分部所属常见质量及安全问题，也可以新建其他问题，并保存到相应分组，同时点击导出或导入 Excel 也可以完善问题库。对每一项问题可以设置默认等级，关联规范内容，规范内容是系统内置的，可以直接搜索对应资料信息完成关联。以质量常见问题为例，新建柱施工偏移问题以及新建脚手架杆件间距与剪刀撑的位置不符合规定问题，如图 8.2.5～图 8.2.8 所示：

图 8.2.3

图 8.2.4

图 8.2.5

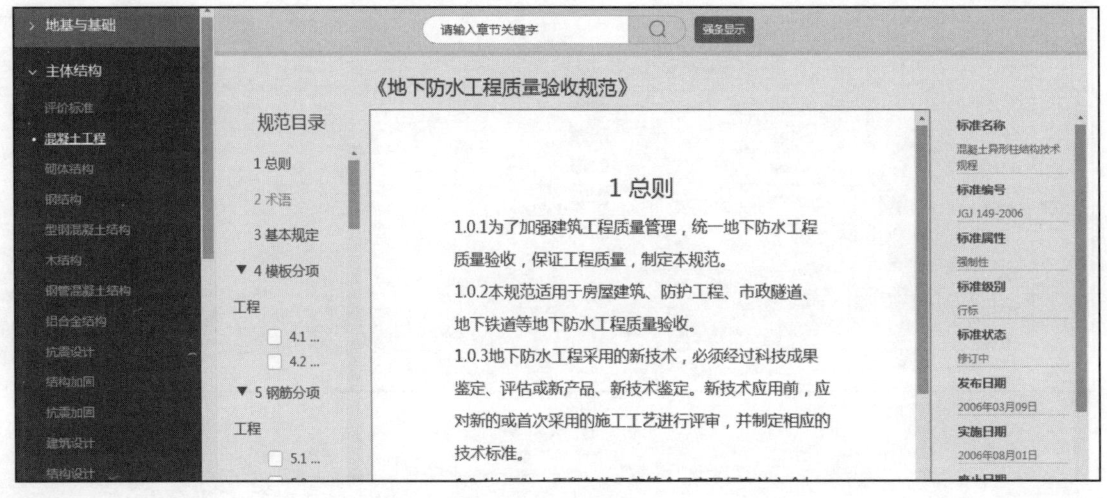

图 8.2.6

质量管理
分类
等级
常见问题
扩展字段
评优描述
安全管理
分类
等级
常见问题
扩展字段
评优描述

常见问题

折叠　导出Excel　导入Excel

名称　属性　默认等级　关联内容

地基与基础分部　分组
主体结构分部　分组
混凝土结构　分组
模板分　分组
钢筋分　分组
混凝土　分组
砌体结构子　分组
建筑装饰装修　分组
建筑地面子分部　分组

新建

上级　混凝土结构子分部

* 名称　柱施工位置尺寸偏移

属性　问题

默认等级　一般隐患

确定　取消

图 8.2.7

质量管理
分类
等级
常见问题
扩展字段
评优描述
安全管理
分类
等级
常见问题
扩展字段
评优描述

常见问题

折叠　导出Excel　导入Excel

名称　属性　默认等级　关联内容

落地架中　问题　关联规范
剪片脚　问题　关联规范
落地架元　问题　关联规范
脚任与　问题　关联规范
外架拉结　问题　关联规范
外架剪刀　问题　关联规范
杆件间距　问题　一般隐患　关联规范
满堂架　分组

新建

上级　脚手架

* 名称　杆件间距与剪刀撑的位置不符合规定

属性　问题

默认等级　一般隐患

确定　取消

图 8.2.8

扩展字段，可以自行新建，输入名称，以质量管理为例，安全同理，如图 8.2.9 所示：

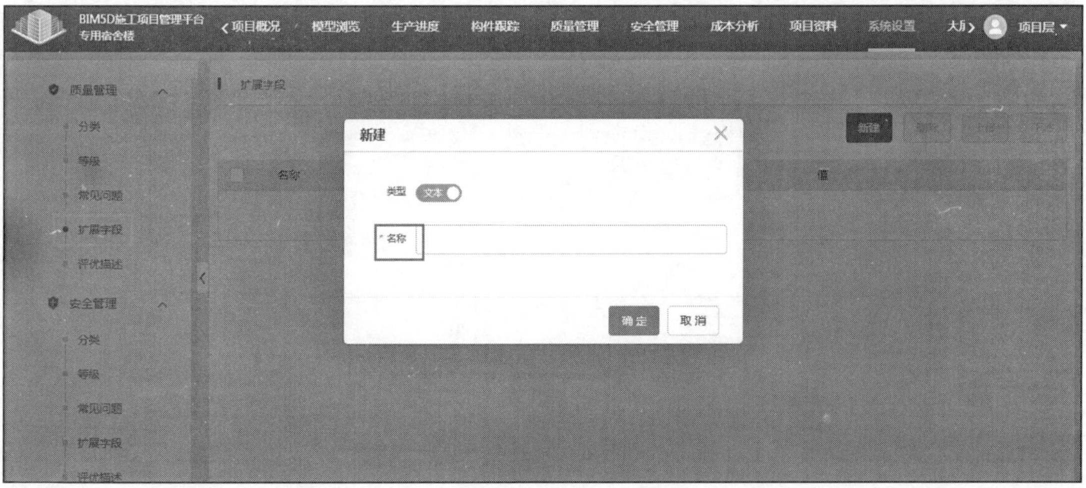

BIM5D施工项目管理平台
专用宿舍楼

项目概况　模型浏览　生产进度　构件跟踪　质量管理　安全管理　成本分析　项目资料　系统设置　大后　项目层

质量管理
分类
等级
常见问题
扩展字段
评优描述
安全管理
分类
等级
常见问题
扩展字段
评优描述

扩展字段

新建

名称　值

新建

类型　文本

* 名称

确定　取消

图 8.2.9

评优描述，用于质量安全评优。也可以自行新建，输入名称，以质量管理为例，安全管理同理，如图 8.2.10 所示：

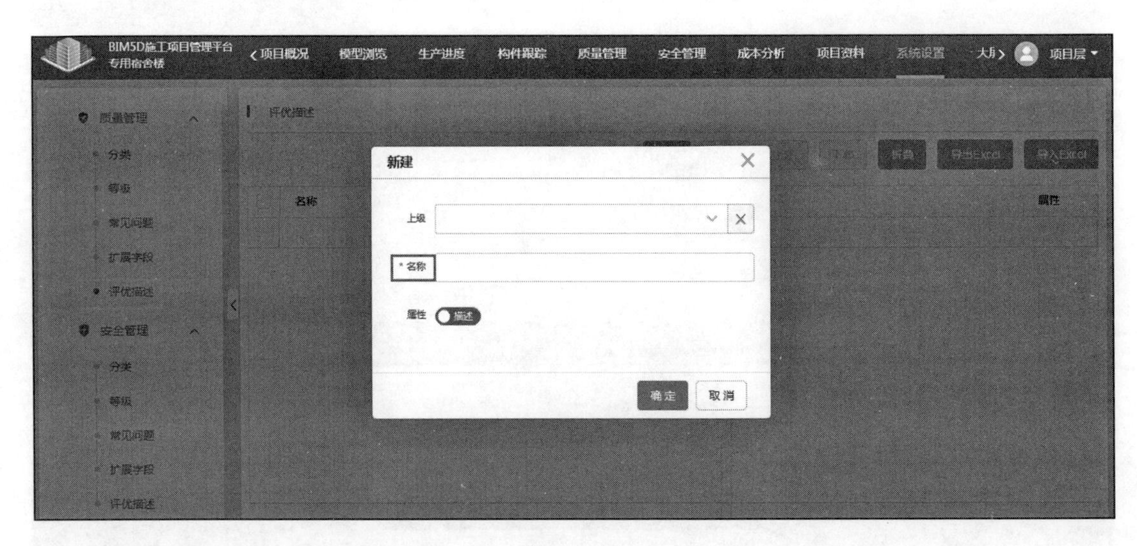

图 8.2.10

第二步：创建问题。以质量问题创建为例，安全问题同理。质安经理在 Web 端项目看板，进入质量管理模块，在左侧点击创建问题。创建问题时，如与模型位置有关，需要进行标明，可以通过选择单体-楼层、专业属性设定显示对应模型。点击创建，选择需要标明问题的构件，然后点击下一步；与模型位置无关时，可以直接点击创建，然后点击下一步即可。在这里选择 1 轴与 A 轴相交处的柱，创建问题，根据需求录入问题各项信息，注意必须选择问题分类（需在系统设置中进行新建）。如图 8.2.11～图 8.2.13 所示：

以安全问题创建为例，用移动端进行新建。进入安全问题，点击右上角加号，创建安全问题，可以添加现场照片，如与模型相关，可以添加图纸，标明发生位置。点击下一步后，录入安全问题详细信息，发送给对应责任人进行整改。如图 8.2.14～图 8.2.16 所示：

图 8.2.11

图 8.2.12

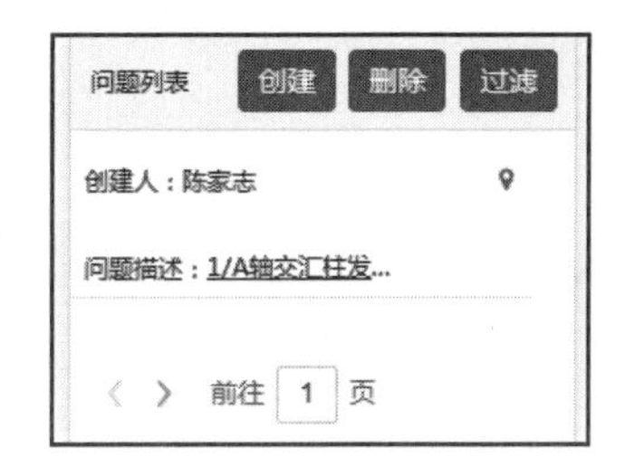

图 8.2.13

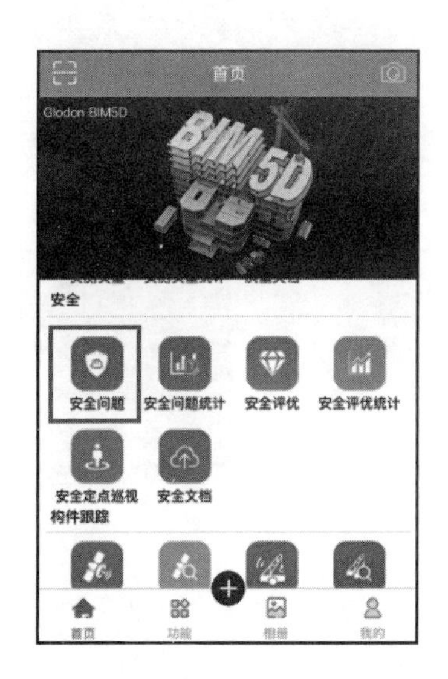

图 8.2.14

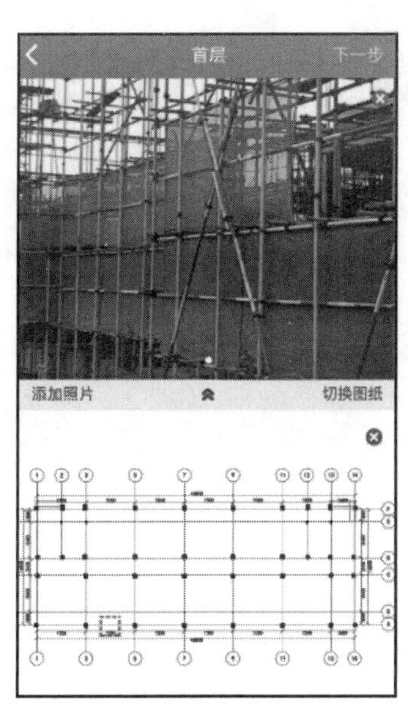

图 8.2.15

图 8.2.16

质安经理需完成以上质量问题及安全问题的创建，完成对应任务。

8.2.2 质安问题统计及整改

第一步：问题统计。质安经理及项目经理可在 Web 端项目看板，进入质量管理或安全管理模块，点击左侧问题统计和问题台账查看质量安全问题。

问题统计模块可以设定时间段范围内的质量安全问题进行查询，会自动生成问题分布趋势图，生成的问题可以直接点击进行查看。以质量问题统计为例，安全问题同理，如图 8.2.17、图 8.2.18 所示：

图 8.2.17

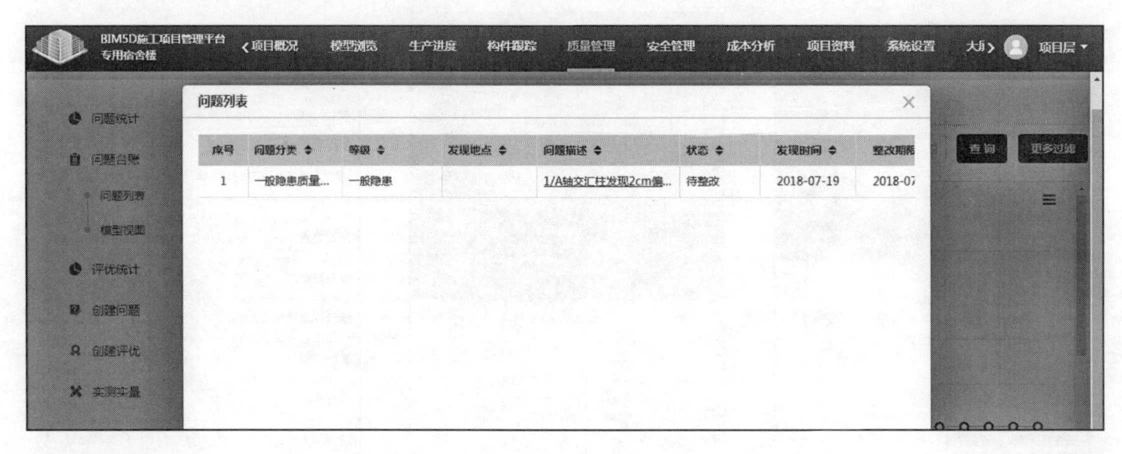

图 8.2.18

问题台账模块可以查看问题列表。问题列表中可以查看所有存在的质量安全问题，查看时可以通过过滤设置进行查看，点击问题描述可查看详情，可以将问题导出 Excel 表格，也可以基于问题生成整改单。以质量问题为例，安全问题同理，如图 8.2.19、图 8.2.20 所示：

图 8.2.19

检查人	陈家志	检查时间	2018-07-19
项目负责单位	中天建设集团	责任人	陈家志
受检单位			
受检情况及存在的隐患：			
1轴与A轴交汇柱发现2cm偏移：			
上述问题，应立即整改，要求在整改期限内完成整改，并报送整改回复，逾期或未达到整改要求，项目部将按照有关处罚措施处理。			
整改期限	2018-07-22		
整改责任人	陈家志	安全员/责任人	
执行整改情况：			

图 8.2.20

问题台账模块也可以查看模型视图，类似创建问题的界面，可以设置专业属性及楼层，显示对应模型，同时右侧可以显示问题列表内容。以质量问题为例，安全问题同理，如图 8.2.21 所示：

图 8.2.21

质量安全问题统计也可以通过手机端进行查看。选择自定义的维度，设置起止时间。以质量问题为例，安全问题同理，如图 8.2.22、图 8.2.23 所示：

图 8.2.22

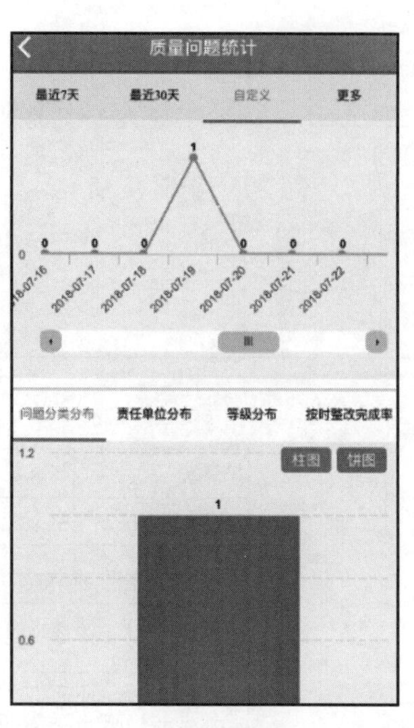

图 8.2.23

第二步：问题整改。问题责任人利用 BIM5D 手机端，点击质量及安全跟踪列表，查看接收到的质量安全整改任务。整改完成后，录入整改完成时间及整改情况，点击整改完成。以安全问题整改为例，质量同理，如图 8.2.24、图 8.2.25 所示：

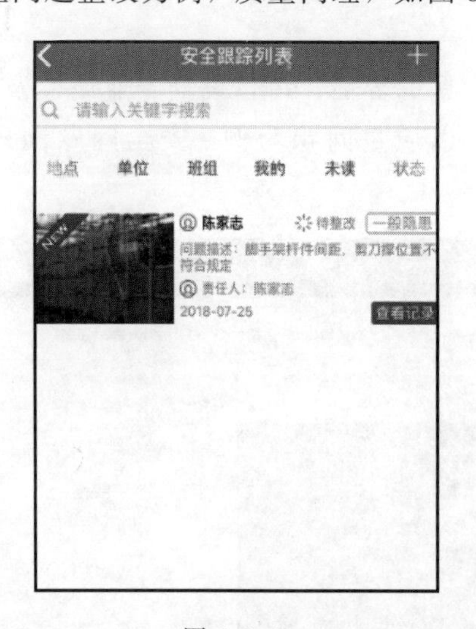

图 8.2.24

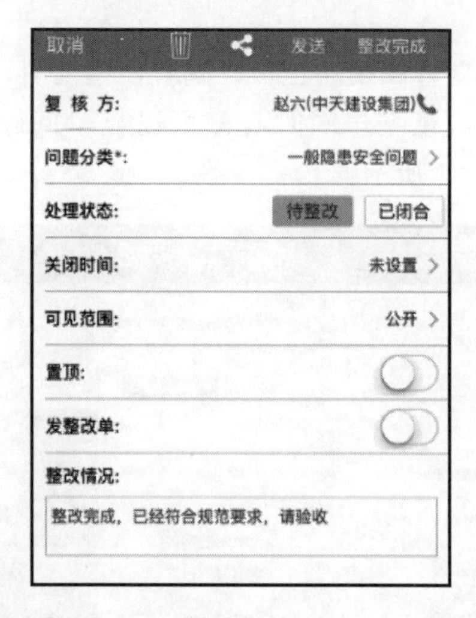

图 8.2.25

第三步：问题验收。问题验收责任人利用 BIM5D 手机端，点击质量及安全跟踪列表，查看接收到的验收问题列表，点击查看记录，根据整改情况进行验收，验收不通过时可以选择退回整改，发送给责任人重新进行整改，验收通过则选择待复核，发送给复核人做问题整改复核。以安全问题验收为例，质量问题同理，如图 8.2.26、图 8.2.27 所示：

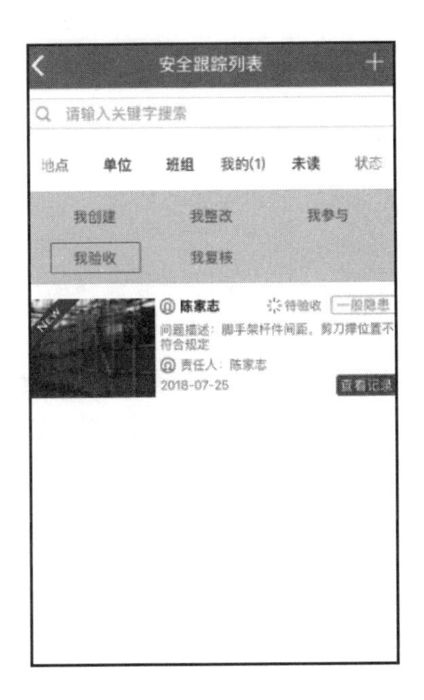

图 8.2.26

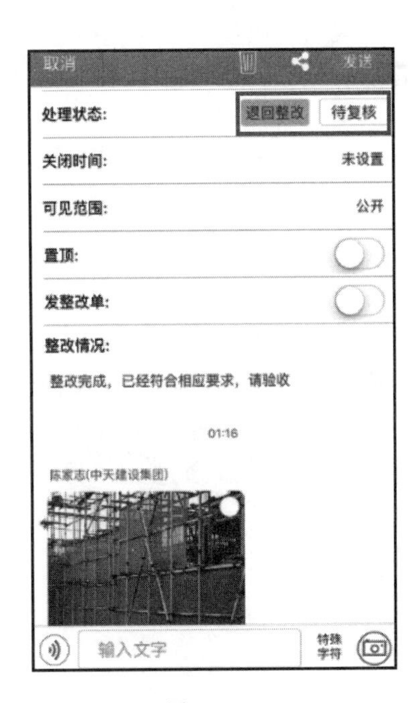

图 8.2.27

第四步：问题复核。问题复核责任人利用 BIM5D 手机端，点击质量及安全跟踪列表，查看接收到的复核问题列表。点击查看记录，根据整改情况进行复核，复核不通过时可以选择退回整改，发送给责任人重新进行整改；复核通过则选择已闭合，结束当前质量安全问题，代表整改最终通过。以安全问题验收为例，质量问题同理，如图 8.2.28～图 8.2.30所示：

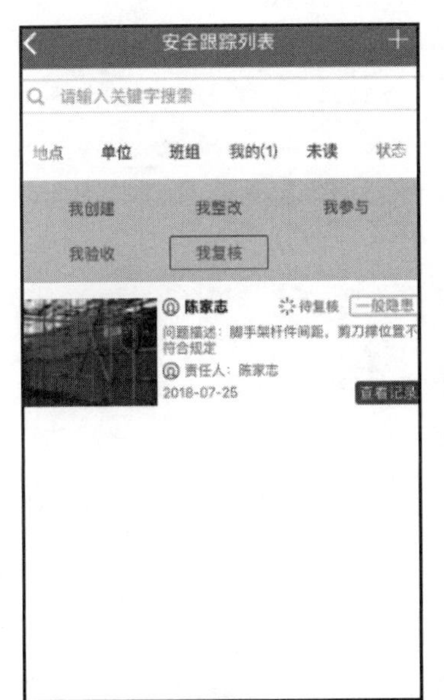

图 8.2.28

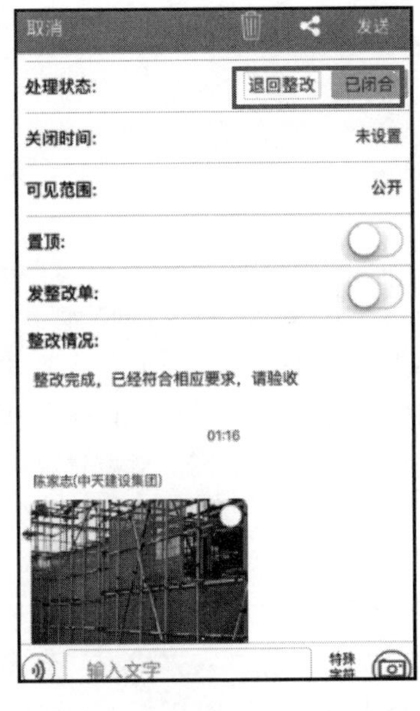

图 8.2.29

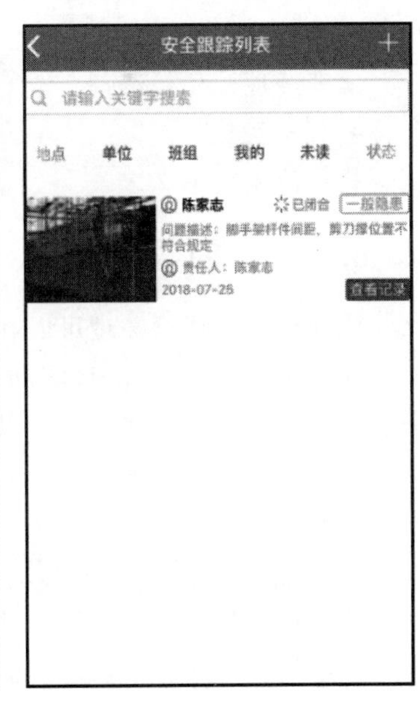

图 8.2.30

质安经理结合其他成员按照上述流程进行模拟，结合质量安全问题进行质量安全问题整改流程，完成以上质量安全问题的整改模拟，熟悉问题整改流程。

◆ **任务总结**

(1) 通过 Web 端进行质量安全问题库的建立及编辑，注意要建立质量安全问题分类，否则影响后期问题创建；

(2) 可以通过 Web 端及手机端创建质量安全问题，并输入问题描述信息，发送整改通知单；

(3) 可以通过 Web 端及手机端查看质量安全问题统计，通过项目看板看到的信息更加全面，通过问题统计及问题台账等维度进行大数据分析；

(4) 注意质量安全问题整改流程，问题发起人录入问题信息，发送给责任整改人；整改完成后，验收责任人进行问题验收；验收通过后，由复核人进行核实，核实通过后方可关闭问题，代表验收通过。过程中有不符合要求的情况时，可随时退回整改人重新进行问题整改。

8.3 质量安全评优

◆ **业务背景**

质量安全评优是指在施工过程中，通过发现施工质量及安全措施按照高标准、高要求，符合规范规定，通过表扬及奖励的方式，正能量激励单位、班组及个人，提升施工质量，保证安全施工，助力质量、安全部门开展工作。

项目部利用 BIM5D 进行质量安全评优，召开质量安全例会时，进行公开表扬。

◆ **任务目标**

基于专用宿舍楼案例，质安经理结合项目特点找出质量、安全评优入选至少各一例，进行评优创建，项目经理根据项目看板查看评优统计分析，奖励相关责任人。

◆ **责任岗位**

质安经理、项目经理。

◆ **任务实施**

相关流程见下文。

8.3.1 创建评优

质安经理、项目经理可以利用 Web 端及手机端创建评优。

第一步：打开 BIM5D 移动端，找到质量安全模块，点击质量评优/安全评优，然后点击右上角加号，创建评优项。以安全评优为例，质量评优操作同理，如图 8.3.1 所示：

第二步：添加评优信息。进行内容描述、施工部位选择、所属分类、被表扬对象、通知人、审核人、发现时间及审核意见的录入。注意在系统设置里创建评优分类，否则无法录入。如图 8.3.2、图 8.3.3 所示：

同样可以利用 Web 端进行创建评优，以质量问题为例，选择质量管理模块。点击创建评优，新建录入评优信息，信息同安全评优录入方式。创建完成后，可以点击过滤，查找相应时间范围内的评优项，导出 Excel 表格。如图 8.3.4、图 8.3.5 所示：

图 8.3.1

图 8.3.2

图 8.3.3

图 8.3.4

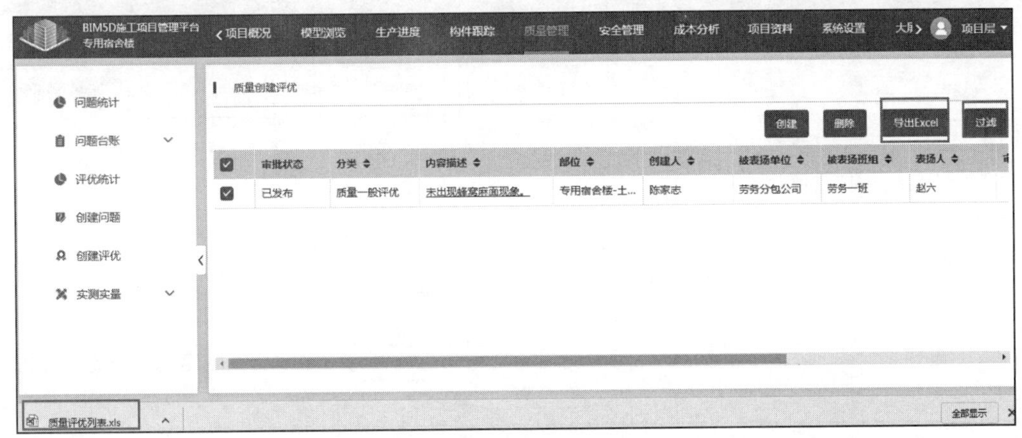

图 8.3.5

质安经理结合上述所讲步骤，自行完成评优任务练习，可根据项目特点罗列出质量、安全评优至少各一例，完成评优创建。

8.3.2　评优数据统计

项目经理可以利用 Web 端及手机端查看评优数据。

第一步：打开 BIM5D 移动端，找到质量安全模块，点击质量评优统计/安全评优统计，通过自定义的方式设置起止时间。以安全评优为例，质量评优操作同理，如图 8.3.6、图 8.3.7 所示：

图 8.3.6

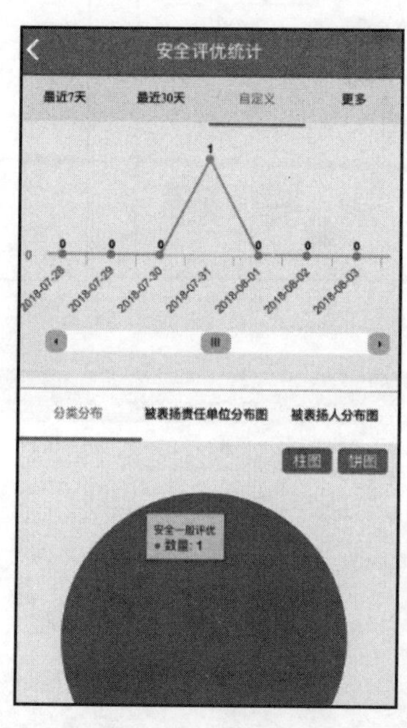

图 8.3.7

第二步：打开 BIM5D 项目看板，进入质量管理、安全管理模块，可以在左侧选择评优统计进行查看。也可以设定评优查询时间，通过更多过滤条件进行筛选设定。以质量评优统计为例，如图 8.3.8 所示：

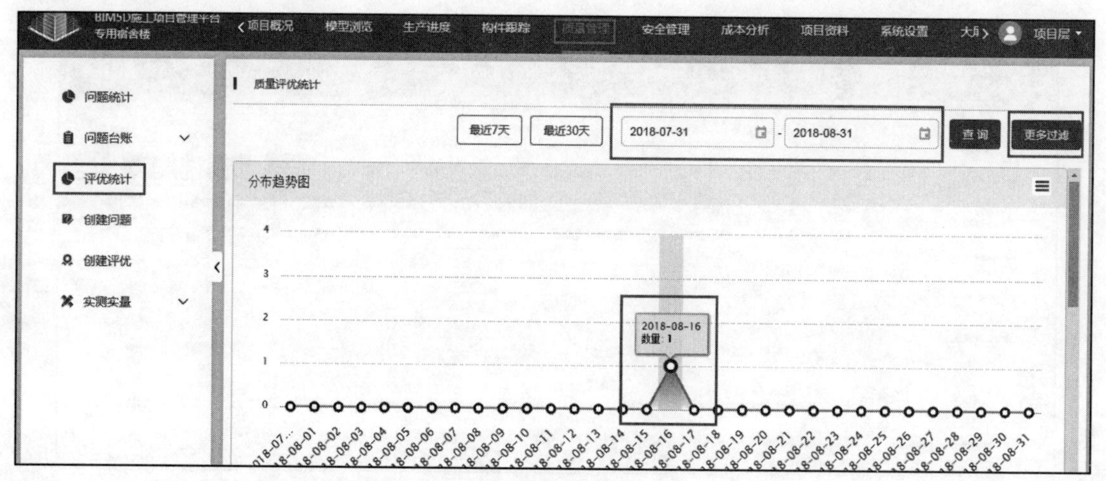

图 8.3.8

◆ **任务总结**

(1) 通过手机端和 Web 端均可进行评优创建，注意创建评优前要先在系统设置里创建评优分类；

(2) 通过手机端和 Web 端均可进行评优统计查看，可结合自定义时间范围及其他过滤信息进行筛选查询。

8.4 安全定点巡视

◆ **业务背景**

安全定点巡视是按照一定的巡视计划，针对施工现场重点部位及涉及危险施工的地方进行安全巡检，发现问题并及时上报。

项目部巡视人员在现场巡视完毕，记录问题，并在手机端完成安全定点巡视录入及提交，同步到 Web 端安全定点巡视情况中。

管理层可在 Web 端安全管理模块设置安全巡视点及相应巡视要求和频次。

◆ **任务目标**

基于专用宿舍楼案例，质安经理结合施工重点部位及安全因素考虑，设置项目安全定点巡检，并导出巡检记录做数据分析。

◆ **责任岗位**

质安经理、项目经理。

◆ **任务实施**

相关操作详见下文。

8.4.1 巡视点设置

质安经理利用 Web 端创建巡视点。

第一步：打开 BIM5D 移动端，找到安全管理模块。左侧选择巡视点设置，新建巡视点。如图 8.4.1 所示：

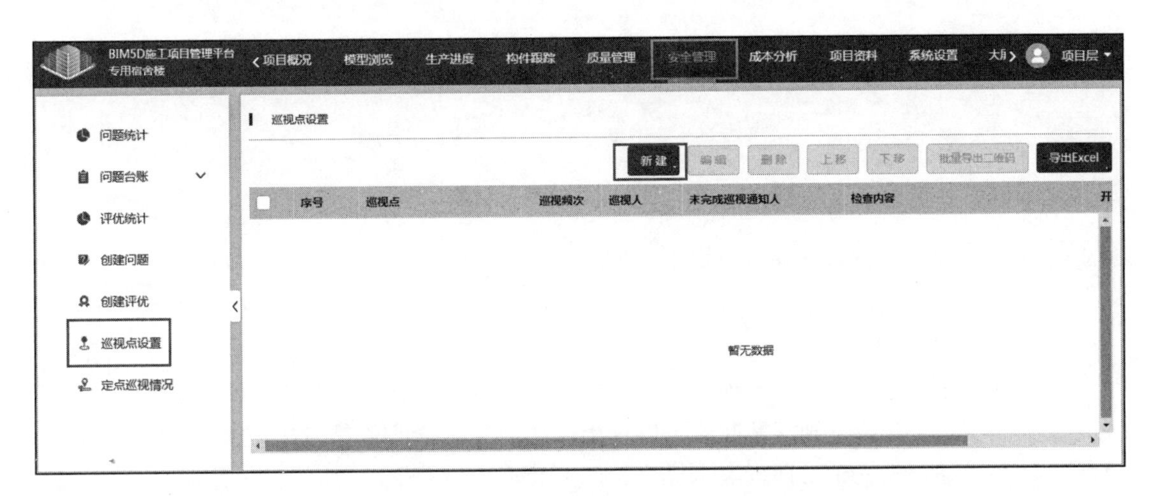

图 8.4.1

第二步：设置录入巡视点信息，新建完成后，可以再次进行编辑，导出 Excel 及二维码信息。如图 8.4.2、图 8.4.3 所示：

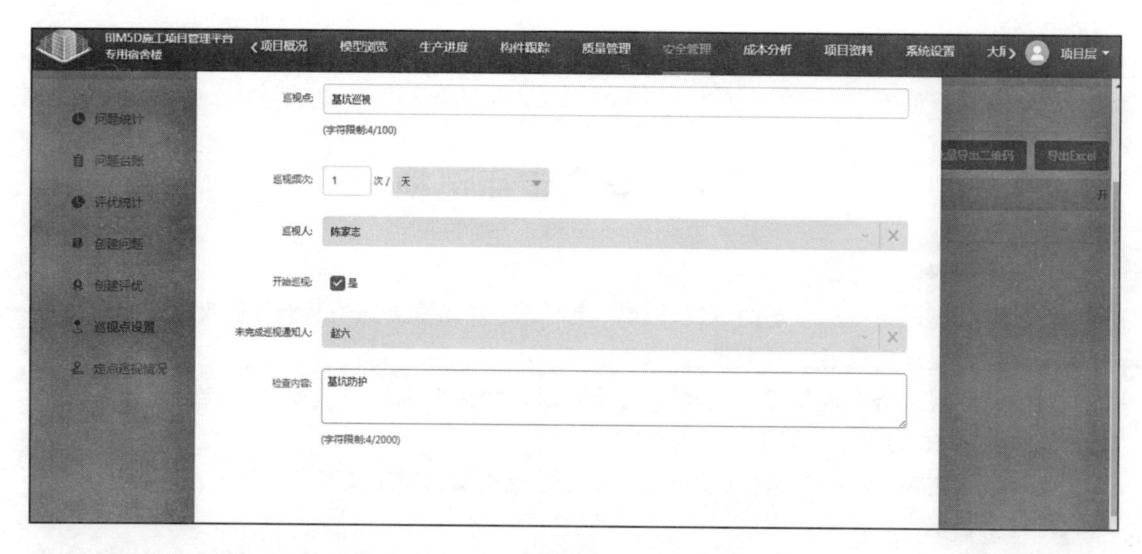

图 8.4.2

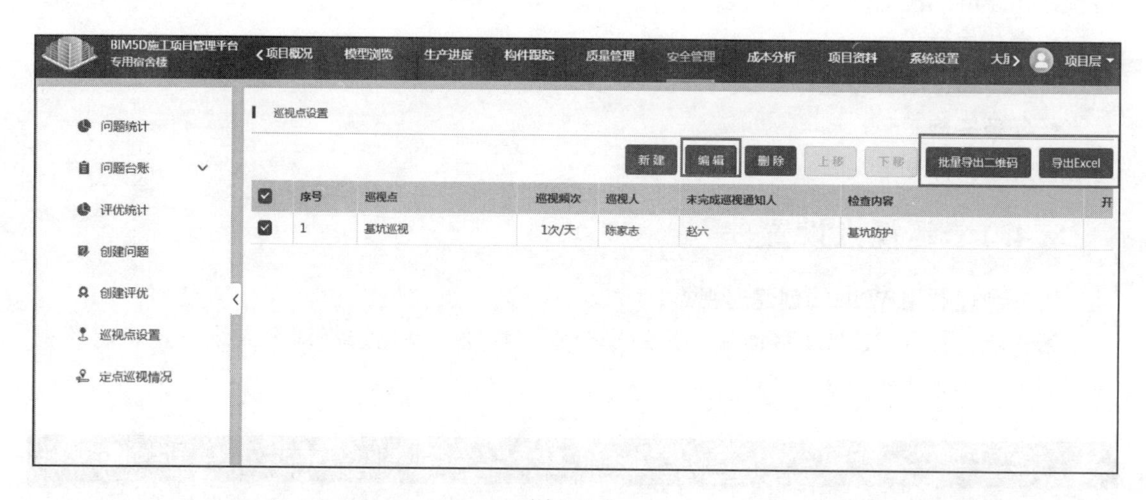

图 8.4.3

8.4.2 安全定点巡视

巡视人员利用手机端根据巡视要求，进行安全定点巡视。

第一步：巡视人员在施工现场进行巡视，打开 BIM5D 手机端，进入安全模块，点击安全定点巡视。如图 8.4.4 所示：

第二步：根据巡视要求，添加巡视记录描述，录入巡视结果。巡视结果分为正常和发现问题两种情况，当选择发现问题时，可以直接在此位置创建问题，方法同前讲解的安全问题创建，不再赘述。巡视正常即可点击提交，如图 8.4.5～图 8.4.7 所示：

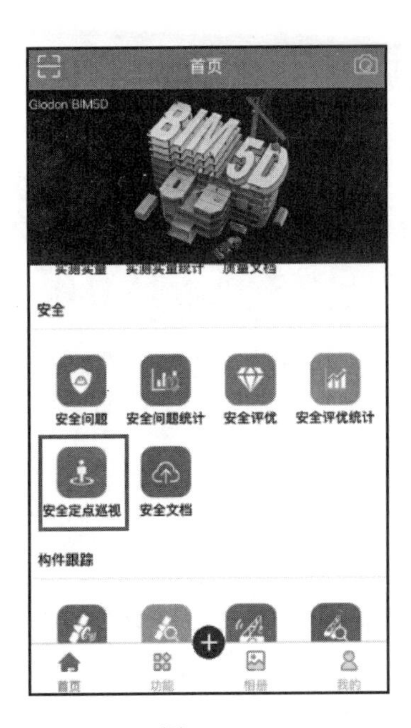

图 8.4.4

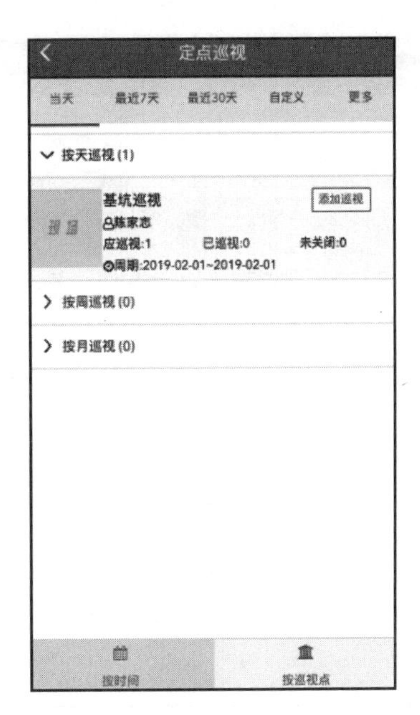

图 8.4.5

图 8.4.6

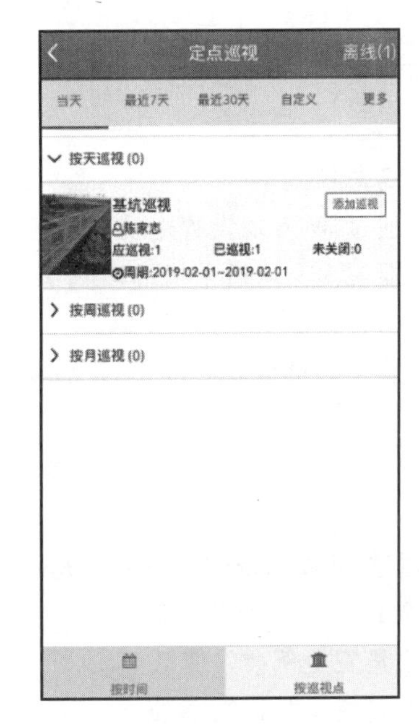

图 8.4.7

8.4.3　定点巡视情况查看

质安经理可通过项目看板，对定点巡视情况进行查看了解。

第一步：质安经理打开项目看板，在安全管理模块，点击左侧定点巡视情况，按照时间范围和更多过滤进行筛选，显示巡视记录。如图 8.4.8 所示：

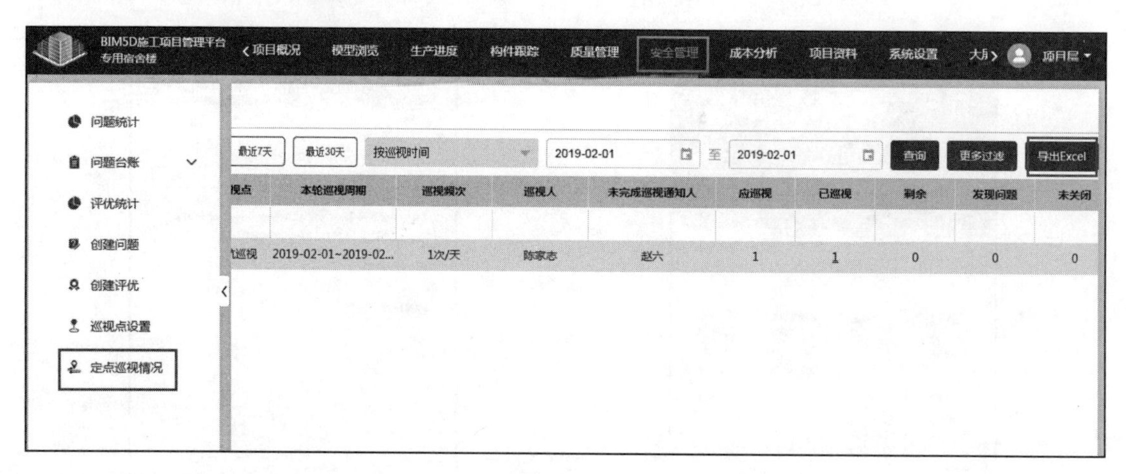

图 8.4.8

第二步：质安经理可以将巡视记录导出 Excel 表格，做巡视记录分析。如图 8.4.9 所示：

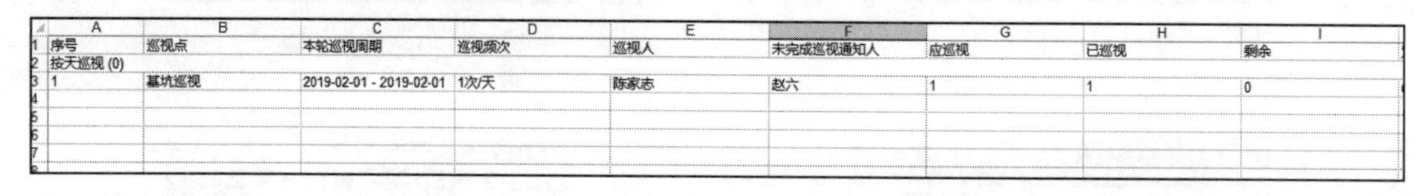

	A	B	C	D	E	F	G	H	I
1	序号	巡视点	本轮巡视周期	巡视频次	巡视人	未完成巡视通知人	应巡视	已巡视	剩余
2	按天巡视 (0)								
3	1	基坑巡视	2019-02-01 - 2019-02-01	1次/天	陈家志	赵六	1	1	0
4									
5									
6									
7									

图 8.4.9

◆ **任务总结**

(1) 通过 Web 端设置巡视点及频次，描述巡视内容及部位，并指定巡视人员；

(2) 巡视人员通过手机端接收巡视任务，在施工现场指定位置进行巡检，发现问题并及时上报记录；

(3) 管理人员可以通过 Web 端查看定点巡视情况，并导出表格数据做分析。

习　题

1. 通过 BIM 系统的质量安全追踪，可以解决施工过程中的（　　）问题。

A. 质量安全数据采集难

B. 质量安全例会效率低

C. 质量安全数据共享难

D. 质量安全问题协同整改难

E. 施工过程中的质量安全问题反馈难

2. 利用 BIM5D 平台进行质量安全管理的流程包括（　　）。

A. 创建质量安全问题

B. 发送整改通知单

C. 问题整改

D. 验收

E. 复核

3. 在BIM5D平台，可以通过WEB端及手机端完成的工作有（　　）。
A. 创建质量安全问题
B. 质量安全问题统计
C. 创建质量安全问题库及编辑
D. 创建评优
E. 评优统计查看
4. 关于质量安全评优，理解正确的是（　　）。
A. 发现正能量的事迹
B. 通过表扬的方式激励班组、个人
C. WEB端可以查看评优统计列表
D. 创建评优可以互相吹捧
E. 在BIM5D平台，需要先在系统设置里创建评优分类，才能添加评优信息
5. 关于安全定点巡视，说法正确的是（　　）。
A. 针对施工现场重点部位进行安全巡检
B. 巡视人员可在施工现场利用手机端记录问题并同步到WEB端
C. WEB端可以设置安全巡视点及巡视要求和频次
D. 巡视结果分为正常和发现问题两种情况
E. 巡视记录只能在项目看板中查看，不能导出

第9章

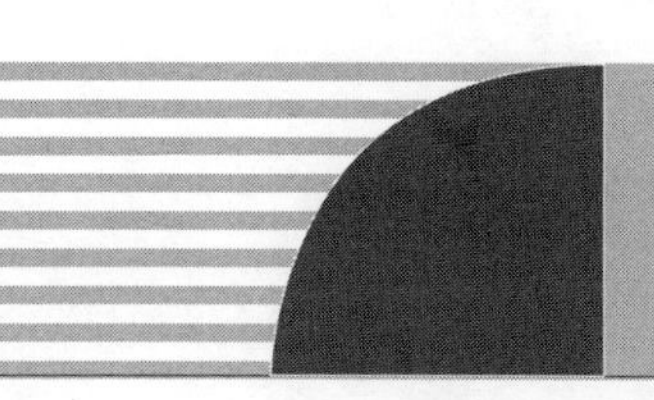

BIM5D 项目 BI 应用

9.1 章节概述

二维码 24
项目看板应用

本书在上述章节讲解中，主要以专用宿舍楼质安应用篇章进行讲解，意在帮助项目团队快速了解质量安全跟踪、安全定点巡视、质量安全整改、质量安全评优、质量安全数据统计分析等多质安应用点，并在操作过程中熟悉质量安全问题创建及整改、安全定点巡视及执行、创建质安评优并发布、质安数据统计查看等功能。通过上述章节对专用宿舍楼项目采用边讲解、边练习的方式，相信项目团队已经可以基于团队分工完成质安应用章节全部任务。

本章主要基于专用宿舍楼项目 BI 应用篇章进行讲解，学习 BIM5D 项目看板的模块运用，通过借助企业看板分析质量、安全、生产、商务目前状态与预期的差距，针对存在的问题提出解决方案。

9.1.1 能力目标

（1）能够了解施工现场项目 BI 管理基本业务，掌握基于 BIM 平台进行项目管理的应用方法，熟悉基于 BIM5D 企业看板进行管理应用的功能运用；

（2）能够了解施工现场应用企业看板的业务需求，熟悉基于 BIM 平台进行业务查看的应用方法，熟悉基于 BIM5D 项目看板调取各类信息的功能运用。

9.1.2 任务明确

（1）基于专用宿舍楼案例，根据任务要求，通过利用 PC 端进行进度、成本、产值、资金管理、模型情况等数据同步上传，实现领导层可通过项目看板了解及分析数据；

（2）基于专用宿舍楼案例，公司管理层通过项目看板浏览各模块信息，熟悉利用 Web 端查看项目概括信息、浏览模型信息、监管生产进度情况、质安管理、构件跟踪以及成本分析等数据，项目团队结合各自项目情况，进行各模块的应用练习，自行设定各模块数据信息。

9.2 PC端云数据同步

◆ **业务背景**

项目部相关成员通过利用PC端将进度、成本、产值、资金管理、模型情况等数据同步上传，实现领导层可通过项目看板实施了解及分析数据。

◆ **任务目标**

基于专用宿舍楼案例，通过PC端进行云数据同步上传，项目经理设定项目基础信息部分，技术经理设定模型信息、图纸信息及场地信息部分，生产经理设定进度信息部分，商务经理设定产值、成本、资金管理部分。各项目团队自行设定上述信息，根据需求选择进行同步。

◆ **责任岗位**

项目经理、技术经理、生产经理、商务经理。

◆ **任务实施**

项目团队成员分别登录各自PC端口，录入选择模块信息，进行云数据同步。

第一步：项目经理登录技术端，点击右上角云数据同步，在项目基础信息模块进行内容选择，包括项目数据、成本分析及物资提量。项目数据默认为打钩状态，可自行选择成本分析及物资提量打钩进行上传，点击数据同步。如图9.2.1所示：

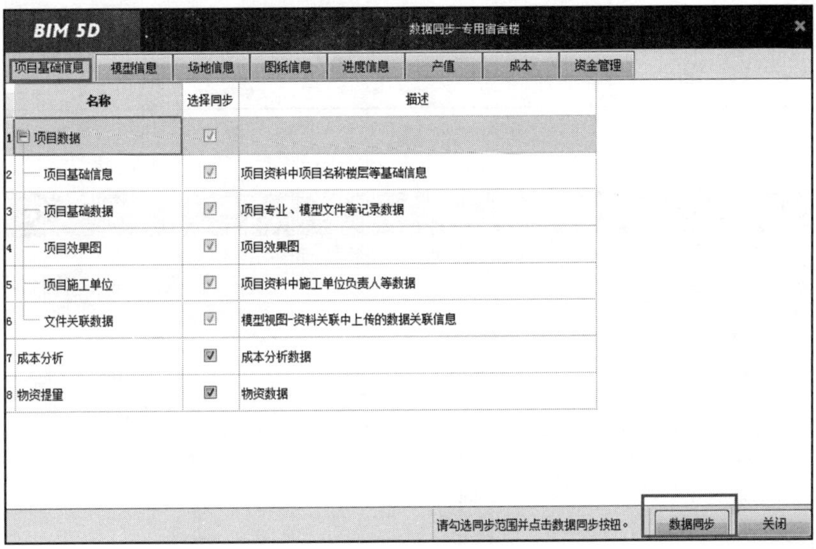

图9.2.1

第二步：技术经理登录技术端，点击右上角云数据同步，在模型信息、场地信息及图纸信息模块进行内容选择。设置模型及场地选择范围，注意图纸信息为构件投影生成的二维边线图纸，通过手机端可以进行查看，选择专业范围及构件的显示范围。模型信息及场地信息来源于5D数据导入中的实体模型及场地模型，图纸信息来源于模型中构件轮廓投影生成的二维线框。打钩进行上传，点击数据同步。如图9.2.2～图9.2.4所示：

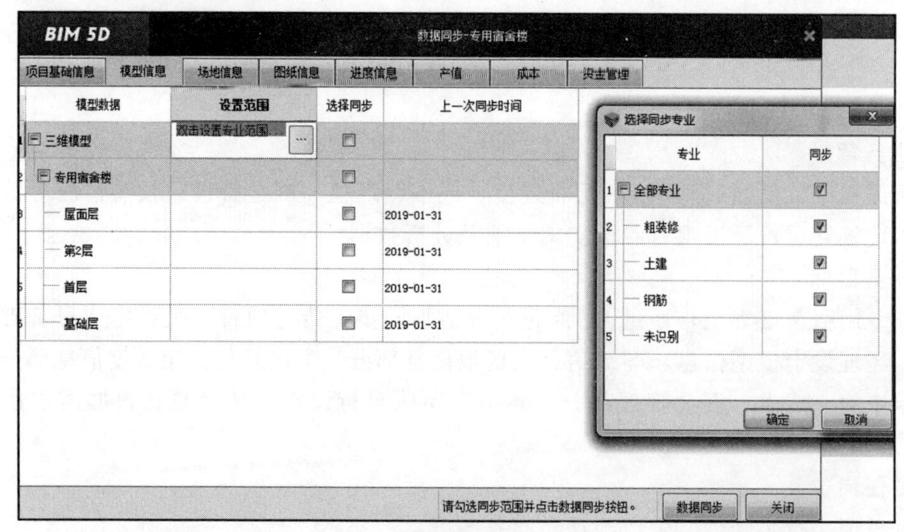

图 9.2.2

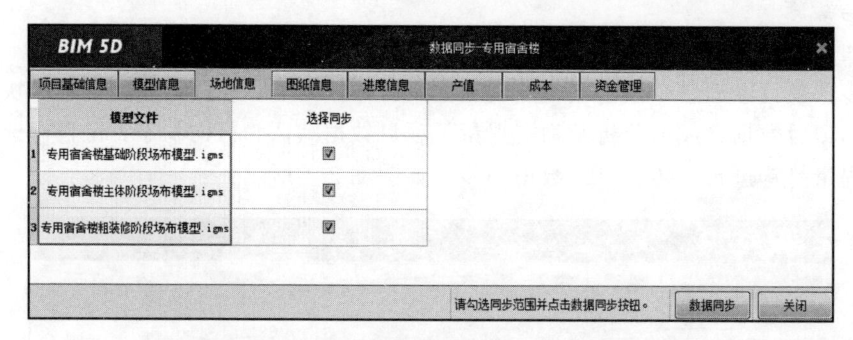

图 9.2.3

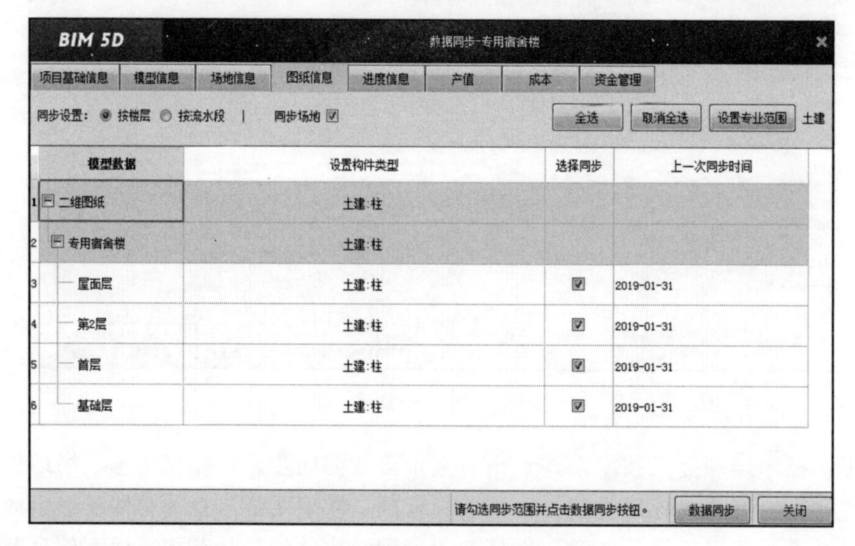

图 9.2.4

第三步：生产经理登录技术端，点击右上角云数据同步，在进度信息模块进行数据录入，右键点击添加，可以在单体进度及项目进度输入单体的进度时点、计划进度百分比及实际进度百分比。填写完成后，点击数据同步。如图 9.2.5、图 9.2.6 所示：

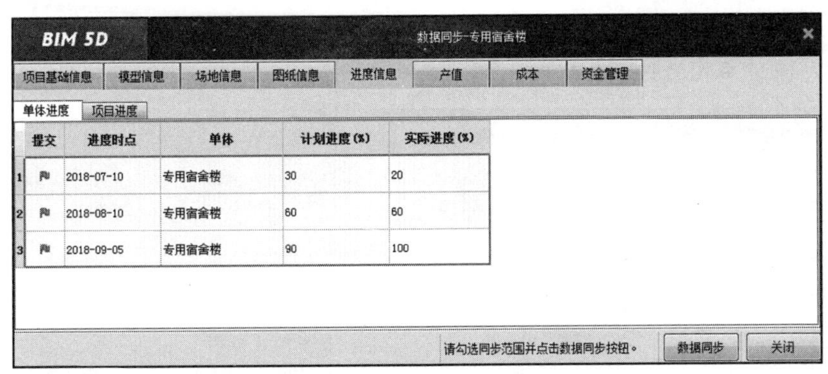

图 9.2.5

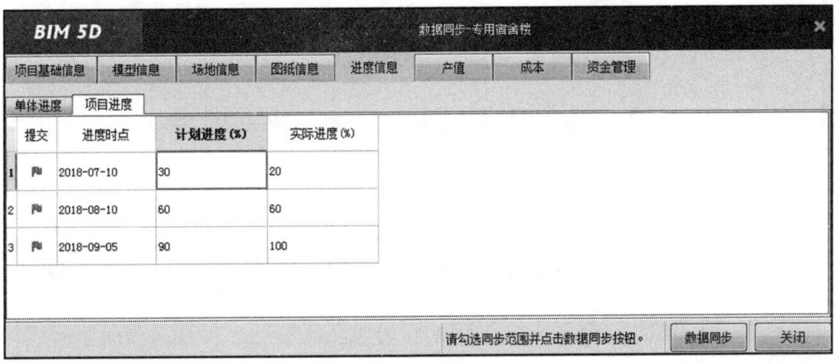

BIM 5D 数据同步-专用宿舍楼

项目基础信息 模型信息 场地信息 图纸信息 进度信息 产值 成本 资金管理

单体进度 项目进度

	提交	进度时点	计划进度(%)	实际进度(%)
1		2018-07-10	30	20
2		2018-08-10	60	60
3		2018-09-05	90	100

请勾选同步范围并点击数据同步按钮。 数据同步 关闭

图 9.2.6

第四步：商务经理登录商务端，点击右上角云数据同步，在产值、成本及资金管理模块录入数据。

产值分为基本产值和调整产值，基本产值可以右键手动添加，输入发生年月、产值，也可以右键选中添加行，点击自动计算，自动汇总出金额，基本产值等于合同预算全费用。如图 9.2.7 所示：

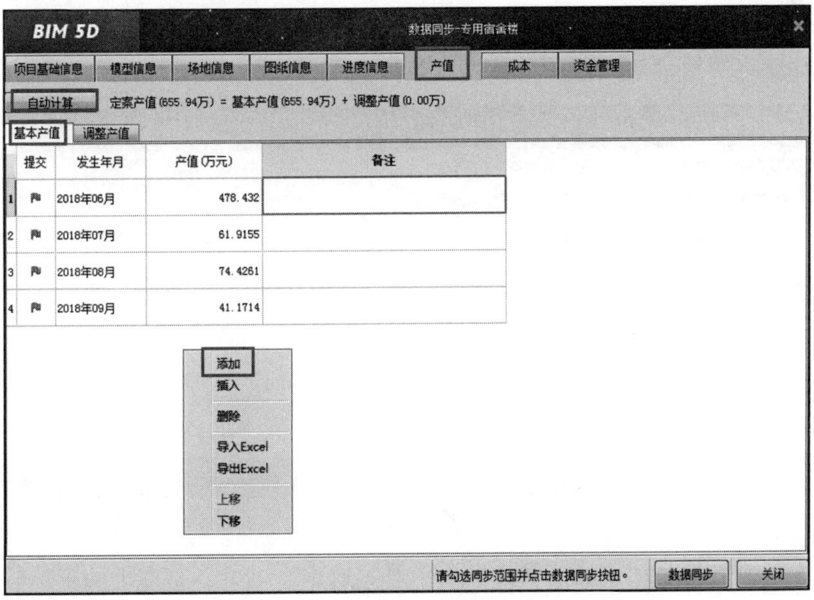

BIM 5D 数据同步-专用宿舍楼

项目基础信息 模型信息 场地信息 图纸信息 进度信息 产值 成本 资金管理

自动计算 定案产值(655.94万) = 基本产值(655.94万) + 调整产值(0.00万)

基本产值 调整产值

	提交	发生年月	产值(万元)	备注
1		2018年06月	478.432	
2		2018年07月	61.9155	
3		2018年08月	74.4261	
4		2018年09月	41.1714	

添加
插入
删除
导入Excel
导出Excel
上移
下移

请勾选同步范围并点击数据同步按钮。 数据同步 关闭

图 9.2.7

调整产值需手动输入，其等于项目合同外收入。合同外收入通过数据导入—合同外收入可自行添加，注意要先进行授权锁定。如图 9.2.8、图 9.2.9 所示：

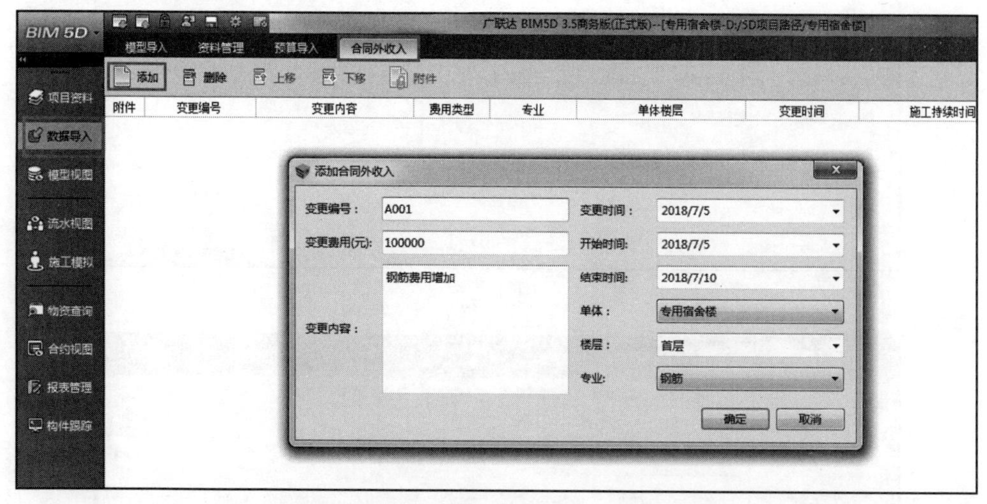

图 9.2.8

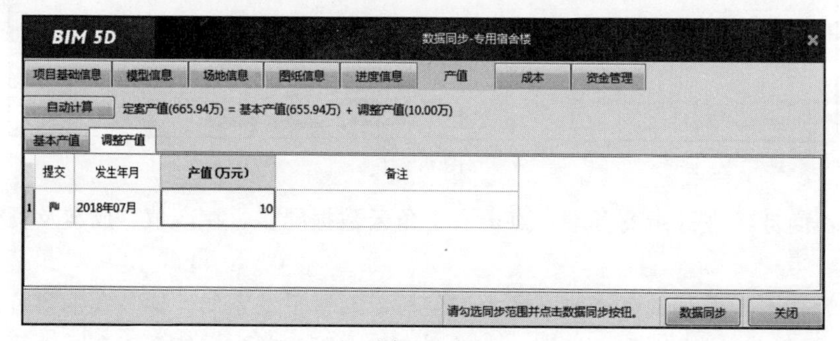

图 9.2.9

在成本模块，可以录入预算成本、目标成本及实际成本信息。预算成本可以右键手动添加，输入发生年月、成本。也可以右键手动添加行，选中添加行，点击自动计算，自动汇总出金额，预算成本等于合同预算全费用。如图 9.2.10 所示：

BIM 5D　数据同步-专用宿舍楼

项目基础信息　模型信息　场地信息　图纸信息　进度信息　产值　成本　资金管理

自动计算　预算:655.94 万　目标成本:0.00 万　实际成本:0.00 万

预算成本　目标成本　实际成本

	提交	发生年月	成本(万元)	备注
1	⚑	2018年06月	478.432	
2	⚑	2018年07月	61.9155	
3	⚑	2018年08月	74.4261	
4	⚑	2018年09月	41.1714	

请勾选同步范围并点击数据同步按钮。　数据同步　关闭

图 9.2.10

目标成本可以右键手动添加，输入发生年月、成本。也可以右键手动添加行，选中添加行，点击自动计算，自动汇总出金额，目标成本等于成本预算全费用。如图 9.2.11 所示：

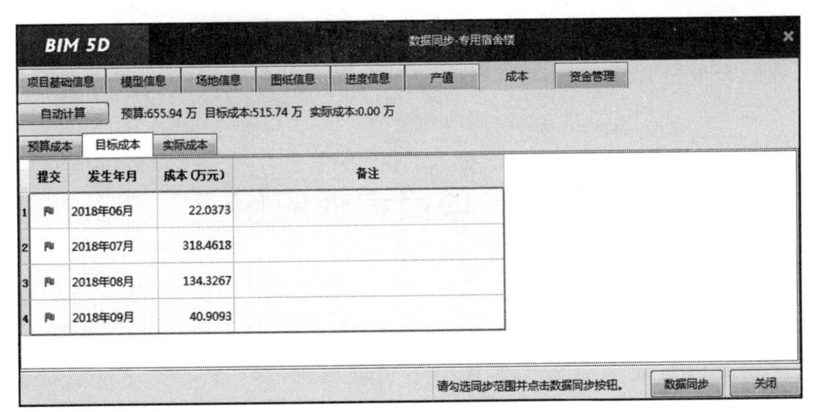

图 9.2.11

实际成本只支持手动输入，不能自动计算，根据实际发生的时点及费用分类列项，输入金额。如图 9.2.12 所示：

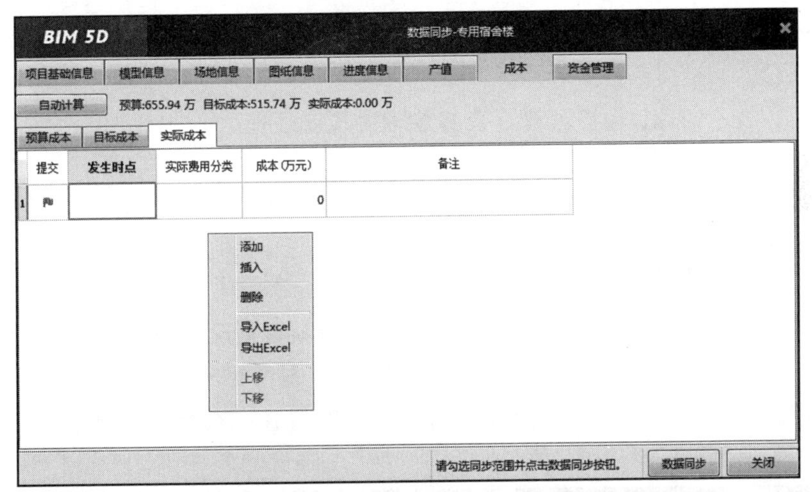

图 9.2.12

在资金管理模块，可以录入应付款、已付款、应收款及已收款信息，根据项目情况实时录入即可。如图 9.2.13 所示：

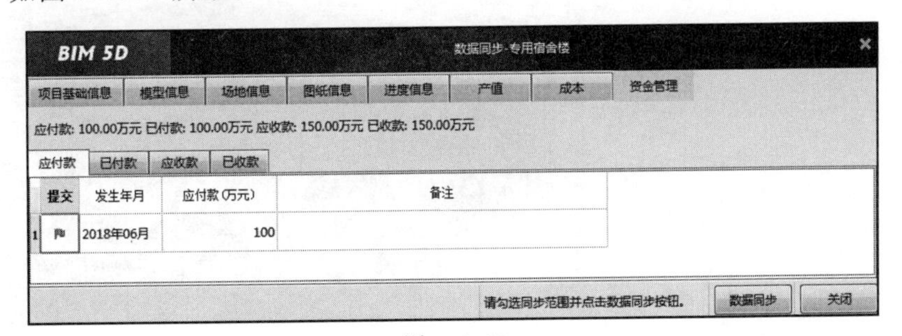

图 9.2.13

已付款、应收款、已收款填写操作同上，不再赘述。产值、成本及资金管理全部填写完成后，点击数据同步即可。

◆ **任务总结**

(1) 注意在 BIM5D 的 PC 端进行云数据同步，各项目成员登录端口均有权限进行上传同步；

（2）在云数据同步过程中，有些数据，比如模型、场地等，导入5D后，可以直接进行同步；

（3）在云数据同步过程中，有些数据，比如成本、资金管理等，需要自行录入后再进行同步。

9.3 项目看板应用

◆ **业务背景**

公司管理层希望通过企业看板查看项目概括信息、浏览模型信息、监管生产进度情况、质安管理、构件跟踪以及成本分析等，实时了解项目进展状态。发现目前状态与预期的差距，针对存在的问题提出解决方案。

◆ **任务目标**

基于专用宿舍楼案例，公司管理层通过项目看板浏览各模块信息，熟悉利用Web端查看项目概括信息、浏览模型信息、监管生产进度情况、质安管理、构件跟踪以及成本分析等数据，项目团队结合各自项目情况，进行各模块的应用练习，自行设定各模块数据信息。

◆ **责任岗位**

项目经理、技术经理、生产经理、商务经理、质安经理。

◆ **任务实施**

相关操作详见下文。

9.3.1 项目概况

项目团队成员登录Web端，在项目概况模块查看项目概况、经营动态及项目进度信息。项目概况信息来源于PC端中项目信息的录入；经营动态来源于云数据同步中产值、成本及资金管理等信息；项目进度来源于云数据同步中进度信息；右侧图片显示来源于效果图设置。如图9.3.1所示：

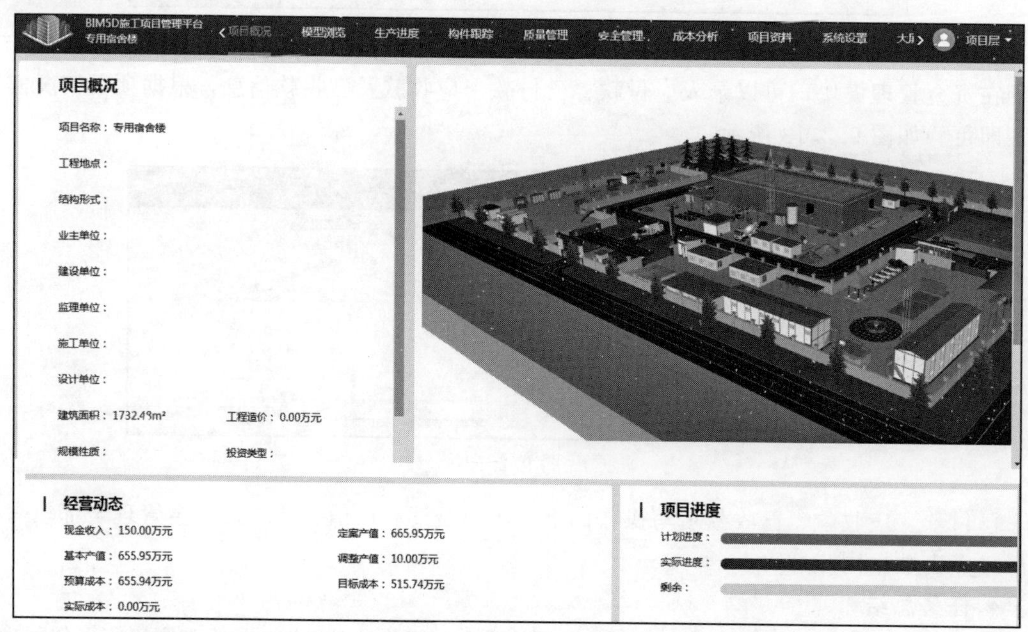

图9.3.1

9.3.2 模型浏览

项目团队成员登录 Web 端，在模型浏览模块可以查看模型信息，左侧选择楼层及专业构件类型，会显示对应的模型。同时可以利用下方工具栏查看其他信息，如测量工具、剖切面、属性、构件工程量等。如图 9.3.2 所示：

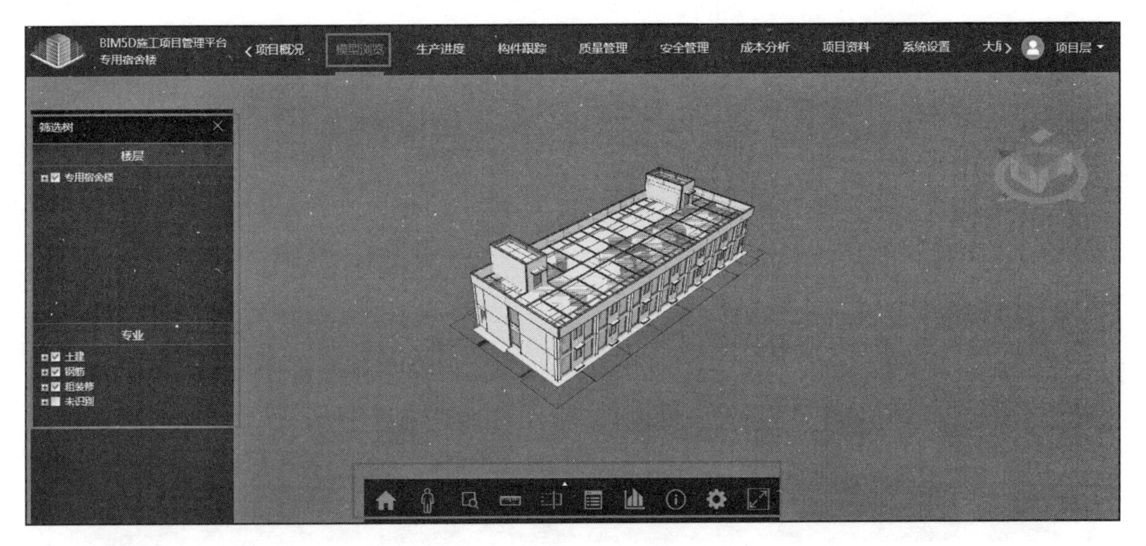

图 9.3.2

9.3.3 生产进度

项目团队成员登录 Web 端，在生产进度模块可以查看生产首页、施工计划、生产活动、任务结构等模块信息。

生产首页可以直观显示项目里程碑，本周之星，本周统计任务，形象进度照片，劳动力、材料及设备统计，本周质量及安全问题等信息。如图 9.3.3、图 9.3.4 所示：

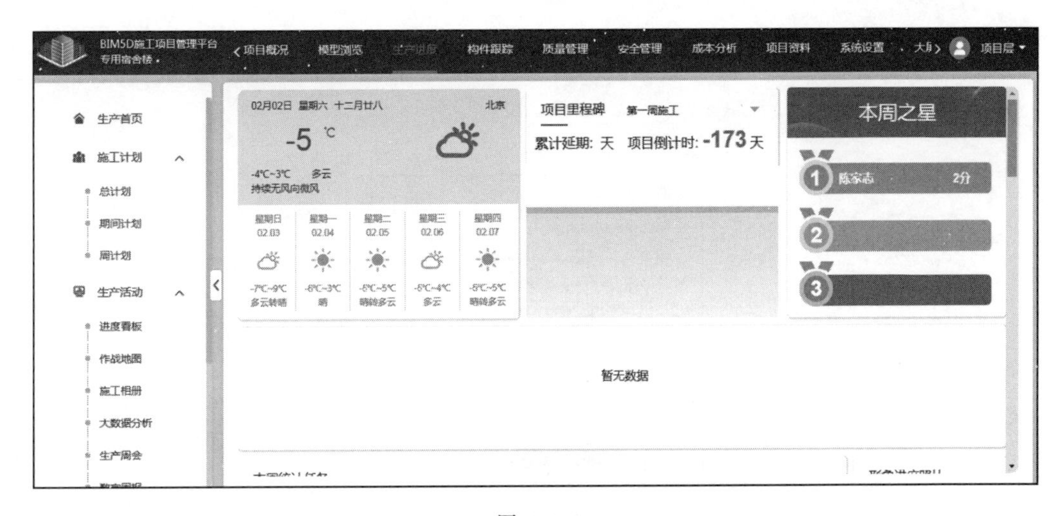

图 9.3.3

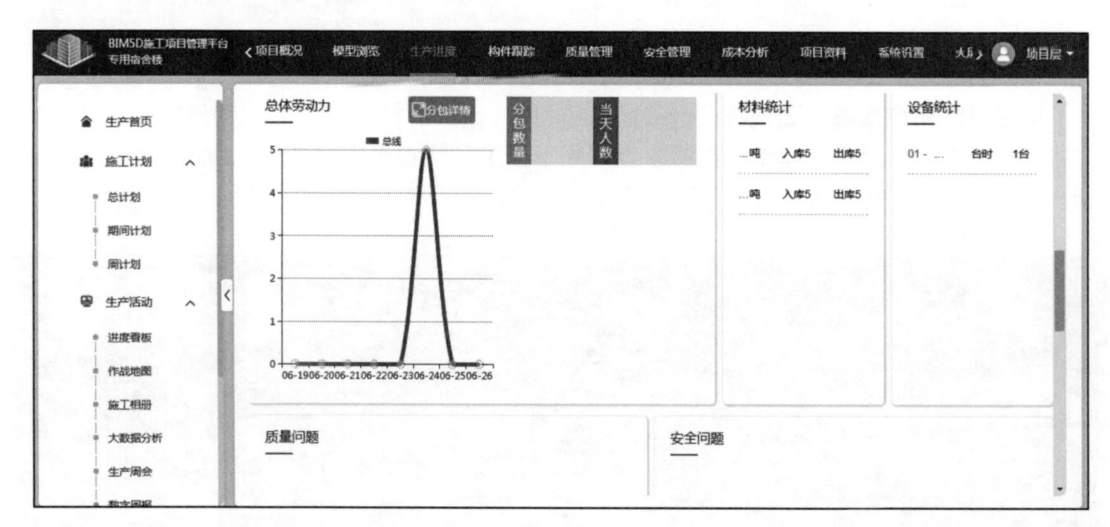

图 9.3.4

施工计划包括总计划、期间计划及周计划。

总计划指整个项目的进度计划，可以通过打开 Project 文件导入到 Web 端中，前提是需要安装插件才可以打开导入。如图 9.3.5、图 9.3.6 所示：

图 9.3.5

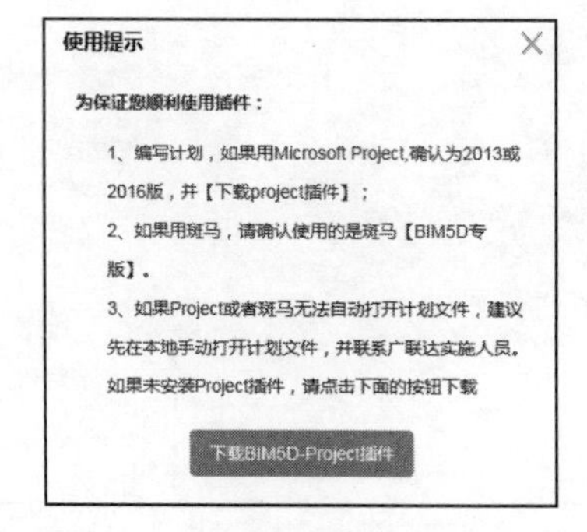

图 9.3.6

下载插件完成后，会自动打开 Project，进入 BIM5D 页签，登录 BIM5D 云端账号信息，然后选择关联项目和关联计划，点击自动生成项目计划，勾选专用宿舍楼，点击确定，则会自动显示对应总计划内容。需要自行设置各楼层及流水段的计划时间和工期，最后点击保存项目计划到 BIM5D，则会将数据同步到云端总计划中。实际时间需要在云端总计划中选择子节点进行录入，会显示延期预警及偏差天数情况，同时可以对子任务关联部位。如图 9.3.7～图 9.3.12 所示：

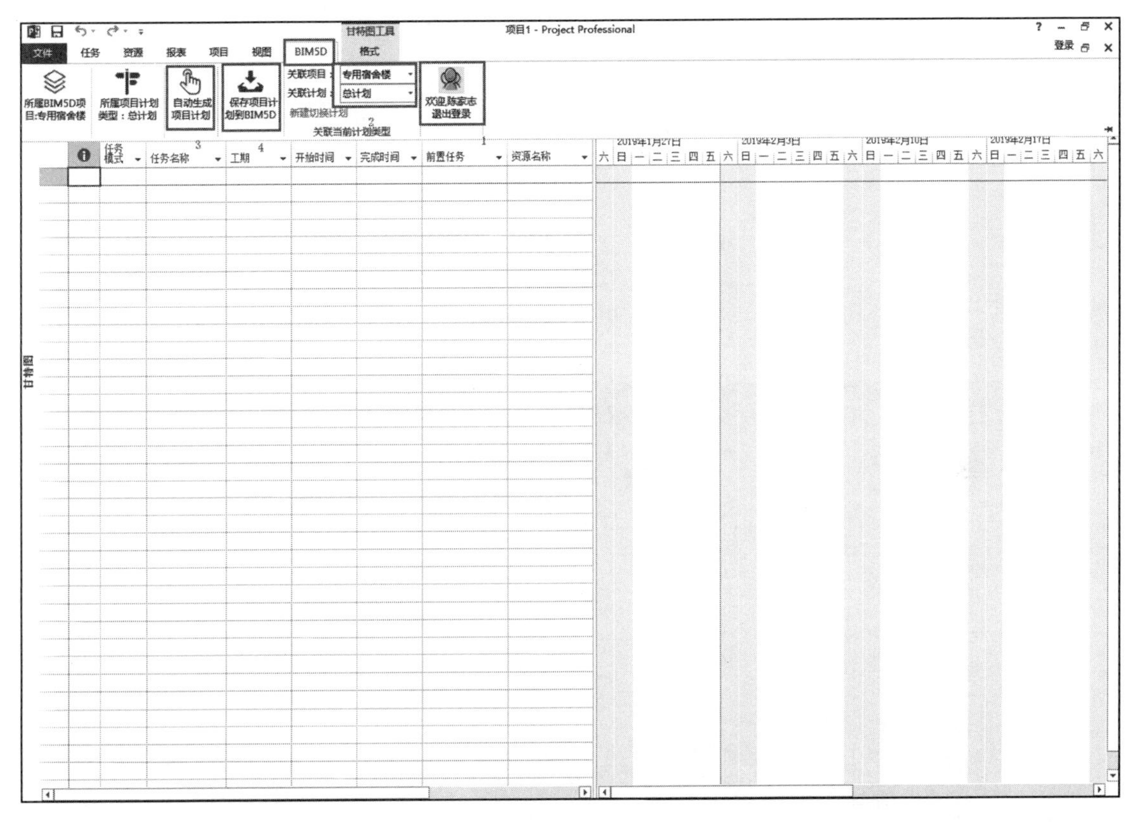

图 9.3.7

请一次性选择计划任务

名称		编码	类型
专用宿舍楼	☑	1	单体
土建	☑	1.1	专业
基础层	☑	1.1.1	楼层
一区	☑	1.1.1.1	流水段
首层	☑	1.1.2	楼层
一区	☑	1.1.2.1	流水段
二区	☑	1.1.2.2	流水段
第2层	☑	1.1.3	楼层
一区	☑	1.1.3.1	流水段
二区	☑	1.1.3.2	流水段
屋面层	☑	1.1.4	楼层
一区	☑	1.1.4.1	流水段
钢筋	☑	1.2	专业
基础层	☑	1.2.1	楼层
一区	☑	1.2.1.1	流水段

确定　取消

图 9.3.8

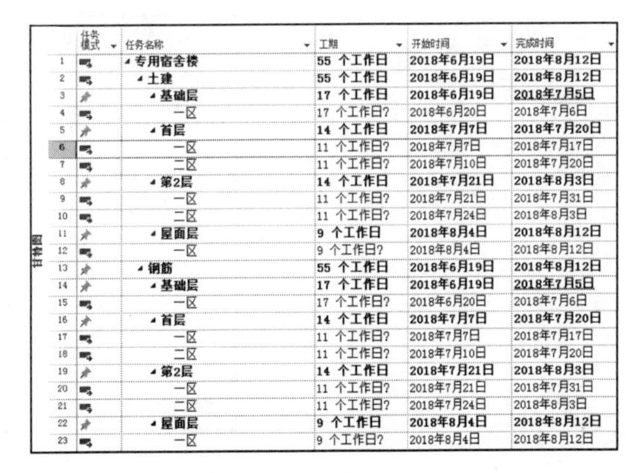

	任务模式	任务名称	工期	开始时间	完成时间
1		专用宿舍楼	55 个工作日	2018年6月19日	2018年8月12日
2		土建	55 个工作日	2018年6月19日	2018年8月12日
3		基础层	17 个工作日	2018年6月19日	2018年7月5日
4		一区	17 个工作日?	2018年6月20日	2018年7月6日
5		首层	14 个工作日	2018年7月7日	2018年7月20日
6		一区	11 个工作日?	2018年7月7日	2018年7月17日
7		二区	11 个工作日?	2018年7月10日	2018年7月20日
8		第2层	14 个工作日	2018年7月21日	2018年8月3日
9		一区	11 个工作日?	2018年7月21日	2018年7月31日
10		二区	11 个工作日?	2018年7月24日	2018年8月3日
11		屋面层	9 个工作日	2018年8月4日	2018年8月12日
12		一区	9 个工作日?	2018年8月4日	2018年8月12日
13		钢筋	55 个工作日	2018年6月19日	2018年8月12日
14		基础层	17 个工作日	2018年6月19日	2018年7月5日
15		一区	17 个工作日?	2018年6月20日	2018年7月6日
16		首层	14 个工作日	2018年7月7日	2018年7月20日
17		一区	11 个工作日?	2018年7月7日	2018年7月17日
18		二区	11 个工作日?	2018年7月10日	2018年7月20日
19		第2层	14 个工作日	2018年7月21日	2018年8月3日
20		一区	11 个工作日?	2018年7月21日	2018年7月31日
21		二区	11 个工作日?	2018年7月24日	2018年8月3日
22		屋面层	9 个工作日	2018年8月4日	2018年8月12日
23		一区	9 个工作日?	2018年8月4日	2018年8月12日

图 9.3.9

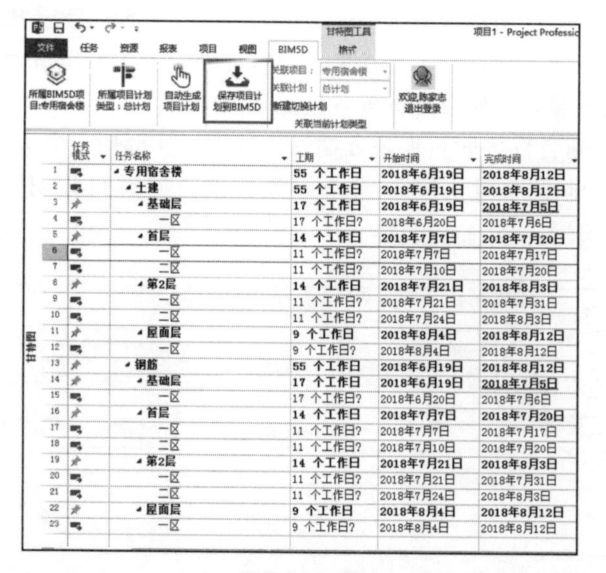

	任务模式	任务名称	工期	开始时间	完成时间
1		专用宿舍楼	55 个工作日	2018年6月19日	2018年8月12日
2		土建	55 个工作日	2018年6月19日	2018年8月12日
3		基础层	17 个工作日	2018年6月19日	2018年7月5日
4		一区	17 个工作日?	2018年6月20日	2018年7月6日
5		首层	14 个工作日	2018年7月7日	2018年7月20日
6		一区	11 个工作日?	2018年7月7日	2018年7月17日
7		二区	11 个工作日?	2018年7月10日	2018年7月20日
8		第2层	14 个工作日	2018年7月21日	2018年8月3日
9		一区	11 个工作日?	2018年7月21日	2018年7月31日
10		二区	11 个工作日?	2018年7月24日	2018年8月3日
11		屋面层	9 个工作日	2018年8月4日	2018年8月12日
12		一区	9 个工作日?	2018年8月4日	2018年8月12日
13		钢筋	55 个工作日	2018年6月19日	2018年8月12日
14		基础层	17 个工作日	2018年6月19日	2018年7月5日
15		一区	17 个工作日?	2018年6月20日	2018年7月6日
16		首层	14 个工作日	2018年7月7日	2018年7月20日
17		一区	11 个工作日?	2018年7月7日	2018年7月17日
18		二区	11 个工作日?	2018年7月10日	2018年7月20日
19		第2层	14 个工作日	2018年7月21日	2018年8月3日
20		一区	11 个工作日?	2018年7月21日	2018年7月31日
21		二区	11 个工作日?	2018年7月24日	2018年8月3日
22		屋面层	9 个工作日	2018年8月4日	2018年8月12日
23		一区	9 个工作日?	2018年8月4日	2018年8月12日

图 9.3.10

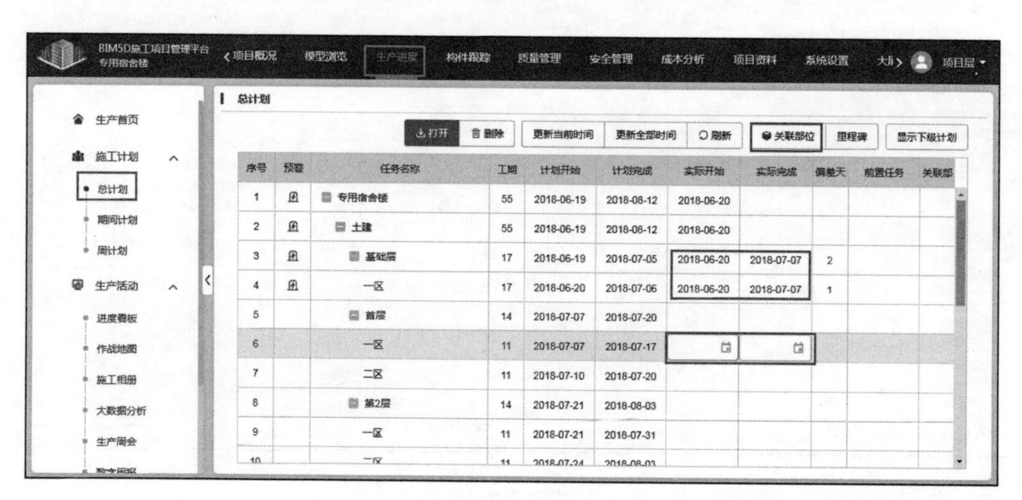

序号	预警	任务名称	工期	计划开始	计划完成	实际开始	实际完成	偏差天	前置任务	关联部
1		专用宿舍楼	55	2018-06-19	2018-08-12	2018-06-20				
2		土建	55	2018-06-19	2018-08-12	2018-06-20				
3		基础层	17	2018-06-19	2018-07-05	2018-06-20	2018-07-07	2		
4		一区	17	2018-06-20	2018-07-06	2018-06-20	2018-07-07	1		
5		首层	14	2018-07-07	2018-07-20					
6		一区	11	2018-07-07	2018-07-17					
7		二区	11	2018-07-10	2018-07-20					
8		第2层	14	2018-07-21	2018-08-03					
9		一区	11	2018-07-21	2018-07-31					
10		二区	11		2018-08-03					

图 9.3.11

名称		编码	类型
专用宿舍楼	☐	1	单体
土建	☐	1.1	专业
钢筋	☐	1.2	专业
基础层	☐	1.2.1	楼层
首层	☐	1.2.2	楼层
一区	☐	1.2.2.1	流水段
二区	☐	1.2.2.2	流水段
第2层	☐	1.2.3	楼层
屋面层	☐	1.2.4	楼层

取消

图 9.3.12

期间计划的设定类似周计划，需要先进行设置，新增期间计划内容。以基础层为例，添加基础层施工计划。新增完成后，点击打开导入 Project 计划，操作同总计划导入过程，选择基础层施工计划自动生成，其他操作不再赘述。如图 9.3.13、图 9.3.14 所示：

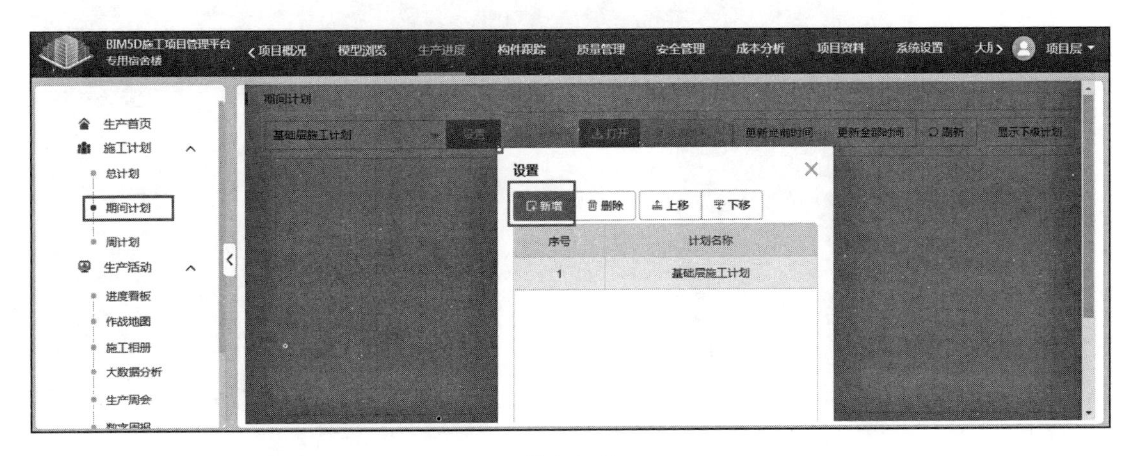

图 9.3.13

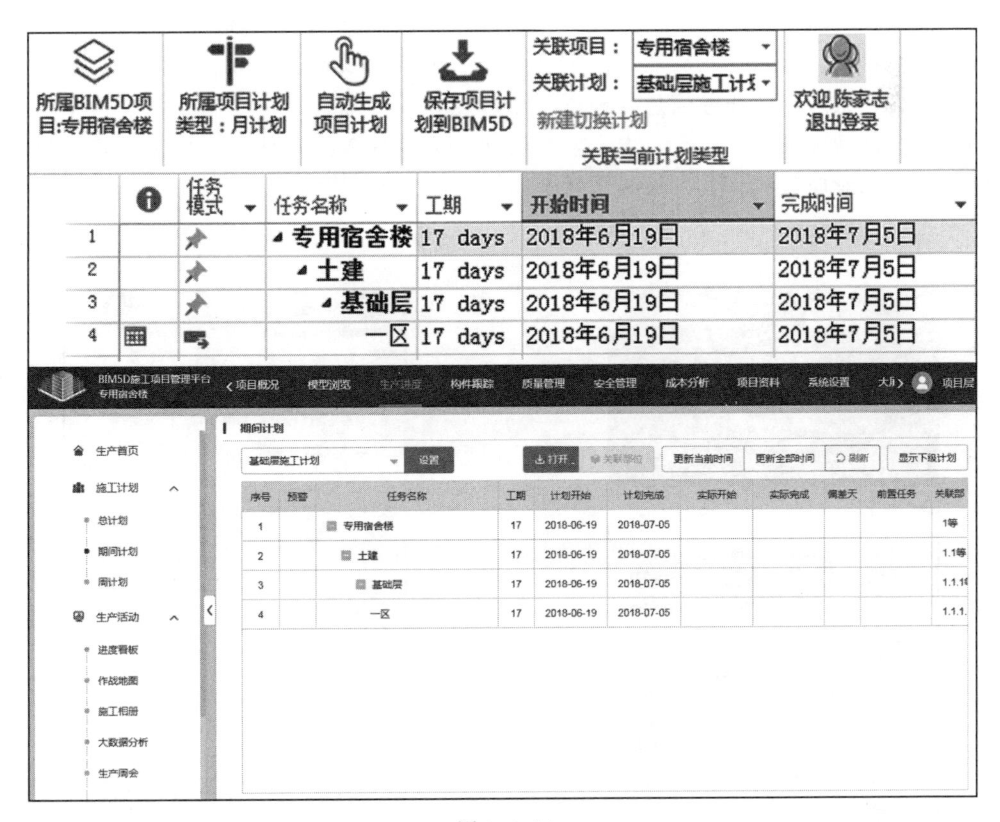

图 9.3.14

周计划需要先在 Web 端进行设置，新增名称、开始时间及结束时间等信息。周计划可以结合 BIM5D 手机端生产进度模块功能进行应用，也可以手动自行添加信息。如图 9.3.15 所示：

图 9.3.15

首先以结合手机端生产进度模块为例进行讲解。打开 BIM5D 手机端，进入生产进度模块。先点击周跟踪，可以在此功能下添加劳动力、材料、设备、任务、产值及拍照等信息。点击任务添加，录入新增任务信息，根据项目进度计划得知，第一周施工内容为土方开挖、垫层施工，根据情况录入完成后，点击发送按钮，派发任务给责任人。责任人打开移动端，在周跟踪下找到对应任务，点击录入实际开始及完成时间，也可以记录进度及延期原因等信息，整个过程如图 9.3.16～图 9.3.22 所示：

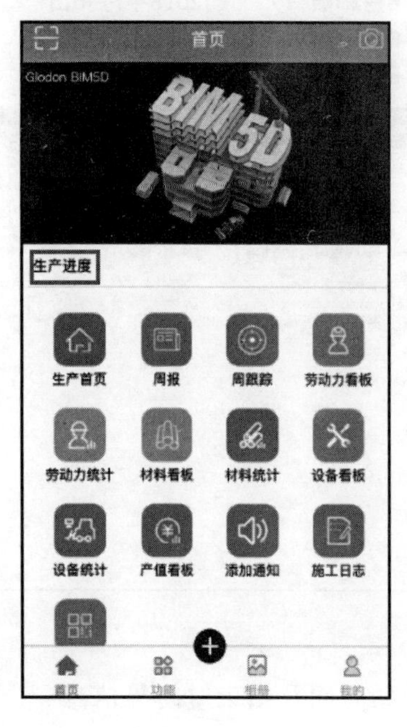

图 9.3.16

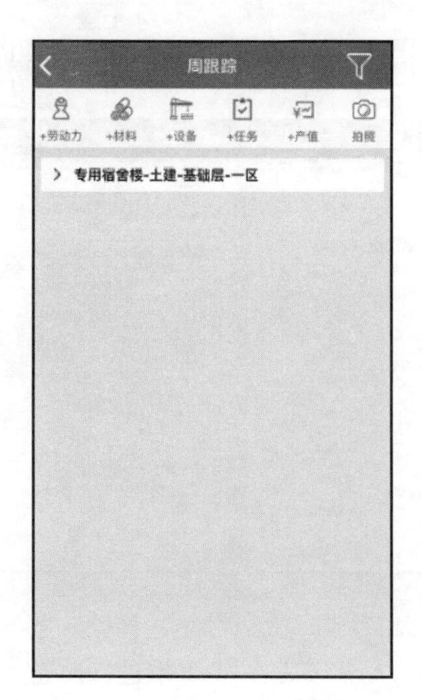

图 9.3.17

图 9.3.18

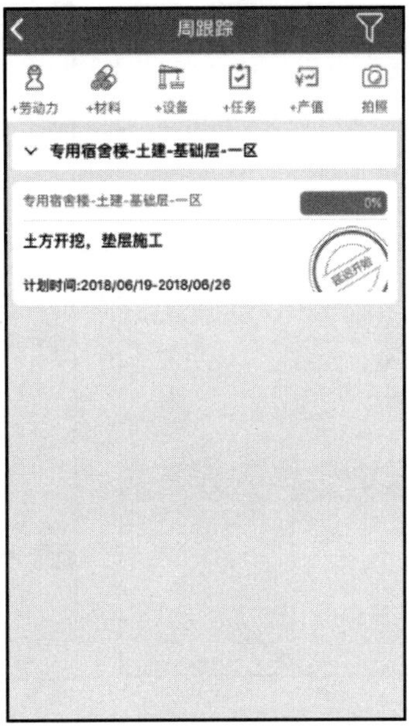

图 9.3.19

图 9.3.20

图 9.3.21

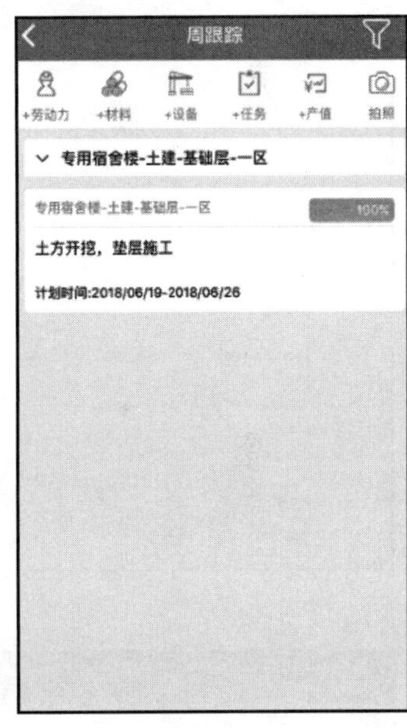

图 9.3.22

打开 BIM5D 手机端，在周跟踪下，可以继续添加劳动力、材料及设备信息。以劳动力添加为例，材料、设备操作同理。输入对应时间、部位、分类及备注信息，分别添加人数盘点、工日统计及零工统计（每次操作只能添加一种，可以继续重复添加劳动力操作）。选择添加劳动工种及人数、工日或零工数量信息，可以通过劳动力看板及劳动力统计进行数据查看。如图 9.3.23～图 9.3.25 所示：

材料、设备的添加同劳动力操作。但是要注意先在 BIM5D 的 Web 端进入系统设置模块，左侧选择生产进度，添加材料及机械设备信息。添加完成后，通过材料/设备统计及材料/设备看板进行查看。如图 9.3.26～图 9.3.33 所示：

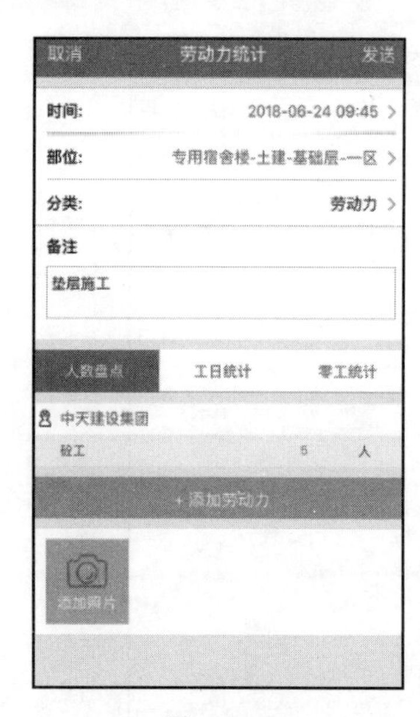

图 9.3.23

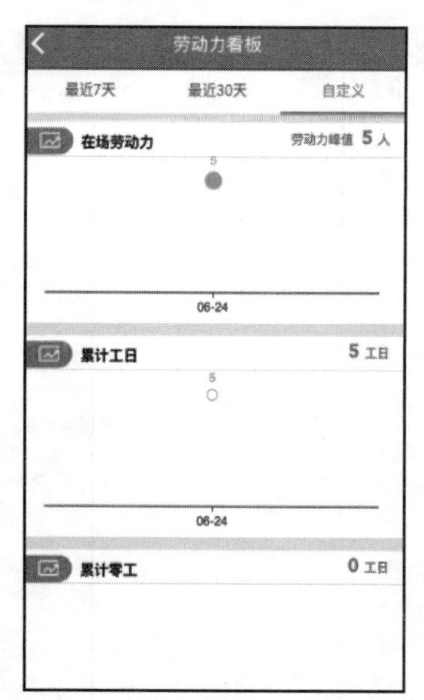

图 9.3.24

图 9.3.25

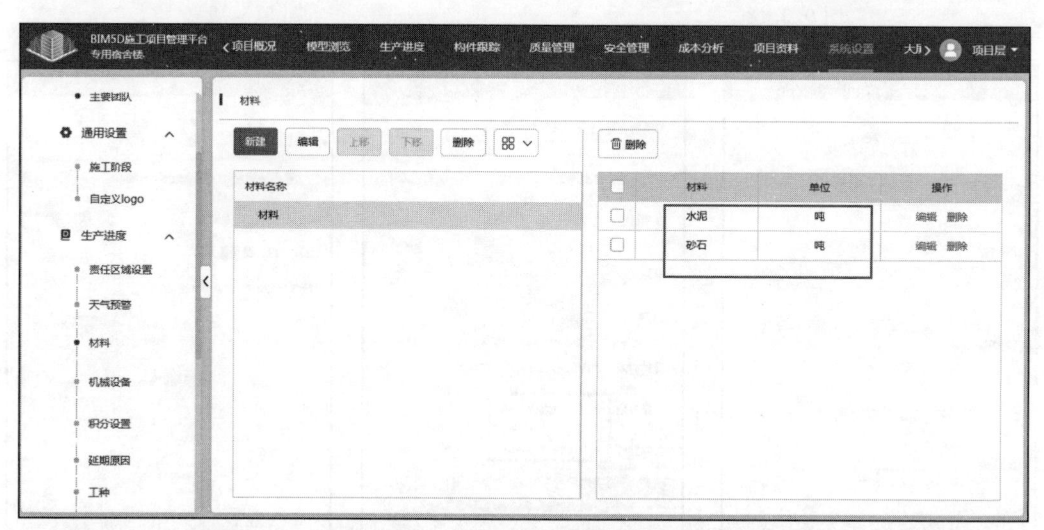

图 9.3.26

图 9.3.27

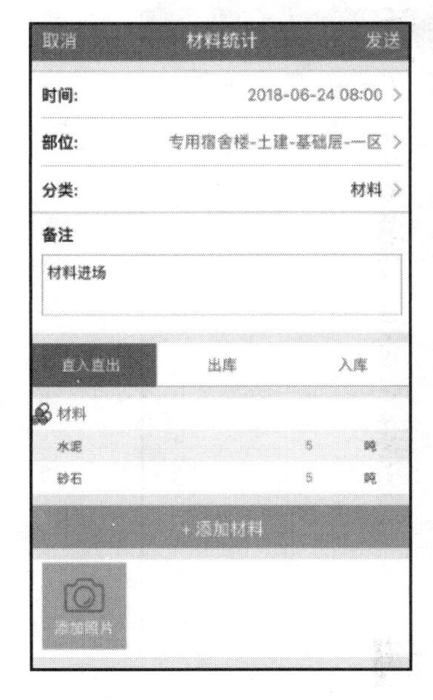

图 9.3.28

图 9.3.29

图 9.3.30

图 9.3.31

图 9.3.32

图 9.3.33

利用周报功能，可以通过手机端查看每周项目进度情况及质量、安全、人材机资源等数据。如图 9.3.34、图 9.3.35 所示：

同样可以利用 Web 端进行周计划的添加及编辑，返回项目看板，进入生产进度模块，左侧选择周计划，可以看到通过手机端设置的任务项。点击编辑按钮，可以对已添加项进行内容的编辑，包括名称、计划工期、时间、责任人及分包单位等信息，同时还可以添加人材机等资源信息。在编辑状态下，点击手动添加任务，可以录入相应信息，添加其他任务到周计划，同时会同步到责任人手机端数据。如图 9.3.36～图 9.3.38 所示：

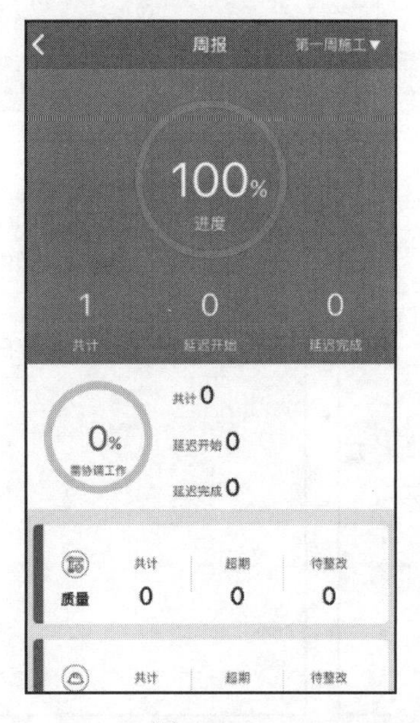

图 9.3.34

图 9.3.35

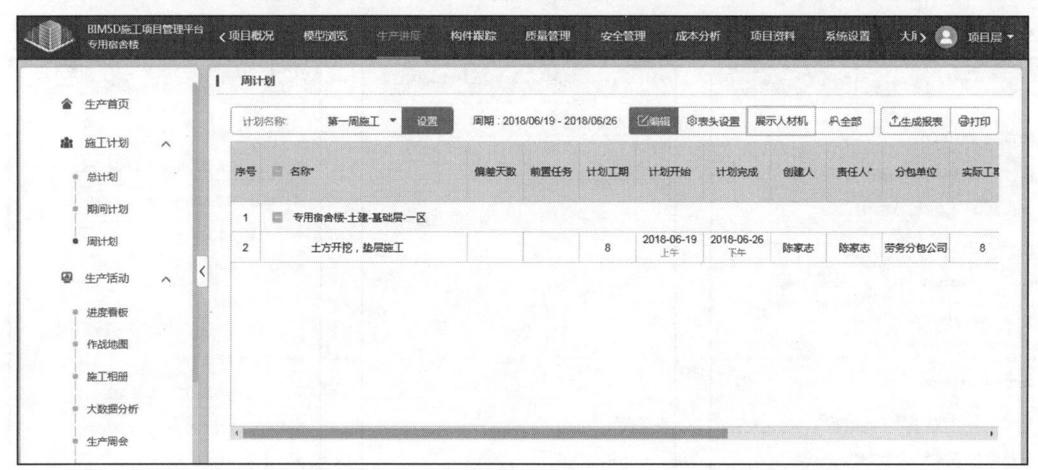

图 9.3.36

图 9.3.37

图 9.3.38

生产活动包括对进度看板、作战地图、施工相册、大数据分析、生产周会、数字周报、施工日志及当天任务情况等模块信息的查看。

进度看板可以查看任务列表、延期情况、构件跟踪、管控预警、质量问题及安全问题等信息。项目成员根据情况选择查看即可，同时可以选择导出各项信息数据。如图 9.3.39 所示：

图 9.3.39

作战地图可以查看施工中、已完成及未开始的施工任务信息，可以按照专业、楼层及劳务单位进行筛选。信息来源于周计划的任务添加，未开始表示项目实际开始时间未输入，已完成表示项目实际时间已经填写完成，施工中表示项目实际开始但未完成。如图 9.3.40 所示：

施工相册可以查看通过手机端进行拍照记录的现场照片，包括进度照片、质量照片、安全照片等信息。如图 9.3.41 所示：

大数据分析可以进行劳动力、材料及机械设备的分析。设置时间范围及其他显示筛选条件，可以显示出对应数据进行查看分析，同时可以导出各数据表格信息。如图 9.3.42～图 9.3.44 所示：

图 9.3.40

图 9.3.41

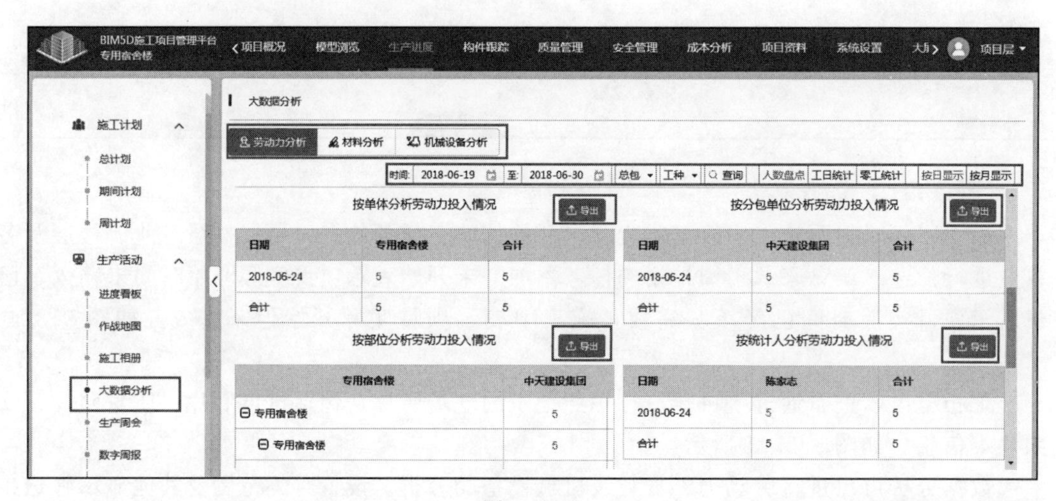

图 9.3.42

图 9.3.43

图 9.3.44

生产周会功能可以基于 Web 端召开生产例会、质量安全例会，新增发言人，输入名称、责任人、责任单位及发言内容等。点击编辑可重新修改发言人信息，点击生成 PPT 可以基于本周情况自动生成 PPT，前提是需要安装对应插件。安装成功后，点击生成会自动打开 PPT，在 BIM5D 页签进行登录，选择项目，再选择周会，点击自动生成周报即可，可以根据生成的周报 PPT 进行参考使用。点击投屏可以进入投屏模式，如图 9.3.45～图 9.3.49 所示：

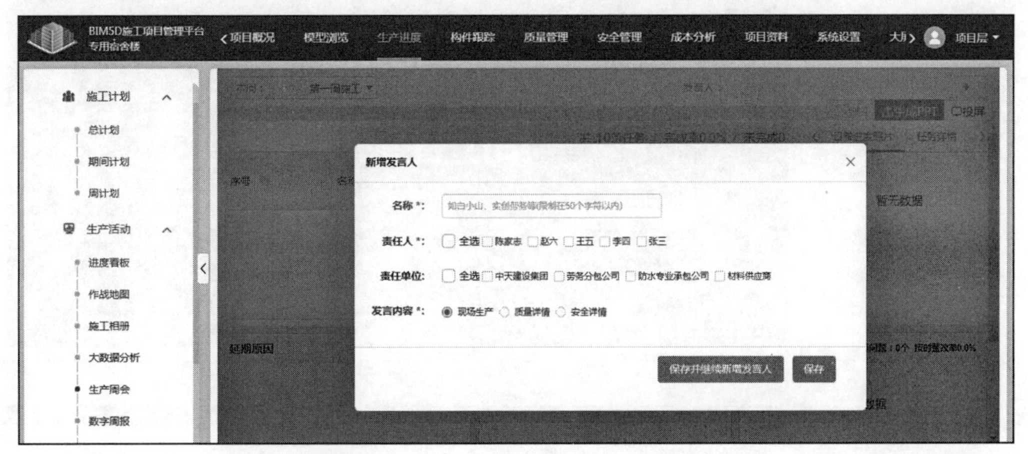

图 9.3.45

图 9.3.46

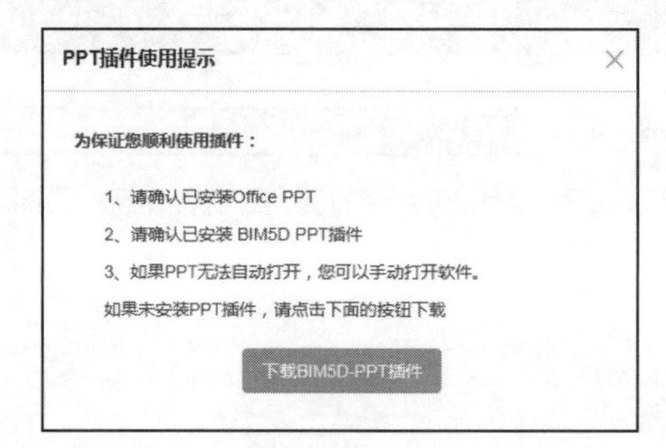

图 9.3.47

图 9.3.48

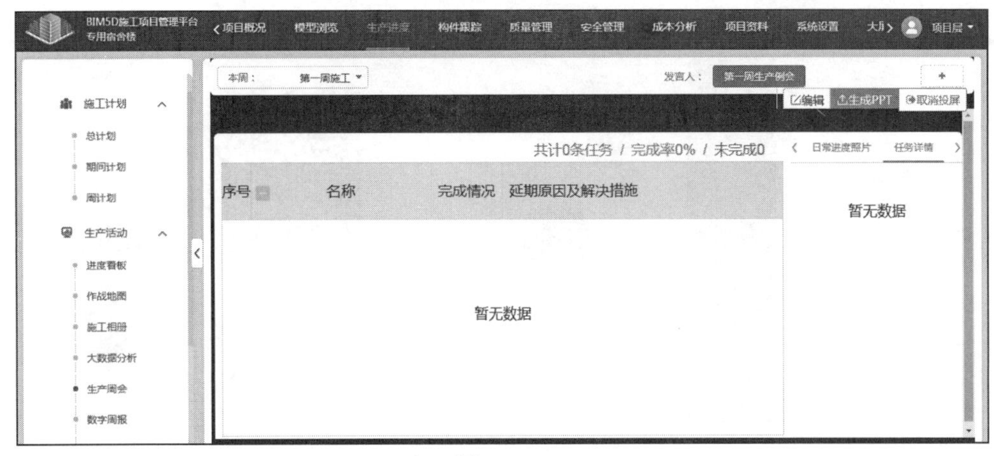

图 9.3.49

数字周报类似生产周会，是基于周计划进行数字报告的编制。点击创建报告，可以选择从周计划新建，也可以选择自定义新建。输入相应信息后，进入周报编辑界面，可以根据不同需求创建设计页面内容，同时可以设计使用各类文本及动作。设计完成后，点击预览可通过扫码或复制链接进行播放，点击保存可将当前的数字周报保存到云端。如图 9.3.50～图 9.3.53 所示：

图 9.3.50

图 9.3.51

图 9.3.52

图 9.3.53

施工日志功能可以让项目成员直接在此界面进行日志记录，新增日志，录入日期、记录人，选择日志模板（已有或自行新建均可）；可以对日志进行编写保存、预览、打印等操作。如图 9.3.54～图 9.3.56 所示：

图 9.3.54

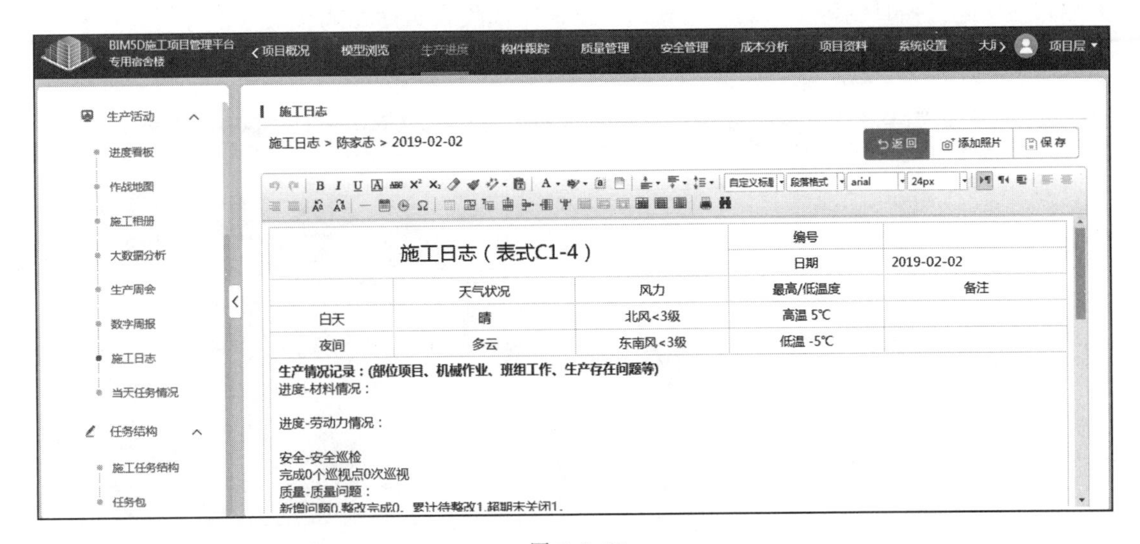

图 9.3.55

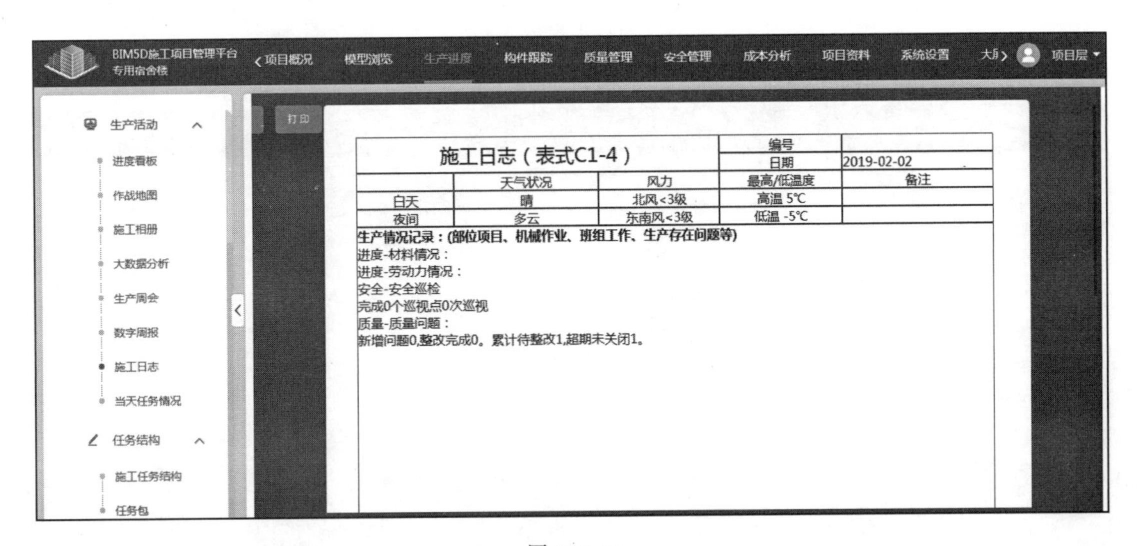

图 9.3.56

当天任务情况，可以根据时间范围、专业、责任人、楼层、状态等条件进行筛选，显示对应模型内容；可以根据前面模型浏览处下方工具栏进行操作结合；还可以查看各单体进度效果图、流水进度图和流水任务明细表。

各单体进度效果图，显示单体的流水任务完成情况，楼层从低到高按照 PC 楼层排序，楼顶显示已完成流水段数占全部流水段数的比例。

未开始的楼层为灰色，进行中的楼层为蓝色，已完成的楼层为绿色。当楼层所有的流水任务均未填写实际时间，则该楼层为未开始状态；当楼层所有的流水任务均填了实际开始、完成时间，则该楼层为已完成的状态；其他情况下均为进行中汇总。

时间状态算法如下所述：未开始代表实际开始日期和实际完成日期为空；提前开始代表实际开始日期早于计划开始日期；提前完成代表实际完成日期早于计划完成日期；延迟开始代表实际开始日期晚于计划开始日期；延迟完成代表实际完成日期晚于计划完成日期；正常

开始代表实际开始日期等于计划开始日期；正常完成代表实际完成日期等于计划完成日期。如图 9.3.57、图 9.3.58 所示：

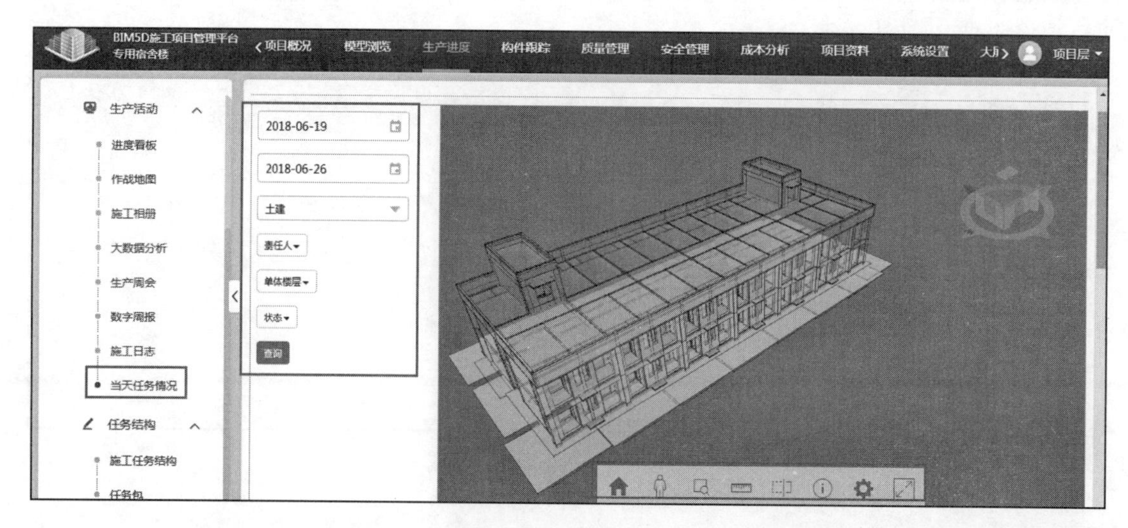

图 9.3.57

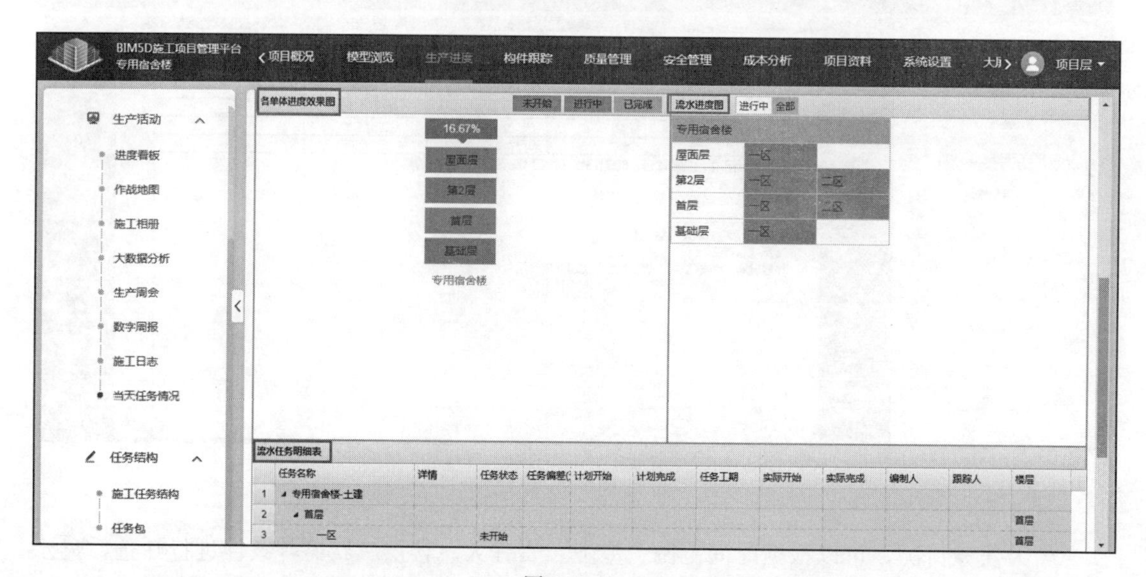

图 9.3.58

任务结构包括施工任务结构和任务包查看。施工任务结构可以查看各专业、楼层及流水段的任务数，右侧可以新增任务列表及关联文件等。新增任务后，可以设置前置任务及工期等信息；新增任务关联文件，可以上传全格式文件作为关联文件。如图 9.3.59 所示：

任务包可以自行新增，输入组合施工任务项，在任务列表中新增组合中的各子项任务，设置逻辑关系及工期信息，也可以勾选各子项上传关联文件。任务包建立完成后，在添加任务列表时，也可以在施工任务结构中从任务包新增。如图 9.3.60 所示：

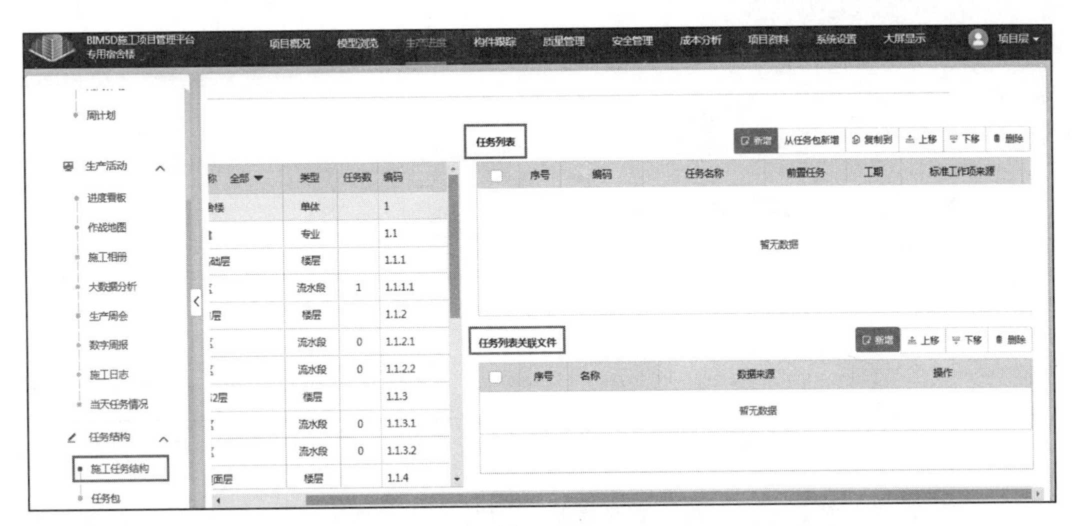

图 9.3.59

图 9.3.60

9.3.4　构件跟踪

项目团队成员登录 Web 端，选择构件跟踪模块进入，在界面左侧有自定义、构件、桩基、钢结构四个大模块，其中除了自定义模块只有期间任务分析，其他模块均有当天任务情况与期间任务分析两大界面，此部分内容在之前的章节中已经进行过讲述，故不再赘述。

9.3.5　质量管理

项目团队成员登录 Web 端，选择质量管理模块进入，在界面左侧有问题统计、问题台账、评优统计、创建问题、创建评优、实测实量等模块内容。基于问题统计到创建评优模块已经在第八章进行了学习，故不再赘述。

实测实量，可以支持图纸导入、规则设置以及统计报表等功能。

(1) 图纸导入。相关数据来源于通过 PC 端进行云数据同步中的图纸信息设定。如图 9.3.61 所示：

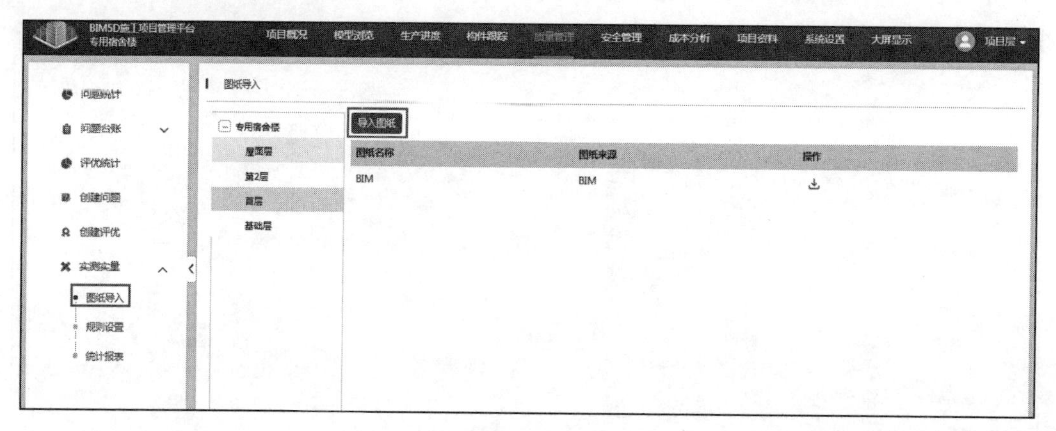

图 9.3.61

（2）规则设置。新建之后，输入各项参数，同时可导入或导出检查项模板，方便后续使用。如图 9.3.62 所示：

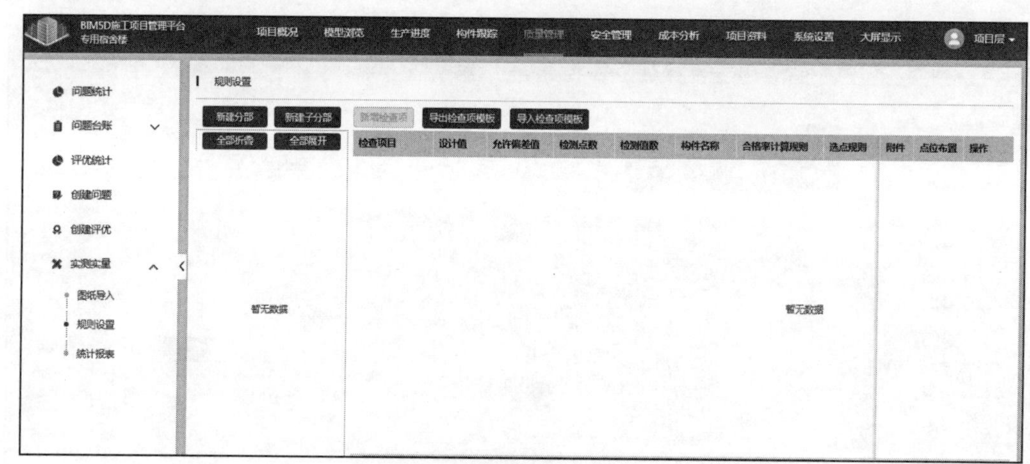

图 9.3.62

（3）统计报表。可以将实测实量的数据基于不同条件进行筛选查询，方便分析各项数据。如图 9.3.63 所示：

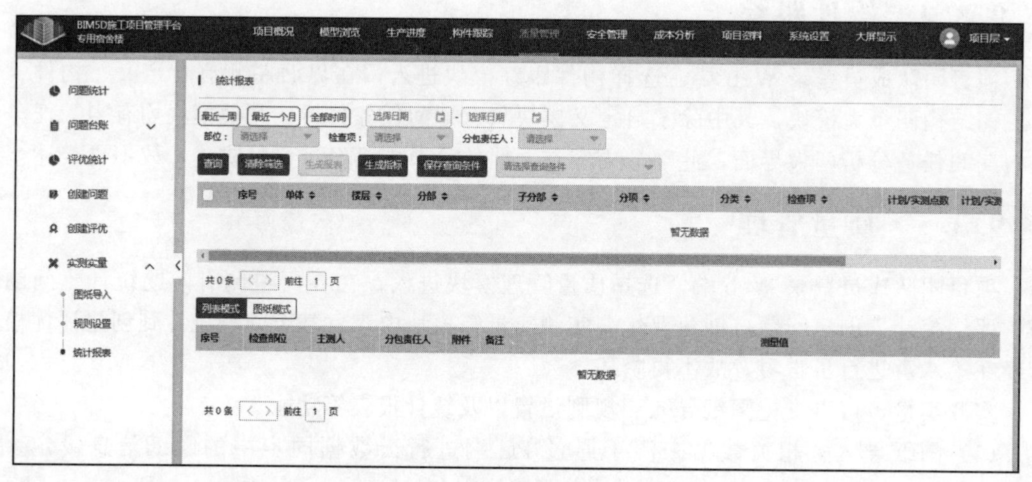

图 9.3.63

9.3.6 安全管理

项目团队成员登录 Web 端，选择安全管理模块进入，在界面左侧有问题统计、问题台账、评优统计、创建问题、创建评优、巡视点设置及定点巡视情况等模块内容。基于这些模块内容的学习已经在第八章进行了讲解，故不再赘述。

9.3.7 成本分析

项目团队成员登录 Web 端，选择成本分析模块，可以对趋势分析、组成分析、指标分析及物资查询等数据进行查看。

趋势分析包括资金趋势分析、混凝土趋势分析、资金管理分析。资金趋势分析及混凝土趋势分析，可通过选择时间范围进行查询，从查询结果中可以看到显示对应的曲线趋势以及明细数据内容。如图 9.3.64～图 9.3.66 所示：

资金管理分析是指查看应收款、已收款、应付款及已付款等信息，信息来源于 PC 端云数据同步中的资金管理信息，其需在前期自行录入。如图 9.3.67 所示：

组成分析中可以对资金及预算清单计划与实际对比、清单对比、人材机对比、钢筋工程量汇总、混凝土工程量汇总的数据进行分析。其都是先通过设置时间范围，再通过选择不同筛选条件辅助查询搜索，最后查看各项数据内容做分析。如图 9.3.68～图 9.3.74 所示：

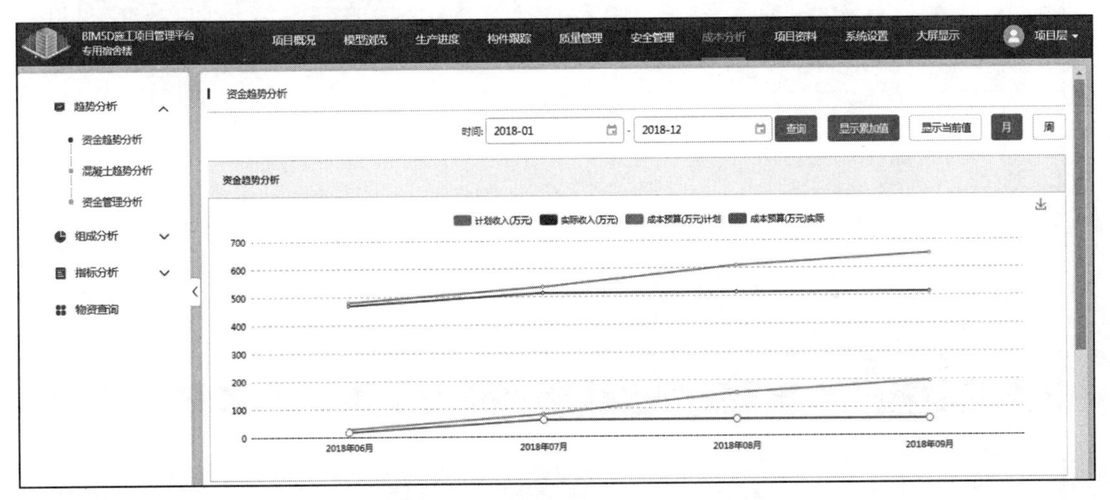

图 9.3.64

月	收入（万元）						成本预算（万元）					
	当前值			累计值			当前值			累计值		
	计划	实际	实际-计划	计划	实际	实际-计划	计划	实际	实际-计划	计划	实际	实际-计划
2018年06月	479.3761	468.637	-10.7391	479.3761	468.637	-10.7391	26.6101	16.5145	-10.0956	26.6101	16.5145	-10.0956
2018年07月	53.9983	43.9517	-10.0466	533.3745	512.5888	-20.7857	51.8124	42.0248	-9.7876	78.4225	58.5394	-19.8832
2018年08月	74.0942	0	-74.0942	607.4687	512.5888	-94.8799	73.8284	0	-73.8284	152.2509	58.5394	-93.7116
2018年09月	41.1714	0	-41.1714	648.6401	512.5888	-136.0513	40.9093	0	-40.9093	193.1603	58.5394	-134.6209

图 9.3.65

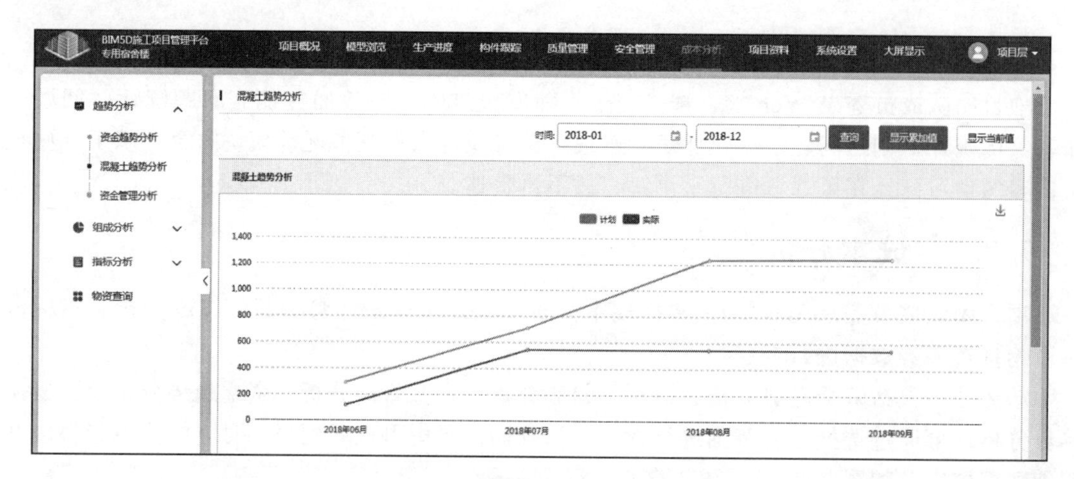

图 9.3.66

图 9.3.67

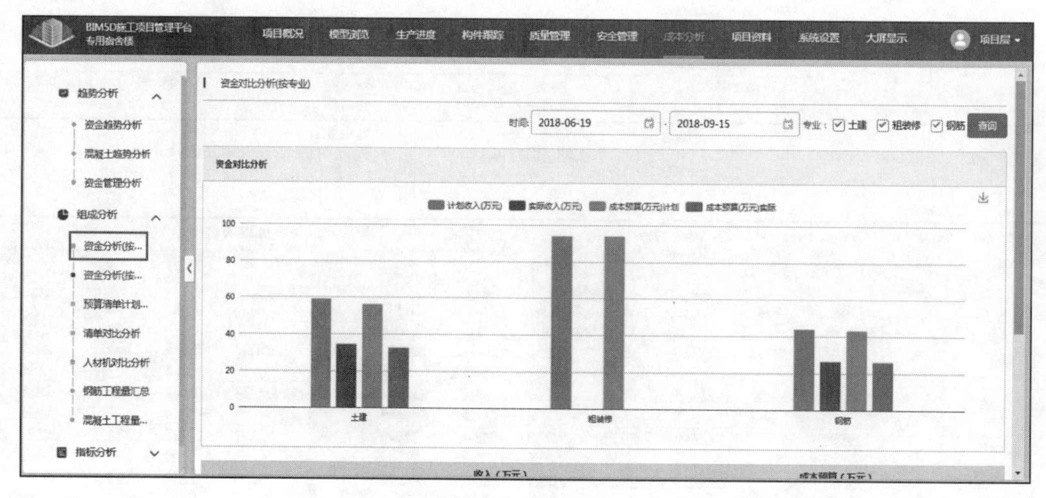

图 9.3.68

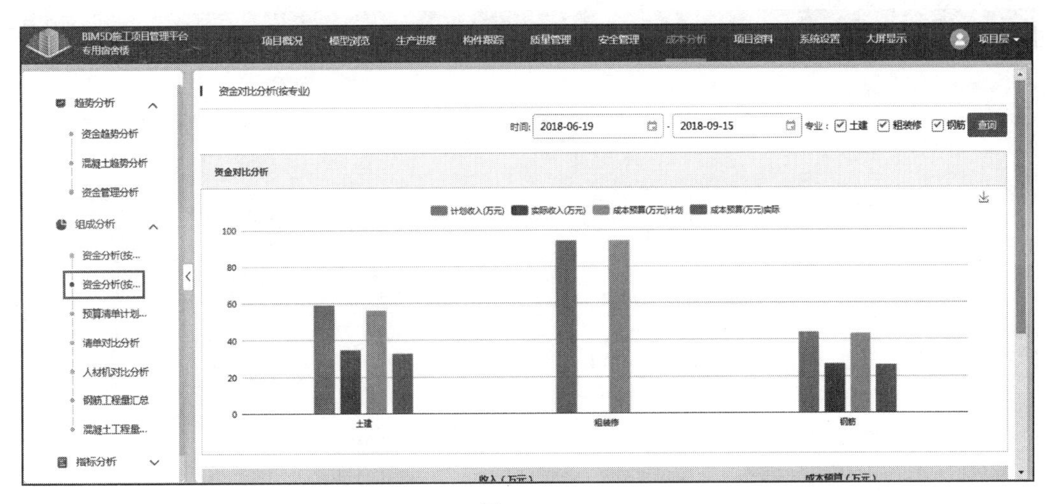

图 9.3.69

序号	项目编号	项目名称	项目特征	计量单位	工程量			综合单价(元)	合价(元)		
					计划	实际	实际 - 计划		计划	实际	实际 - 计划
1	010101002001	挖一般土方	1. 基底钎探	m2	463.950	463.950	0.000	6.38	2960.001	2960.001	0.000
2	010101004001	挖基坑土方	1. 土壤类别: 一般土 2. 挖土深度: 3米以内	m3	1997.789	1997.789	0.000	37.25	74417.630	74417.630	0.000
3	010103001001	回填方	1. 夯填	m3	1662.255	1662.255	0.000	18.41	30602.109	30602.109	0.000
4	010103002001	余方弃置	1. 废弃料品种: 余土 2. 运距: 1KM	m3	335.534	335.534	0.000	8.97	3009.740	3009.740	0.000

图 9.3.70

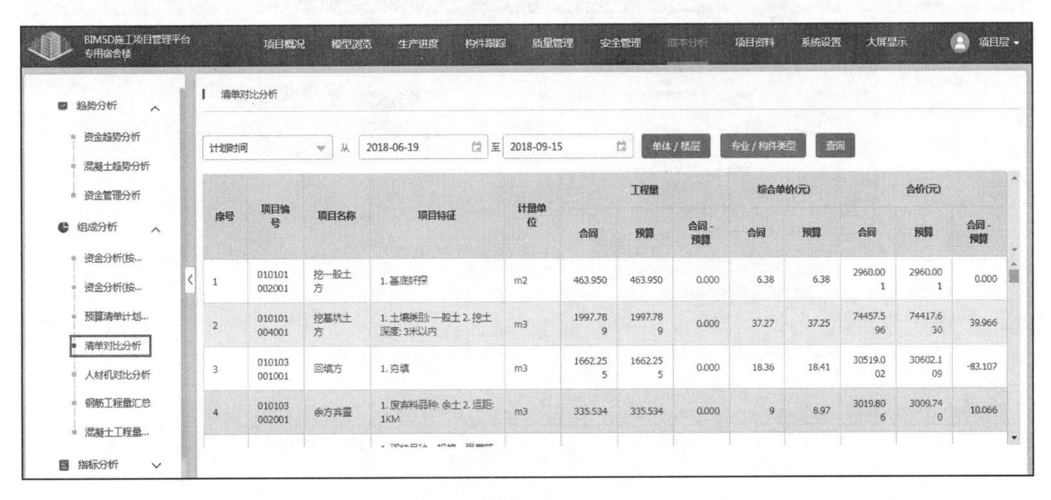

序号	项目编号	项目名称	项目特征	计量单位	工程量			综合单价(元)		合价(元)		
					合同	预算	合同 - 预算	合同	预算	合同	预算	合同 - 预算
1	010101002001	挖一般土方	1. 基底钎探	m2	463.950	463.950	0.000	6.38	6.38	2960.001	2960.001	0.000
2	010101004001	挖基坑土方	1. 土壤类别: 一般土 2. 挖土深度: 3米以内	m3	1997.789	1997.789	0.000	37.27	37.25	74457.596	74417.630	39.966
3	010103001001	回填方	1. 夯填	m3	1662.255	1662.255	0.000	18.36	18.41	30519.002	30602.109	-83.107
4	010103002001	余方弃置	1. 废弃料品种: 余土 2. 运距: 1KM	m3	335.534	335.534	0.000	9	8.97	3019.806	3009.740	10.066

图 9.3.71

图 9.3.72

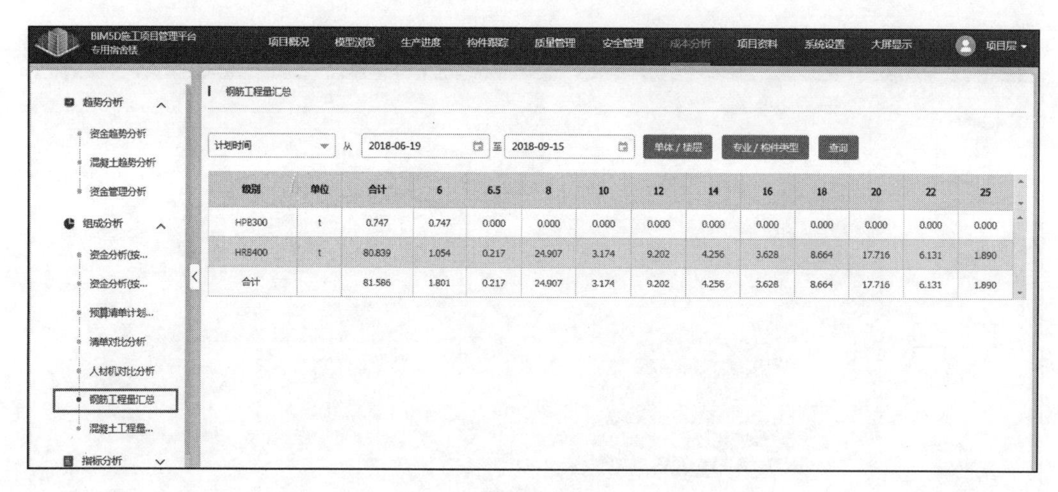

图 9.3.73

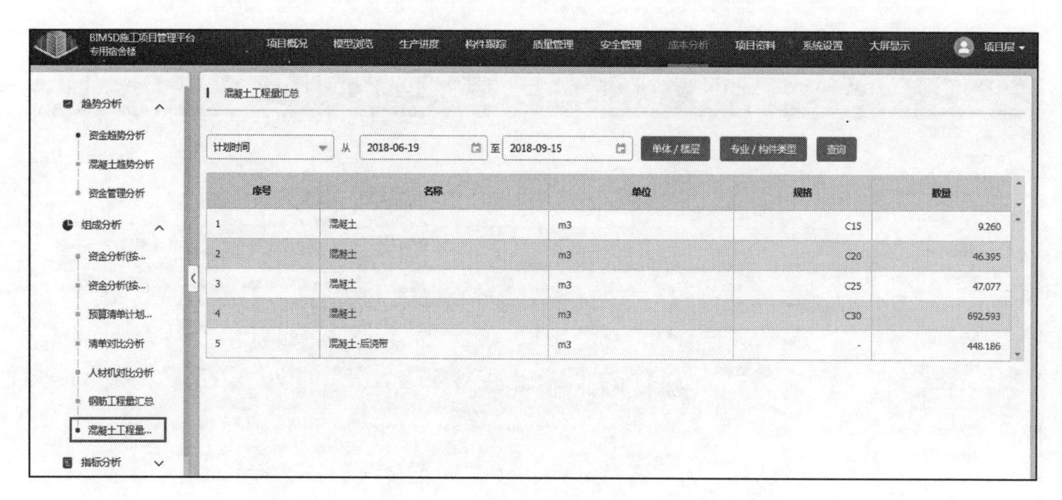

图 9.3.74

指标分析中可以对清单指标、钢筋指标、混凝土指标、经济指标等层面进行数据分析，注意在分析前一定要输入项目信息中的建筑面积参数。经济指标分析中，效益等于产值减实际成本信息，而不是目标成本和预算成本。如图 9.3.75～图 9.3.78 所示：

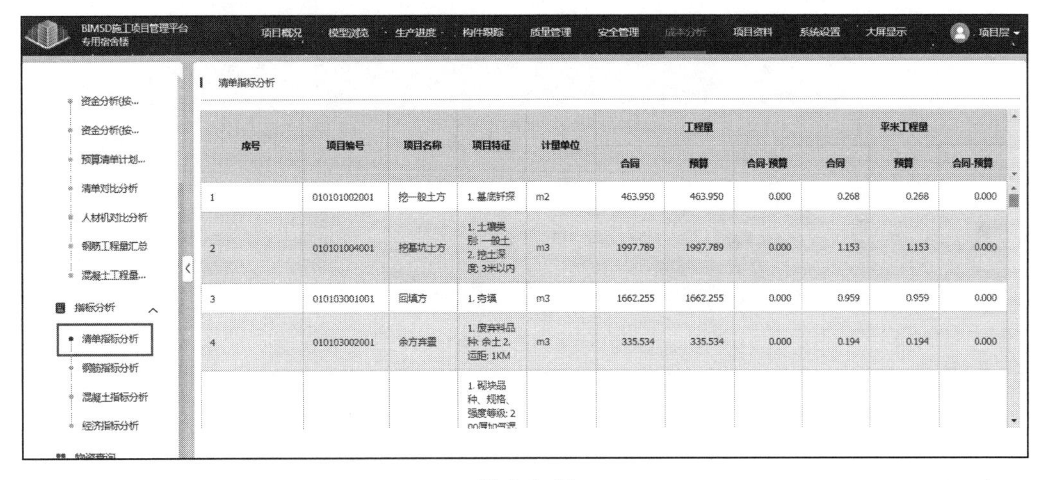

序号	项目编号	项目名称	项目特征	计量单位	工程量			平米工程量		
					合同	预算	合同-预算	合同	预算	合同-预算
1	010101002001	挖一般土方	1. 基底钎探	m2	463.950	463.950	0.000	0.268	0.268	0.000
2	010101004001	挖基坑土方	1. 土壤类别: 一般土 2. 挖土深度: 3米以内	m3	1997.789	1997.789	0.000	1.153	1.153	0.000
3	010103001001	回填方	1. 夯填	m3	1662.255	1662.255	0.000	0.959	0.959	0.000
4	010103002001	余方弃置	1. 废弃料品种: 余土 2. 运距: 1KM	m3	335.534	335.534	0.000	0.194	0.194	0.000
			1. 砌块品种、规格、强度等级: 2							

图 9.3.75

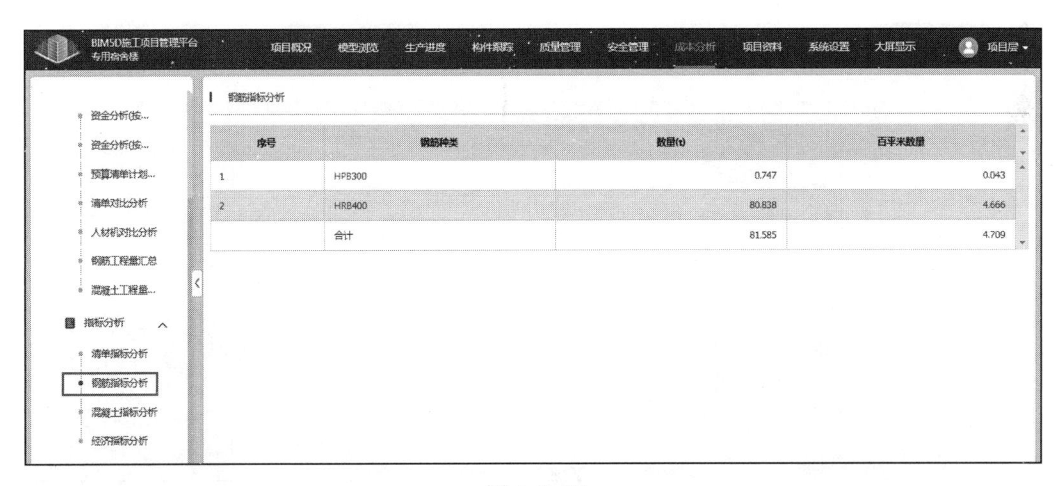

序号	钢筋种类	数量(t)	百平米数量
1	HPB300	0.747	0.043
2	HRB400	80.838	4.666
	合计	81.585	4.709

图 9.3.76

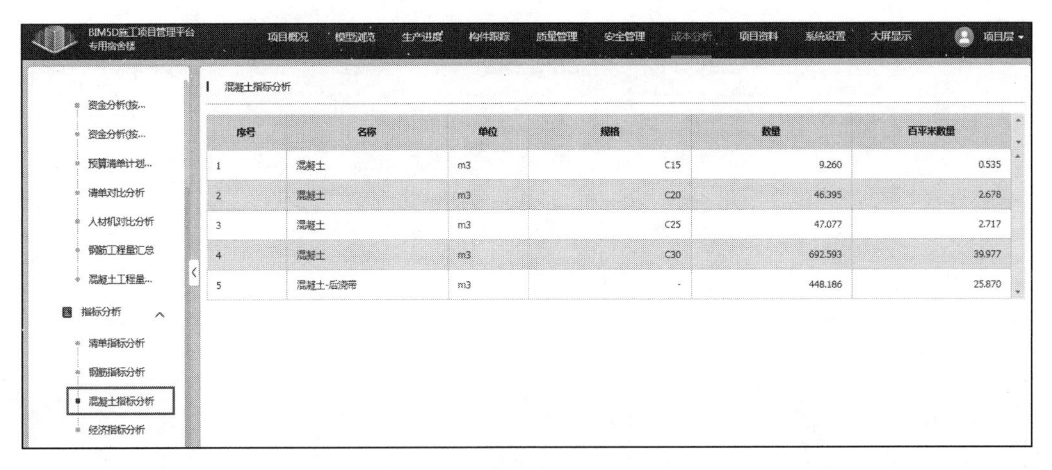

序号	名称	单位	规格	数量	百平米数量
1	混凝土	m3	C15	9.260	0.535
2	混凝土	m3	C20	46.395	2.678
3	混凝土	m3	C25	47.077	2.717
4	混凝土	m3	C30	692.593	39.977
5	混凝土-后浇带	m3	-	448.186	25.870

图 9.3.77

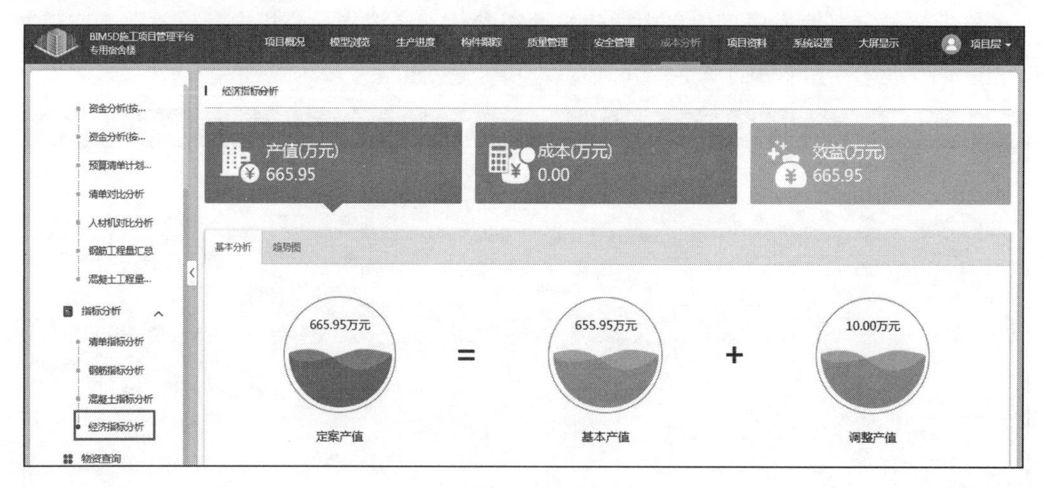

图 9.3.78

物资查询同 PC 端操作方式，先设置查询模式，可以按楼层、流水段和自定义的方式查询，查询完成后，可以选择汇总方式，然后点击导出物资数量到表格。如图 9.3.79、图 9.3.80 所示：

图 9.3.79

物资查询

查询条件 | 汇总方式： 材质汇总 | 流水段汇总 | 楼层汇总 | 楼层构件类型 | 导出物资数量

序号	材料	规格型号	系统类型	工程量类型	单位	数量
1	加气砼砌块	混合砂浆-M2.5		墙体积	m3	448.186
2	现浇混凝土	现浇砾石混凝土 粒径≤10(32.5水泥)-C15		体积	m3	9.26
3	现浇混凝土	现浇砾石混凝土 粒径≤10(32.5水泥)-C25		圈梁体积	m3	21.187
4	现浇混凝土	现浇砾石混凝土 粒径≤10(32.5水泥)-C20		垫层体积	m3	46.395
5	现浇混凝土	现浇砾石混凝土 粒径≤10(32.5水泥)-C25		构造柱体积	m3	20.389
6	现浇混凝土	现浇砾石混凝土 粒径≤10(32.5水泥)-C30		柱体积	m3	109.34
7	现浇混凝土	现浇砾石混凝土 粒径≤10(32.5水泥)-C30		梁体积	m3	191.368
8	现浇混凝土	现浇砾石混凝土 粒径≤10(32.5水泥)-C30		独基体积	m3	238.373
9	现浇混凝土	现浇砾石混凝土 粒径≤10(32.5水泥)-C30		现浇板体积	m3	153.514
10	现浇混凝土	现浇砾石混凝土 粒径≤10(32.5水泥)-C25		过梁体积	m3	5.501

图 9.3.80

9.3.8 项目资料

项目团队成员登录Web端，选择项目资料模块，可以进行资料浏览、资料检查、规范查看。项目浏览界面可以新建不同项目资料文件夹，上传资料文件。如图9.3.81所示：

图 9.3.81

可以下载模板工具，设计资料文件夹模板，然后进行资料检查。其在第五章已经进行过学习，具体操作步骤不再赘述。如图9.3.82所示：

图 9.3.82

规范可以查看系统内置的各类规范资料，提供给项目成员进行应用。如图9.3.83所示：

9.3.9 系统设置

项目团队成员登录Web端，选择系统设置模块，可以进行组织架构、通用设置、生产进度、质量管理、安全管理、报表管理、通知管理、集成设置、界面设计等内容设置。组织架构、质量管理、安全管理分别在第四章及第八章进行了学习，故不再赘述。

图 9.3.83

通用设置包括施工阶段和自定义 LOGO 设置。点击新建，输入对应信息即可设置施工阶段，可用于 PC 端数据结合。自定义 LOGO 可上传图片或网址链接，点击保存即可。如图 9.3.84、图 9.3.85 所示：

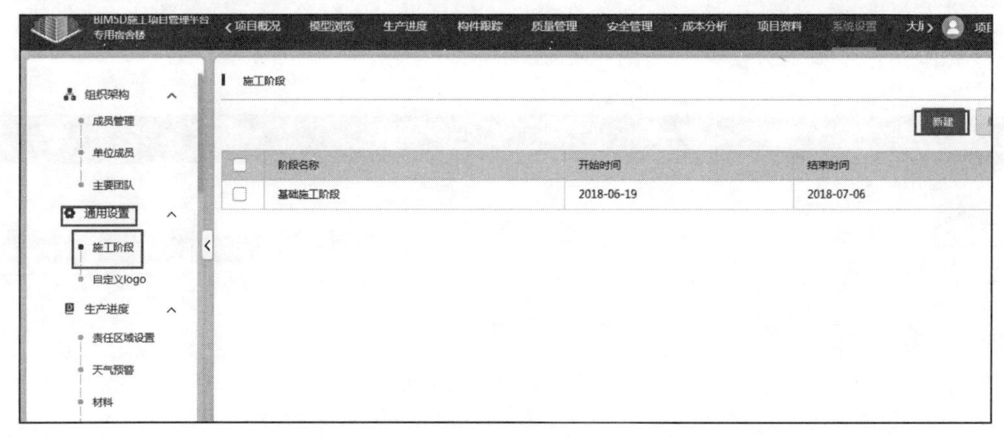

图 9.3.84

图 9.3.85

生产进度可以进行责任区域设置、天气预警、材料、机械设备、积分设置、延期原因、工种、照片分类等设置。材料及机械设备已经在本章进行了学习，故不再赘述。

责任区域设置是基于周计划、质量问题和安全问题，针对每个专业楼层流水段划分责任人、参与人和分包单位。如图 9.3.86 所示：

图 9.3.86

天气预警是根据实际施工天气状态，可进行天气、预警范围及内容的描述。如图 9.3.87 所示：

图 9.3.87

积分设置，主要是针对人员设置、分包质量及安全行为进行正向激励，设置积分规则。如图 9.3.88 所示：

延期原因设置是施工进度任务项涉及延期时，可以选择对应延期情况。如图 9.3.89 所示：

工种设置，主要是考虑劳务班组的多样性，符合劳动力配置需要。如图 9.3.90 所示：

图 9.3.88

图 9.3.89

图 9.3.90

照片分类设置，主要是在施工相册里建立不同类的记录相册，便于直观查看。如图 9.3.91 所示：

图 9.3.91

报表设计，可以针对各类默认报表进行设定，也可以新建其他报表做默认启用。如图 9.3.92 所示：

图 9.3.92

界面设计是针对大屏显示图片及手机端主页背景图片进行上传设定。如图 9.3.93、图 9.3.94 所示：

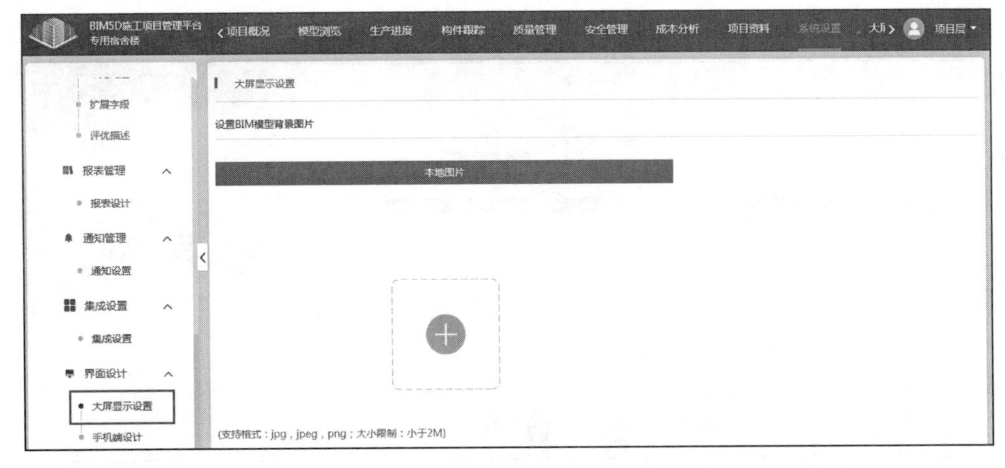

图 9.3.93

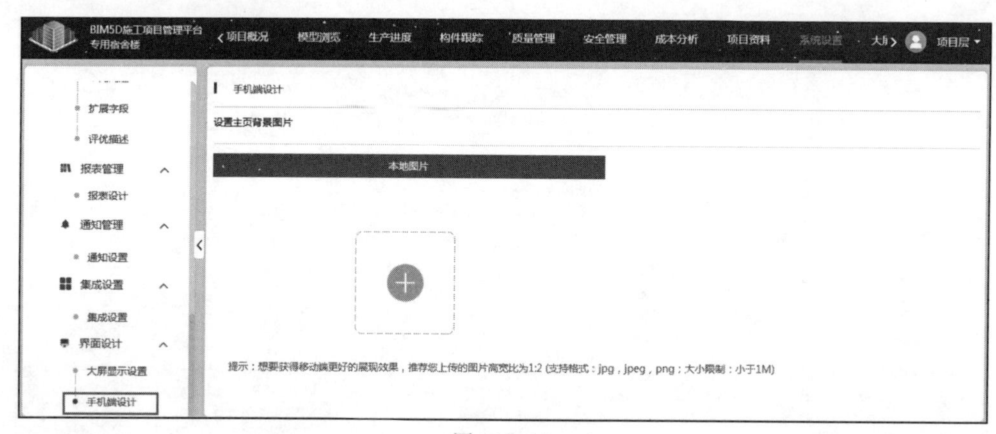

图 9.3.94

9.3.10 大屏显示

项目团队成员召开例会时，也可以结合大屏显示功能，直观查看各类数据信息，做分析使用，包括项目里程碑、日历、BIM 模型、照片、本周任务统计、质安问题、人材机资源配置等信息。如图 9.3.95、图 9.3.96 所示：

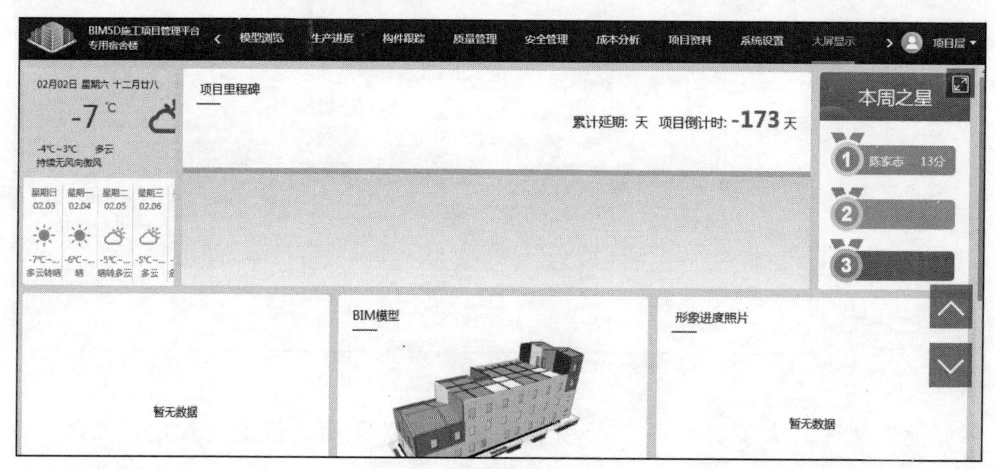

图 9.3.95

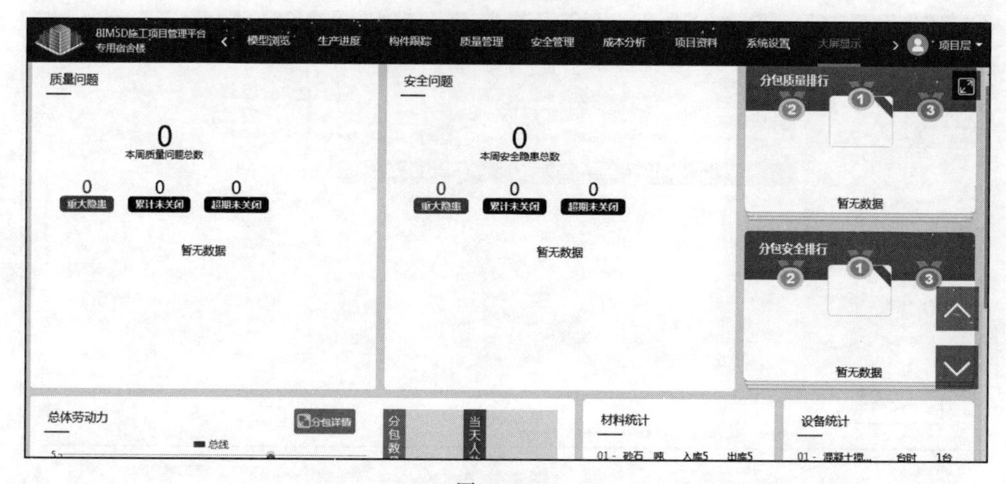

图 9.3.96

◆ **任务总结**

（1）管理人员结合项目看板进行各模块的数据查看及调取，包括项目概况、模型浏览、生产进度、构件跟踪、质安管理、成本分析及项目资料等信息；

（2）注意项目概况、模型浏览是通过PC端上传的项目信息、导入的模型信息及云数据同步中录入生成的相应数据；

（3）生产进度模块可以结合手机端的生产模块功能进行运用，同时结合Project、PowerPoint等工具实现数据快捷生成，并导入到平台；

（4）质量管理和安全管理模块可以结合手机端的质量管理及安全管理模块功能，利用手机端将现场情况实时反馈到云端，数据同步协同处理；

（5）构件跟踪模块结合PC端、工艺库工具、手机端进行协同应用；

（6）成本分析模块可以针对资金、资源及物资等信息进行曲线分析及数据调取，数据是基于PC端进行关联生成的数据；在项目看板还可以进行指标分析等业务；

（7）项目资料模块主要是进行资料库的建立及查看、相关规范查询等；

（8）系统设置可以根据项目需求，设定不同的资源信息，辅助各模块完善各类信息的查看及调取工作。

习　题

1. 管理人员结合项目看板可以查看和调取各模块的数据，包括（　　）。

A. 项目概况　B. 模型浏览　C. 生产进度　D. 质安管理　E. 项目部人员

2. 在召开例会时，BI应用可以结合大屏显示功能，直观地查看数据信息，比如（　　）。

A. 日历　B. 天气预报　C. BIM模型　D. 质安问题　E. 资源配置

3. 在WEB端的项目资料模块，可以完成的操作有（　　）。

A. 创建文件夹　B. 上传资料　C. 浏览资料　D. 检查资料　E. 查看规范

4. 在WEB端的成本模块，可以完成的操作有（　　）。

A. 趋势分析　B. 组成分析　C. 指标分析　D. 物资查询　E. 资源询价

5. 在WEB端的生产进度模块，可以完成的操作有（　　）。

A. 查看生产首页　B. 查看施工计划　C. 查看生产活动

D. 查看任务结构　E. 查看劳务人员花名册

第10章

办公大厦项目实训

10.1 章节概述

本书在前面BIM项目应用讲解中，主要以办公大厦项目为例进行讲解，意在帮助读者快速了解BIM5D基础准备、技术、生产、质安、商务、BI的流程及应用，并在各模块操作过程中熟悉BIM5D相关功能，掌握BIM5D使用技巧。通过前面章节对办公大厦项目边讲解、边练习的方式，相信读者已经可以完成基于办公大厦各模块的功能运用。

为了继续巩固读者的BIM5D操作技能，本章将通过一个与前序章节类似的办公大厦项目让读者再次对BIM5D运用有深入了解。由于两个项目类型接近，所以在本章的讲解中主要是介绍实训任务及成果输出要求，具体操作步骤不再赘述。

10.2 BIM5D基础准备实训

10.2.1 项目准备

◆ 任务目标

(1) 基于办公大厦案例，项目经理利用BIM系统进行三端数据搭建，建立项目组织机构；

(2) 项目经理录入工程概况及楼层体系信息，并进行云数据同步。

◆ 成果输出

(1) 输出项目组织机构图，命名为“项目组织机构图”；

(2) 输出项目概况及楼层表，命名为“工程概况”“楼层体系表”。

10.2.2 模型集成

◆ 任务目标

(1) 基于办公大厦案例，技术经理利用给定的模型文件，导入对应专业实体模型、场地模型和其他模型等信息；

(2) 技术经理将导入的实体模型与场地模型进行模型整合。

◆ 成果输出

输出模型整合完成图，可截图说明整合后效果，命名为“模型整合完成图”。

10.2.3 成果总结

（1）BIM应用能力提高。通过上述操作流程可以完成项目准备及信息搭建，为后期的BIM综合应用提供基础信息。

（2）综合能力提高。通过本案例工程能够利用BIM功能将项目组织机构、工程概况、楼层体系及模型信息进行搭建，并与业务知识以及施工现场场景进行转化，实现业务知识与软件操作的双向提高。

10.3 BIM5D技术应用实训

10.3.1 技术交底

◆ **任务目标**

（1）技术经理负责审核办公大厦的三维模型信息，并利用视点、测量、剖切面功能编制技术交底资料，交付生产经理，由生产经理负责向项目组成员进行可视化交底。

（2）技术交底资料内容要求包括任意选取视点不少于3处，关键部位剖切面不少于3处，钢筋构造节点不少于5处，并说明交底意义。

◆ **成果输出**

（1）输出视点图，命名为“视点××”，并说明交底意义记录文档，命名为“视点交底说明”；

（2）输出剖切图，命名为“剖面×－×”，并说明交底意义记录文档，命名为“剖切交底说明”；

（3）输出钢筋节点图，命名为“节点××”，并说明交底意义记录文档，命名为“节点交底说明”。

10.3.2 路径合理性检查

◆ **任务目标**

基于办公大厦案例，技术经理利用漫游及按路线行走功能，模拟办公大厦建筑物内及施工场区路线，建立至少各一条行走路线视频，交付生产经理对项目组成员进行施工交底。

◆ **成果输出**

输出交底视频，命名为“漫游路线××”，并说明交底意义记录文档，命名为“路线交底说明”。

10.3.3 专项方案查询

◆ **任务目标**

基于办公大厦案例，技术经理负责编制本工程项目专项施工方案内容，结合相关业务要求查询至少包含三种专项方案内容信息，并制定说明文档。

◆ **成果输出**

输出专项方案查询文档，命名为“专项方案××”，并制定说明文档，命名为“专项方案说明”。

10.3.4 砌体排砖

◆ **任务目标**

基于办公大厦案例，技术经理、生产经理协同配合编制本项目全楼砌体排砖方案，导出排砖图及砌体需用计划表，用于指导现场作业人员施工，以及交付采购部门提前准备物资。

◆ **成果输出**

(1) 输出 CAD 排砖图及 Excel 排砖表，命名为“排砖方案××”；

(2) 输出砌体需用计划表，命名为“砌体需用计划”。

10.3.5 资料管理

◆ **任务目标**

基于办公大厦案例，技术经理负责根据项目需求编制本工程资料管理库，上传各类项目资料文件进行管理，将建筑和结构图纸分别与模型进行关联。

◆ **成果输出**

(1) 输出资料管理库截图，命名为“资料管理”；

(2) 输出资料关联说明图，命名为“资料关联”。

10.3.6 工艺库管理

◆ **任务目标**

基于办公大厦案例，技术经理结合本工程项目特点，负责建立基于本项目的工艺工法库，录入到工艺库管理工具中。

◆ **成果输出**

输出工艺库管理内容截图，命名为“工艺库管理”。

10.3.7 成果总结

(1) BIM 应用能力提高。通过上述操作流程可以完成项目 BIM 技术应用，提高使用 BIM5D 基于技术应用的能力。

(2) 综合能力提高。通过本案例工程能够利用 BIM 功能实现技术交底、路径检查、专项方案查询、砌体排砖、资料管理及工艺库管理等技术应用，并与业务知识以及施工现场场景进行转化，实现业务知识与软件操作的双向提高。

10.4 BIM5D 生产应用实训

10.4.1 流水段管理

◆ **任务目标**

基于办公大厦案例，生产经理负责完成流水段划分，通过对本工程的综合考虑，将本工程分为以下流水段：

(1) 基础层、屋顶层作为整体进行施工；

(2) 1～3 层流水段划分以 3 轴为界限，3 轴左侧部分为一区，右侧部分为二区；

（3）流水段划分要求按照钢筋及土建两个专业进行，在每个流水段内要求关联所有构件。划分完成后导出流水段表格，通过查询视图导出各流水段构件工程量，交付商务部。

◆ **成果输出**

（1）输出流水段表格，命名为“流水段管理”；

（2）输出首层一区的工程量，命名为“首层一区提量”。

10.4.2 进度管理

◆ **任务目标**

基于办公大厦案例，根据导入给定的进度计划，生产经理负责完成进度关联。

◆ **成果输出**

输出进度关联截图，命名为“进度关联”。

10.4.3 施工模拟

◆ **任务目标**

基于办公大厦案例，技术经理、生产经理负责编制施工模拟视频，包括默认模拟视频及动画方案模拟视频各一份，用于交底及例会展示使用。

◆ **成果输出**

输出进度模拟视频，命名为“默认模拟”及“方案模拟”。

10.4.4 工况模拟

◆ **任务目标**

（1）基于办公大厦案例，生产经理负责进行工况设置，编制工况模拟，结合虚拟施工导出视频；

（2）查看在场机械统计。

◆ **成果输出**

（1）输出工况模拟视频，命名为“工况模拟”；

（2）输出在场机械统计表，命名为“在场机械统计”。

10.4.5 进度对比

◆ **任务目标**

基于办公大厦案例，生产经理根据已完成进度实际时间录入进度计划，制作开工至竣工计划与实际模拟对比视频，召开进度例会，进行形象进度交底。

◆ **成果输出**

输出计划与实际进度对比模拟视频，命名为“进度对比”，制作交底对比说明录入文档，命名为“形象进度对比说明”。

10.4.6 物资提量

◆ **任务目标**

基于办公大厦案例，生产经理根据相关要求提取该项目的首层的土建专业物资量、二层一区的钢筋物资量，并根据提取的物资量提报需求计划，导出数据表格提供给商务部及采购部。

◆ 成果输出

输出物资提量表格，命名为“钢筋物资量”“土建物资量”。

10.4.7 物料跟踪

◆ 任务目标

基于办公大厦案例，技术经理需要在工艺库创建钢筋专业框架柱构件、土建专业框架梁及现浇板构件的追踪事项，生产经理在 PC 端创建跟踪计划，通过手机端填写构件跟踪信息，项目经理通过 Web 端查看构件跟踪情况，查看物料跟踪信息并导出。

◆ 成果输出

输出物料跟踪表格，命名为“钢筋专业跟踪”“土建专业跟踪”。

10.4.8 成果总结

(1) BIM 应用能力提高。通过上述操作流程可以完成项目 BIM 生产应用的过程，提高基于生产应用使用 BIM5D 的能力。

(2) 综合能力提高。通过本案例工程能够利用 BIM 功能实现流水段划分、进度管理、施工模拟、工况模拟、进度对比、物资提量、物料跟踪等，并与业务知识以及施工现场场景进行转化，实现业务知识与软件操作的双向提高。

10.5 BIM5D 商务应用实训

10.5.1 成本关联

◆ 任务目标

(1) 基于办公大厦案例，商务经理将给定的合同预算与成本预算导入 BIM5D，并将土建专业、粗装修专业进行清单匹配挂接；

(2) 商务经理将钢筋专业进行清单关联挂接。

◆ 成果输出

(1) 输出清单匹配完成截图，命名为“土建清单匹配”；

(2) 输出清单关联完成截图，命名为“钢筋清单关联”。

10.5.2 资金资源曲线

◆ 任务目标

(1) 基于办公大厦案例，商务经理提取整个工期范围内的资金曲线，按周进行分析，导出 Excel 表格用于数据分析；

(2) 商务经理提取该时间范围内的人工工日曲线和钢筋混凝土曲线，按周进行分析，导出 Excel 表格用于数据分析。

◆ 成果输出

(1) 输出资金曲线表格，命名为“资金曲线”；

（2）输出资源曲线表格，命名为“钢筋混凝土曲线”“工日曲线”。

10.5.3 进度报量

◆ **任务目标**

基于办公大厦案例，商务经理进行月度工程款提报。假定每月结算周期从本月25号到下月25号为一个月度周期，现需要将整个工期提取每月月度报量数据作为报量依据。

◆ **成果输出**

（1）输出物资量对比表格，命名为“物资量对比”；

（2）输出清单量统计对比表格，命名为“清单量统计对比”；

（3）输出高级工程量表格，命名为“进度报量”。

10.5.4 变更管理

◆ **任务目标**

基于办公大厦案例，施工过程中遇到以下变更：项目首层柱混凝土强度不足，对项目质量造成隐患，现将混凝土标号由C25改为C30，同时首层的KZ1箍筋直径变更为10mm。作为商务经理，将变更信息录入BIM5D系统，并进行模型的变更替换。

◆ **成果输出**

（1）输出钢筋变更记录图，命名为“钢筋变更××”；

（2）输出土建变更记录图，命名为“土建变更××”。

10.5.5 合约规划、三算对比

◆ **任务目标**

（1）基于办公大厦案例，作为商务经理，为了实现基于BIM技术对合约的规划及管理，在BIM5D软件合约视图中将合同预算进行划分，分别为劳务、物资采购两类分包，将预算人工归类至劳务分包单位，钢筋、砌块分别归类至物资采购单位，分别进行分包合同挂接。通过市场询价，对劳务分包及物资采购两类分包设置对外分包单价，查看各分包合同费用金额，进行费用分析，同时导出各分包合同费用表格及合约表格信息。

（2）项目经理要求商务部对项目整体经营情况进行对比分析，需要利用三算对比来分析项目的矩形梁和矩形柱清单项盈亏情况及材料节超情况。

◆ **成果输出**

（1）输出合约规划中涉及分包的合同费用，命名为“分包合同费用”；

（2）输出三算对比表格，命名为“三算对比——××”。

10.5.6 成果总结

（1）BIM应用能力提高。通过上述操作流程可以完成项目BIM商务应用，提高使用BIM5D基于商务应用的能力。

（2）综合能力提高。通过本案例工程能够利用BIM功能实现成本关联、资金资源曲线、进度报量、变更管理、合约规划、三算对比等商务应用，并与业务知识以及施工现场场景进行转化，实现业务知识与软件操作的双向提高。

10.6 BIM5D 质安应用实训

10.6.1 质安追踪

◆ 任务目标

基于办公大厦案例，质安经理发现施工现场首层 1 轴与 A 轴相交处柱存在 2cm 偏移，同时发现脚手架杆件间距与剪刀撑的位置不符合规范的规定，利用“BIM5D 移动端＋云端”创建质量安全问题，发送整改通知单并统计分析，进行问题整改、验收及复核。

◆ 成果输出

(1) 输出编制的质量安全整改通知单，命名为“整改通知单”；

(2) 输出整改通知过程记录，以“截图＋文字”形式记录文档，命名为“质安追踪记录”。

10.6.2 安全定点巡视

◆ 任务目标

基于办公大厦案例，质安经理结合施工重点部位及安全因素考虑，设置项目安全定点巡检，并导出巡检记录做数据分析。

◆ 成果输出

(1) 输出巡视点设置说明，命名为“巡视设置”；

(2) 输出巡视看板表格，命名为“巡视记录”。

10.6.3 成果总结

(1) BIM 应用能力提高。通过上述操作流程可以完成项目 BIM 质安应用，提高使用 BIM5D 基于质安应用的能力。

(2) 综合能力提高。通过本案例工程能够利用 BIM 功能实现质量安全追踪、安全定点巡视等质安应用，并与业务知识以及施工现场场景进行转化，实现业务知识与软件操作的双向提高。

10.7 BIM5D 项目 BI 实训

10.7.1 看板数据同步

◆ 任务目标

基于办公大厦案例，通过 PC 端进行云数据同步上传，项目经理设定项目基础信息部分，技术经理设定模型信息、图纸信息及场地信息部分，生产经理设定进度信息部分，商务经理设定产值、成本、资金管理部分。各项目团队自行设定上述信息，根据需求选择进行同步。

◆ 成果输出

输出各模块输出截图，命名按照数据同步模块名称即可，如产值模块命名为“产值”。

10.7.2　看板应用

◆ **任务目标**

基于办公大厦案例，公司管理层通过项目看板浏览各模块信息，熟练利用 Web 端查看项目概括信息、浏览模型信息、监管生产进度情况、质安管理、构件跟踪以及成本分析等数据，项目团队结合各自项目情况，进行各模块的应用练习，自行设定各模块数据信息。

◆ **成果输出**

输出各模块看板内容截图，命名按照模块名称即可，包括项目概括、模型浏览、生产进度、构件跟踪、质量管理、安全管理、成本分析、项目资料、系统设置、大屏显示等。

10.7.3　成果总结

（1）BIM 应用能力提高。通过上述操作流程可以完成项目 BI 看板应用，提高使用 BIM5D 基于 BI 应用的能力。

（2）综合能力提高。通过本案例工程能够利用 BIM 功能实现项目看板各模块应用，并与业务知识以及施工现场场景进行转化，实现业务知识与软件操作的双向提高。

10.8　项目总结

（1）本项目办公大厦的应用流程与专用宿舍楼一致，先完成项目基础准备部分搭建，然后进行各模块综合 BIM 应用；

（2）读者在掌握两个项目的 BIM 综合应用流程上，可以逐步加深对于 BIM5D 各模块的功能运用，加深对于 BIM 综合项目管理的理解；

（3）读者在学习过程中可以多多思考，举一反三，将 BIM5D 各模块功能结合运用，协同处理，实现 BIM 协同管理。

第 3 篇 BIM 项目协同管理

对 BIM5D 整体了解后，不难得出 BIM5D 是从各岗位工作职能出发，利用 BIM 模型，强化协同工作，减少因沟通不畅、信息错位造成的一系列问题，最终实现项目的精细化管理。

在施工过程中，会面临各种各样的问题，如因国家政策原因导致工期延后、图纸变更、日常安检过程出现质量安全问题……面对层出不穷的问题，在 BIM 大发展的现在，不论何种工作岗位，都将面对信息化工具所带来的时代改变，那如何运用信息化工具，减少施工现场问题、快速处理出现的问题是需要了解和掌握的技能。

本篇希望通过几个特定场景案例，能够帮助大家了解现场施工过程中的日常工作、常见问题，建立处理日常问题的能力，同时强化大家信息化能力。

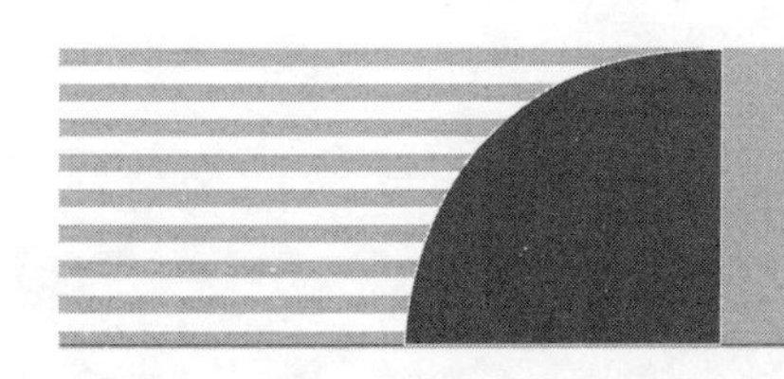

第11章

项目团队组建

后续的学习过程中，根据施工现场常见问题，本书从技术、质量安全、商务、生产设定了四个常见业务场景。在这个场景中，需要组建一个由项目经理带领，技术总工、商务经理、质安经理、生产经理组成的团队。团队组建遵循以下步骤：

(1) 走进场景模拟：熟悉每个模拟的角色主要工作内容（其中有一个角色是会变化）。

(2) 组建项目团队：在规定的时间内，完成以下团队组建内容。

① 项目团队名称；

② 给自己团队设计一个 LOGO；

③ 选举项目经理；

④ 其他岗位角色分工；

⑤ 给自己的项目团队起一个激励口号；

⑥ 请各小组项目经理简单阐述一下自己所在项目团队的理念，团队组建成果分享；

⑦ 团队组建完成后，请将结果写在白纸上，然后粘贴在墙上，再根据后面协同应用案例完成相应的任务。

(3) 角色说明：本课程建议按照 5～6 人成立项目部小组，角色分工包括项目经理、技术经理、生产经理、质安经理、商务经理五大角色，同时教师作为企业领导进行项目模拟。

① 教师：负责组织团队建设、实训模拟规则讲解、实时查看各项目团队任务进展情况、评审各个团队完成情况等。

② 项目经理：负责协同统筹团队整体项目任务分配，过程中检视各阶段任务完成情况，并实施监控各部门工作进展等。

③ 技术经理：主要负责 BIM 技术应用，包括施工组织设计编审、三维技术交底、专项方案查询、砌体排布及工艺工法库编制维护等工作。

④ 生产经理：主要负责 BIM 生产应用，包括流水段划分、施工任务跟踪、模型进度挂接、现场工况分析模拟、物料跟踪及提量等工作。

⑤ 质安经理：主要负责 BIM 质安应用，包括质量安全跟踪、安全定点巡视、质安整改通知编制及发送、项目质量安全数据分析等工作。

⑥ 商务经理：主要负责 BIM 商务应用，包括成本数据挂接、变更管理、资金资源曲线分析、进度报量及合约规划管理等工作。

第12章

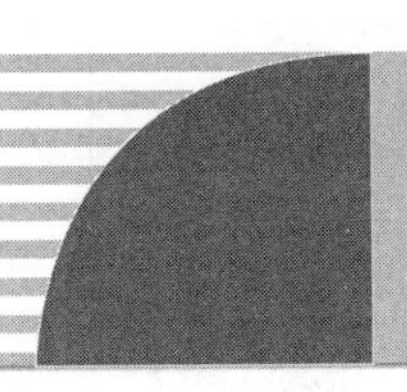

关于进度的BIM5D协同管理实训课程

◆ **案例背景**

在施工过程，基础结构已经施工完成，目前回填土的作业即将施工完成；×月×日，接到市政府下发的《××地区大气污染综合治攻坚行动方案》的文件，文件要求所有在施工的工程停工15天。收到文件通知后，建设单位为加快资金回笼，保障按时交付，高价售房，决定“抢”回因政策原因造成的工期延误，按时竣工。建设方主动联系施工项目经理，提出后续工程在保证质量安全的情况下，抢工15天，如期交付奖励50万元奖金的方案。

◆ **任务下发**

接到甲方的任务后，项目经理计划如何实施缩短施工工期？

◆ **任务分析**

项目经理就此事召开专项会议，组织项目总工（技术负责人）、生产经理、商务经理、质安经理等项目主要管理层参加这次会议，会议上各岗位领导就目前所负责的主要工作内容提出相关看法：

技术经理：工程较为简单，施工技术的改变没有特别大的意义，但是可以通过调整关键线路上一些工作项，如优化工序、合理穿插施工，可在一定程度上达到缩短工期的效果；

生产经理：增加资源的投入，如增加现场施工人员、施工机械，可以加快施工进度，且目前现场塔吊吊次较为富余，工人宿舍空闲也比较多，不用担心工人到场无法解决住宿的问题；

质安经理：抢工过程中，为了保证现场施工质量和安全，施工现场一线人员需要增加一线办公人员；

商务经理：从成本维度上的情况考虑，缩短工期对于采用租赁方式计费的设备、材料会减少成本，如塔吊、模架等；劳务人员虽然增加，但是与劳务分包单位签订的是固定总价合同，所以劳务人员的增加，不会增加成本。各位提出工期优化方法后，本人会根据各位的方案进行成本测算，落实相关工作。

◆ **任务实施**

收到大家的建议和对策后，项目经理按照如下内容落实相关工作。

(1) 实施流程，如表12.1.1所示。

表 12.1.1 基于项目进度管理的 BIM 协同应用案例

岗位角色	项目经理	技术经理	生产经理	商务经理	质安经理	备注
工作内容	优化建议一					
	建立项目，分配权限					
		模型整合				将各模型导入
			关联总进度计划一			调整前进度计划
				导入清单，关联模型		
		生成施工模拟动画一				
				生成资源曲线一、资金曲线一		
	优化建议二					
		调整总进度计划一，命名为总进度计划二				
			关联总进度计划二			
		生成施工模拟动画二				
				生成资源曲线二、资金曲线二		调整后进度计划
	对比分析					
	计算费用变化情况					
	做出决定					

以时间为轴↓

（2）实施说明，具体如下。

① 优化建议一：项目经理组织技术经理、商务经理、生产经理、质安经理，根据施工组织平面图、图纸，针对总进度计划一提出优化建议并记录，文档命名为“优化建议一.doc”。

② 建立项目，分配权限：项目经理根据教师提供的账号、密码，新建项目，并将技术端的权限分配给技术经理、商务端的权限分配给商务经理、项目看板权限分配给教师。

③ 模型整合：技术经理根据提供的案例文件，加载实体模型与场地模型，可以通过旋转、平移等功能把不同专业、类型的模型进行整合，如不同专业（土建、钢筋）、不同单体、不同类型（实体模型、场地模型），确保各模型原点一致。

④ 关联总进度计划一：生产经理导入总进度计划一，选择土建模型，进行关联。

⑤ 导入清单，关联模型：商务经理将导入的清单与模型进行关联。

⑥ 生成施工模拟动画一：技术经理制作施工模拟动画一，并导出视频文件，命名为

“施工模拟动画一”。

⑦ 生成资源曲线一、资金曲线一：商务经理制作资源曲线、资金曲线，并截图分别保存为“资源曲线一.png”“资金曲线一.png”。

⑧ 优化建议二：项目经理组织技术经理、商务经理、生产经理、质安经理结合施工模拟动画、资金曲线、资源曲线，提出优化建议并记录，文档命名为“优化建议二.doc”。

⑨ 调整总进度计划一，命名为总进度计划二：针对提出的优化建议一、优化建议二，技术经理修改总进度计划一，并命名为“总进度计划二”。

⑩ 关联总进度计划二：生产经理删除总进度计划一，重新关联总进度计划二。

⑪ 生成施工模拟动画二：技术经理制作施工模拟动画二，并导出视频文件，命名为“施工模拟动画二”。

⑫ 生成资源曲线二、资金曲线二：商务经理制作资源曲线、资金曲线，并截图分别保存为“资源曲线二.png”“资金曲线二.png”。

⑬ 对比分析：项目经理组织技术总工、商务经理、生产经理、质安经理对比调整前后施工模拟动画、资源曲线、资金曲线，分析调整后合理性。

⑭ 计算费用变化情况：假设主体结构人工费用 300 元/天，塔吊租赁费用 1000 元/天，现场管理人员费用约 1000 元/天，现调整后节约工期 28 天。通过资源曲线计算分析，需要增加 10 人。将计算过程命名为“费用计算书.doc”。

⑮ 做出决定：项目经理根据最终的利润变化情况，判断是否有必要进行抢工。

◆ **任务总结**

通过上述案例的学习，可以清楚地感受到，以传统的二维图纸编制、分析进度计划，需要对图纸了解较为透彻，沟通过程中会存在诸多问题，容易造成许多盲点；运用 BIM 模型进行可视化沟通能够达到提升工程效率与质量的目的，而采用 5D 模拟的方式可将施工进度计划所使用资源、设备、人力、成本关联起来，自动产生虚拟建造流程，面向对象所见即所得，更符合人性直觉的使用习惯。透过 BIM 模型对虚拟建造过程的分析，合理地调整施工进度，资金、资源可更精准地控制现场的施工与生产。

同时在进度计划的调整过程中，项目的各方责任主体都与进度计划息息相关，各方的每一个举措都会对项目进展造成一定的影响，所以每一个部门都是相互关联、无法完全独立的。即便以进度为主导，工期的缩短与延长对于项目利润也会造成一定影响，所以每一次工期的调整都需要谨慎应对。

第13章

关于成本管理的 BIM5D 协同管理实训课程

◆ **案例背景**

在施工过程中，专用宿舍楼正处于二层主体结构施工阶段，近期因为设计过程中存在一些问题，如：图纸发生变更、某天合同外工程发生工程签证、发现模板加工不合格造成严重浪费、质检人员开出罚款单……

◆ **任务下发**

作为项目经理，需要及时根据过程中发生的“变更”判断资金变化，以及对整体利润的影响，计算最终利润变化情况。

◆ **任务分析**

项目经理就此事召开专项会议，组织技术经理（技术负责人）、生产经理、商务经理、质安经理等项目主要管理层参加这次会议，会议上各岗位领导就目前所负责的主要工作内容提出相关意见：

技术经理：设计单位下发的图纸变更文件，已经核实过了，变更文件中混凝土等级的改变会对工程量造成变化，但是必须更改，不然会造成质量事故。

生产经理：签证文件是合同外的收入，当时的工作人数已经记录了，对应的下发给劳务分包的派工单也已经拟好了，但是对应的费用需要商务部门计算一下最终利润。

质安经理：罚款单直接提供了金额，商务部需记录一下。

商务经理：大家的相关文件统一给我，商务部借助 BIM 技术统一计算费用、利润的变化情况。

◆ **任务实施**

收到大家的建议和对策后，项目经理按照如下内容，落实相关工作。

（1）实施流程，如表 13.1.1 所示。

表 13.1.1　基于项目变更管理的 BIM 协同应用案例

岗位角色	项目经理	技术经理	生产经理	商务经理	质安经理	备注
工作内容	建立项目，分配权限					
		模型整合				
			关联总进度计划			
				导入清单，关联模型		
		变更文件制作				

续表

岗位角色	项目经理	技术经理	生产经理	商务经理	质安经理	备注
工作内容			根据模板制作工程签证单			
					制作处罚单	
				整合，确定项目盈亏情况		
	签字确认					

（2）实施说明，具体如下：

① 建立项目，分配权限：“项目经理”根据教师提供的账号、密码，新建项目，并将技术端的权限分配给技术经理、商务端的权限分配给商务经理、项目看板权限分配给教师。

② 模型整合：技术经理根据提供的案例文件，加载实体模型与场地模型，可以通过旋转、平移等功能把不同专业、类型的模型进行整合，如不同专业（土建、钢筋）、不同单体、不同类型（实体模型、场地模型），确保各模型原点一致。

③ 关联总进度计划：生产经理导入总进度计划，选择土建模型，进行关联。

④ 导入清单，关联模型：商务经理将导入的清单与模型进行关联。

⑤ 变更文件制作：商务经理根据变更文件（如材料变化）制作变更文件。

⑥ 根据模板制作工程签证单。

⑦ 制作处罚单。

⑧ 整合，确定项目盈亏情况：根据项目日常的资金进出，计算盈亏情况。

⑨ 签字确认：项目根据最终的利润变化情况，确定盈亏。

◆ **任务总结**

项目在实施过程中，商务部门主要问题之一就是如何落实动态成本管控，如合同管理、变更管理等；在施工过程中变更、洽商、签证等一系列的烦琐文件，都会对项目成本的管控造成挑战。传统施工过程中快速查找每一份文件，对成本造成的影响，需要花费较大的人力、物力。

借助 BIM 技术可以实现合同管理、变更管理，在 Web 端可以快速查看成本趋势分析、明细分析，降低商务人员工作量。以变更洽商管理为例，可通过变更模型的前后对比，直观变更信息。变更的每一项信息，都能实时汇总在合同中，实时动态反馈，合同执行过程中每一项成本变化，都能记录反映到动态成本中。

第14章

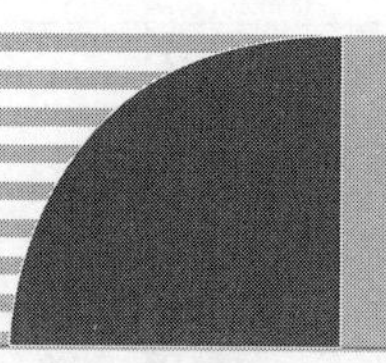

关于生产管理的 BIM5D 协同管理实训课程

◆ **案例背景**

在施工过程中，三层框架结构专用宿舍楼正处于二层主体结构施工阶段，近期自检验收过程中发现施工过程中存在一些问题，整体表现为：施工质量整体下降、现场劳务作业人员管理不到位。以一层二区为例，楼板钢筋因为严重质量问题，监理第一次验收未通过，造成施工整改，二次验收才得以通过；施工过程中计划人员为 10 人，现场实际作业人员为 8 人，劳务人员减少。上述情况造成了严重的资源浪费和工期延误。

◆ **任务下发**

面对扯皮、推诿、资源浪费、质量人员管理施工等乱象，作为项目经理该如何应对？

◆ **任务分析**

项目经理就此事召开专项会议，组织技术经理（技术负责人）、生产经理、商务经理、质安经理等项目主要管理层参加这次会议，会议上各岗位领导就目前所负责的主要工作内容提出相关意见：

技术经理：以前采用的方式，都是下发技术交底给工人，他们学习理解可能比较困难，后续会制作动画，加强劳务人员对施工方法的理解；同时建议引入 BIM 技术强化现场管理。

生产经理：我也同意引入 BIM 技术，改变现有的传统粗放管理方式，施工交底下发给工人后，我们只是简单地现场验收施工质量，对于某一工序的作业人员、材料需求完全处于失控状态。

质安经理：强化劳务人员技术交底落实的同时，我建议开展评优工作，对实施比较好的单位进行奖励，对质量较差的单位进行惩罚，形成良性循环，促进整体施工质量的提升。

商务经理：施工质量的提升，可有效减少返工、避免工期的滞后、原材料的浪费、人力及机械设备的投入，有效地降低施工成本。同时对于原材料质量的控制，也希望大家能够重视起来。

◆ **任务实施**

收到大家的建议和对策后，项目经理按照如下内容，落实相关工作。

（1）实施流程，见表 14.1.1。

表 14.1.1　基于项目生产管理的 BIM 协同应用案例

岗位角色	项目经理	技术经理	生产经理	商务经理	质安经理/工长	备注
工作内容	建立项目，分配权限					
		模型整合				
			工艺工法库制作			
			任务派发1——柱验收			
		审核验收情况			记录现场人材机，验收	通过图片，填报目前的人员数量、机械数量
			任务派发2——梁验收			
		审核验收情况			记录现场人材机，验收。统计现场的人数、判断是否满足工作需要	通过图片，填报目前的人员数量、机械数量
			任务派发3——板验收			
		审核验收情况			记录现场人材机，验收。统计现场的人数、判断是否满足工作需要	通过图片，填报目前的人员数量、机械数量
			任务派发4——柱验收			
		审核验收情况			验收过程中，发现柱钢筋出现错误，直径14mm的误用为12mm的	通过图片，填报目前的人员数量、机械数量
		出具整改方案				
				计算本月完成情况，并上报甲方费用		
	签字确认					

（2）实施说明，具体如下：

① 建立项目，分配权限："项目经理"根据教师提供的账号、密码，新建项目，并将技术端的权限分配给技术经理、商务端的权限分配给商务经理、项目看板权限分配给教师。

② 模型整合：根据提供的案例文件，加载实体模型与场地模型，可以通过旋转、平移等功能把不同专业、类型的模型进行整合，如不同专业（土建、钢筋）、不同单体、不同类型（实体模型、场地模型），确保各模型原点一致。

③ 关联总进度计划：导入总进度计划，选择土建模型，进行关联。

④ 导入清单，关联模型：将导入的清单与模型进行关联。

⑤ 生产经理制作工艺工法库，施工过程中进行技术交底和技术指导。

⑥ 生产经理派发任务——对柱进行验收。

⑦ 质安经理领任务并执行柱验收，拍照记录现场人员机具情况，统计现场的人员和机具数量，判断是否满足工作需要，向技术经理汇报情况；如果发现现场材料有问题，及时拍照记录，同时向技术经理汇报。

⑧ 技术经理审核验收情况，对有问题的部分提出整改方案。

⑨ 生产经理派发任务——对梁、板进行验收，拍照记录现场人员机具情况，统计现场的人员和机具数量，判断是否满足工作需要，向技术经理汇报情况；如果发现现场材料有问题，及时拍照记录，同时向技术经理汇报。

⑩ 技术经理审核验收情况，对有问题的部分提出整改方案。

⑪ 生产过程根据施工阶段重复上述过程。

⑫ 月末，商务经理统计本月完成工程量，并向甲方报量。

⑬ 项目经理确认最终报甲方的工程量，并进行签字。

◆ **任务总结**

通过上述案例的学习，可以知道一个项目按照层级从大到小可以划分为分部、子分部、分项、子分项。建筑结构分部通常分为地基与基础、主体结构、装饰装修、建筑屋面等；而在任何一项分项工程施工前，都需要下发技术交底，作为指导施工、现场验收的依据。现场工程人员需要关注、采集现场人、材、机等情况，以此来判断工程是否能够按照计划有序进行。

传统施工过程中，涉及人员较多，因为各种各样的原因会造成信息的不畅，沟通表达需要耗费较大的人力。运用BIM技术，工程师可在三维模型中随意查看，并且能准确查看到可能存在问题的地方，同时现场的实施数据可以和模型进行绑定，记录过程数据，避免施工过程中出现扯皮问题。

第15章

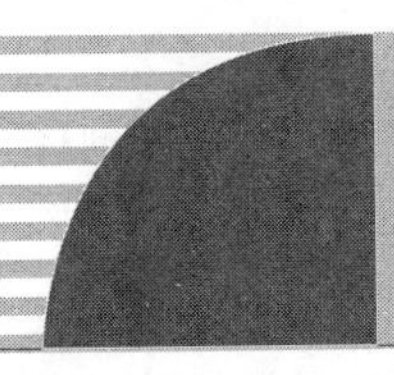

关于质量管理的 BIM5D 协同管理实训课程

◆ **案例背景**

专用宿舍楼主体结构即将施工完成，马上进入二次结构（砌体工程）阶段，现砌体材料价格上调，需通过计算砌体工程的实际使用工程量，重新测算砌体工程是否盈利。

◆ **任务下发**

作为项目经理，需要如何处理?

◆ **任务分析**

项目经理就此事召开专项会议，组织技术经理（技术负责人）、生产经理、商务经理、质安经理等项目主要管理层参加这次会议，会议上各岗位领导就目前所负责的主要工作内容提出相关意见：

技术经理：可以通过 BIM 技术快速排砖，计算砌体工程需要的实际工程量。

生产经理：协助技术经理完成该项任务，查找砌体工程劳务分包费用。

商务经理：通过查找预算文件，计算砌体的工程预算成本，通过实际成本与预算成本对比，即可得出是否盈利。

质安经理：协助以上人员，完成相关工作。

◆ **实施流程**

收到大家的建议和对策后，项目经理按照表 15.1.1 内容，落实相关工作。

表 15.1.1　基于项目技术管理的 BIM 协同应用案例

岗位角色	项目经理	技术经理	生产经理	商务经理	质安经理/工长	备注
工作内容	建立项目，分配权限					
		模型整合				
		砌体的实际工程量				
			查找砌体工程劳务分包费用			
				基于预算文件计算砌体工程的成本		
	签字确认					

本任务利用 BIM 协同进行技术管理，此处以模板脚手架为例进行讲解。

（1）建立项目，分配权限：“项目经理”根据教师提供的账号、密码，新建项目，并将技术端的权限分配给技术经理、商务端的权限分配给商务经理、项目看板权限分配给教师。

（2）模型整合：技术经理根据提供的案例文件，加载实体模型与场地模型，可以通过旋转、平移等功能把不同专业、类型的模型进行整合，如不同专业（土建、钢筋）、不同单体、不同类型（实体模型、场地模型），确保各模型原点一致。

（3）砌体实际工程量计算：技术经理利用 BIM 技术，通过排砖计算砌体工程所需的实际工程量。

（4）查找砌体工程劳务分包费用：生产经理查找劳务工程费用为 20000 元。

（5）基于预算文件计算砌体工程的成本：商务经理通过预算文件计算砌体工程的合同成本为 30000 元，砌体的单价为 300 元/m^3。

（6）项目经理签字确认。

◆ **任务总结**

传统砌体工程量计算需要结合图纸，对每一堵墙进行计算。通过 BIM 技术可以快速生成排砖图，计算砌体的实际所用的工程量。

实际施工过程中，材料价格实时波动会对项目的成本、利润造成影响。对于分部工程，项目的盈利的计算方法为：合同预算－(材料量×单价＋劳务费用)。

第 4 篇

1+X 课证融通能力拓展

第16章

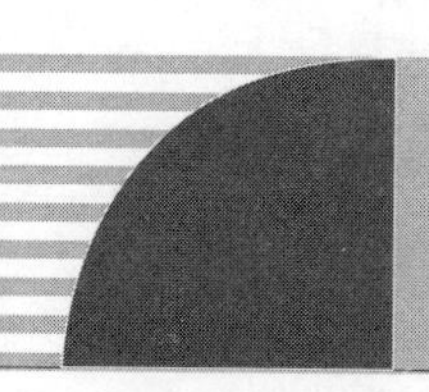

1+X 施工管理应用实战

16.1 章节概述

本章主要介绍BIM施工项目管理应用实战，开展基于1+X考纲要求能力的情景任务化教学，培养学生运用理论解决实践问题的能力。依托于项目实战案例讲解1+X考纲要求的部分施工管理应用，强化学生通过1+X考试能力、BIM应用能力以及实际业务能力，掌握各岗位基于BIM5D管理平台的基本实践技能，并在此过程中提升学生的信息化应用能力以及协调、组织、沟通等综合职业素养。

本章是对1+X（BIM）中级工程管理专业方向职业资格考试的BIM5D施工管理进行拓展，培养学生能够运用软件操作达到（BIM）中级工程管理专业方向职业资格考试要求。根据1+X考纲要求，本书对BIM5D施工管理能力进行了分析，并且将相应能力的达成分配到相应的项目模块去实施，具体如表16.1.1所示：

表16.1.1　考纲要求及能力分析

考纲要求	能力分析
1. 熟悉基于BIM的成本、进度、资源、质量、安全管理的原理； 2. 掌握按照基于BIM施工管理要求对建筑及安装工程BIM模型进行完善的方法； 3. 掌握将进度计划与建筑及安装工程BIM模型进行关联的方法； 4. 掌握将建筑及安装工程BIM模型与成本、进度、资源、质量、安全匹配进行关联的方法； 5. 掌握根据项目的实际进度调整建筑及安装工程BIM模型的方法； 6. 掌握按进度查看建筑及安装工程BIM模型的方法； 7. 掌握按进度或施工段从建筑及安装工程BIM模型提取工程造价的方法； 8. 掌握按进度或施工段从建筑及安装工程BIM模型提取主要材料的方法	1. 具备基于BIM5D将模型与进度、成本、质量、安全及资源进行关联的能力； 2. 具备补充BIM模型、修改BIM模型属性的能力； 3. 具备基于BIM5D录入实际进度，并进行模型调整输出的能力； 4. 具备基于BIM5D进行计划与实际进度查看模型的对比分析能力； 5. 具备基于进度、施工段、专业、楼层等方式提取资源及造价信息的能力

16.2　真题实战

16.2.1　真题实战一

◆ **试题说明**

本题是 BIM 综合应用题，主要考查 BIM5D 软件的应用，总分为 40 分，试题如下：

根据题干中住宅楼项目及给定资料包进行数据分析，数据资料包括住宅楼 BIM 结构模型、施工进度计划、工程预算书（备注：模型中柱构件均为剪力墙结构中端柱构件），具体完成以下任务：

（1）将给定的“施工进度计划”载入 BIM 软件中，与资料包中模型进行关联。（8 分）

（2）将给定的“工程预算书”以合同预算载入 BIM 软件中，与资料包中模型进行关联。（8 分）

（3）结合软件功能导出 2020 年 6 月 15 日至 7 月 4 日的清单工程量汇总表，命名为“3.3 阶段性工程量汇总表”。（5 分）

（4）结合软件功能编制并导出 7 月进度款报表，命名为“3.4 进度款报表”。（5 分）

（5）实际施工过程中，2020 年 6 月 29 至 7 月 1 日出现罕见天气，造成停工，6F 混凝土墙实际从 7 月 2 日至 7 日进行施工；为保证后续施工任务不延误，7F 混凝土墙、梁、楼板施工任务实际工期均缩短 1 天完成，结合软件功能填报实际施工进度时间，并保存按周统计的计划与实际资金对比曲线图，命名为“3.5 计划与实际资金对比曲线图”。（12 分）

（6）将模型以“住宅楼项目管理文件”命名保存。（2 分）

◆ **试题解析**

在正式做题之前，可先浏览一遍题目。浏览题目的目的有两个：第一，寻找题目关于命名、保存位置等新建项目的要求，在做题之前要先把项目新建出来；第二，可大概确定一下做题的顺序，一般可先做升级云项目之前的题目，后做升级为云项目才可完成的题目。

通过浏览题目可知，需要新建一个命名为“住宅楼项目管理文件”的项目，下面先新建项目。

第一步：打开 BIM5D 软件，点击【新建项目】，将工程名称修改为“住宅楼项目管理文件”，选择一个保存位置，点击完成，如图 16.2.1 所示。

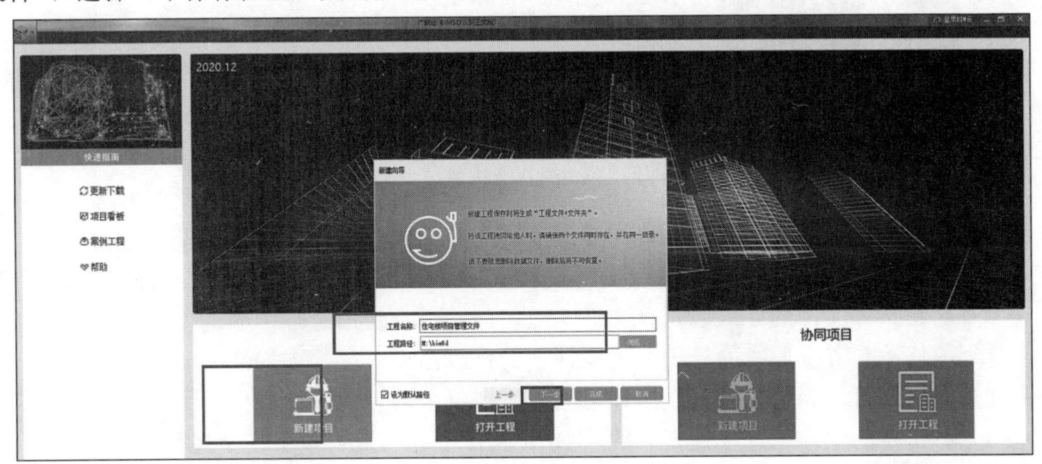

图 16.2.1　新建项目

第二步：导入模型。点击【数据导入】—【实体模型】—【添加模型】，找到模型文件夹，选中“住宅楼 BIM 结构模型 . igms”，点击【打开】—【导入】，即把实体模型导入软件，如图 16.2.2、图 16.2.3 所示。

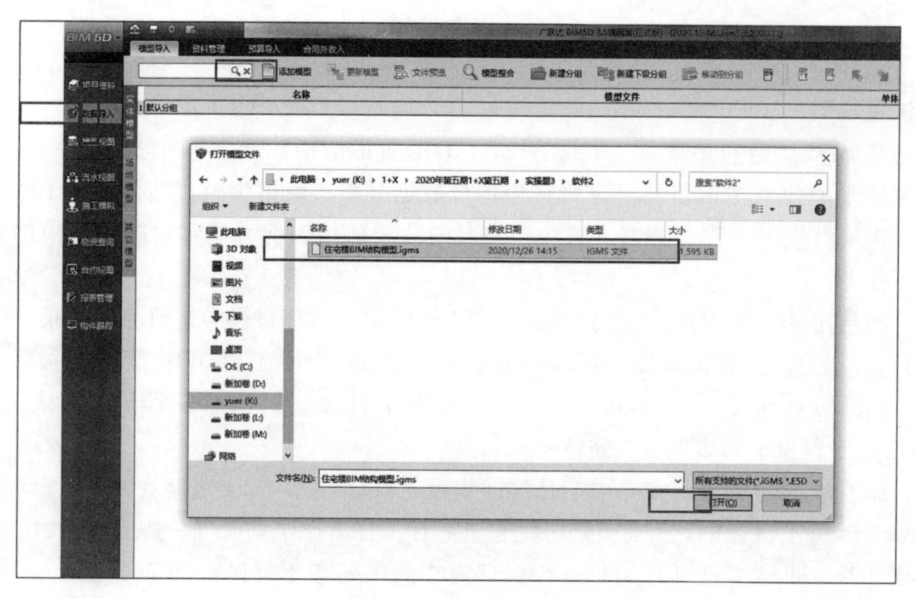

图 16.2.2 导入实体模型（一）

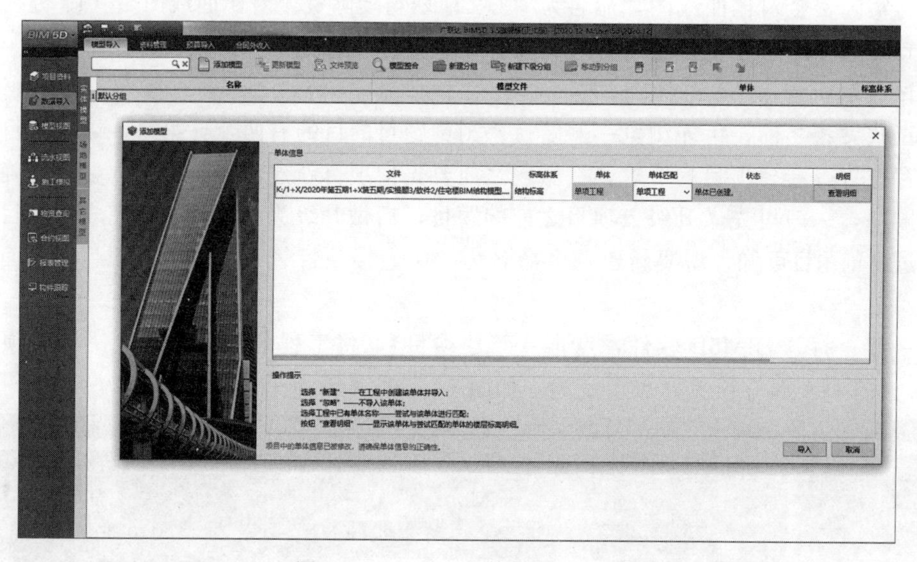

图 16.2.3 导入实体模型（二）

下面来分析一下题目，(1) 考查的是进度计划的导入、进度计划与模型的挂接；(2) 考查的是资料关联，这需要把项目升级为协同项目才可以完成，所以把 (2) 放在后面完成；(3) 考查的是预算文件的导入、预算文件匹配；(4) 考查费用管理中的进度报量；(5) 考查进度计划的修改和资金曲线的导出，进度计划的修改需要电脑提前安装 Project 软件。

通过分析题目，确定了做题顺序，下面来讲解每个题目的具体操作。

(1) 将给定的“施工进度计划”载入 BIM 软件中，与资料包中模型进行关联。

第一步：导入进度计划。点击【施工模拟】—【导入进度计划】，找到资料文件夹中的

"施工进度计划 . mmp"，依次点击【打开】—【确定】，如图 16.2.4 所示。（注意，导入 mmp 格式进度计划需要电脑安装 Project 软件。若没有 Project 软件但有斑马进度计划编制软件，可利用斑马进度计划编制软件转化为 zpet 格式再导入）

成功导入进度计划界面如图 16.2.5 所示。

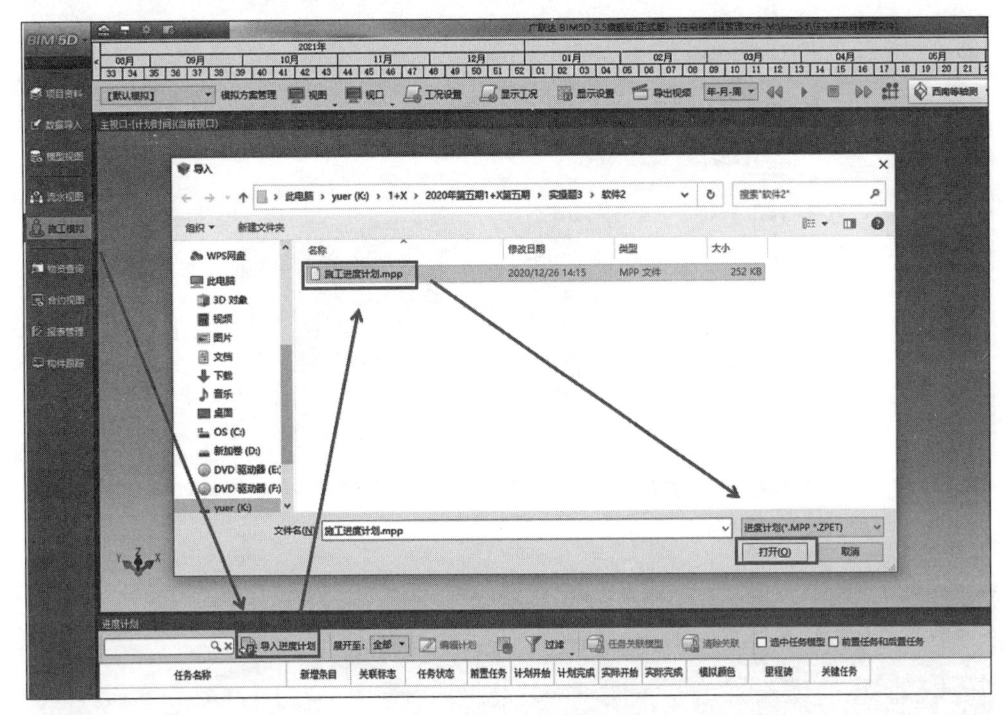

图 16.2.4　导入进度计划

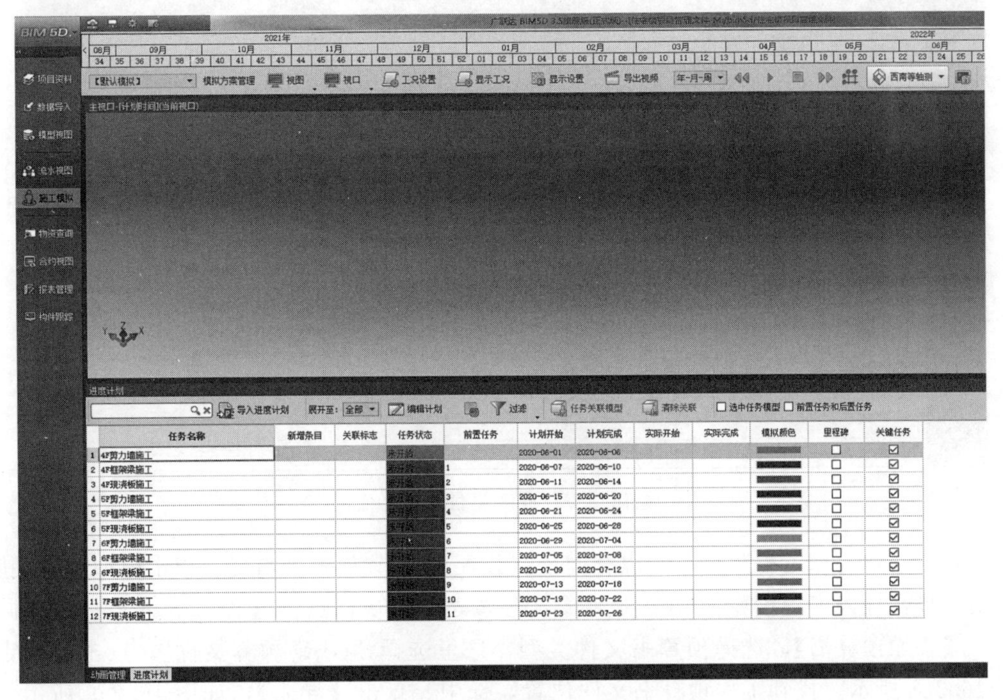

图 16.2.5　进度计划导入成功界面

第二步：进度计划关联。根据任务描述，依次关联每一项任务，如图 16.2.6 所示。关联完毕如图 16.2.7 所示。

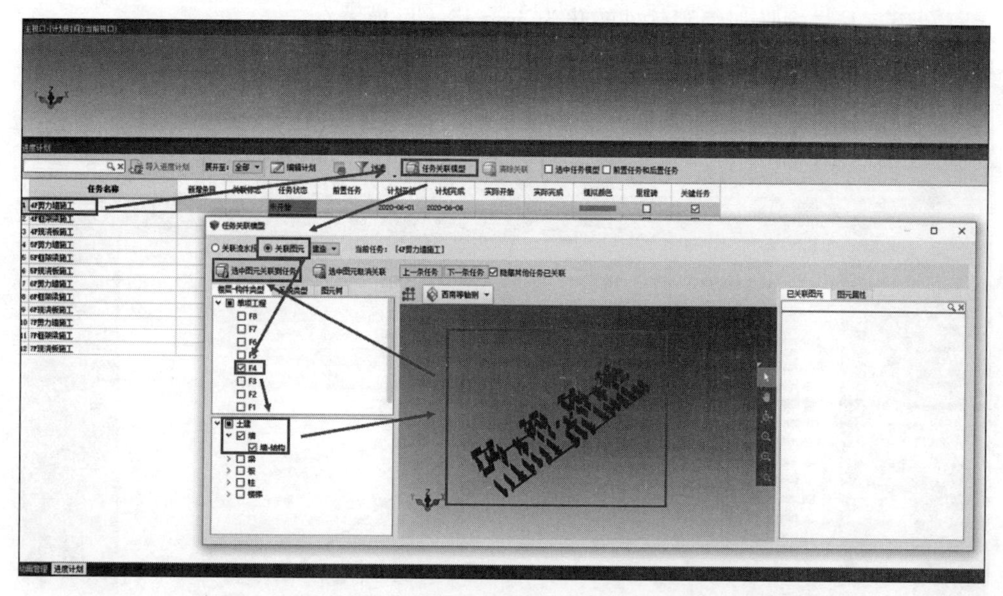

图 16.2.6　任务关联模型操作步骤示意图

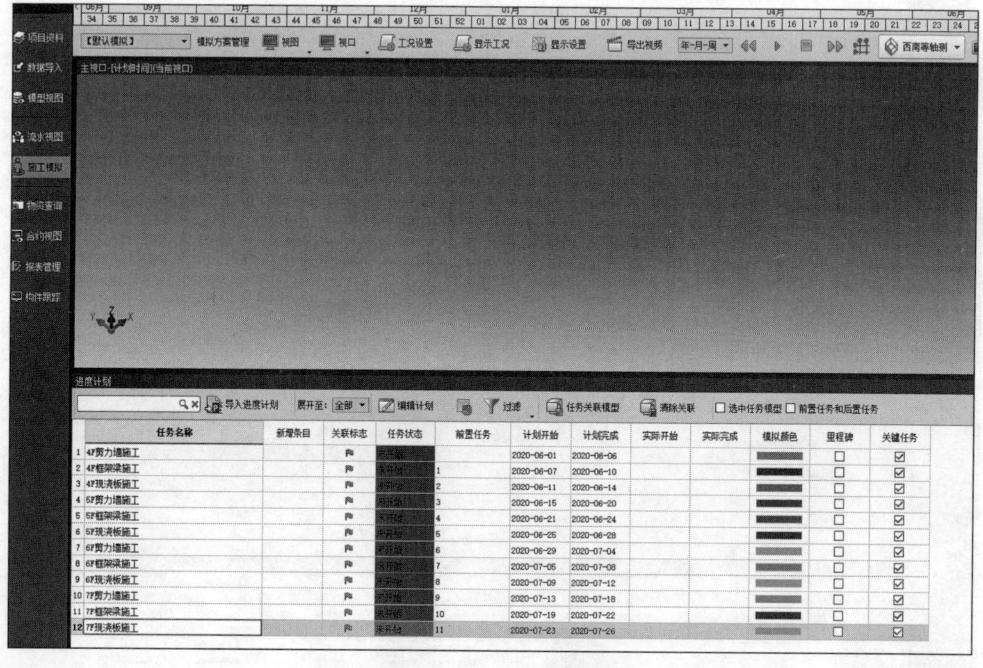

图 16.2.7　进度关联完毕界面

(2) 将给定的“工程预算书”以合同预算载入 BIM 软件中，与资料包中模型进行关联。

第一步：导入工程预算书。切换到【数据导入】模块，点击【预算导入】—【合同预算】—【添加预算书】，选择预算书文件类型，这里选择“GBQ 预算文件”，点击【确定】，如图 16.2.8 所示。找到工程预算书文件位置，选中，点击【导入】，如图 16.2.9 所示，提示添加预算书成功即可。

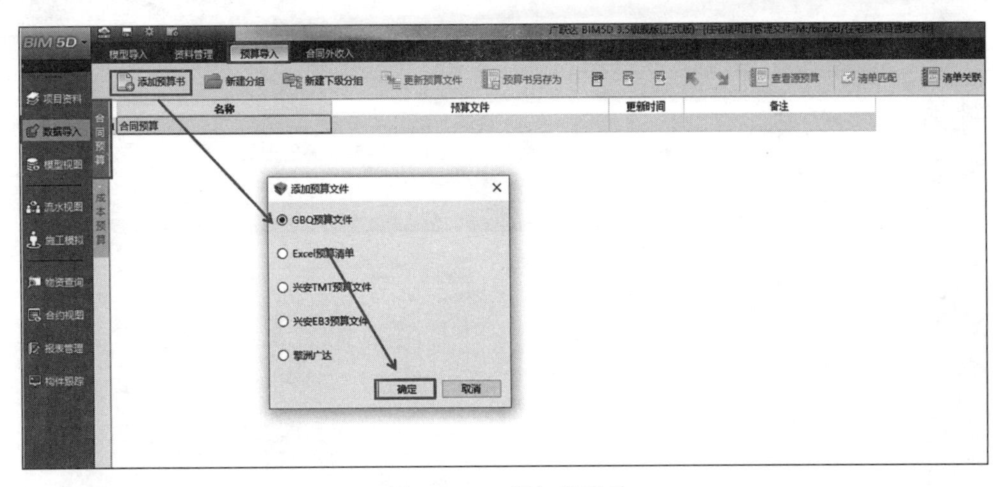

图 16.2.8　添加预算书

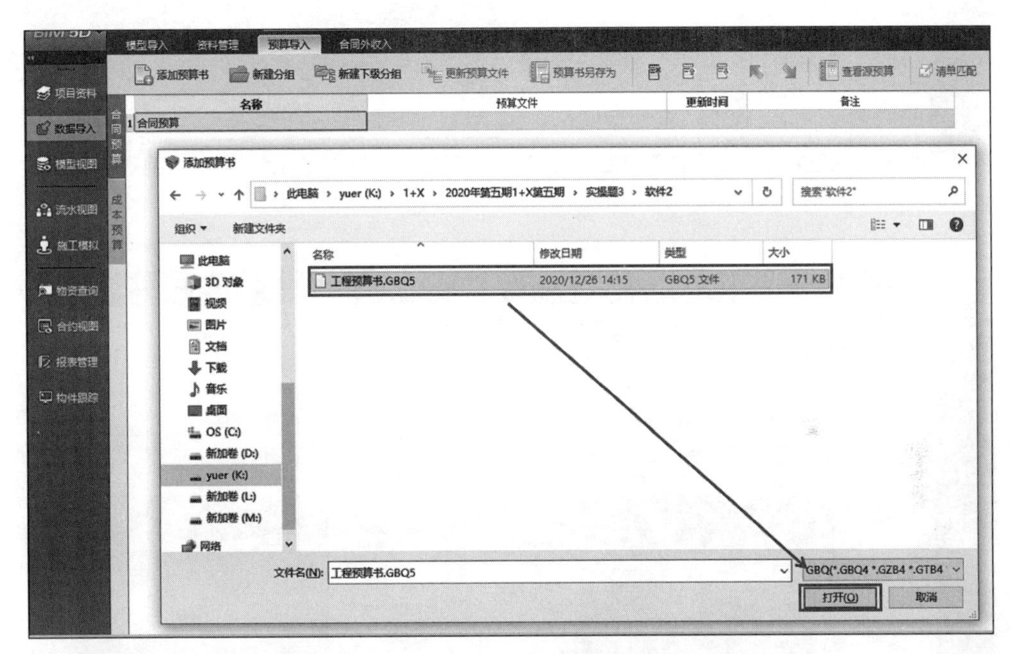

图 16.2.9　导入预算书

第二步：预算书与模型关联。选中“工程预算书”文件，点击【清单匹配】，在弹出的“清单匹配”窗口中的“编码”一栏双击，在弹出的“选中预算书”窗口中选中预算文件，点击确定，如图 16.2.10、图 16.2.11 所示。在弹出的对话框中点击需要匹配的内容，点击确定，即可完成预算文件清单项与模型清单项的匹配，如图 16.2.12。

(3) 结合软件功能导出 2020 年 6 月 15 日至 7 月 4 日的清单工程量汇总表，命名为“3.3 阶段性工程量汇总表”。

方法一：

第一步：切换至【施工模拟】模块，在【视图】下拉列表中选择【清单工程量】，如图 16.2.13 所示。

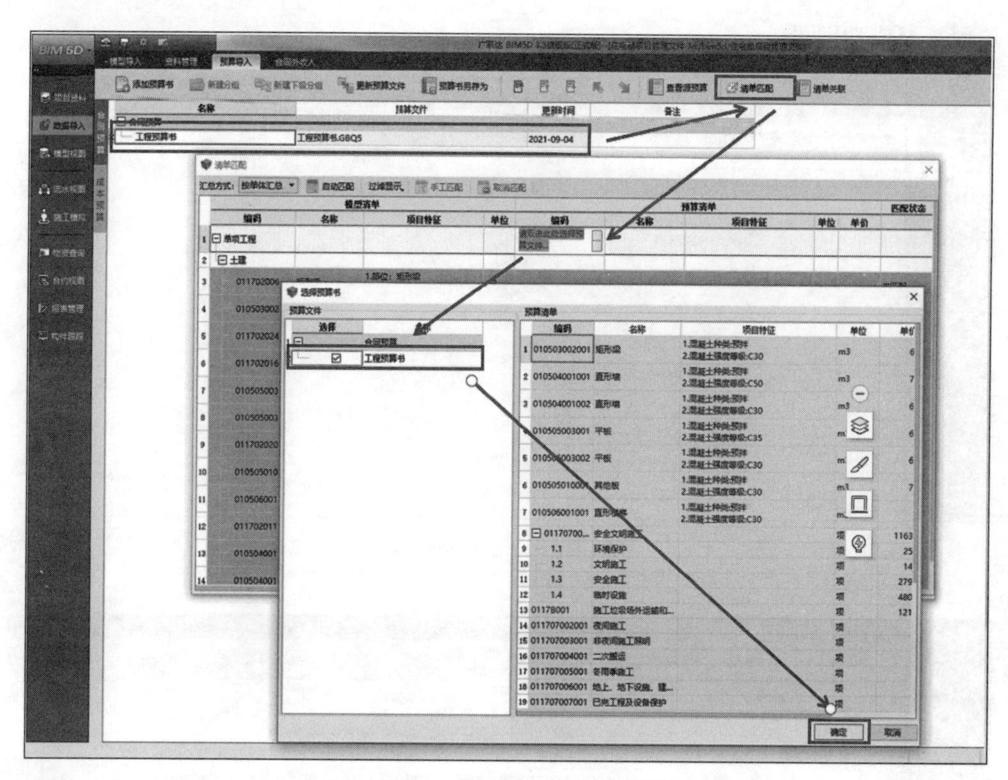

图 16.2.10　清单匹配

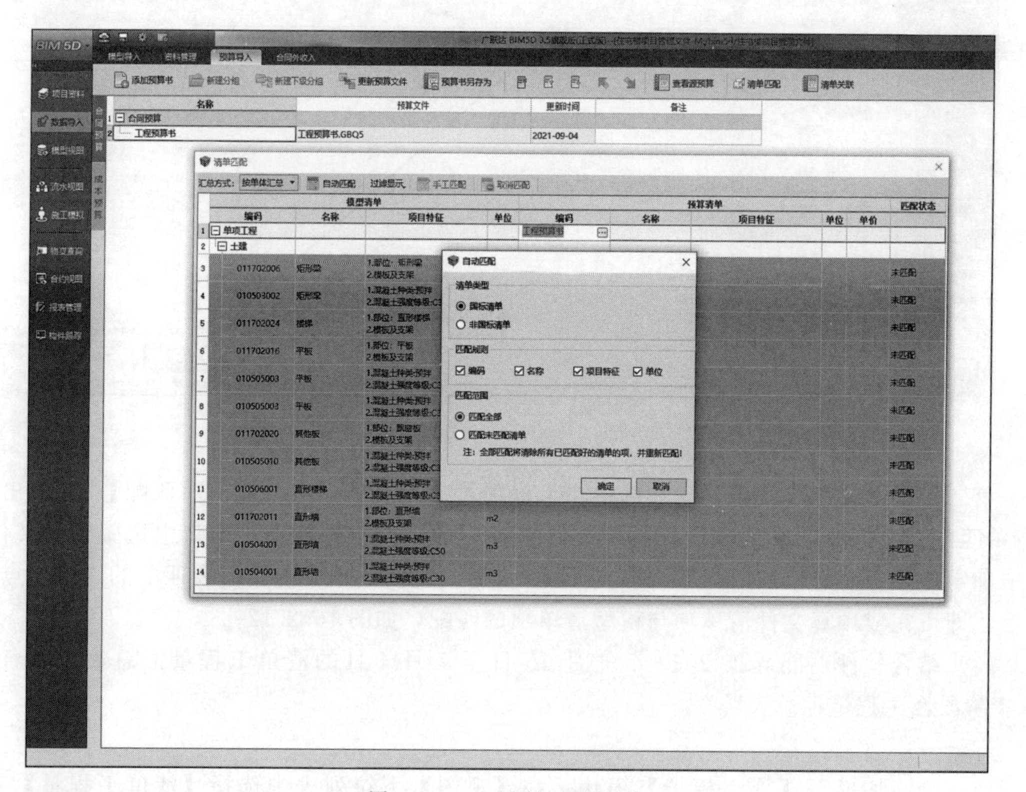

图 16.2.11　选择匹配规则

清单匹配

汇总方式：按单体汇总　自动匹配　过滤显示　手工匹配　取消匹配

	模型清单				预算清单					匹配状态
	编码	名称	项目特征	单位	编码	名称	项目特征	单位	单价	
1	单项工程				工程预算书					
2	土建									
3	011702006	矩形梁	1.部位：矩形梁 2.模板及支架	m2	011702006001	矩形梁	1.部位：矩形梁 2.模板及支架	m2	99.98	已匹配
4	010503002	矩形梁	1.混凝土种类:预拌 2.混凝土强度等级:C30	m3	010503002001	矩形梁	1.混凝土种类:预拌 2.混凝土强度等级:C30	m3	669.18	已匹配
5	011702024	楼梯	1.部位：直形楼梯 2.模板及支架	m2	011702024001	楼梯	1.部位：直形楼梯 2.模板及支架	m2	168.41	已匹配
6	011702016	平板	1.部位：平板 2.模板及支架				1.部位：平板 2.模板及支架	m2	74.79	已匹配
7	010505003	平板	1.混凝土种类:预拌 2.混凝土强度等级:C30				1.混凝土种类:预拌 2.混凝土强度等级:C30	m3	647.51	已匹配
8	010505003	平板	1.混凝土种类:预拌 2.混凝土强度等级:C35				1.混凝土种类:预拌 2.混凝土强度等级:C35	m3	670.69	已匹配
9	011702020	其他板	1.部位：飘窗板 2.模板及支架	m2	011702020001	其他板	1.部位：飘窗板 2.模板及支架	m2	72.82	已匹配
10	010505010	其他板	1.混凝土种类:预拌 2.混凝土强度等级:C30	m3	010505010001	其他板	1.混凝土种类:预拌 2.混凝土强度等级:C30	m3	782.33	已匹配
11	010506001	直形楼梯	1.混凝土种类:预拌 2.混凝土强度等级:C30	m2	010506001001	直形楼梯	1.混凝土种类:预拌 2.混凝土强度等级:C30	m2	200.10	已匹配
12	011702011	直形墙	1.部位：直形墙 2.模板及支架	m2	011702011002	直形墙	1.部位：直形墙 2.模板及支架	m2	46.38	已匹配
13	010504001	直形墙	1.混凝土种类:预拌 2.混凝土强度等级:C50	m3	010504001001	直形墙	1.混凝土种类:预拌 2.混凝土强度等级:C50	m3	737.16	已匹配
14	010504001	直形墙	1.混凝土种类:预拌 2.混凝土强度等级:C30	m3	010504001002	直形墙	1.混凝土种类:预拌 2.混凝土强度等级:C30	m3	658.19	已匹配

提示

当前匹配12条清单，未成功匹配0条清单

确定

图 16.2.12　匹配结果提示

第二步：在时间轴上选中题目要求的时间段 2020 年 6 月 15 日至 7 月 4 日，下方“工程量清单”窗口会自动统计该时间段的清单工程量。在该窗口中点击“导出工程量”，按照题目要求命名保存即可，如图 16.2.14 所示。

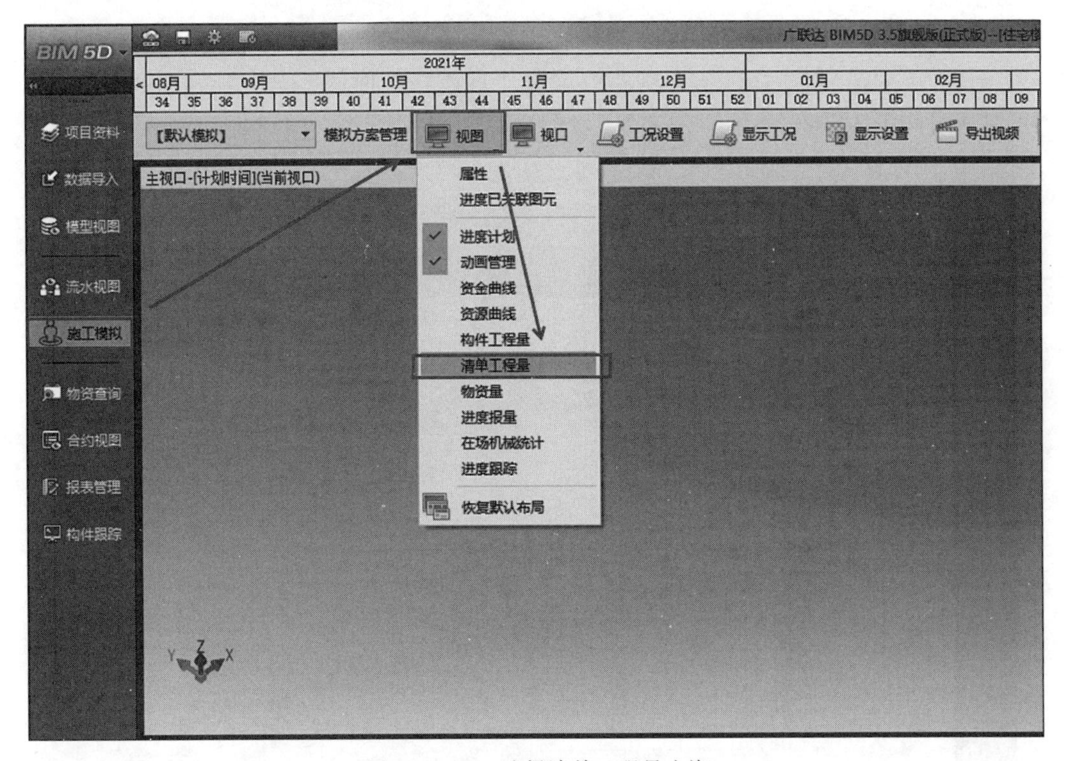

图 16.2.13　选择清单工程量查询

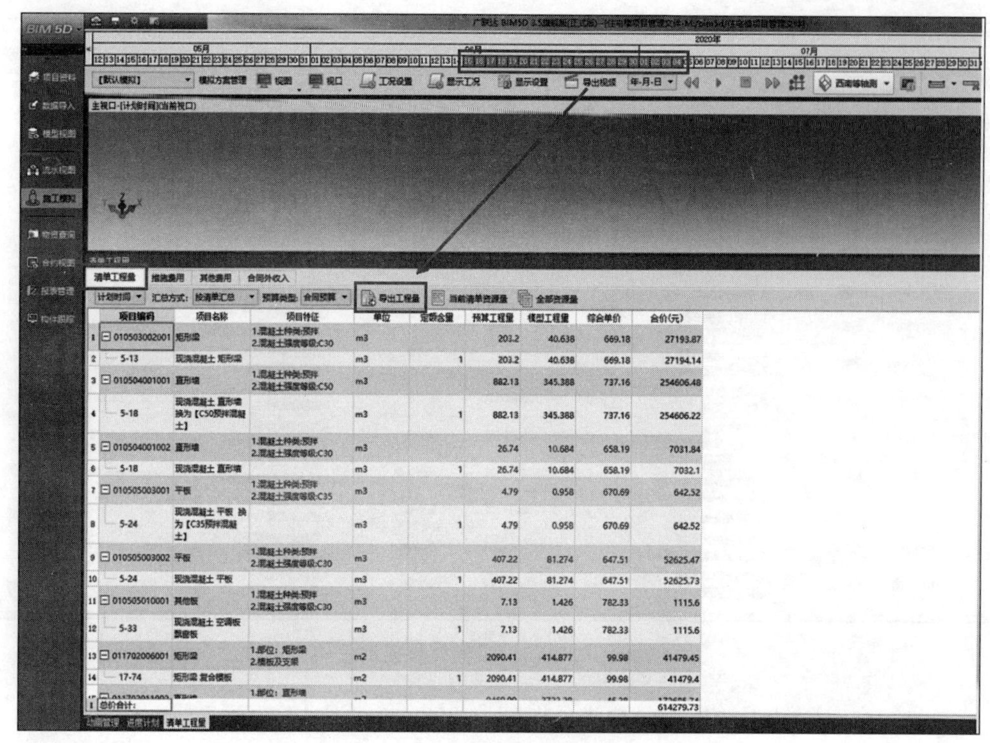

图 16.2.14　查询清单工程量

方法二：

切换至【模型视图】模块，点击【高级工程量查询】。在“高级工程量查询”窗口的“查询条件”下勾选“时间范围”，在右侧填写“过滤开始时间”为“2020 年 6 月 15 日”，“过滤结束时间”为“2020 年 7 月 4 日”。最后点击查询图元，如图 16.2.15～图 16.2.17 所示。

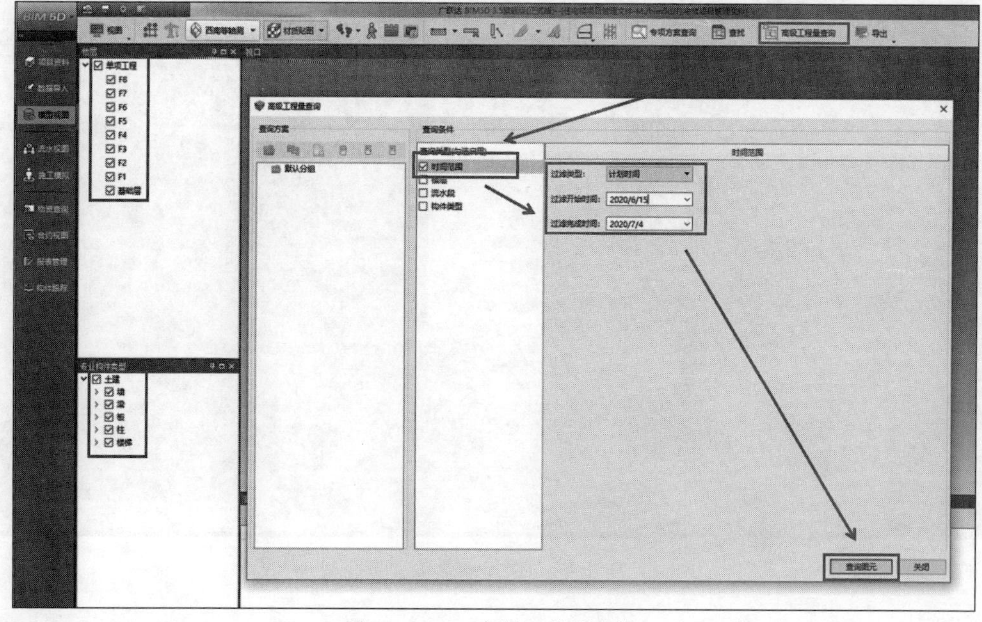

图 16.2.15　高级工程量查询

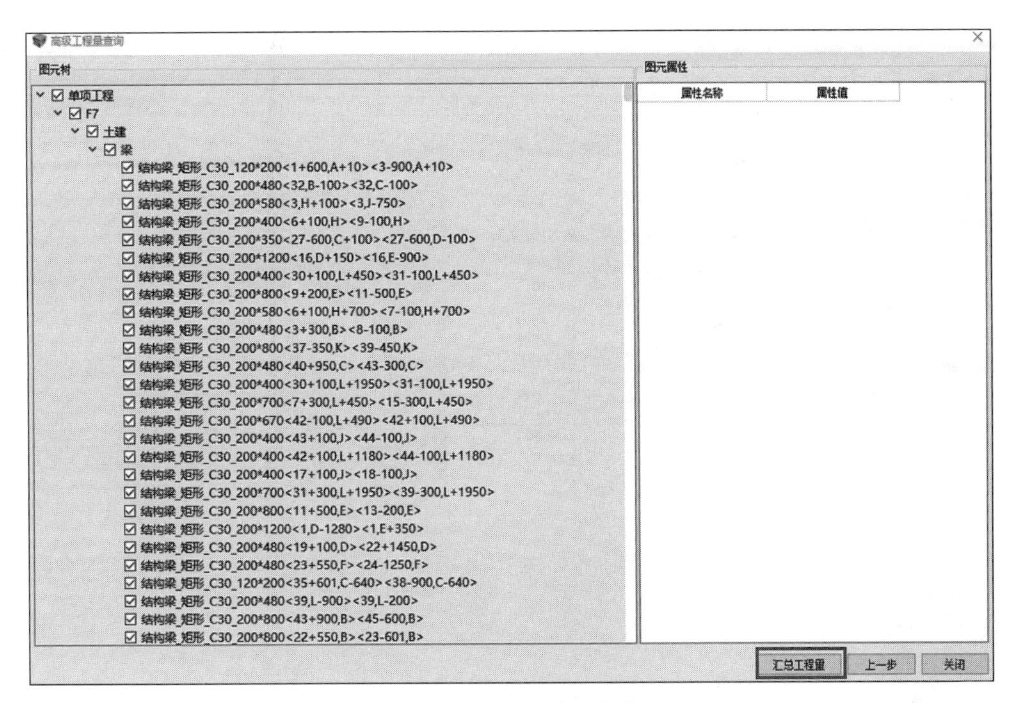

图 16.2.16　汇总工程量

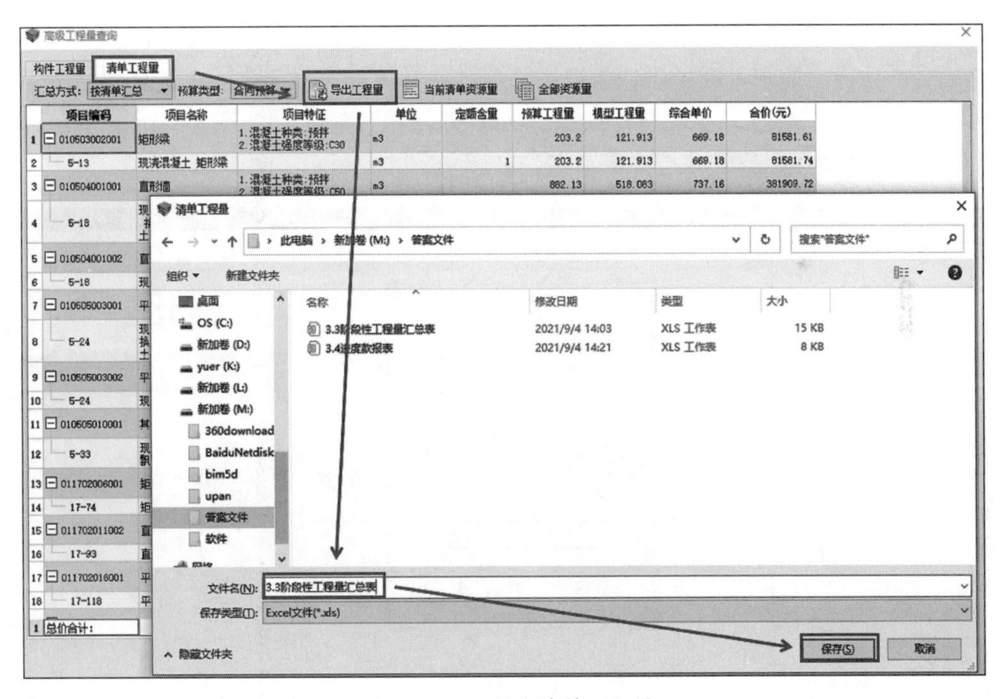

图 16.2.17　导出清单工程量

（4）结合软件功能编制并导出 7 月进度款报表，命名为“3.4 进度款报表”。

本题考查学生对工程价款结算的掌握。

第一步：切换至【施工模拟】模块，在【视图】下拉列表中选择“进度报量”，如图 16.2.18 所示。

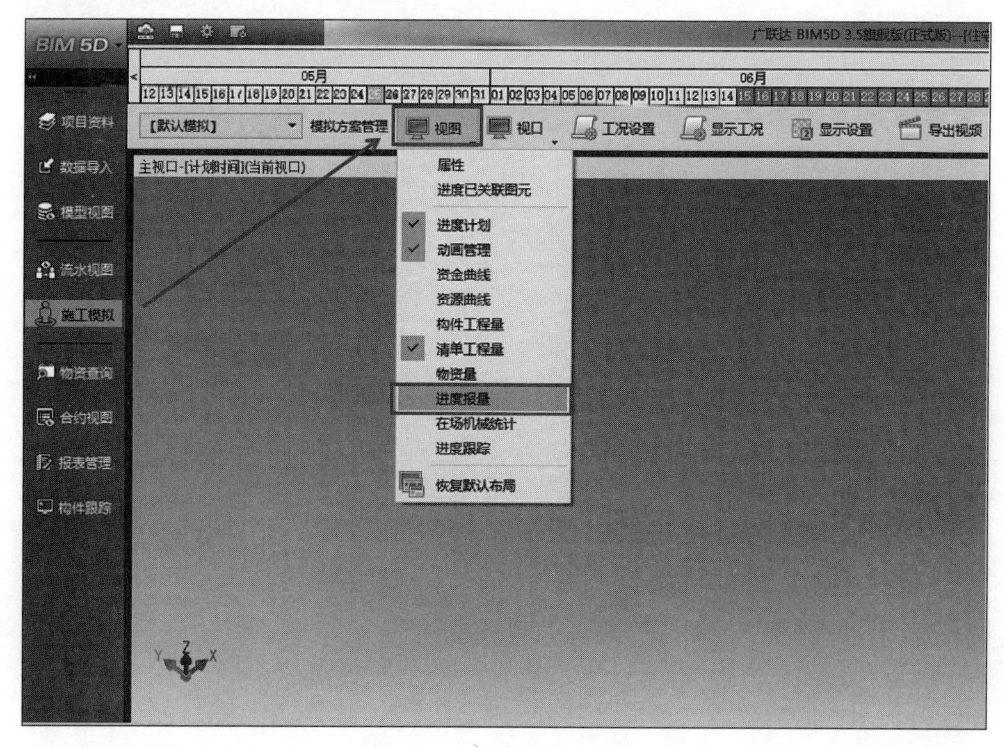

图 16.2.18　选择进度报量

第二步：在弹出的“进度报量”窗口中选择“按月统计”“7 月”，截止日期修改为当月的“31 日”，点击“确定”，如图 16.2.19 所示。确定统计时间，如图 16.2.20 所示。选择“导出 Excel”，选择保存位置并按要求命名，如图 16.2.21 所示。

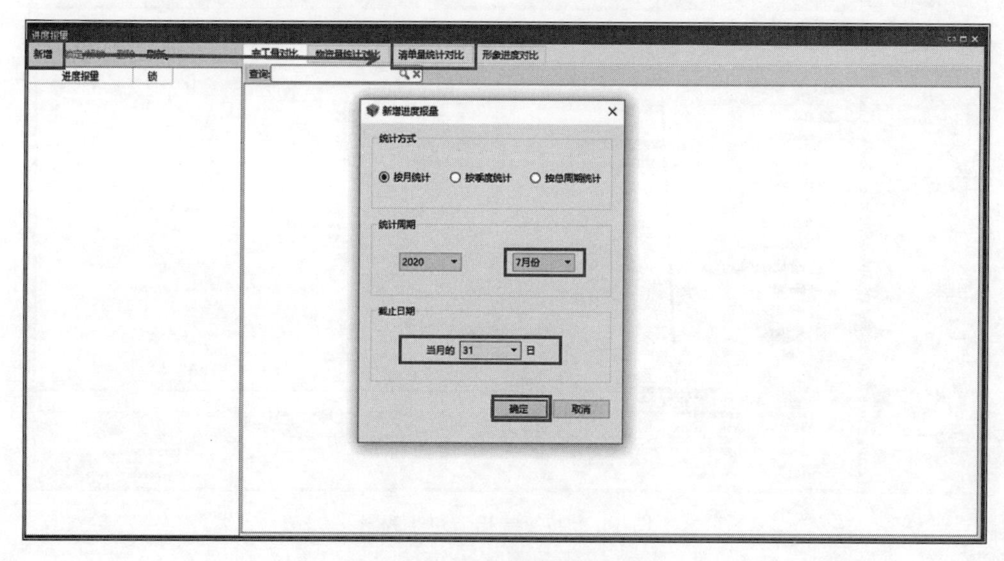

图 16.2.19　设置进度报量时间

(5) 实际施工过程中，2020 年 6 月 29 日至 7 月 1 日出现罕见天气，造成停工，6F 混凝土墙实际从 7 月 2 日至 7 日进行施工；为保证后续施工任务不延误，7F 混凝土墙、梁、楼板施工任务工期均缩短 1 天完成，结合软件功能填报实际施工进度时间，并保存按周统计的

计划与实际资金对比曲线图，命名为“3.5 计划与实际资金对比曲线图”。

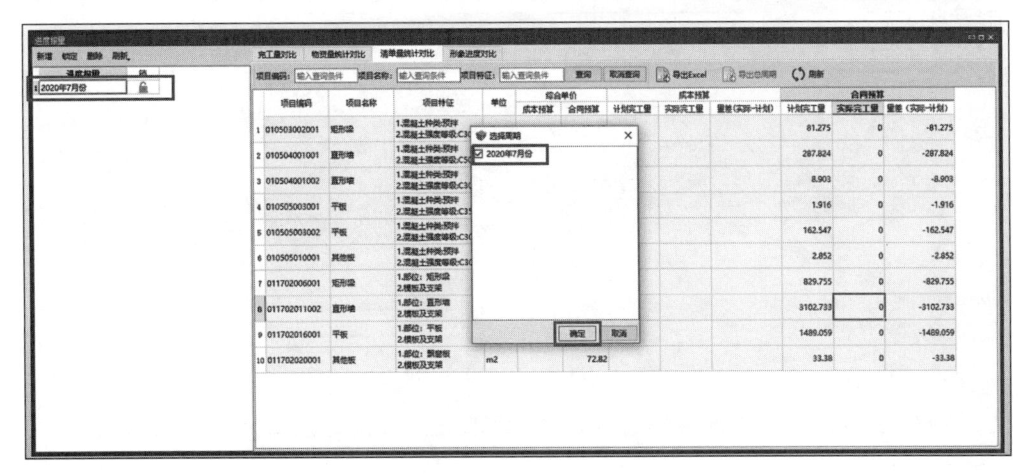

图 16.2.20 确定统计时间

图 16.2.21 导出统计表

本题考查学生运用模型进行施工动态管理的能力，具体考查考生对进度计划调整的操作、计划资金与实际资金对比曲线图的导出。

具体操作如下：

第一步：切换至【施工模拟】模块，点击“进度计划”窗口，点击“编辑计划”。在弹出的对话框中选择“编辑进度计划”，点击确定，如图 16.2.22 所示。

第二步：根据题目描述，在 Project 软件中修改实际开始时间和实际完成时间，如图 16.2.23 所示。修改完成后在 Project 中点击【保存】—【关闭】。

第三步：导出资金对比曲线。在【施工模拟】模块下，点击【视图】下拉列表中的【资金曲线】，在时间轴上单击鼠标右键—【按进度选择】，选中统计资金曲线的时间。在资金曲线视图中选择按【周】统计，点击【费用预计算】即可显示出资金曲线，如图 16.2.24 所示。

最后点击【导出图表】，保存资金曲线图即可。

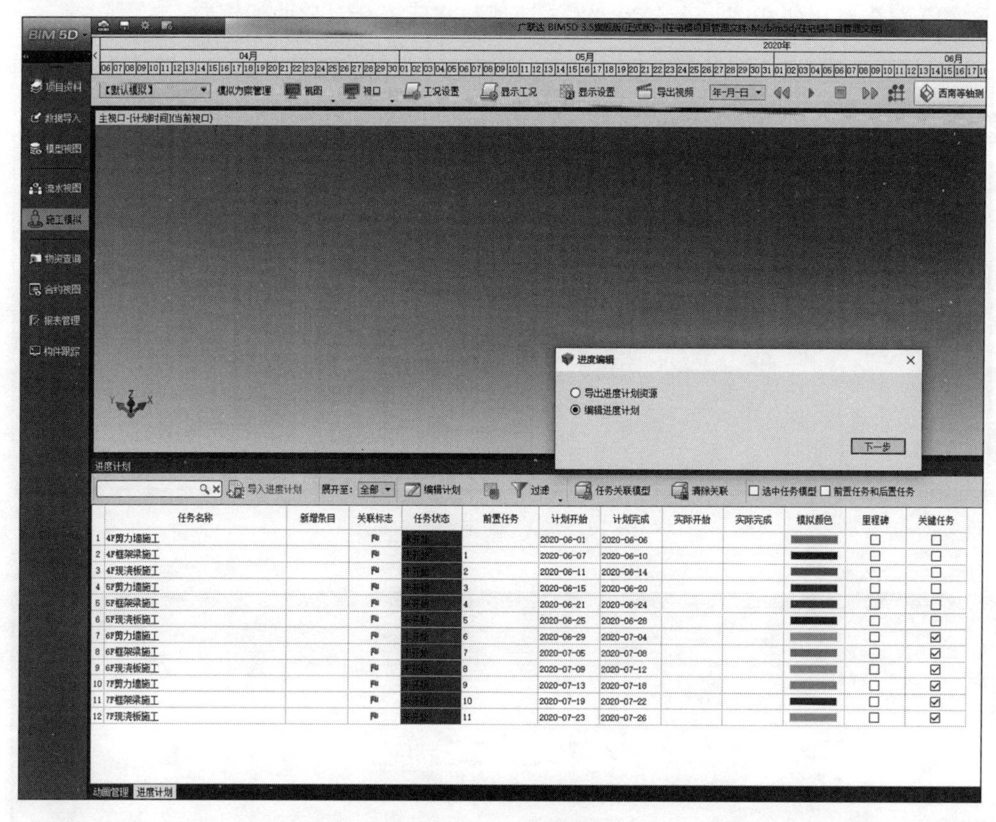

图 16.2.22　编辑计划

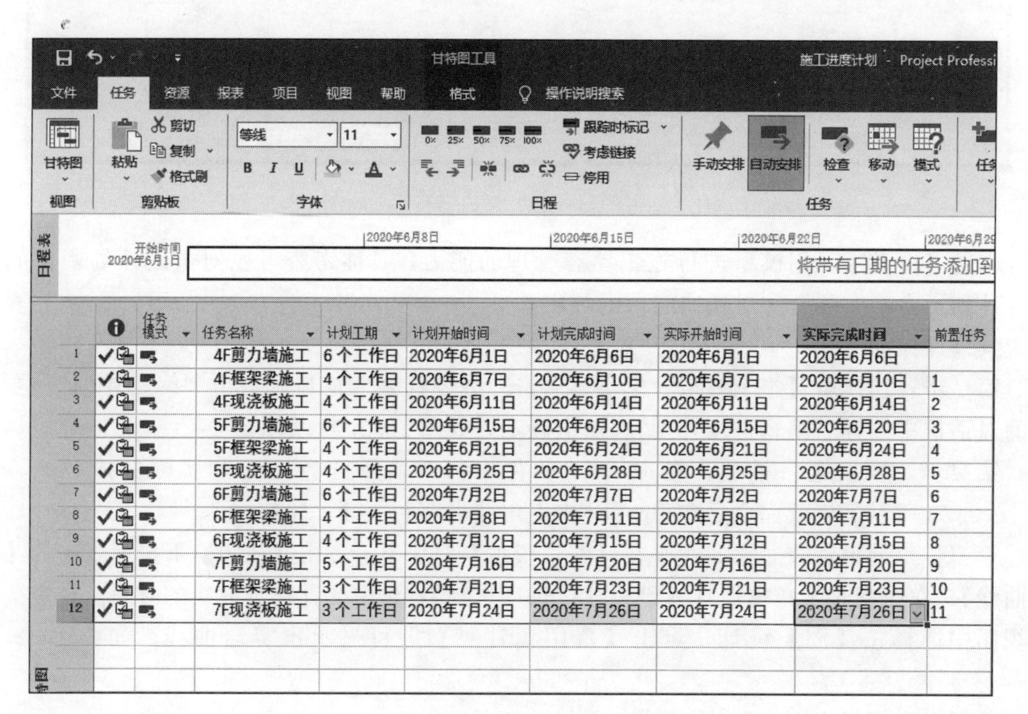

图 16.2.23　修改实际开始时间和实际完成时间

图 16.2.24　统计并导出资金曲线

16.2.2　真题实战二

◆ 试题说明

本题是 BIM 综合应用题，主要考查 BIM5D 软件的应用，总分为 40 分，试题如下：

根据给定的实训楼项目文件资料（包括实训楼土建 BIM 模型、设计变更通知单、问题报告模板、进度计划表）完成以下任务：

（1）应用 BIM 软件打开“实训楼土建 BIM 模型”，将设计变更通知单与模型相关联，截图保存并命名为“3.1 设计变更通知单”。（2 分）

（2）对整体模型进行检查，把－0.8m 标高处 1/C 承台基础 CT2 作为问题发现点，参考“问题报告模板”格式填写问题报告相关内容，问题记录人为考生本人，保存并命名为“3.2 结构问题报告”。（6 分）

（3）将给定的“进度计划表”载入 BIM 软件，与“实训楼土建模型”相关联，统计实训楼标高 10.8m 处的梁、板混凝土工程量，按构件类型汇总导出报表并命名为“3.3 10.8 米标高梁、板混凝土工程量汇总表”。（16 分）

（4）应用 BIM 软件，按给定的“进度计划表”进行动画模拟，结合软件功能，按最小分辨率导出施工动画，保存并命名为“3.4 施工模拟动画”。（10 分）

（5）选择一层 KZ15，生成属性二维码，截取二维码图片保存为“3.5.1 KZ15 属性二维码”，以整个实训楼为对象选择适当角度建立视点保存并导出，命名为“3.5.2 实训楼施工交底资料”。（6 分）

◆ 试题解析

（1）考查施工过程管理中的模型与资料的关联，该题目需升级为云项目以后完成；（2）考查模型检查与资料关联；（3）考查进度计划的关联与工程量的查询；（4）考查施工模拟动画的查看与导出；（5）考查构件信息二维码的创建。

下面详细介绍每个题目的解题步骤。首先创建项目。

第一步：打开 BIM5D 软件，点击【新建项目】，将工程名称修改为“实训楼项目文件”，选择一个保存位置，点击完成，如图 16.2.25 所示。

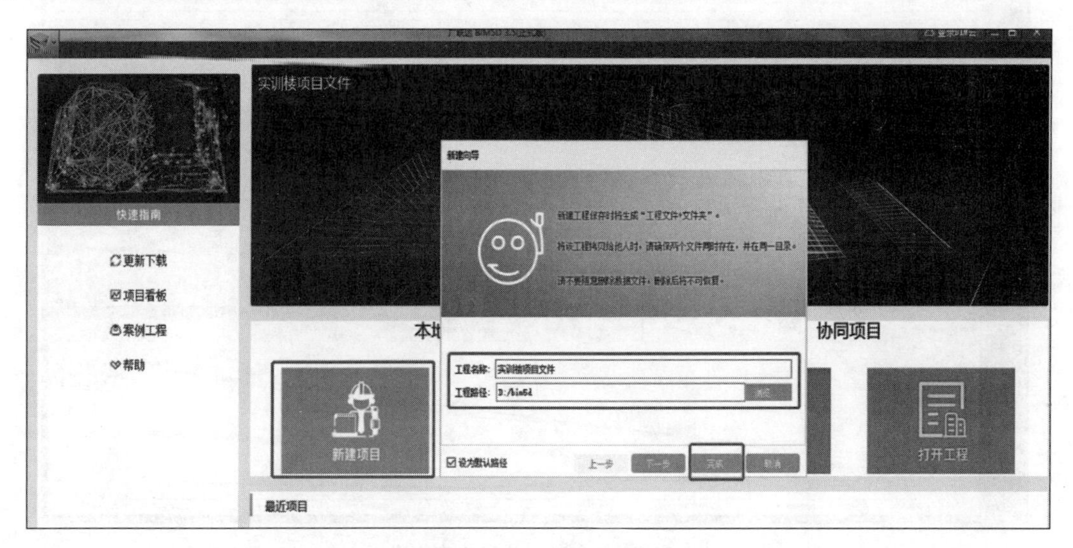

图 16.2.25　新建项目

第二步：导入模型。点击【数据导入】—【实体模型】—【添加模型】，找到模型文件夹，选中“实训楼土建 BIM 模型 . igms”，点击【打开】—【导入】，即把实体模型导入软件，如图 16.2.26 所示。

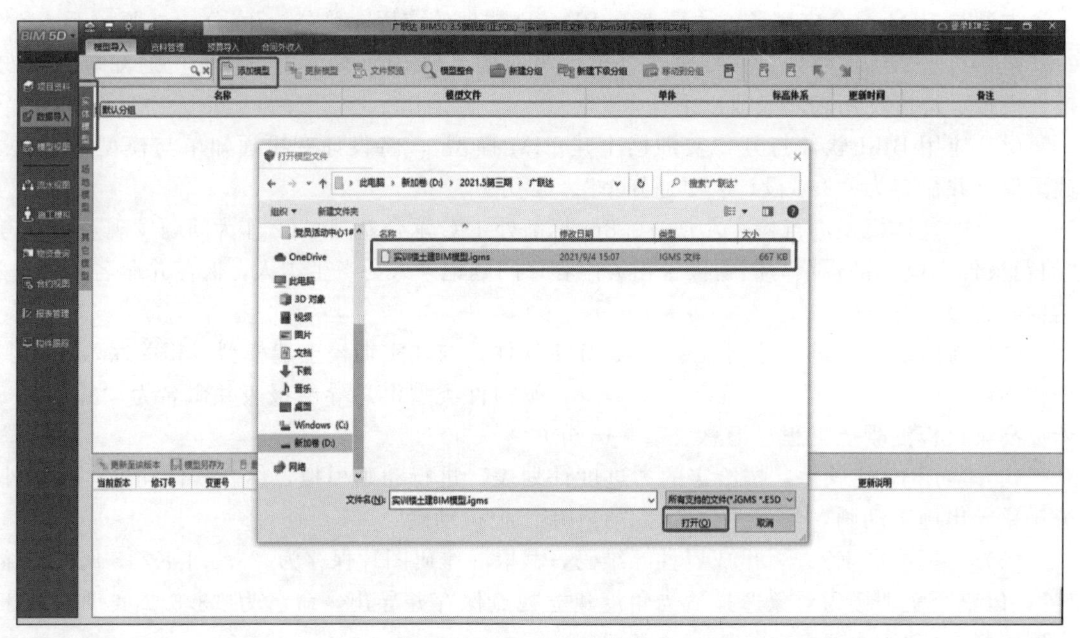

图 16.2.26　导入实体模型

（1）应用 BIM 软件打开“实训楼土建 BIM 模型”，将设计变更通知单与模型相关联，截图保存并命名为“3.1 设计变更通知单”。

第一步：查看变更通知单，需要把“层高 4.8m 处的楼板混凝土强度等级由 C30 调整为 C25”。通过 BIM 软件查询得知，层高 4.8m 处的楼板为首层楼板，如图 16.2.27 所示。

第二步：点击【登录 BIM 云】，输入账号、密码，登录云空间，如图 16.2.28 所示。

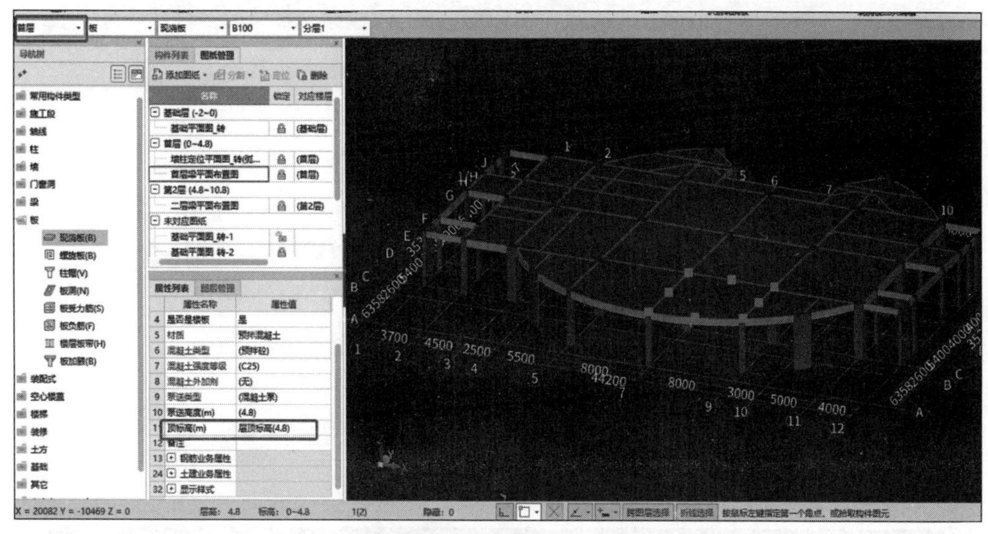

图 16.2.27　层高 4.8m 处楼板

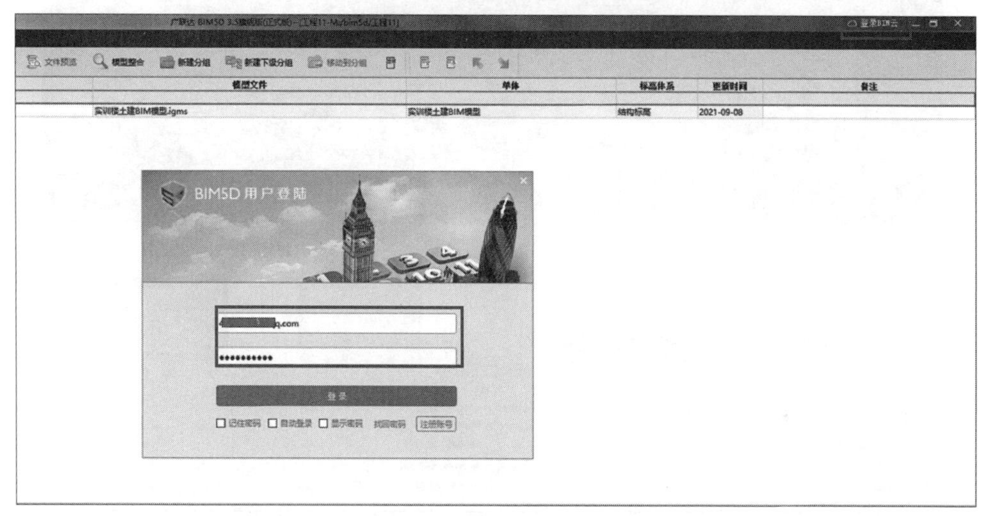

图 16.2.28　登录 BIM 云

第三步：点击左上角的【 】，输入激活码，将项目升级为协同版，如图 16.2.29 所示。升级成功 BIM5D 软件会自动跳转到刚打开的页面，在最近项目栏会出现带着云朵标志的“项目 9”，点击该项目，选择登录【技术端】，如图 16.2.30 所示。

第四步：将设计变更通知单上传。在【数据导入】模块，依次点击【资料管理】—【上传】，在弹出的对话框中选择变更通知单，点击【打开】，如图 16.2.31 所示。

第五步：在关联变更通知单之前，需要先把项目权限锁定。点击左上角的【 】，选中【项目基础数据】，点击【锁定】，在弹出的对话框中输入锁定项目权限的理由，点击【确定】，如图 16.2.32 所示。锁定后，锁定状态变为 。

第六步：切换到【模型视图】模块，首先让模型显示首层楼板，楼层选择“1F”，构件选择“板”，右侧视图即可只显示首层楼板，如图 16.2.33 所示。选中首层楼板，单击鼠标右键，选择【资料关联】，如图 16.2.33 所示。在弹出的对话框中选中刚刚上传的“3.1 设计变更通知单”，点击【确定】，即可完成关联，如图 16.2.34 所示。

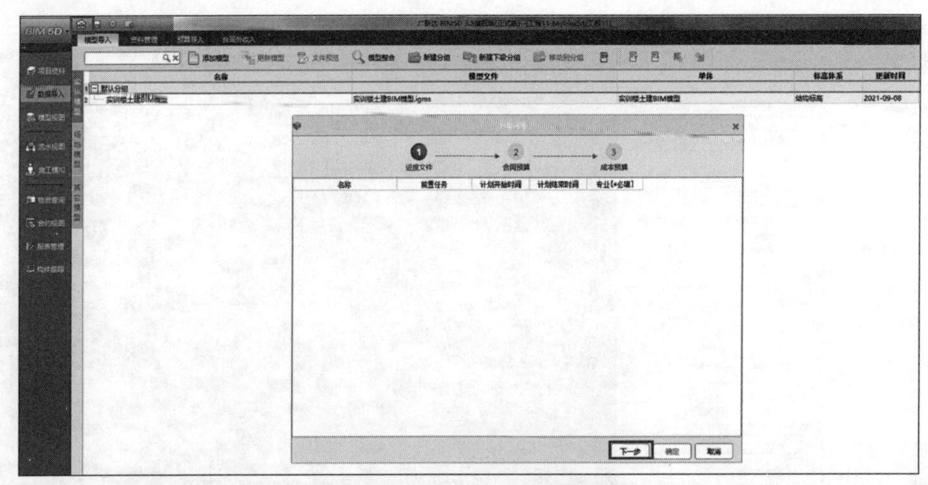

图 16.2.29　把项目升级到协同版

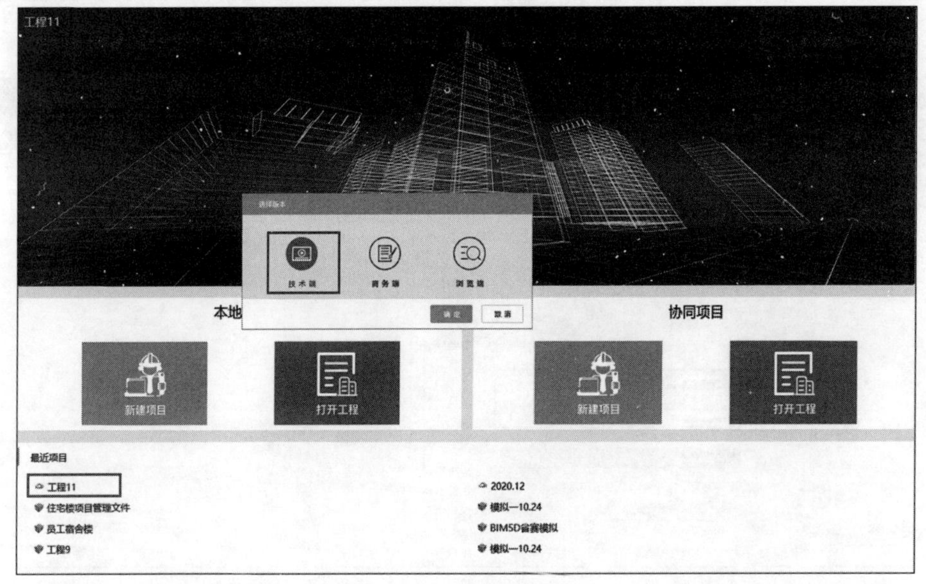

图 16.2.30　模型关联

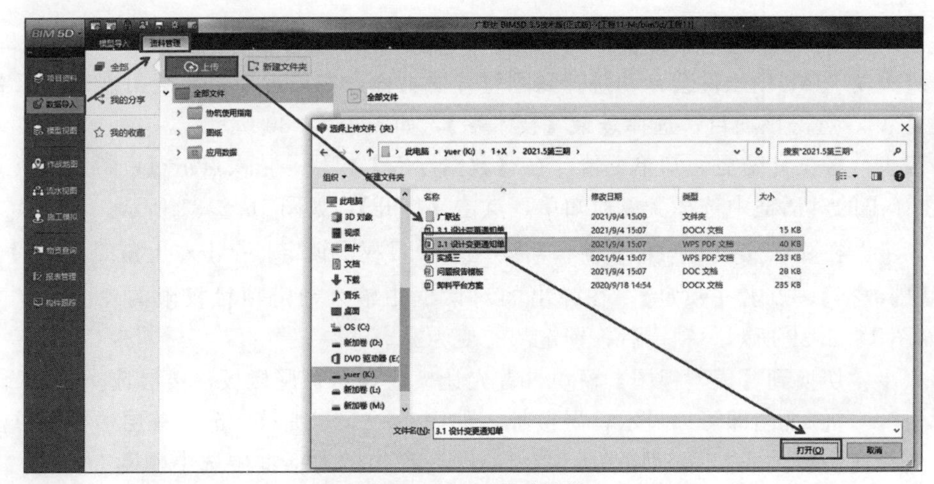

图 16.2.31　模型关联

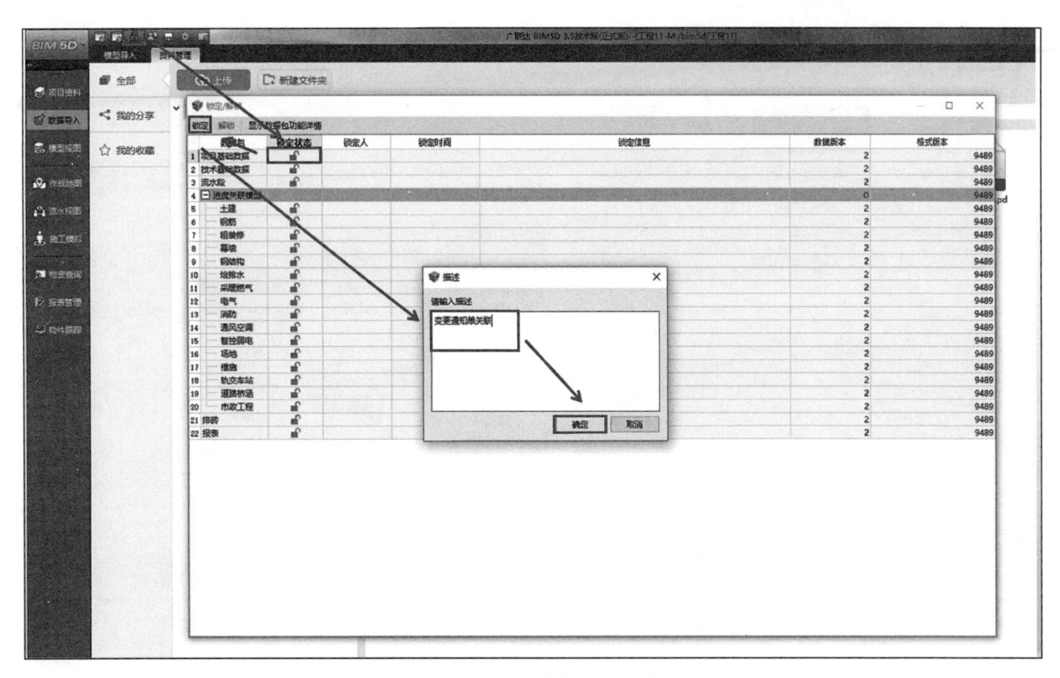

图 16.2.32　锁定项目权限

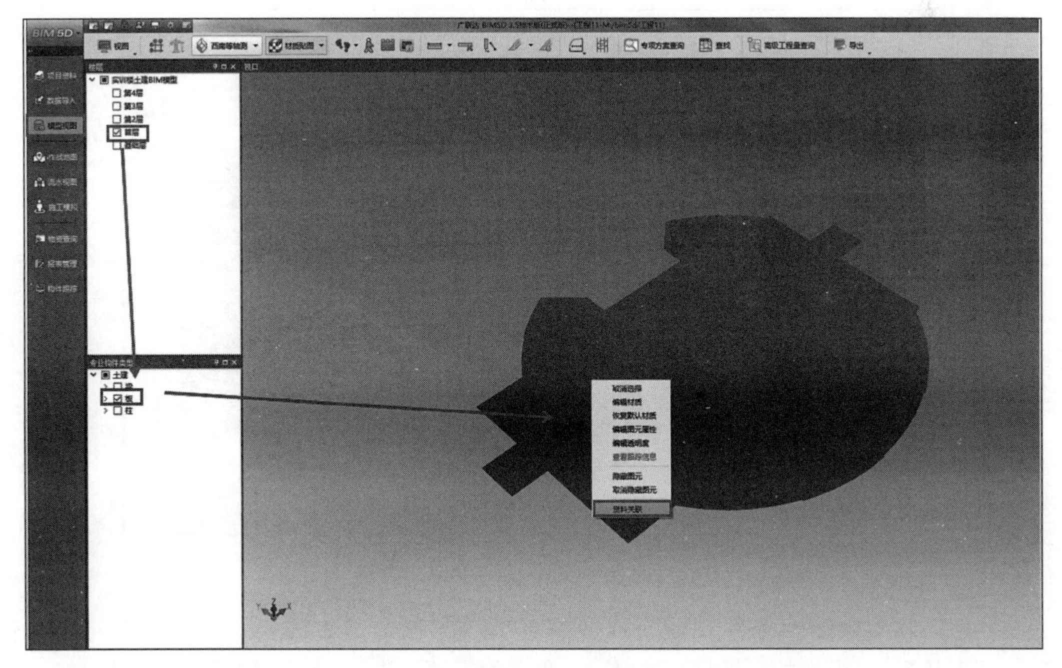

图 16.2.33　显示首层楼板

（2）对整体模型进行检查，把－0.8m 标高处 1/C 承台基础 CT2 作为问题发现点，参考“问题报告模板”格式填写问题报告相关内容，问题记录人为考生本人，保存并命名为“3.2 结构问题报告”。

该题解题思路与（1）相同，首先将问题报告文件上传到资料管理中，再在模型视图下将资料与模型关联。

第一步：填写问题报告，如图 16.2.35 所示。

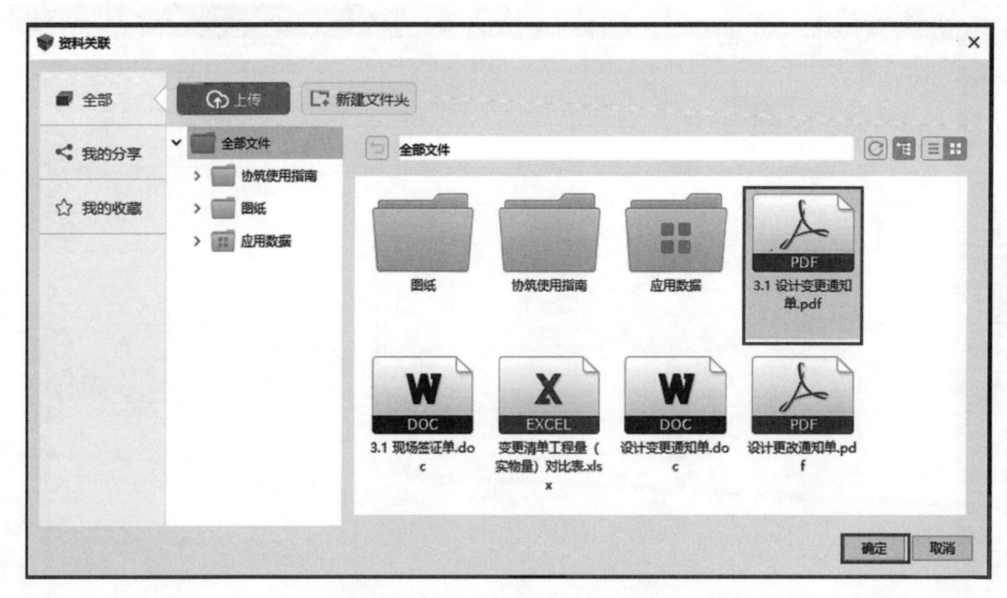

图 16.2.34　关联设计变更通知单

问题报告

名称	−0.8米标高处1/C承台基础CT2						
记录人	张三	审核人	廊坊中科	记录日期	2021.9.10	报告编号	_001
图号、图名、版本				收图日期		问题分类	
问题描述				标高	−0.8米	专业类别	结构
				轴号	1/C		
问题位置截图（无需记录）							

图 16.2.35　问题报告

第二步：将问题报告（图 16.2.35）上传。在【数据导入】模块，依次点击【资料管理】—【上传】，在弹出的对话框中选择“3.2 结构问题报告”，点击【打开】，如图 16.2.36 所示。

第三步：在【模型视图】模块，选中题目中描述的承台基础 CT2，单击鼠标右键—【资料关联】，如图 16.2.37 所示。在弹出的对话框中选择刚刚上传的“3.2 结构问题报告”，点击【确定】，即可完成关联，如图 16.2.38 所示。

（3）将给定的“进度计划表”载入 BIM 软件，与“实训楼土建 BIM 模型”相关联，统计实训楼标高 10.8m 处的梁、板混凝土工程量，按构件类型汇总导出报表并命名为“3.3 10.8 米标高梁、板混凝土工程量汇总表”。

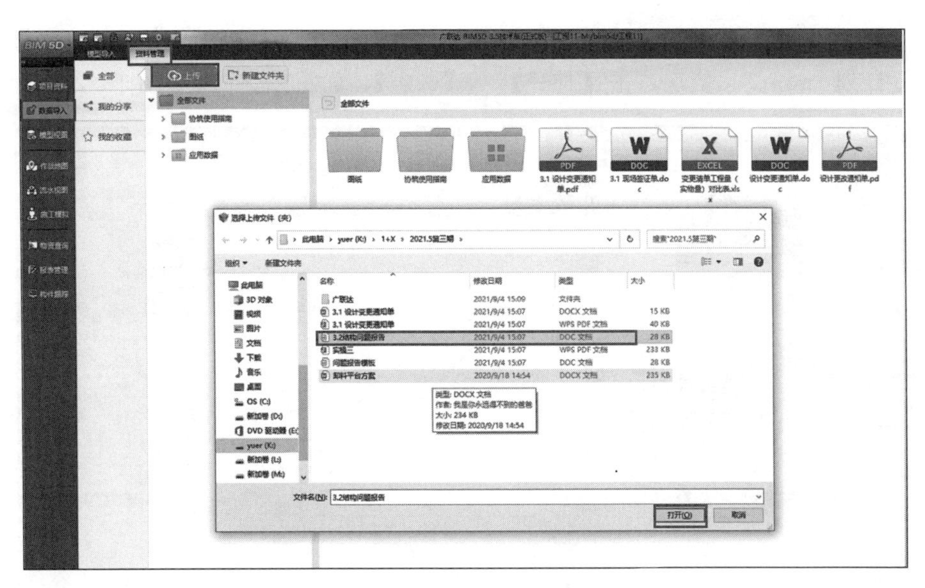

图 16.2.36 模型关联

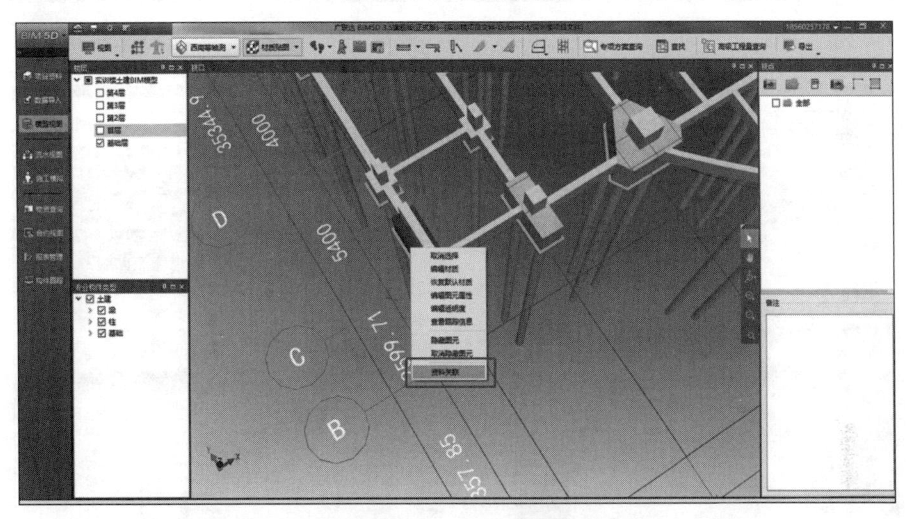

图 16.2.37 模型关联

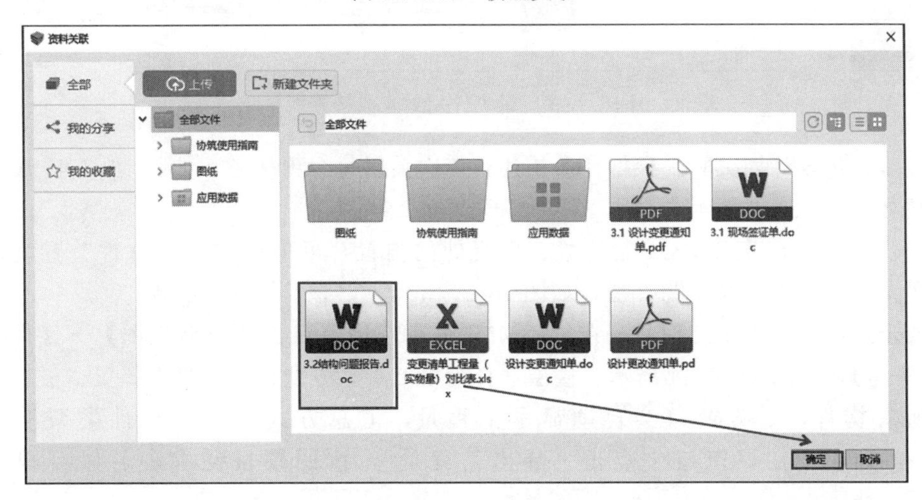

图 16.2.38 完成关联

第一步：导入进度计划。点击【施工模拟】—【导入进度计划】，找到资料文件夹中的“施工进度计划.mmp”，依次点击【打开】—【确定】，如图 16.2.39、图 16.2.40 所示。

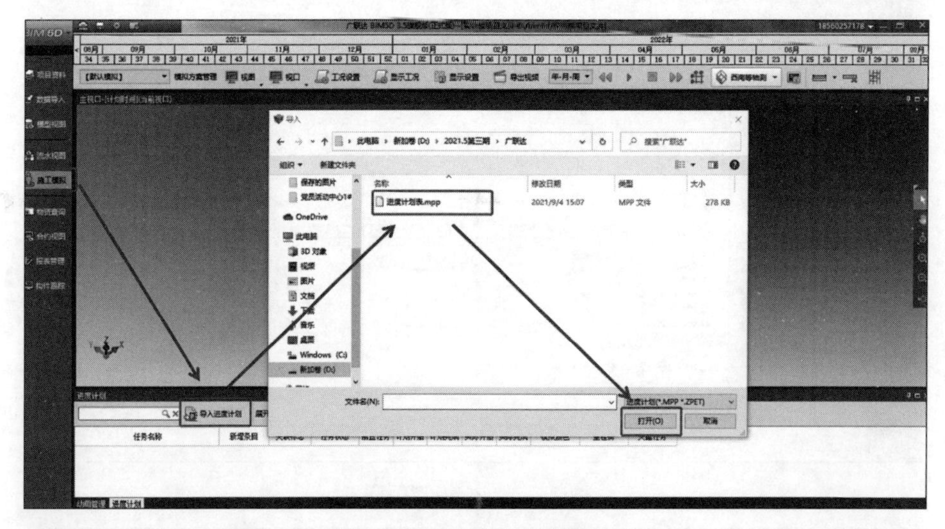

图 16.2.39 导入进度计划

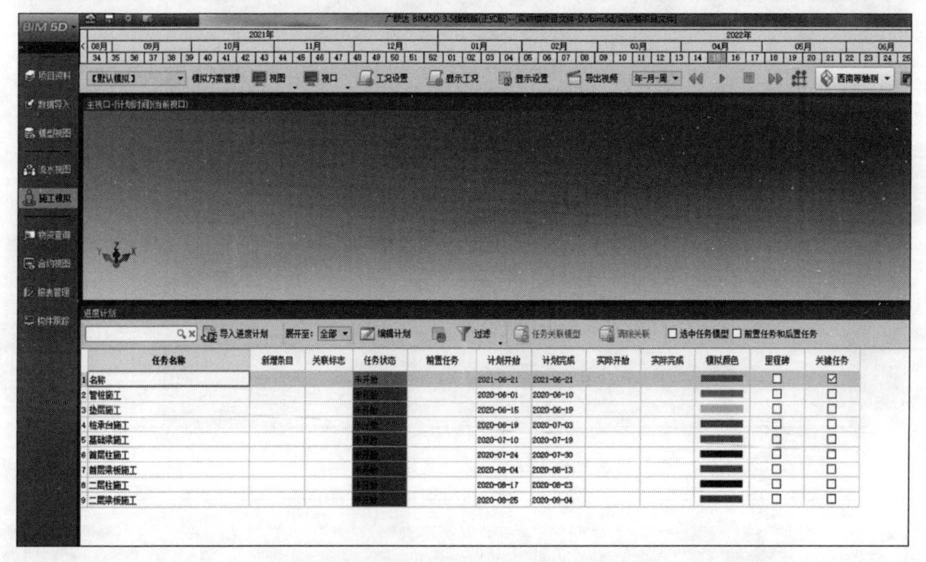

图 16.2.40 进度计划导入成功界面

第二步：进度计划关联。根据任务描述，依次关联每一项任务，如图 16.2.41 所示。关联完毕后如图 16.2.42 所示。

第三步：为了确定 10.8m 处的梁、板所处的位置，可借助“GTJ 软件”查询，查得 10.8m 处的梁、板所属楼层为 2 层，如图 16.2.43 所示。该步骤可以忽略。

第四步：统计混凝土工程量。在“BIM5D 软件”中，点击【模型视图】—【视图】—【构件工程量】，如图 16.2.44 所示。楼层选择为第 2 层，专业构件类型选择梁、板，选中视口中的所有构件，下方窗口会自动显示工程量，汇总方式选择按构件类型汇总，如图 16.2.45 所示。在该窗口中点击“导出工程量”，按照题目要求命名保存即可，如图 16.2.46 所示。

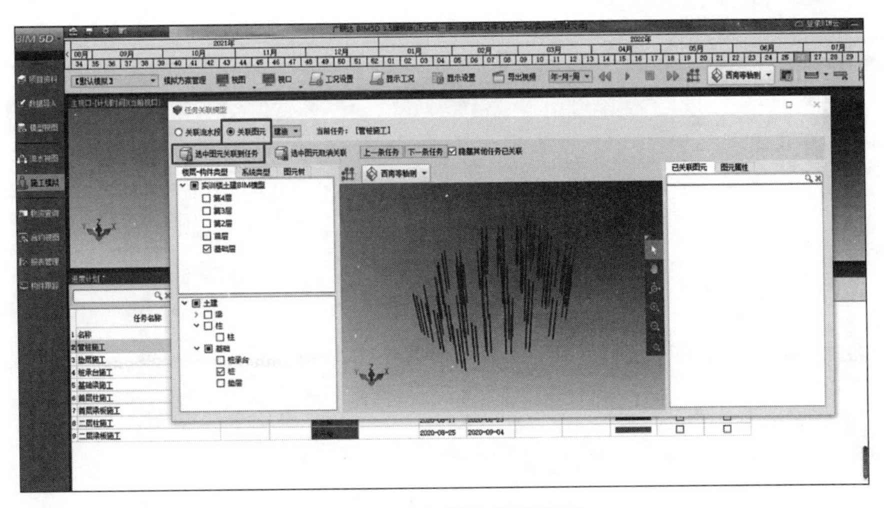

图 16.2.41　任务关联模型

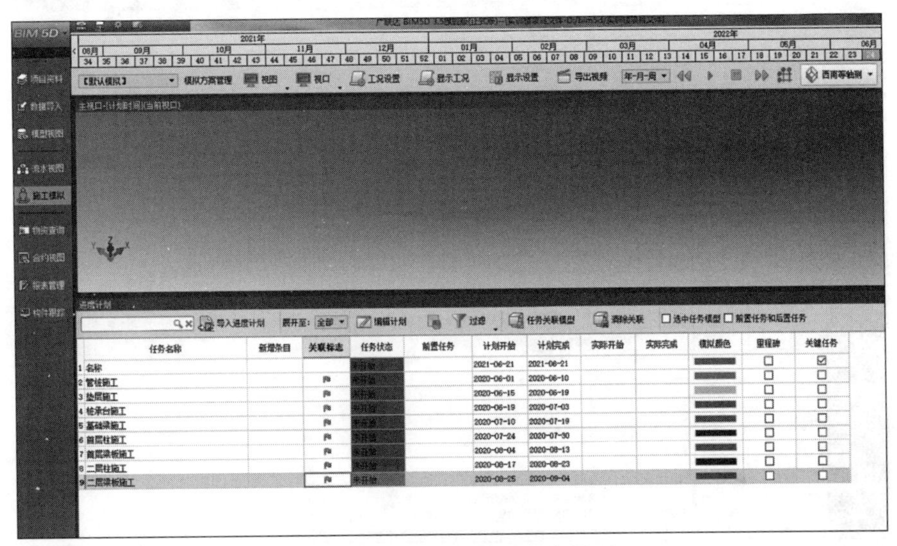

图 16.2.42　进度关联完毕界面

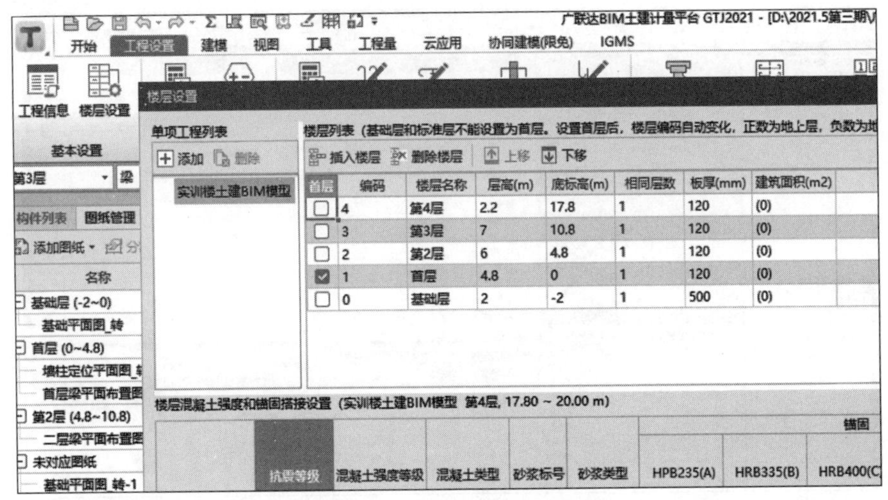

图 16.2.43　GTJ 软件查询界面

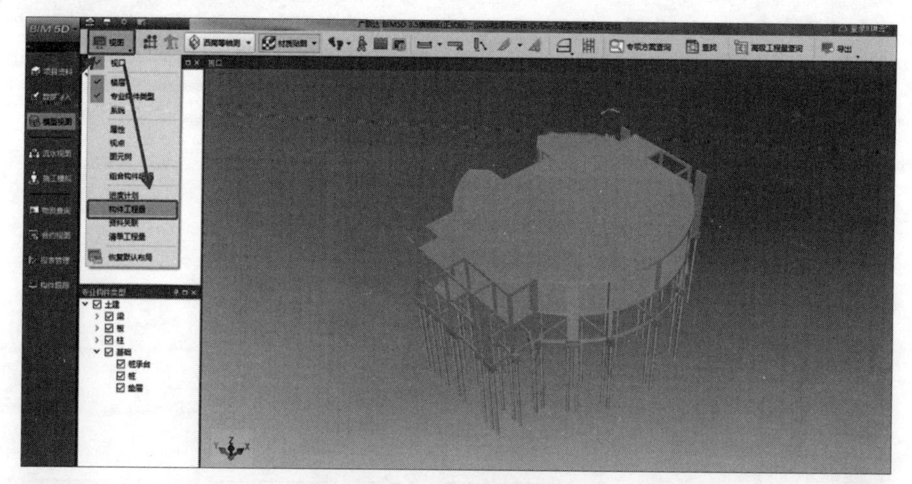

图 16.2.44 导出工程量（一）

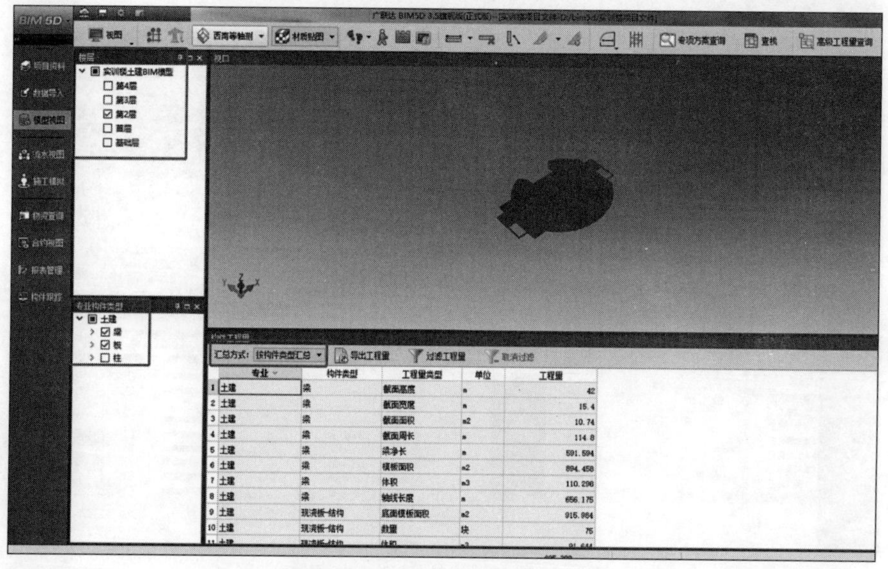

图 16.2.45 导出工程量（二）

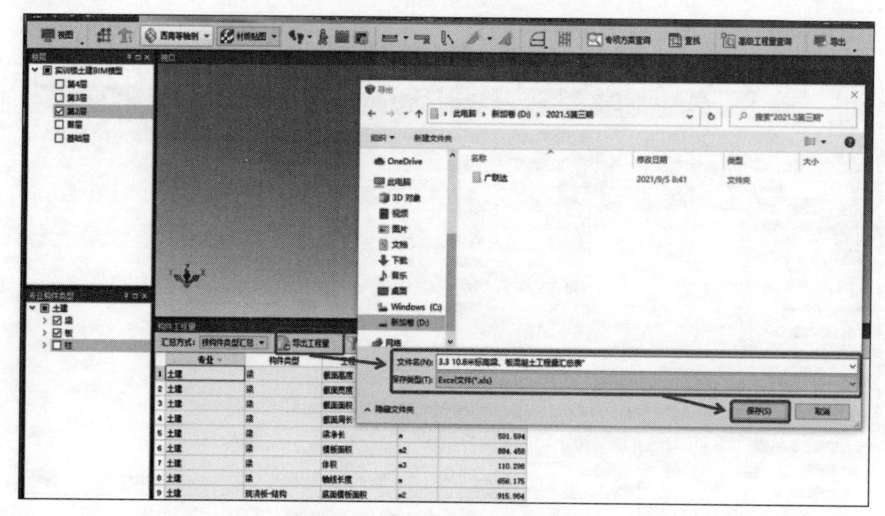

图 16.2.46 导出工程量（三）

（4）应用 BIM 软件，按给定的“进度计划表”进行动画模拟，结合软件功能，按最小分辨率导出施工动画，保存并命名为“3.4 施工模拟动画”。

切换至【施工模拟】模块，选择时间轴，根据进度计划表选择时间范围，点击鼠标右键—【视口属性】，选择显示范围，点击确定，如图 16.2.47、图 16.2.48 所示。点击【导出视频】，选择最小分辨率导出，按照题目要求命名保存即可，如图 16.2.49、图 16.2.50 所示。

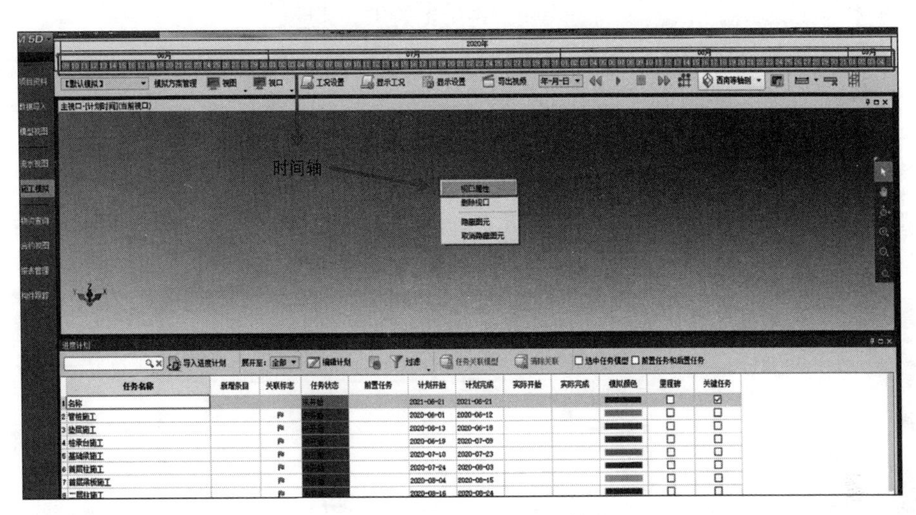

图 16.2.47　选择时间轴

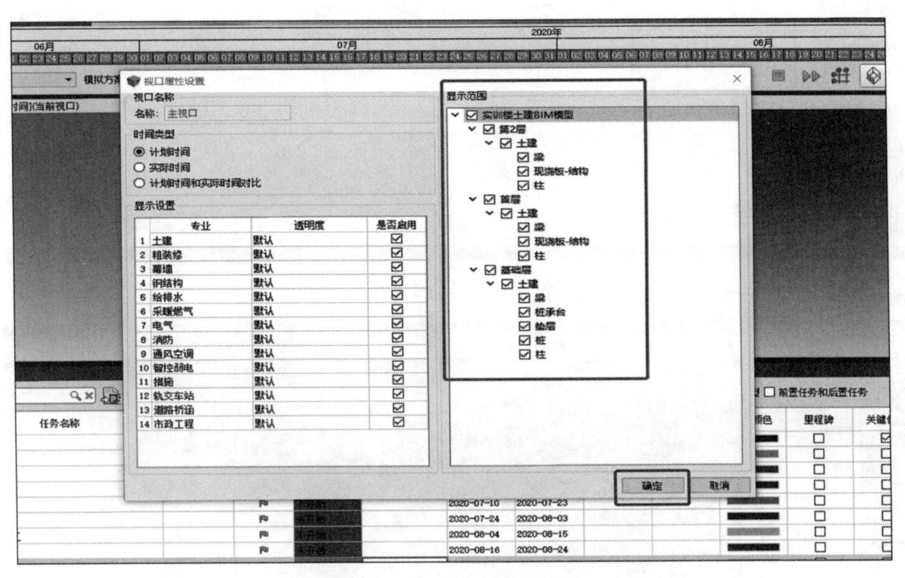

图 16.2.48　视口显示范围

（5）选择一层 KZ15，生成属性二维码，截取二维码图片保存为“3.5.1 KZ15 属性二维码”，以整个实训楼为对象选择适当角度建立视点保存并导出，命名为“3.5.2 实训楼施工交底资料”。

第一步：切换至【模型视图】模块，在【视图】中选择属性，选中题目中描述的构件，右侧出现二维码，截图并按照题目要求命名保存即可，如图 16.2.51 所示。

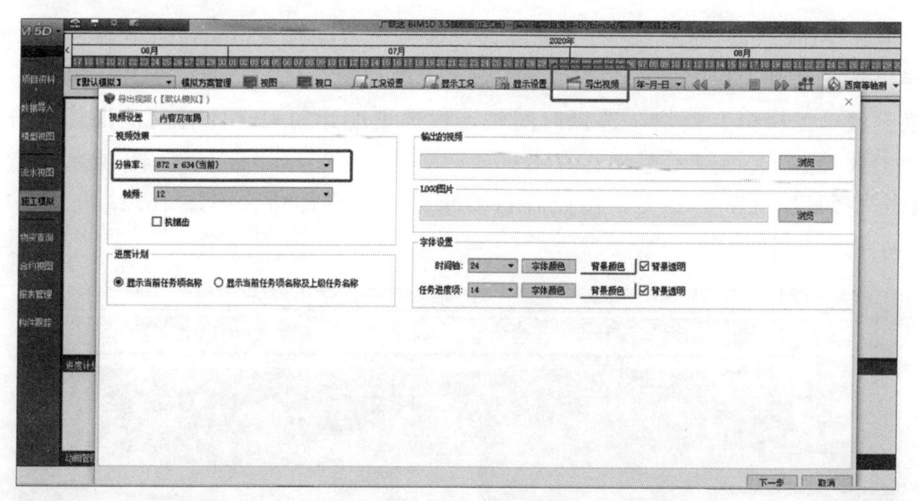

图 16.2.49 导出视频

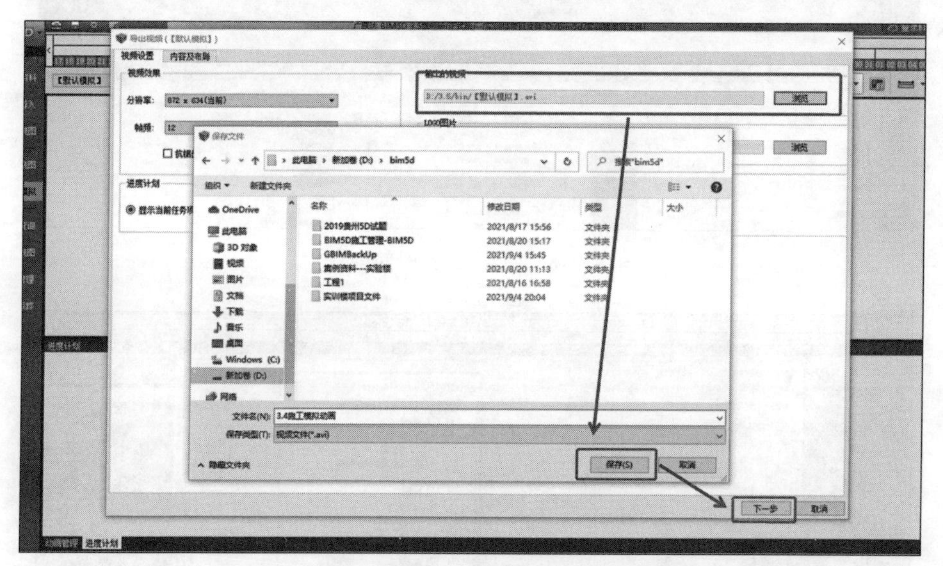

图 16.2.50 视频导出位置

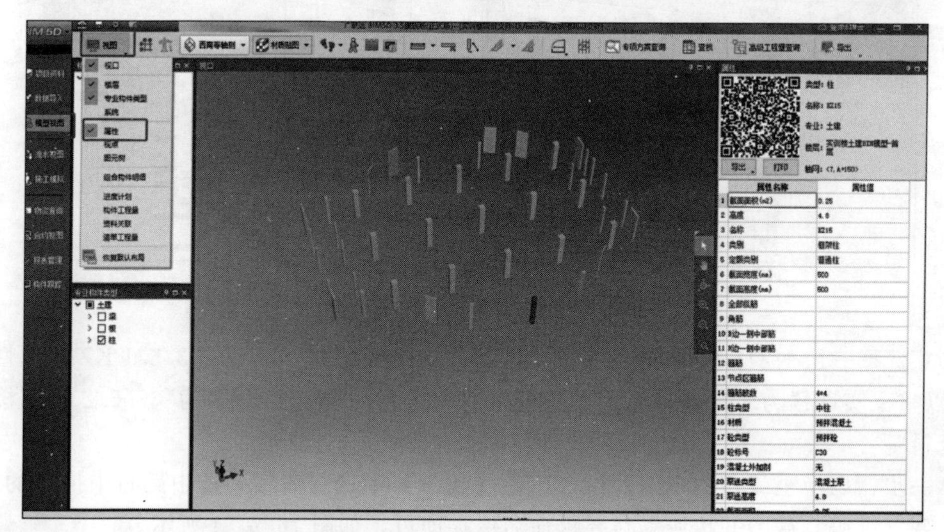

图 16.2.51 生成二维码

第二步：在【视图】中选择视点，右侧出现窗口，根据题目所说选择适当角度的实训楼，在窗口点击保存视点后导出，按照题目要求保存即可，如图 16.2.52、图 16.2.53 所示。

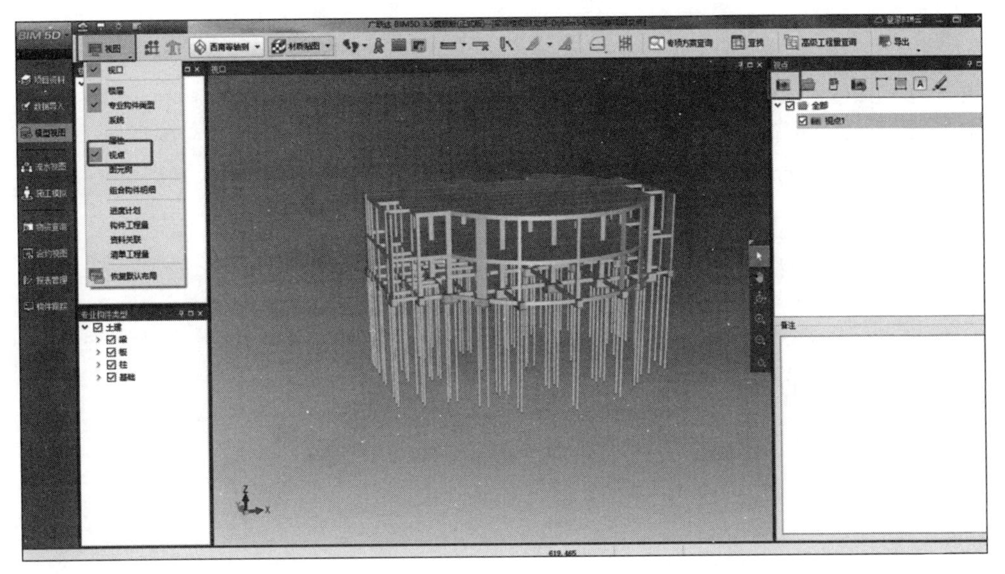

图 16.2.52　视点保存

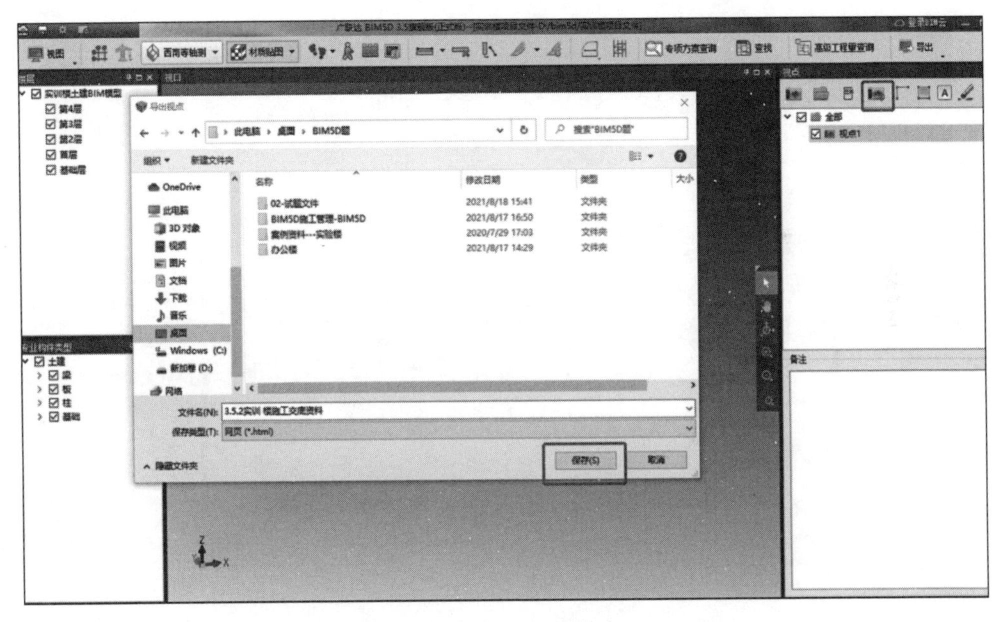

图 16.2.53　视点导出

习题参考答案

第 1 章　1. C　2. B　3. C　4. B　5. A

第 2 章　1. B　2. C　3. D　4. B　5. C

第 3 章　1. ABCDE　2. ABCD　3. ACDE　4. ABCD　5. BC

第 4 章　1. D　2. D　3. C　4. D　5. A

第 5 章　1. ABCD　2. ABDE　3. ABCD　4. ABD　5. ABE

第 6 章　1. ACD　2. CDBA　3. ABDE　4. ABDE　5. ABCDE

第 7 章　1. ABCE　2. ACE　3. ABCD　4. ABCD　5. ABCD

第 8 章　1. ABCD　2. ABCDE　3. ABDE　4. ABCE　5. ABCD

第 9 章　1. ABCD　2. ACDE　3. ABCDE　4. ABCD　5. ABCD

参考文献

[1] 朱溢镕，黄丽华，赵冬. BIM 算量一图一练. 北京：化学工业出版社，2018.
[2] 朱溢镕，焦明明. BIM 建模基础与应用. 北京：化学工业出版社，2018.
[3]《中国建筑业信息化发展报告（2021）智能建造应用与发展》编委会. 中国建筑业信息化发展报告（2021）智能建造应用与发展. 北京：中国建筑工业出版社，2021.
[4]《中国建筑业 BIM 应用分析报告（2020）》编委会. 中国建筑业 BIM 应用分析报告（2020）. 北京：中国建筑工业出版社，2020.